Die ersten Millionen Ziffern der Quadratwurzel von 2

herausgegeben von

David E. McAdams

Die Website des Autors ist http://www.demcadams.com.

Andere Bücher von David E. McAdams

Papageienfarben – Eine Einführung in das Konzept der Farben. Für Vorschulkinder.

Blütenfarben – Eine Einführung in das Konzept der Farben. Für Vorschulkinder.

Weltraumfarben – Eine Einführung in das Konzept der Farben. Für Vorschulkinder.

Formen – Eine Einführung in Formen. Für Vorschulkinder.

Zahlen – Eine Einführung in den Zahlenbegriff. Für Kinder im Alter von 5–7 Jahren.

Was ist größer als alles? (Unendlichkeit) – Eine Einführung in das Konzept der Unendlichkeit. Für Kinder im Alter von 8–12 Jahren

Schaukeln (Menge) – Eine Einführung in die Mengenlehre für Kinder. Für Kinder im Alter von 7–10 Jahren.

One Penny, Two – (auf Englisch) Wenn sich Sigs Penny jeden Tag verdoppelt, wie lange dauert es dann, bis er einen dunkelgrünen Sportwagen kaufen kann? Für Kinder im Alter von 9–12 Jahren.

Learning With Money Activity Kit – (auf Englisch) Bringen Sie große Zahlen und das Zählen mit über 1.000.000 US-Dollar Spielgeld bei.

Meine Lieblingsfraktale (Bände 1, 2) – Bilderbücher mit wundersamen Fraktalen, präsentiert als hochauflösende Bilder. Für jedes Alter.

All Math Words Dictionary – (auf Englisch) Ein Mathematikwörterbuch für Schüler der Voralgebra, Algebra, Geometrie und Vorkalküle. Ab 12 Jahren.

Die ersten Millionen Ziffern von Pi – Die ersten Millionen Stellen von Pi. Für jedes Alter.

Die erste Million Ziffern von e – Die ersten Millionen Stellen der Eulerschen Konstante e. Für jedes Alter.

Quadratwurzel aus 2 bis einer Million Ziffern – Die ersten Millionen Ziffern der Quadratwurzel aus 2. Für jedes Alter.

Die ersten hunderttausend Primzahlen – Die ersten hunderttausend Primzahlen. Für jedes Alter.

Orders of Ten – (auf Englisch) Ein Buch, das Zehnerordnungen mit Punkten veranschaulicht (1, 10, 100, … Punkte). Für Kinder im Alter von 10–15 Jahren.

Geometrische Netze - Projektbuch – 80 geometrische Netze zum Kopieren, Ausschneiden und Zusammenkleben zu dreidimensionalen Polyedern. Ab 9 Jahren.

Geometric Nets Mega Project Book – (auf Englisch) 253 geometrische Netze zum Kopieren, Ausschneiden und Zusammenkleben zu dreidimensionalen Polyedern. Ab 9 Jahren.

Eine aktuelle Liste finden Sie unter www.DEMcAdams.com.

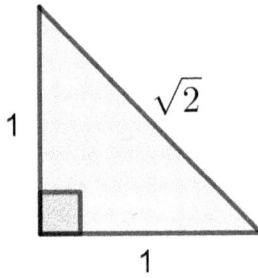

$\sqrt{2}$

1

1

$\sqrt{2} \approx$

1.41421356237309504880168872420969807856967187537694807317667973799073247846210703885038753432764157273501384623091229702492483605585073721264412149709993583141322266592750559275579995050115278206057147010955997160597027453459686201472851741864088919860955232923048430871432145083976260362799525140798968725339654633180882964062061525835523950547457502877599617298355752203375318570113543746034084988471603868999706990048150305440277903164542478230684929369186215805784631115966687130130156185689872372352885092648612494977154218334204285686060146824720771435854874155657069677653720226485447015858801620758474922657226002085584466521458398893944370926591800311388246468157082630100594858704003186480342194897278290641045072636881313739855256117322040245091227700226941127573627280495738108967504018369868368450725799364729060762996941380475654823728997180326802474420629269124859052181004459842150591120249441341728531478105803603371077309182869314710171111683916581726889419758716582152128229518488472089694633862891562882765952635140542267653239694617511291602408715510135150455381287560052631468017127402653969470240300517495318862925631385188163478001569369176881852378684052287837629389214300655869568685964595155501644724509836896036887323114389415576651040883914292338113206052433629485317049915771756228549741438999188021762430965206564211827316726257539594717255934637238632261482742622208671155839599926521176252698917540988159348640083457085181472231814204070426509056532333398436457865796796519267292399875366617215982578860263363617827495994219403777753681426217738799194551397231274066898329989895386728822856378697749662519966583525776198939322845344735694794962952168891485492538904755828834526096524096542889394538646625744927556381964410316979833061852019379384940057156333720548068540575867999670121372293479582142630658513221740883238294728761739364746783743196000159218880734785761725221186749042497736692920731109636972160893370866115673458533483329525467585164471075784860246360083444911481858765555428645512331421992631133251797060843655970435285641008791850076036100915946567067688360557174007675690509613671940132493560524018599910506210816359772643138060546701029356997104242510578174953105725593498445112692278034491350663756874776028316282960553242242695753452902883876844642917328277088831808702533985233812274999081237189254072647536785030482159180188616710897286922920119759988070381854333253646021108229927929307287178079988809917674177410898306080032631181642798823117154363869661702999934161614878686018045505553986913115186010386375325004558186044804075024119518430567453368361367459737442398855328517930896037389891517319587413442881784212502191695187559344438739618931454999990610758704909026088351763622474975758858583680374579311573398020999866221869499225959132764236194105921003280261498745665996888740679561673918595728886424734635858868644968223860069833526427990562831656139139425576490620651860216472630333629750756978706066066

85649816009271870929215313236828135698893709741650447459096053747 2
79652447709409924123871061447054398674364733847745481910087288622 2
14958952959118789214917983398108378827815306556231581036064867587 3
03601450227320882935134138722768417667843690529428698490838455744 5
79409598626074249954916802853077398938296036213353987532050919989 3
60751390644449576845699347127636450716327915470159773354863893942 3
25727754003826027478567417258095141630715959784981800944356037939 0
98559016827215403458158152100493666295344882710729239660232163823 8
26661262683050257278116945103537937156882336593229782319298606467 9
78986409208560955814261436363100461559433255047449397593399912541 9
53230093217530447653396470662761166175351875464620967634558738616 4
88019884849747926404506544489691004079421181692579685756378488149 8
98641685499491635761448404702103398921534237703723335311564594438 9
70365316672194904935188290580630740134686264167247011065346349391 6
40714628556798017793381442404526913706660977763878486623800339232 4
37047411533187253190601916599645538115788841380843323210533767461 8
12178014296092832411362752540887372905129407339479433061943956936 7
02079429515878228349321931666411130154959469837897767434443539337 7
09957134988407890850815892366070088658105470949790465722988880892 4
61282816013133701029080290999745647849581545614648715516390502419 8
57906131093458783306200262207372471676685455499904994085710809925 7
59928899323661543827195500578162513303815314657790792686850080698 44
28479152424275441026805756321565322061885751225113063937025362927 1
61968251259192025216058701189596732244239267423734490764646727375 3
47964598819149807931718002423855453886038368310800779182466462754 1
17444250018727779518164383451463461299020763343017968554385631667 7
23518389336667042222110939144930287963812839889311731308430042125 5
50185498506529455637766031461255909104611384768282359592477228629 0
42642736163264585443392877263860343149804896397363329754885925681 1
49296836126725898573833216436663487023477302610106130507298611534 1
29948808774473111229542652751653665911730142306626525869077198217 0
37098104644360477226739282987415259306956206384710827408218490673 7
23305874302970924289948173924407869375284401044399048520878851914 1
93541512900681735170306938697059004742515765524807844736214410501 6
20084544412225595620298472594035280190679806809830039645398568593 0
45862526060637797453559927747299064888745451242496076378010863900191
05809287476472075110923860595019543228160208879621516233852161287 5
22851802529287618325703717285740676394490982546442218465430880661 0
58020158472840671263025459379890650816857137156668594130053319703 6
59640337667414610495637651030836613489310947802681293557331890551 9
70520184515039969098663152512411611925940552808564989319589834562
33198368349488080617156243911286631279784837197895336901527760054 9
80551663501978555711014055529763384127504468604647663183266116518 2
06750120476699109872191044474403268943641595942792199442355371870 4
29955924031409171284815854386600538571358363981630945240755700932 5
16824344168240836197927337282521546224696153321702682995097908903 4
59485887834943961620435842249739718711395892730509219705491717696 1
60044558089942878880369169432894595147226722926124850696173163809
41082186004528610269654757630431025602715231396948213551982140971 6
54909731999283492567409749039229712634869341457493319804171807611 1
96390227866407592243416776246623623891311027034330457636814112832 1
32630858223945621959808661293999620123415617631817431242008901498 3
84856048080879864608393596492366514296812577314322914568716827621 996
11827826953157498380262465175905410397618128760421638613450221326 2
72775661244113361077519555774950865636067378665062318564069912280 1
87574178549466125327599769796059776059075648910666101583841720281 8
53043211904465775255427754379872605488173619826758168628329526078 9
93222668360283851351228105931859102864150815705631971731518313625 0

2   Die ersten Millionen Ziffern der Quadratwurzel von 2

```
2435904146321222392176633982689368253150530059891547029095371932662
0734112349474336788469020139049784285216341442921458955828787476693
9464642678122190497856363552633682780518600986992489377860023985769
1698076566219438985443708059464333623338105874581623547560013465924
3524265714308346554576800237081467573252547025507476374714635067851
5991736937932510326827606286459146182047214863703707719269268236 23
3347203792459646918105261391530862802914409654825638730927304265 44
6629290458960637519187114693453619733247895727070315309309019211 99
1999936157650035039840540674253879275279227247335667706078379113 84
4889362613676570602636003151329520953952028548973844862561349244 14
7086070866026763499787934208758361219471169942238484825959143045 28
1070626015089691353030177200627170544020906695149152745977197059 47
6954740952102878725578568800221937177435581107939308833845586482 77
2910086295545661413067212308487402271210586863233882374138844289 38
1554446471057556514684357029466350628938735698686883764803265195 28
4146535173953027361201374203009867398385143219004360289826982935 29
3994141292305803845650227072168151619410114498263013649008770483 98
4883860906533685990545838952031856480414932721423908651649994316 59
2079659535694307231129116292867975171566889054393220356912933245 70
2080671944404973049439814082278296027994245410831666759214248351 82
7238172050410392742888015562233807961475124335147310212845459448 99
4449960007524375195701166834174474907958820995178367680232365176 74
9723014874577427259947609621984327148352986111902728735849052179 75
9083741974860267060537462315300393752123678677528486921958571375 54
2696848278363178611099336801439159059748428580545161302301439790 57
0161088986277796107506733326760486549292513997813905358822768937 32
2049414839401355603565604421401761206051318068919899626061848318 53
4018362378217266375804552471962661749254228528045714420485783421 13
2280085287042054889923412785548123676153770710425446986852199112 28
3542663499971274836607624624182073646666171283947484732804744304 033
4410720042872712756702795675824292627194545805300266648996507956 97
7817862194217200523716536946770419511191270462483605113028904643 77
5114869488784961511884147191000125588383866067720841123515355881 12
6778957155859041257626160106751315358021242733187100063582495450 40
9957940725479890031682651237311905566829151943053708489307869197 42
8290490386037231160992834243171222509945471501928666487871079519 95
1800546338838443154817246354802445180308452734310006213710346257 33
0600123497374435581809656784646415339051465691932456235314057791 93
6989884236471835253758052577133112007971040683154926654020260468 06
8183914378272147690632424695171286367384431398333717615941869993 4
6626234537345235679401241680922911636095637216745283917099091466 48
5073920515160560473787106154702169960746569309794426121469256159 34
2564940191229895147325447151812632583688972822628332952403597007 27
8633646045947071241747294687757059581573499628480995678392554742 40
4489918870710696752425077452012293608105741426532347240641621410 33
3533405511045212617503590284037454591864504727624342071770929793 54
0102140964645028368341804075860810014072161924771798098596811154 04
4644372856895928683197779778693464159846974513391774153790487788 08
3002205833504674655532302858732583515708599649068672875967295038 72
5475708791695547366917087012413339221484668517437066615488195293 32
2727374360410825425966030398693265422350523691085951263008318467 55
5034597583955058403567015588797773644380481821387007003440236180 412
0021148372794227407873789331627081013626498289629272562445805397 13
4142214511099995445821429237838810264839482339514187674689678318 62
8681788272555825731939518155316951645014943572631060456949296709 86
2520433938520782207622191003446926966334259085305816044978025776 32
5448937080062677873179548529856683948694673356963001402931314190 25
7807758169458152725293434225905197918316621644487517816967752767 70
```

```
91304315734256405492293818739511084416683092491115978577332736388
41418507379363002639218068001949823966647123131719025237031990587
71977410007132407519204181221413242532729491860004200841548511547
41157305987219621298854166372087752248376948597476729330186839052
25001486903826108482481981675931077727026488262090723847752905876
50403266727584825218516231074544988758827465678094971230876614426
41482415790357039331225651893335628183618540574670638061839848946
62842457365645642139072163052955293592848775552427545595133827715
00178401655305485442285011988365575680159346450558994424849627412
71186988315804769181415679618532165716964522259459471246931995711
64198618847977891211426811643837723848363186731860756477853699930
38705466322969807567584682123028077261006969174078202479498821095
47334301126545442170195852375880785348003737247118761110008771903
55388157319225133384249477450311881194745595365336609206419293440
03507856422343292324929727084724823557671740589500126876360081245
21124487564342809465931336185643241485578079193115126509729589160
52993030771056352454514834572092245519848905889042198065439733537
57599824858037546392736537641967480626968382712920014349566748522
47241454863603621158472323173699806171993642113631458071198839681
29570561158812462058857966505622150748208974776417708378705292420
28802900440024806868125422075790594243470464489575440238736936047
40130860360759917438761563529677605801833493087964662707116080507
37610718002215525191993796200709161383227280177313320190059780482
07960758032499462238538580357347801871380284039812004681237079092
45727285765451048971703102370548678793364378157807400767774215280
31184981557698165615162611572020454026441299316117077331253846128
93676379183853705009420630609103254025847682220367682492794734000
61775129526307265637853097368642000776666588993284566122465073002
20956287727262227808039548340381096280576492897465184363194984026
12997618900467819092737096478278724357752206684654000246833074608
78358765589053056942574990989039220463004714572059053712091314275
88653769314840400008717913845690993629987847885421778154073505170
62532050951447822066672526086204107996222703480818013800661007192
26814029197683548842439916280980361859771935889226548587281632769
05428617466323081362877649900737759932441752147677604693696223321
51759264505564525638405467004045215800754543796810384355851479430
92296352197852283295745457271564793185041889607012805949229592183
59493707458039032141043660163765095548944541902633911960741100669
49778024695409365628127538496323601062584653667050765177029695130
39685870236791287541358806440263423823568060764074517611908833371
20914157628056522379012735641935345652676296244026602282454261960
34228352400205032950531908532014968045135643341034313292235896972
83108739569438131809431666913390526489148332879882762852556304512
06376149000452186427171115089762827528671466361173898285874253172
16596247643323840034900496298789487001051884494118660439739107493
75734952893477073963866593325543858999353799414384066242210226832
85116625113683447328966132105267508937948344634930352785321301278
21152685942984375651745109303992495866460942386847002153550180378
00018701111315193787540109149588908076473345500264098056832143811
60075146182788449046812481468930974300001090198432086663092251381
12111599481279636783908122243781910187779940340765274060382341505
32717416278674888085754101214286674663103610880018188435401823686
53221687750411978076525811538417365621835675013034456595936590974
69007765630951563662834863997975493756384052967232835634030315916
54958861122299599968682701428407239146230016173544083143643804589
22055411017953513558852713479849378761337910756559954145289177701
57581348757680186242922229776662115422497113341739603196763909350
51232094761664275347438833388869997991646383675032418632486284187
84699609638082751299633817393742209534758616322163052027035
1
```
4   Die ersten Millionen Ziffern der Quadratwurzel von 2

```
7037490298568525595814192954995176552582123473108197663301341750815
1236775231516073208818295640726347645058875761361893618701289040267
9226470494967872374025813008347639756446326335496752857495370151271
0069446442062461753644289498604920521823213384326275335198829492086
4907096059216545737690595138937899766262877086832350596409805018856
9819974056600544153213840734978154080943540759681561338964320840415
3151024324324765063558240978534681151056323898040138038148497352874
4429069393443733818010901017885920564069076972639093391116136846666
9931806838234674038922367229255166024468597460763582903728529497158
3690637290950336859511823872403865668038440985913599965883006227997
5291368494561705199329159949232434041372725380763684029518736981797
3536657095994220475105964407590707800203936232471823804137799283739
6735880963895473938471289506230448447324704438233902513149138594475
2127927146106722526835555209310140982503241041356811888934417063480
1818879038524372843450413995267508390749293155948992799740206016686
1010605738362034369613992370502059136912247881448219700455646296061
8015295726774665402522403215201062680592469294184146516926942970316
4474892255335681947010558607539503125748779271822019806805065513471
8926265099870403872393615262809117150163983918382080371076644472311
2559429793084157485754971284956770768913053139151928316074937226046
4837412112410527404580769077499032167615319965660974300890284787922
0989455514034956677632936841891292822888939371392565790306170421951
7464266717628600737654825489490823670490417898279469481337100543757
3522926259395680953716797717773842816611959931987815037440223252940
1665135964883989187712666676445928280724774198051183403577263019415
0562227092668881510087408102163045511193689703398758991634367665524
5969002296639061823459922443716156818871678501955219269047700888762
8817012435907238421885909432302524008728363411346002474635054076317
4302856103288314463952599557771416249751599288603441010475334677453
0437278688576119622685894813897884351225166906761879132344620772426
3898911175193575536755089771736080779854992933748575879407969489011
8538260511136235917340391398609001872245402872651292350725134633603
9947797211253440796964196584329248583896153707862544624052734183729
6165871280996215675141677888852182017826857947508860561917614334505
3072422579442150440118993803282117694275315550050359384026192712484
0735344805764151349209066433260871886931878391137249135429063143277
3141475652344276989264107291929647783152267653096337719078870212101
7362889280133206655384688752270982141699474534678397306188433806368
8567887509348371281299459471416740210647944623047509596911213284185
7374507688021742000919037861149289999321369828255050439412523429387
8915292944880672904533715586858939119405867992679680197519294635313
2120460582730136524635491974771784312551471956108944817168736959500
9755149090580423770550765831660455526317881915928858015141099033515
9992764926020916753796585654071721490272772072079533046409492679296
9801456474075861684175182703554191523285901319918975644427209195806
6473785396547494350336609845569422054123220914947698522660668693134
9412846052436006261919200954555959929920357663584472520888843877010
9848509614553662505648222331082774877124964592394034410384880456557
2091537208369237042203930081669215344336555529659147737595207945959
7059149213024383337957093747163036409452240119825455037543972608037
6366587365259895269116799601027835888111571584115744794740352868900
0948241339184513780599922518984735941165421900943669850291800726152
7089548324769107905475023957665941978881844105201828871641167052826
4469474464709886880658944170090145701739592379888063120134295083414
4109670046006970663011398838065441035959036385428890533959794761355
5539309235350010227464025739965492603187121005439516931510273625146
9580843669483749113385315323780426247949617769295622506132578266165
87528170615
```

```
48468817844604918515850022357850768844467787401475044226257510 1736
48618326337325335419213096310532213256241946140930278933582531 1735
54831218618818585082744966425868045457888041604096100038498733 10755
63389034724418801470496014452154644635276874530046342937046578 7461
23041142858413931547069644559886270234135533696146889413057952 4344
82857881384291313340044388269456277457204464892750371889600250 214
81024322662324744667592222095757968039875833011880941234859410 5539
79311501661498241094773404559447736214072981906734227122132982 8201
89355181480711612936047539354519164488519197681989432468826658 4699
90810348743305715425211489829249406413520486993317085243654602 9080
06502421529859811925120962833268076725280142924263810662092200 6716
24239053539428775750079135870037680650406932904623670199806464 2381
66278074558454279728136364961281560063361281911718077498572128 490
96540456380602527979290014116718088216727623269573144529953790 935
99963572019569105382318332322879603661549343561955635777887203 8051
40714702862748666577272849638060682090874337475577893122071661 8329
09979680774069583054550581694639105380254712980950191640591772 9214
70612053797375831881690403457373089228704876429883276343106156 5604
14235310211126077177930873317131713383405539907714874603987863 4100
18154894306021276414517536855678124104876278918445986488750725 6919
07070561261890651154153743433170477107351208974966458587123232 6061
22776764880174190417053262190112929941342406859477970648454512 3043
27003620444460307001911450415420812728658532659862596583412919 3187
43374681425409919891908009325715225950256975763625837854206876 0787
53364238902453524223147811695030742299688266236189437975463431 4869
40473705466022052365853522433491893414953731854617756390850630 1498
05930744131272144306096868121549167999336020911246342068160464 2356
34526699224710694338071397510765670422960906083000214645676075 6695
44782233742030122313638536548811896867622119656961068380955681 1074
16168288872914897089291727202031664475298155649165099329642475 9355
53094342723473525567423358885410408162561808385896759248129675 8178
85803743143764480510225754841455195600309544841537831759812222 7808
36261003829621913668746990601355910987901789394509507080084701 9710
30049496348567312617653799069636653423847839475100609198023662 24025
83791667733659818620969012370485544178833081743224152709618583 9732
05487774714196202102091912200354193993755848965796596777487966 6498
33738446446288492322091596625208177109455185578491934224903911 2644
01625403534152918596062784425849799075376503511436623012687450 3874
84181980800217351152127310554254895445643053521744126476037398 8143
23922379955208037256315382789576756032695341537131622868422311 9907
17366271592521668090502575991355368041140314363749285705000161 82589
80705687363948032236140460401148062340622683096408506456518494 7862
08730853799331508268638345592991800295650260071290522134614514 2591
68323849973637929532416677263660845139329127005281346342654445 920
28824614276217753754229656117767743526836337792772705308668887 1203
54478767845607440345181873913358163841356718363981550075711601 0247
02306220913618021304133261781624175122446212690513758760331529 7832
29668819279803172061409242730362390098385148700836077981403811 4398
49201510068822963670055497394328533470698676995279400828080040 8871
51019376746773088292096077414289494243190765995232695414808738 63532
37788054208223725637753706673147303496863970704898031245446088 106
65620493011658369942859143171957326639117940460873354170410387 477
67656843417541651961987492489250742089376014119442402963942541 7630
16560472956766133449919069368073355165850315039691338748343529 6368
05412521888303216644605945537394451237521783974653503327672856 94918
19398825995286097569880061191625687329230623058567418985383804 5570
80935837791462858624687231102599401587675769083167717428392530 3011
60008388460480714783616096417155945463992218291049279692292511 12793
```

Die ersten Millionen Ziffern der Quadratwurzel von 2

79566401338199116350696353932636098595964620576104087056838003026 94
519711248638111853378910981402240524583922160456345211221741701040
567973307539584647058474754960443223342630066921057776700574771792
447903388417399895339562521831475434182885422927738852103176503318 1
685116423984842459090668564084864712227534729176002772087091119916
253536523207304127403457281143076790748835435004321724871067033312
039256058908763836947478428601451134482256881522505295704764411457
698138038591192713356349551780841473632107768061567567942798763715
596403483762844405325104334623725798115249057855454554452128459612
304154962148839747200361422992055663045249896473658280189451430478
607908479278319769496910731263109830485633506795521367459452740637
830001391251206426019247343307523851977600345083075542671038439897
795080702918698409431888452283895341047458008310255934322333268376
672915092233641315967653120611587458495988481505442424328431684072
867512430343206581773398533408669746044667571456675222004330063396
653272711639216282843359363915970535605351461391484568462400484626
935209063545366851485497344595022174912956216820534347169458903066
650112239953739250769149599980731164875683223107356012908889074480
041139114929364660679542826773578999601714474747822597197369102206
176629747963359413820508653835366913170891100975862932298234558521 8
809771609131415612283794230140742857517219609708392468807241064334
663820378880194299968923340577439945587187721671949412173978424845
551124239495108231334190095498097494411685446927126810464367629794
951628949214864249196131714911299164723580230000506478446110811914
449115812299764633424470996174148529445175829914157131372881744978
663466979834683063377226946211202454420349057367761082493287387912
706838889328012987679170081110139014998227244754594248142195036453
017784199339710292780971003172800480512407455154973275048680372399
013584337669127305599571328206218815992141130876955806638951579665
775394244413241315371071369661381734700574482745460028185122194881
094099093203083696286639456596762750124811505090895014507857953164
711383535236783150519442462603033024233866607777623963532367792520
543071072814179089963458476941987851049288285046330076222359001391
963015771950482636735933640454911225862198229883550564611200430090
520331006969844471423510531407150427637329991583440686986367533351
079658921179232619884213541214952878833669486524486147483513338067
661140739939721171174258077014776173413160355802526005061346050994
514494808115176759222658322435066901650708586969301664407829476134
100953558555025555973395101109712982941416813316290912997166393978 6
770253895589191479403266826999918493493521145641673825912822446260
474686998341002689357087169821589951314472624674435142671224348360
464877244577905302925494885818976837409053632700690035935815381883
280740828133022036509060649110278848197191631340902967476872679485
708198499821462735902524243518033251794029613213416361860160670646
726579833801692963268988520060136260127308122721574835345068943834
941229354390242537575276935242785398862908394926459788524969063109
016368095320411338520466963037354159339352275611976274730671323084
914276213000530951932312884148955410680616740648799311628819724340
996737600938360319809562292751233734195300422716752657485424748294
603373865038667525655809964547552269265897588852563853292193801975
692542773496925611476888086411726702213493152855142211570520058969
666638052038104514692230017952607407386746595628401458292793638099
004324083574265721606100589276934909467829254643104382358817121534
163957942829172179362408197768819899019978733140361218579680658635
836814653558955738187837879210025324208016567419832526439504211082
153922017378503914351674199577152156214636359058908552855660974755
528542340303264688623171663272306314113253065883613291776807543214
046263688827594471614338928326902599705018230149037097799114932182

970034345553862403942080577861275758494151568256422080453230079309
019116615354347822117943690448501258884620286980896814654617349737
831554789210426289448390506854412032720652374931405325170693575800
090799417928559317281056994376439412694664934570902480722236062517
133594884428904861879125690145136706459235092312563008362115495698
642742822983298049518500422796155220772188169501772040152352682132
562384768196467946508310757531703922608556146933191076828363656585
285066867708773314799646708576262754660296271676307593189843573386
709657017379322828234819216178187700704734967289663187703448331207
245745902134879582560494827184614765808417211499946854803681654737
055739119000597890021034377469279468790761859868970990466907028633
273646321478565924562227186274617896242617308191565710953780887906
210137634562553455427872498576451110514792642181602336671418980139
700712972986873282822161863841631129139087937144100443787731724496
829823520214297586440824917781147307608372773515153045369225956908
916303290224998830272931041640064920140282253288875902793130857765
623765546547649941846426710369869170705919138598933085937543746578
744024340421767226124563578400296687454724507237893772604841729537
531149249611862975908219854645299621591789872203301708655899813711
247509633047309722806506025812936326292023721709898118542181621497
036652310506492195857613363407227297346446752747385236677803974256
265274288738163396279152344489475007103570432305508633073870559504
709704223112376212193195753906049935667463010742768459394995465955
497215492094314313600228526551330882682568446783672070869302727333
326543140936959799774757251648656093889015974966204772135307231257
763956628276229011536678104435642683552059590327320411019415910623
132249801210751416193214421041685387209163497848175621786177622288
901058671479941060157763509364845410154720035611054230018763937194
623790529515391264554194110993008012824631428083660358654985943824
157412766150195565964774712311455219886781344842443640738545283514
096471263474269603706175610653882758679386358840853677488804217287
683154379103824027241641035107695806918605490613362946687412931799
165577747756648524173614696709956897316255513150715263773191317175
169894978324016868714883136697811581823263858229726978780242878221
212956988162336800338798433521833226807674871764314087513247462340
523498791848476682682956164389287940389677064787672835881096606481
625315824243859159435782345293357976186094427931330342296367733288
211480125160663243622928929655705241457292581907333551590230871119
570269023870195544559723394365812869031143294581250142518845693967
768351495544304760263639819242301130991366073869109948189167016589
185352246101655243991230341546915096506133375745364431987592073348
238390436181452300041628562401789896618729932433592378912792566089
494158767347055514907207076116717309650735136469265388838630199300
305411301542202978734832296837173622891653295318271799773418424230
735005604987063161378837005471741263579607944053017421388274666841
182223432316941260940148952498752673948639048907642127211697117220
013760135904558191751687797176186602934972507103882743611570141066
445781051001350673506912848171032491332955147210296826657293583776
007765852714067357182341860915761909790748526270619609743278397440
621952813718689011786708690157900155050619223605714457397060418587
439963188225773545870913462797275607689128567486103705909806113218
760450487421727969853121605688949342243240782283052382713440629583
691719766971842758051972187195775893490824630361762171012285871913
616378478571967611839247982544888914466805290578520986447819893689
290787324805017143976065488335068891161948097295523959608412626285
603427437758010581323457246488296608572165927415635628149641008049
542568175679647680105488894332678010486404657242916975240245985799
432310202769419861945456705081404486159124461095495339850361818922

Die ersten Millionen Ziffern der Quadratwurzel von 2

```
67470044724119922280866415538338996517840392327919638032934090 6520
06414740476650917711590990708088204104346134836618874309123514 8789
56003809594186791967316693219121047834208947318434885713285636 1440
80344037386737479499390765225963002337807256201081672843774094 7482
04430163722131953928089072365430666400928276985103383216798330 9404
06099575230599049471231939871959905163126572572261789646567477 0425
38713251064353097458323097084107331189812014476464577914235732 4887
64319711258271029798752633428433557953569922565057949092308669 3770
02790666364522037314515749656148162618588528566810640204720142 4332
22213898082335243400026257218104923740342933520854088533181454 1802
87778125463001936557949148442799953029441147175167081886444216 7070
23391688783428021896673288216515803065115988169156137091318045 0124
81261833398057451020283579255536354601188115754159547114922870 8473
35885068942708517824011738597558630393366332930143668899742102 3173
45796658515711559591969533870407520797373330628808526843124917 4317
27930361698319604976090563017785959731984177147632175931492540 4713
98181234408341869060733107306870228133005451668137079990879890 8963
19546202343993187247995643712325767418916631641520305278194069 5740
48089437747208545199695746253535088240456185255957108021743597 1267
05069402546421153273914034381749358234446028849190352971703436 1862
71496582233771781042198935335106366316511744501656381651924049 6156
25150790861123581699291613239493471905931734777040136846628050 9806
83375370187721517051788910354822136744744507147985432589265397 1791
54182200674651520853969869855735788497937797044600765865255116 9634
24515704282934552014699955648618896440313524095881591947203002 141
38468364419662076817723310317917887052884598193251871105991350 3525
30179848772285579328648747510119395405150337615279010491080759 8042
28691400393319028263349547295323420601927809493799847565270984 1591
07385233884180781423770536990134871607432113148850945467393627 4879
76562942243817376907563041889199286011385645730880188613316329 2409
74971000708463519482079184540766343351027570040116194011622716 1039
06572667405672256009559428943731864738247050130431656666130451 4646
05937112335551717957973722411712068702063535219152026527849027 4075
11026265343043315754436881070612837812844732501052153518010772 4452
77458385730783648224018800322616203232907208329809769383668685 8000
69973518747397202959194669023450643675578102384992969727455341 4183
06093449899312157772241906026800623570674269249772226120743789 0584
76111060257666158745586875622582550035734089923749042088099268 1826
27148504640310299043867049761304778281317298375434758468562285 5153
16895777469463870064037754926243703710129095432705433160333728 2897
82255475444444227007559779374371297825365563599228976958159661 6805
70196314668280419693762657495320367583950167250715570756500062 6907
07616790422965605952710360566741912039358481154279888794065527 5589
58744552724092498126774727471452308938843418007389008724337759 6470
09819364955225450734415522752098432934019141715414983309288810 0636
94274547281280789229402486723336101369756372840819922663761854 6822
36519361763497647845137473756616967628855789170667082251171010 9432
32882194016351752879388736349546261136605626539219877015044180 6466
44716784170484103012500577844094006298771448112187534232558819 8757
78652128925470375335523326396925604885158199771244352968552501 2576
80057546513365471605302991928259130215610309005059944873590785 7303
83495571350930663153180517931158961867762547087754711590881373 0363
45572061857715124105150273564389556372727660990012146374937836 5699
84369724203417187541800986648213183612968672516761496296664564 6693
48778549236775986272015762841692251062456553394374917413118580 9226
85713815558216589445000202706375824312115684562967095555271529 098565
31233367256240336441979645063736522520823642708484502822307474 0849
93075376292187136083351595193920219186192671193701358125212484 8227
```

```
9195221615143971908737050583001259435479142505038564289185424361 53
1671305347584897993951034668713876226236237253854867755690017467 54
3782794662973938677387494564004319620658169599708320707766503212 08
5563537415757588255831292978377182151231978599104420863396292730 76
4608859399303287343066103077898923453453319629724468731550285874 75
4010770411955161031708757116292144663557254973801299238863770568 94
1557612546709782437991333337796487373601216121390294150762944197 03
1122000414408965636085316615568522952307329161301841522081127121 12
2773414497997042267511455668951028081280058263499734188941797236 36
6054390777750164790754951428012581764696236411703360986556047596 12
4792553862499571428229295567969274626088473246103632207502366947 12
5556655286937197522969410778216277621457198546752878191451920308 11
6454291883689273887261902377579558772849117835506418177541350530 59
9791690979396979245654008791081455139845839676614557724568939555 31
5073946669653502650996685027144305126293109799807952035329964300 24
4463428024027473684307679695331949180423445681015631199289483439 84
6046868987274224217781949388605014754884379970939734981852913525 3
3830145315182879608645995232698828334710023640183829172527834127 37
3864066624580214872775642897229954406059751357700198699162847255 49
7001607118202457896796815856465731426222487754366947651946369383 65
0656678934306239232666827511127577243033494133565136919910555924 13
7821447568818578178007718654878018422214932239061824135601779942 19
9917538765116157857661515510102780242680573131623372664281261390 01
5621266261922300371215233379407660728181199739784124878078628047 29
8417290961791195049005452747884289147468343793953740978007239550 55
1429239052453494913696022031391753109211739838492747334363203095 09
1182255556159914692876112466304765633640505213604284701453642283 85
2720675587896907904053861152812755773375471983220323309897611927 64
0075987280463182211498731429200813670349108672656939691574253434 50
7021357900007003169688636802730059576357523916011495500211787104 25
8719712880922230590574345788586101248247664730385856111031779845 14
3565941623968250661222073470443365969057149516393929072418890459 71
5650434051148082481021570543725143364204822304461750821365566946 82
1884539727306263903612183189036275397656013691397005284156973485 49
1903502349045160258536437938547881763965591796380348622893871353 30
9615508741857410746109688180666753507056018264471518974794686603 9
1100276268038073081778547838509663624504727138789702540536429996 42
1131423361983219979540913657600039337507986151800017564358047832 90
3328347184356126670871095486636304322586634379345478005178001175 61
6601449217652808401010144036977545972443768278944292549208167967 7
6464719721725754514779707521186309842451008786013265143164898779 99
4785494387355325437902478672802584836151040269444245515632360113 93
6842246250985153209947647044856051262599391370918970585238623563 75
6269285523108189632688067528949366859979318460413423768444033690 18
4922746885608391195616969587640129043051162812782170520697245277 95
4950409576161933359885985722771021028871493734908062495977383913 76
6633922833018406787537916202101264711177403097708793022210894688 39
3729548189390985443770850141835182991808305774515064776260450541 9
9477478215846428131834997179215831920559112841404861614526936595 58
6185546484449356468890778147816995812301121896525935168313311214 23
4045364638821135032889698752484057160449107708677780217818261313 63
8339939016357745675651332980295479827611198643211635874401406546 29
9356184071002157756816429957140640129590690176843332764306323208 52
1708535573588656929687788758964548217388433554090316620605130443 49
3937571122796552754857412076479861502407657146581984436621911838 25
6264852056433657469013504258098576677812405201929011471309971049 21
9531148375087445721543653384057927742629193204580131371720204071 24
4866318999472138962337654589983736276158735781585360331422708445 97
```

9280504240069345984304263008366296853261786404572187319244669 96386
9645458668000813450733659480301242326231213378637516204311113 41162
3821111978306955195891402718787659264960161685788847622207476 15320
7719395296022514020624082173284337839351423383801767839425228 34838
8543420922407710561095891845737683852857561526673235888592094 74749
3643178565070553129866799119317599865899209289192178161757520 21136
5278611476782575183980292140820390001276072897685860081175231 98022
1153512294087657429774636867093030153335404250587641971050868 63265
2580233343623304939155120167767132665927488807247964618950634 57142
6756900310765779240374018379365078413511362558954908126229441 68872
8661458398376208640804105091536531227982043479819035101168812 90149
5298127829340613355972078387183283408819601592999929912109603 30733
7371216902464163644630487488196846456475709464168968846087140 95991
1951997325496572640648384392257225841251191876993962293145320 16410
9508896385206491579931148540228058155024117926155988732558487 85131
7260514430242572606947588243648125959559154046530236298407899 63538
0770765094855851613535414679257010574996313998691237197890426 54791
5624261401000799482383248941778277227188274065283629139201823 32815
7885814503351852231853887442150888866910120481584370540492046 91110
2740017027840870270648579984497815875976930580543945874780544 83192
4420197744449210170088418402429361131953733261888523414241740 62136
8235718037398815518569594249736273441280874592245748768241843 92228
1666922754159485500804945138226872679036285024165606598280510 77414
6064050005483487848781941824232148466781223116905632302817222 628575
7594630759353247726594206054296052398869285737478930791689883 70078
6644673905057665380532970997787311691372019002765922618853416 74869
1520336394858764677628849269409949528871590878062780698780290 61394
3374760004836145349603282418989028209452071652477860092494858 71108
8606578303490682361151831745870286620470359070007181822298961 76161
0452055212208305042948280278664554733304141829491817964740787 22274
0944712865590910770235793870419343965711763981889595944792196 29247
3840238417170401560069957035654575045013293386787871351643031 62436
4401978928150319374801217192232827989490260443521220210131876 14667
3680470333326296619586154492763352487257968430144013662228087 242188
7991036563096802886695557226651604825961913861407434105417679 50570
4709553156527674047832445921514135868197441735611598345832084 08434
4907750814255803855761152992014799823106094806549578398107791 06996
8526534395370798191311323826931111787097508631804617471544666 23534
9759561234403806863010798862767381382910777335923984781054809 30369
8335134666601107313832505289766868774592093583817647165641264 15177
2731965298912217369956970562103224503858375434527718783154676 50550
4468577493195564724037411806028519235620471092580936470766384 55028
3280675503302045862495677594044142652536941494997208289999458 42683
7707179121519311960934012422901648588197496347411904774008885 35112
4170915759259122719122000235950386050904234324610509462259337 27262
1341393843675364692759959541052984000108841326444717476452012 32827
3621758992141193999469484413695143696197638427332562852325292 195
1898917284524312385225429771089250876033978037048533448779558 31559
3667321034718897329984538801194738813365572524297519344287007 20014
4885967129553680412748230593461189971788069173854467145770011 53696
1231618059509781783415339900139848145535409937740499242699519 68618
3269926994632553715586922876186050606050706184073400056367527 53348
8603674202347515637368970388674310820986699404969050266947923 14736
4078711585810550603846251556323526324028254556483459933185587 66122
9766981456741954445106906866411528361916374914229625845674025 16782
9332444571393554384836295200022162297372847238078395312547695 32969
7841224676476689775050377870795458509946573476610595928264847 91621
2726514733371497478606872487465464845799651682381804748620863 93997

```
02114384003624031276953150134532531865744081940728136254525735688 7
72260231760244420545378366504721735640057712508300954139490386351 5
74956433805173257869964789327299719496026264503359887841770357330 3
00023432065491650366083213819335288780140443318771461129612999495 9
74389473956353448951049478489768312961734496506525968406089249347 6
47708994207282027014614871969807413291500568197160097872130332309 3
64491117781934744090215271944017370233250077397024706959185138767 6
51447545375907964667893301687759721489190304416223564578197194882 2
15265407483841217854917951524294882784020121077081655850191398287 2
52765675980698945155002422931749032065026270218368116580448447645 0
89731741413671459208326173540401236700828514142473989285506753833 4
31077530665526316843790419944247417809302602100031732945394085126 2
79088763229433193800342265764644841021896467735570178137036061937 5
48335258599049883870330384196376795448483679140018038163747284816 8
00767664754940394972396865390224794024215404538900270276169672888 7
12427857947952384037517773146608337339463023876729355175445149772 1
24385592746637673694393964857066192980863799567107440125850269656 3
04589307878805324388666730381407549734117196560422028796337791821
02288053209673681509751899520891106599866988852635308376193021574 6
89011537668608996794704094180626565501352686740815993886120322030 1
11594061182446399300482656094561170359107762796253304173748127879 0
51808361854605298555896292320009007305425858386832568575339513259 1
07804924211768041524831351887471604766588669691643081048193966139 3
36023890619475975599497748510875866796154075857278141937216203111 8
87249106055860406160999817711720672881994807515769271628929643007 8
62934601446714418560008931480844500959672310385304161504986804480 6
16583979716886941739364678410767440448687796901200703210042827374 4
74796211835326232432047358078880632728231585497047082724971877214 7
45215550400859426040451091208837343252915292653247959604257313856 35
88683228070140030264080612880060008898641916339059982448682187190 9
64939848992338301494710175080496926888824379178670615759344649442 6
16472571866238287613990869687156073082856521280595718479879560183 1
19773830270559923178823440384514602354072263007045787248526984908 9
41526094759583033775223934767875274104420437065612609371413726549 8
80470673824939312379118652595124683582804477350994580729223931130 9
72793987392361812631943096481898536859944820011153261842229066274 7
26540591773625705433761085381247442200491249632733186958760096568 9
31154532359221388876828824545806516753584472701959281934805506372 9
55231339033113407673474234153903577957829074523891094012992679871 7
98411698623419548183057020626582248467852422524369020135797576596 6
23705195199831059811253304419437017070854095177972071003190321025 4
53984009957070942503495150746856825980488147179013195437493294399 7
61098025368238696911921186015299676513178634812953731989724093306 7
56560955924741143521960670690556920536104484244769384241107340114 2
78316700302003015720229251048693235061688787988969301675060274646 0
04080375056756535803338066107458990020233373740299070189902028605 7
63751232647218642412537402434910892814966098167808853565253937850 0
54761967825513451930242937933658119101886946363849445012294396359 3
84398370881217563652996761776075431925954975718196352433073047754 5
33528496174798515452568060805976165223267351645319250326185637617 9
55431931660513667169056027137983054868737838614958230647405707900 0
55095614094148846646892516754902088056624848504548278924376071069 6
10068178033701718533779405456967726082477046081330935274810370127 0
29477327489274967622163267185884772368074416620126647917396977166 9
43779859700682687364538617004490235759286375303570179540375491673 1
64960133258686874457567031896575675812847816273181844956202742753 4
71149364542573327681432438939484704170121614743916434295703517455 0
06492339273189753185442216417129969425228023293004442589577706722 9
```

Die ersten Millionen Ziffern der Quadratwurzel von 2

```
97943828242301565275899905088901270972491725795179603430027 9087595
36936374494231578813909924321045963365728618941003976895396 25045793
09721764800839180643341684234559596063605140764089546204553 8940145
32820227843158604855652349218114981875538424592728130968057 3529074
43423864220673699052499869154632693592589210886976436366539 5304331
69369640177286993747131991421946669901881966979295073526261 7866098
05788458647648308227141198220445748755200829596720839536965 1934730
48145286544494102820335365582420692207911465212651237956732 5304406
44237954334821772596401045040552152959052371112839746180348 8849033
90326196229563405843217266259091872438043745553937279542011 8161642
96406991236138911467050840045969769640374114967073380135804 6940853
65777926309308797921364654985038386837841145415843769910612 7814756
40292011584695306813986984532289610168793263478338876889693 9535265
79427398779547470782734512094870210615857573511602368001280 343705
57255625628136319012179681222929269118918021141720927752996 9265604
10082331193447219766611841373699520782459591169068990193077 0920699
48814403436140507458296828125875278272639945513864136292080 8716881
30706863333830854547869605583603432740471299417082864517904 2564433
50944847645743112317048178036452077024087747337492631043175 0786013
31693671301273570108597692472166657343010444339057977426569 2055847
80409818108407733336140020516333981124319584817819861339523 8039749
93276983590221969704659930364551109698236136845714968140930 7152631
84937825998116719460774917159333173695518691040162381274478 7814446
79099598450990105397322033012235439745285280640806709888386 8408351
71818490211197897594836725096842939280047649454653794697598 3859111
39823390122193866891492010815377655224985657030940585193956 819971
71691353579840844267086540750698988833848166559548976692500 6714758
54403353961845164435748740811532588069232409471555444223103 3795113
76956704623279392250007706025119580019429886442116421620329 3140770
52939545392506918101475025262312875938399069835945699084816 7384093
95505924940605848447018372246732065910929094536639407414105 3343040
51450275049946264432995162753193974927723699185718024325079 9244045
55533697823341354432641342560206353430010389981604290292175 5320543
22504650029194341686140498875866881192070395289531934433348 717682
41700998962859352542402410701184621765941752268136830818831 7652004
87385758029661017971089549127570947046489759129639007254667 1883421
47605130167826403409147120125602598837513243335844131697171 7674156
29859478458077885114464255059160272700568192111366269662812 5535583
40331687855546902774658573359081661542192513661743120063293 794206
01306543017582598239468956494648116545055390624462725406525 4794795
20219701418780042911357850041499690353504628814180305514470 4499175
03150195660058811212783334496747320124448032344802415393768 1096744
82458241312048590792681414597406667344685030610277478316041 6556876
22785246875058882517136185256484722427960428595470210473813 2988579
64535405357603697315889368419165369032023057368360867004267 9093624
23796784531756321205149225137647815617416945610416541243837 5948739
90931592744759823350597374956768131105471847279354166515395 5794820
36289678773485797629754502544180155935890854389844222603048 6401243
18039638378885276773370192062902845451597025581202504361006 0011125
31944426879016772637322785841600719933913185599409074310795 4185932
62199463893176001227990537893419265036013681605468564329550 3601957
33799901686338997528893727234215754501570469769720205152135 2937362
95242968882748141252048116650708513692920803795632514256690 8780256
34323429587433403882136167496786404155767494467602605282041 2892879
62848285758752341071805593570366530432349131209079594106357 0084350
34219422627649478365640786969808554542081740120785882884821 0566140
21730273552277066888500781041121548046161417849974165352504 9361357
94776622784715986124764760047228960130941509909166246722184 9188974
```

3446712159743722332549929604977072630213917306544172980279598034490
8408396868915861769399585803474070986055285342540375073509629284456
0370586068684049519423181697170761556710458451724136192220264305377
5402844311919382804833653192149332092207254728250658040425210169677
3596265049665107341958674568879671748841821393261711657936293133700
3877565215890879245276235873420242542314015244933460316227830824277
0117378514539904213333472250867701672435729912652803938725712403200
3092222953796829646421621278521537960113662730309407884495890577033
5665277929380636468213611776929495190220013467391980977902730034822
8611981348454637791277238928661419785203027165836389215389038536644
9487612377064570323025580286192958672350328262768889772610126574777
4949448082657117472397475662805255185898256722982592832223138735888
4591571060658569485505883587443216904645488860334133481310661184888
2500007016064051337552318895374650460947992073000822639356409310444
2795749066378011964539607942660062697334292524617643860044072176699
5086496926839100108842089652109746735063468596226558328391252354566
4527298776620076222037148773253707040015552882597010227528015969433
4089962506795372354775399969591011236975856917720296567361061297588
0805077388748033783816190446450067483056138038527821360347455960111
8101278852795558487420995709975323379984269969548920901741966169411
8249869304840001017447672765465133396574306421983653365996280865166
2968603500158976457645108776207268296373886702070285153964190924011
6142823655162402965065357258766519246471153581087129553933985406999
4103300233063457985531065523689661132559231345964832911856767230399
8765889768774970184798997605121881323463261653302638123863659777966
7403321819665054096123706329371639379709827309858071023257201277744
6635008975997510488060238352765077379230929441780533332272777965774
3119858401225668241880219208962831996393003603841114671336969769288
8393448491260264348906565622586605775430508729099591421132342474155
7452172109972648980736889017013247188835121208829639637061214779266
6123005505171029845566879298638206301609897310400633767083908051255
4503690149380437910824850828159443601358474584092962558715184121766
3441019732004455371912921548882716030331710070588809686007774174000
4553344800079076113347208196923527364071323852745870981967264759755
1223692543944247759889029209622400036895928342730168082948108228311
0198597028237639080020869120335958897180264020847192430169354733033
6541461896240031708113739223085601673505626292414646289338620503300
5522009795389593835363180979559977086883635701268703145319801812066
2545164100651181216908335215067949416451730403959572046800267295055
8902551514186546611384065682137273800928442672589277614758214321599
0838381083256882000277715553489437476713022514195060103892138963955
6690293131488923991426858415999174282668273054039774514283189526466
2293667144844957386402914676122977500181046172795906506575651332766
3810166190478175866445665769521486501876856102642541973112641005455
3293006839767470731333635918442913142298941080344353606564566358299
4048504873317098232401727114474897277035956819063202911821042326166
5059556578213332354665448288435906176660579058861424881334635776500
5904146689288577644032917704246171539194379785625158079514847796699
4748214023307467846413978466283542503862354863099264348041029444566
7352969876046090638178096530698269038673444088353801671993936892077
7940468575183815123654472868401670402707588454737256195324341344855
2609903557102065058679085191379715862144953984984023500411236353688
0783813027506918154617357382476247576083210096236368558697629778700
0953455658713973986324463091329420427369624253502348789753435519322
8147856583612648324980921965225169482266598311159835022916913191688
5007672722037136422740796179978810371204828596003143326843141684466
9612583652137034996170294706733835294219384325563207785965014593222
1759304992315735811171620299018101160802912597365326997489935781177

14   Die ersten Millionen Ziffern der Quadratwurzel von 2

```
890926453937695106960835636964666908632133261369418802954442725957
036758427803349634401574136767064815209147423378181013304209477479
603031281914245492488931706073435123341575415823991861915009487681
270693664076932568487035256589626194849271556671689039365798226017
000651861844156593812177985717355804409156075986829157259752227205
393440982101817789122843068592282949069589653369796636933509675093
566416810053010218058991844283084544177516147468041428961544543952
329090105800093094365259910801197140023518394513396121349641381946
888980019761200714423284974551915971352136717259079743100799256777
862693105827705007927328057219130264258627625438226447256398317579
672160608737722707000211383634470426836275780864913835914402751480
434592898122034547973385301745180364729483484180893408909754492306
224183962125687078152848871559519929491655770428252192963628350056
233295675340984337759820430551727471439465633616787527407428762750
431745454457020402401252976164436649771893311823574438586583115314
899505808029502067644353594485116812791408139966578732298849318213
999238289018453372945652410384441434556407827131462559475948024849
358397924242341648181701621085629510856860862854488298064661183419
365886457632109904168712029069324966634820415991689866437980848440
031413423221721816588472601324356712558524510581693072846569177314
291305312477189440396949896369974477897648609233072266451704562537
181861273035840595451636648956104373300737712722792001565679953780
312472059742971314129812594167703085271810057454304123955875464065
960326911946097951513448828080847313734544451122987393090658853204
458961489329057930452158175223990889528793877553188106996587993204
339705348998968920876737494343258634997215448552677499657696779353
282746956513157734206650829818068858193511512723382709369159963092
626219846068117989951037772265383401890711111988867376398054469146
749241853019378628912764358199547234052453122115015587142011411374
972171926059633275477219118436855939953219936912206821905271 6822
095132194104553921005906743148571423144596303171710005924264004820
075398286689754117734731085931393315018379984922641585469514666941
537005433593796461143682055312126651162727692102387308636872620555
056729294175313712034779625567845049020940257675630584297124679994
304462305910173994192049501943426578201385854063888319578434163691
881222433892383511437432883462883595907460577093781626611997342538
515516976845985028460355924847783918179869129025446416990685428988
369319611820644335057368707024281107021668172609320522435330267075
330569203332144651770638887253973735002715832329020543641761557879
085806111808583975848034858108796594902028440332698850788850410604
672230917125477633977136857230612434938985699150256722605084129723
699970048392506065620409189695263786967879803920141504828737905887
625657805500052429062734639623756230546791186200016356041989949795
626243092720912329923575466535776989381703079170253241509891565875
027238224940862156000769560611069741126894968554710425651673417186
059523844231724877377084623877721935512792005988923699722841500482
610432480774786559920699753975746365037944496983631750873754505132
472644874827536230606079661522867469725935675153815751495225657599
421353878330715213388381287838596037372995200109160533583875276449
747619863581621253122815018129059839530148245254145574545262127381
885733231339284639793564081420269729234901283920258090514912618390
906750618845319753370206406122943044442758050647791597493365734015
339263976276739633362483322935744401188083111694414879316900697748
885393537311971733089583966445515230348245081242841627931494543223
205893191788683058699595031220355252145614461188442169245705154832
939161261219998275052503305171366608942296293255619945879443903189
766309448455165753456256105795921957555359998441224232884314397725
555958907552584226814519448694512285358663934964649098196986520872
```

```
11344500914828145755889690366326804913166756611185321032017780566
3420253234631147694278791231386635417387358695733618678606453048
5790451814778720733980792620300872687015118536151881684187956767
6174341165061888152624745762334738306523446007337262281716288921
38995128370423109972683248240468976071261077292767386674853605212
0835442644240834674890726121983208131366251285792093793494479842
5529809923102009456786285159433526413736429886205184199044485242
430654756041892908368828175977533710879452379170489687389963754793
010585835172162411226776712816184744797544675782426325662088509939
746700673107641466803593880997829686113982143375452054224394455515
224552411056742885069938844911618051341338082989463119569447115919
178977868408695885361336146527206843346712801595432484005956746431
602133261804902254657602752851258884732021328612246580728483709911
817719811773403031426485356570075858771919282402433018024448942578
482779944695929559722124686067773104118884920334593870423153518023
312228985835825570094218328111558982401209927111698284398706944918
607585253268227202446492889602729069181724346832639982371358042621
246086461059718333990048700475041870496511020493535511469207023282
048589042226899632951558786733716744567250759453855233688913964583
988114356965079275107257281829764258785749466611879578974777334633
593885187835534331579534262954798672435808781701369543041199621598
530392188256374633299673717884953240628946918896654004863122 10
381412366007866704528294561530739712384090584763012937312644259673
745168454523282008773190861606616271104375700363753673287387457040
863711790281599999873446044002096374929803079521334396510925 92285
975378753804199090126922508374912552078612628829964493775148661308
788030494559367121811952027914598237442990214066967678758261784857
116370525876411017960190069423464105233600671725615398987065067778
754696715036601334187186975008674356777142058842287072890477013587
751344553726974710256893593773887124243541246828656182201589500573
631487470845946145918615162037729287750443524204805449123010668298
046926130094812295766751972773601909026177966586990069097664 21389
875762438801429139484763447968088815601346682124774340541487782563
092648473503800575923233140044874294870719979705193242255656045511
091823454935700077035565318459784468147965138218115307726305488752
885084251997308380549931262272877356773415628399881469811212593946
259466798569049551413395063484292114082029588551667216821080564298
245324207780699856528831113283313105423047597826912011213851120672
500872789053347204191642846823949056926061337253510590190971168537
011742349556211827112742555700022702113375156849487386854047616041
138270629785480152691116348168685282562314690982263659384134633444
245444171704975597607839773388852552457161217007807956310666737630
585344071914419759822295902836867509851881258337629363683665510998
461565760457789663513733822674582296800171795937627401806167784902
286116017064064847070438886436602221558180176298784121234539270109
320057755406705175741482554687565138497808846429901514413955136600
628113485654254210687663936392587950136235304439716895383783140839
391077509927909304861533640183984476834640253857687815201939752103
253627594811855788996527273436745764555848454777350058425997 63092
547561143209824753436091481611774006059223825527519256633348828676
747120784622837671010162369029436466046792250758536810600328446711
188370760014005975849373630863654333741977367755246992586530502773
502666067141915566668646878865798220901895278833167012426169 7490
943007737299523804441494949090278353108664448923772137490068192050
314176278658721555948364983867336045039915322558971903192823945475
847971318704837628351041325911059427275780767619084740061138803007
285160895891924096067791122362306539620512979347521229589961764351
69353494530047153184863668413243894009525398632652004477117 8924283
```

16   Die ersten Millionen Ziffern der Quadratwurzel von 2

```
201037798653472199045728454158518159840872861693013221494059219286
879970979419002137531003258316664068467022616028659003864356255053
547960719371366172732287964570140250993050279146425178616834860501
298537048289185601677357776054977918586432126576532854221674586247
820858029502512745489887621701578417986064809125258689880024112785
222192162068347169316756264167414289405287129458084848157356489635
507657892427024622932995829882391184588896203324279269477664825498
204052593775196216529901268728734439090539366787590081114846472765
877896976100319210269910132162062301012710045371083150638065635340
568681262174115849339398477967994948521874968227422723906588455097
783877554699570618012485665729931806079393161804359009347873336456
282811286843127064221111488812324277047497437527979413888105075124
775700543972794338828801303865815140172361378687501563559353615878
104933384615806387257121693321983303131412733546547559823902593587
877522905026873077701209078485266594613816513423351252932681789229
723762157033945074217211595658737759824570525977916214918557876911
508147327312575422747161655592484184842005625540213971992969941053
902136481835014852913121891424936718303772420865713793625397625519
597636158798322844373997357370356219297593867608375288539267280921
863971750936043781103907716631388799532918319589493859224423203860
685237945672032880038076866951189335784715165708970374103094508667 4
971234935183476741378130121760427899365338536330371747799023255937
310374797457884886705351914855496977403274368623829530490199277539
629589093182023949405653634887637203041965443859987526787138414954
684265289471620317083400036608826324009168944655531719537876534741
119669664145039337663273022670497547035100982409230193423882938232
147972297058261305081557518190626385067224341422002236244316687167
144039503432143823883557088057336724805709564329970545677799327598
711558653323288921565324814720261799370076976486359291853435002067
636323139456947225139330769377498300753416939815966644620500913645
446488833444141314552021266080747179803414725149231989737306203672
375417022536593464041888046209337465581894287471076107615179014654
270581140373763583598308887773919638189029751464541547507518095416
232143083811067263490569633598104404585108904360087526958418208072
592527621453444569729259187580226030849945118767846551358390813469
785827939550861364203028683618534357428971306494816456517216609361
660827809028761383265584227133303099910750459526790038051658825192
945961749929757064993025502122226550389388666936111027054329119601
081699282383329051233594538756062341259761631719241646217107796923
478304191894587056232420546617002154080579868302319460379844552246
917524750145021126829317244453165402226261775921542670332909403493
148966654007655730238445952940851114827279003853411956057854877165
354975387731149283095530706324970232586873207074139142949914726976
109660468788723341432309957169100477941192005743877857653029103793
689140307619712004478181786973492407879103732243924549288110785 43
975498371864102365049117614464077374892303450348837494023509384012
173014909671418997856055063700329516054601472207383944013497232842
950684192960911396491806168737927113664481040610405257586205327060
036283922881916674708525662667303949384846876701571546115648249 0717
013890041494193962556246462227078200734043324672236046243714461142
356716689910569421707637189094292922456021875528657514688363583494
305503287634446254482099543250409980460250686697003326946331455 83
171527961976246208001895426334430564414481721536790138970516434914
431287337628196396949016893462816990167358629371844462871864444801
699854670980385420478216385743947548191023469482548601663301980 87
118368729800561059245542072886772323957318661085916483932358548407
615833949210922370242209630511302368743532847642153127218710813030
665385474424511302057281812397607654219548837224165106784670512829
```

```
44728750033803706798291529337395828488023878824930675463927372099 6
57801119457491945895206873223465244987991797319236605263327645628 6
45399128609792029614690627960258306680249631570382400392999110301 3
51062007028922768316723868014416714183132091863071816684536279508 5
24014934360215534044594426589670464886892862229457743271450548058 8
45728311139426809253080105845275963991035572739096442839286996385 5
87945062720920256613591698710839283908052348693929282994029709677
48384759110161341292065706660197152982109001124722391059306584622 0
88814970477532141312437505907099415831193331148844925903669876396 8
38395430690031613957413456427311392840698073499984178287368555008 5
64510427558843091148647777781295418647713933295957706598482904595 2
28438725104396033060302960232592302508628285732780003826984618105 2
93010746735411740814210589733219880869910666138872505231021034691 6
32195050702403687848254940529416097896539243786621386737488238456 1
42262721314463556120570366580651540590164008052626893168416859375 9
61614078211202892265716000880976426509622731088648435618816189585 7
68449274666776633045564094323234114933767549856223728347524928521 0
14958815443459149517673021484249538717438184590079856459996812246 8
83966825999505869363836700571956697919964409109893292455885323840 1
01498752899302908965581161533363174901670874317500776218214285669
85929828672993826071571322130230313934351816834234982519631523469 3
39886049018990568761063627431512900943798767888777636623133965111 1
28307435444711898143604459278266921382087796712254411318576492277 1
31584140940661991116355648346741019153064537160857227566092308130 2
05583048918712811047389126710654316021952750051655714032393258913 5
20641527541135617107306098555392133178538476727496244936707655750
13357632971934491834252871465807275777111842058474930282769460591 9
60306631979103393125566271794923611570200360465847108259724086413 9
79893737872126139247372852786367829890691979087226327646389682611 0
52447831296233813727613738019477689164311109710162348372245949254 6
55241106518400864641465232246793625738180780143649105388210111812 9
35670418319936071206276816344258157607739389600386697921882735963 2
03630074190872877416490565287951120642599592880191506432436503060 9
24244485192387881920346982159626285741350993602038928740212681605 0
76151298624907566328174635653827493273187031286801776939138725411 3
38762465955001438145017099893267148896220569238023855665732480710 8
86480274909898713552114547343656474452408065145479558821678333164 2
20893408255071599321300024463444281747785893042738350055531420523 7
59387925655159101565970434605078596177989746944008741137721793693 3
99242152664887960316031796662650620614263818569139403960606438837 5
93585837846399044106270420973370160273130844938277110253074497424 3
45238162658799791933247797136146825534509512189158193508993653586 4
86515737988561636530420140087131537631175981878584249467710013784 6
60770615127970109000481726366460241232390426502788339065790080498 63
47726640740506724754757334436811709605181538991090726233708854756 5
35489381283543146415621243832439594133918677543744535426899560991 5
41893906587487133452044010720626931978187932229319808907501900801 3
81576981916650864110438938525548470067215158152509223192854367106 2
64073049550582432627125670363436476210666993585461606741737252967 1
27566079750952961592609612035497076935708481630121503583298801379 2
22445577659773442174269762188542020926566178276652987242826291653 4
93437854427232247553131196623943972439195748465440460869882047305 4
86727401957038526768935274814200211567683023855099942667859078238 5
60601049152687413752577829378503142451053451143103237456014505605 9
08679722820064822240398144026047616469136340044180537330891951723 1
50998281036951559792673250552946211927872818391093620380993399928 3
85798030988834655880015672711641091715461043075813477251066803805 8
93479896418202662721888529527288173687994853658139763334453743127 7
```

18   Die ersten Millionen Ziffern der Quadratwurzel von 2

```
77435782955353517547822562312639990869205929775270376103945382624858
333023293065917836116119024875524186335328454045130848968387693636
827389672560221196408321221693801474898703597371652888587086495348
748766880006809609874782238544009509883409161540636762250494156126
329519263134573203663622717828917597040030424418772834965416287159
372132631975620808318647207226521754947436756635803894716635981326
906931646801836233003484094210158268295153001966407338849213705893
859609200842389996924917669201150067918046533762559389178422015659
755312368527871271070962821136560367634648332331128413724245316100
181824544158850024390673112370786899675212970675041162786200416865
311322548588398440967654056300915033722755379566574974163794734922
486144211356137261620405459650594808449381284113204848633711192201
324064783708139261194594869273106468379217729576075311289150238706
591658277045634035628787325571215939879725009603645512870234793741
645714504698048089991734577889599026771746706321184944036870684107
564734453015108067508419942032239103756751209588737435923721913108
839791570550994360314281715562897171420014423351400761441651875811
121951057769749660332928207121257415649531570867089698105436525844
918647327304122603186693473481407128343277073204639505031038441250
130676583505943728936447590117715518706036550342721661448638756629
511546235401878714626634189846375820626477491175621127356844678074
424043275567119168273446469411404778258055138031130536065567527554
103333041962127110621035417589220644478793925221159714574974915567
4140897417329888905336436805825620316272148526835067188378604000
863892589033850283743078871371081664191050940051524132071826988755
924805495135101967896696463397256047512935080213935397920129771889
47354429118904148008636344022509636944236934896189800464089835766
212291548935877092733510851138612661429992464243590597893144210322
098288569705833635601234099214534795783230133759681041465266015210
093927435593227952442553013703620415610042419598608406139270335410
735434006252045633299892805430614838823536534522358071003893231605
854691630761985109515287052387531861268385072392998741553809306851
5345515525333284184966102761914675040714631351705305288035419425560
303067011913004471358675464496475415497508503815544384030856160117
081505346878218400480551805444179808696573397351735646390878976087
299733868703870385069176289928961332415738546163320553537003503052
899958618151442677115164286428357869657428895568599889992883611411
929421000790621865240492339437145108376424233854265824400866981470
086570759997412336403870346002237757482120509305874636318768011968
144314663880616024056632473777168572740211560895636420841168522765
674964292893977414662394104754511467555736790695411864644115114949
025888914750145249954729418383940109618809637159569650704554780224
0143786866363939548110121442467493620785935691997710075325239021402
663221366377517772617172568214133836899846027950384239563984348431
109223848746741356389009972324997968078363652965442721364058282946
918187063308329281662632216019235403217627253506032940597704393617
742542690045382334436298972505667736513346008337071149974094079613
541963068818390670916760034097941624949803118708218586401443752663
808453178309511804328729468381882554208375454770168299455298243415
031427128586402927945841782582203160882958025363372386923569989472
675781207466294130465544026115987505645866914010183205266254946208
836286946514703878374197051951547125339451025034241314463031428262
941350053469608147097715390093570731591291626153877912639061169689
542581722796592299896766763688213577202873456201910996509903446644
925661788661368542829353394547736717371698953124196639226668363226
490423070579161215363474835676531612521164201095143707330520742593
996022025067676218897268895383049089638398106243214119257581660823
172555957207878496937505360452338798489113004693412285896535817462
```

```
43385686295299926025919500486100483495750652354330516151990732814
07246445837261781247867579877817219431863156479302872198165182535
49311445438288377360063644940098751354216184387859668748054717024
93712232036555563495667066057046969790814649394348890294472522332
27593752675681698883536712592461198100505950308925301071141266351
58160100815254484527922758271441782000590007072892166342074693997
76568493359149117608258413878854021412426390559442631332252838209
38552025033020446778150058628697685233839955279654482379041420955
63045217769063296417005979260693495080098042944490177054155555028
95008000511349893793702855412583644279730666912944783721266736965
35341420741567358088898651265773905010144524380554987094858144529
25398818529748316642433091353630280445121136118098716844314965476
68170938600901863586455889061881457366041954357727571273970311037
24325324950374558968603035469059804580090524805219475152065221926
58096781987656652895186309440013208857184276942515309266731035429
66107242264201241732812498273402447150889383109799379910419182336
76042123295712096648980044195814436662613566788384451163564121050
63499121237309751046503671948479580181575680186456961175286074874
70685304584698436606446265137565940679417063035379519039560892931
79933445153979210675185980974956733933281424222090810427454771158
76076587830860902202981967936742213975623534393548085257919984602
45145021013950681910075369181850234661866441101973044124190858102
59270645710087625363831863882731481787848504613784262735399684473
10432797755507736101165485896187385677181907313499353862961596302
90553129544613436226392171659795617739060444078750781375494521197
20847830276322479859545659055597237929805679828846247774503198212
32600272376273885820225987119515047344740890810021461220868165278
32503210997390708914454296879104063478906373235599328219213790993
71630310742537764452477488100670645881331205355273880571508085803
61469168511670424095558837349390958836118238734811158941351383529
07805406721655753264003693913508428673605329164809097789370767899
13128882349643314278543581180195849282875377254504318313775394101
46179826838253193811536191661317279280518139507267972687124289018
22507698846405259619916305924747346357816446258446073991683022179
92631903145266482379044094308939163857932836408221411626187196292
95484326749932248478754327496190355468488669574558723922702549241
60314553852383526350808752389730129070965128819578594516557816053
37278225038407540163934862986527031401590738588972353511704285313
42407850349735231465486310067852600521595281453508340933008390413
75657758867213449063640288173212019209135749733325170469221941500
14471326906355236979650609561951415665892139089662497043235282899
29805024512655064676213116436263887905970609978870413165188483706
48887300507478601888978667230911883931139706583330234962133972820
96218688616220094029709016768583862050464934781345224948478361305
14075439530604332465884183948855617186154189335037697847148187870
86185200939604866263115996301987676545932578205356528640108297245
36952909841090871548909630851101798554988191830083946450010530444
52548210410970690831910012581196490493143065735807449229897900646
71324999784097306483815760458725706735429321340597788898623705855
17237205205614350047315731350159823435072689341534060270837847653
67579346480191048830868546777061117145864950907662084950470168542
52271088937335678473020979847298602855021636554628958038507668388
76677002229381622149463469793573548896334206807954010347711328739
70209065753246144551250071037304912534626222677775724259607280729
48138099657389307770964551805955244060697638070728773800739929665
72391699790179048453839877268413534077275991154010206593953411520
42920799065780555052439106245647266950816016694052147051352827163
11944463112414142266043700349650593263936040895723863783024677380
```

Die ersten Millionen Ziffern der Quadratwurzel von 2

11379840147326361001263431126390140924375477317813553134996201597306848943774566269780564300502551184270682881699564099677307137179407629829565441035761519683308658539087109890857215851489397933401139371637739294787678136707765976871549547047554339745084459352577036018709144908434300255665759074622749181786148462244365350511291608781873801726694036651839127716161427785601297030604194480263605714406284882090304910087460989076455027517338881931887985748031168293096559405019779140836643136383913636065743041297671875428868773637001861784893799573689253759501032324554671033077741861776512215075785485015600600460403808821767916133958888153485390536835835657339024112365423397658088545673748305050402042558474788897929073995418826722566451559993497899280088848495814940118115211552750894168405497683171584991151734260977225012015339384659871905825822868058133754618304543440597834451541483546812250645197857759761803688685891323208833122479888073260252246598797687102039781234475182479366768436692996581465409088782308410611840928896816007171254951790836504885471999187997644447908855531737156446396563321503677153353006388026951130062064124880591235531329439718712497678981468012304904424829482453679657744383920239075645332206776354385387946571159128896702270164368070981724169828014565707214759866985806517002219159466654940714101733911549012135247135278631238814876614272013206422252454842118718010578523750475237961380061458729999350993143642905906165159387048755156102905017525790236236480539154631958686723847892037566923129155651355379091575744539779840678827873704504373117828571058708693260059714821857029844574434463623395618523427676912525342920269065497877383322871342775826987537430368613247671333377253498843062125308614887453701587917321644809103887259668227305918358451756614873025344364318290838208660163042706369280711195499400761984041535415932932349526793760399350014811985977680460351409881288168274321120312755532635911959681931760437000223395777227822789676777654293747175665570323716646532521841367635397863798115254416919360416666421744014134934964094283972486261706904821077465746394680833768216478205558909355085294610029185179304490770558725625537757212052489787929147933600614693678462364990755512473514853196373285871566229159881873314976325785177210948254087129953767935276586937432121237834116756743306492303680458717490378909996726513749270382954481530318182242417230891447367169024471699112453377223231390721226846962343899613542568462372702051691504155236503949540139070679196294024187034305484220489360393887701401336664820293581003902076131179762631998694075966280985179981923571681729727958172971584165194808477975542334618812337538254765197938659676560469448068835867509275617655240973271443355776899978990945475120729586246378371808736602065613994493389368017736227725372746427391512131987410589681487528774226140833676530174604073226518377660042609033365971676933602922020997701976817564801379653795218307356287379169115387396154863258571271817509516336487103991327042741654705351548584965459444435286801256652174952697969138994545310374330792467514298044566297050497881530751641474639821174057799629955145530874147995518171866747643092007954795853272636590218712994086792997624654570868423473300153262495302547647369074565097612103227183516760398710201897827736791872411592539270191289508243483511487229077611798226743343576697940736060382891246942313048359927651266304216545352176332127866323325971205838366275467838765921406699693808151990956718131459262308122164003985329881546582720756311861301678630187336854793907725885653684331985652806187716564064084600562681943773758995959619880697928822444571077975372051235139967010341454266557171426397904274674997750351718849028420008473368956044791498759030197942542265996242194450179829066500799736698795587021362020825679895029487

```
0920632420126721173191214479949265005695575985546097239901804363 27
5443242190255872452673653414722019854289754295454651592088626026 99
2714022968047712268448228609893391420797042355114650295604164917 40
3488057914421027307843486010126857033488727387049697887242824715 11
5881386185942519668645021536353148789088102010236700604128972559 99
7469308259248387038064141637716166773093657702048731952554762825 37
5376054103821030367996185905295370821790710104198511105716823024
2180385399371483109459596671797901197869665542642281944569245890 04
5690222333489270968488703276700077176107052455037109601530065460 29
8490510070103110348107991858636725843214018082274806838508413104 20
5479837746138796836579347360830986329144547511177025173800915626 61
5988382456648730723951056117559905916171776163457985736230346152 59
7963518434759429346760528701699140452743292643758404168464671907 92
0003118495478629224012573750850904447643004495325286210731036039 59
1737450542409800452787755580818608277980385873818007253155720758 64
3989512574295417462502697814949963632961012951456585594217095306 98
2297251890048316984843635825672315744829540008470195824491638174 567
7287832173494462975756610628104032349019445804366301636854566402 39
8539588021357519993209567319870508587690841600724047423761801158 328
2052650462381639011329720703771768189676527724648919676746120925 3
9036805203406910423530239355970242860572250468175252528545877189 934
1480889611373864090588711236077940453192423594102809875999184062 36
0694661516688367804658822274918419315801491903181916988028884873 48
0304406230896532954760585083215080012403532920004935164461824565 89
7541322243255673218026405614361854176180839629514421717883772067 95
6041181594208033251794369822511008514902095971570615106262301329 71
9670289050862501262923472252326951792863479279694941341000084233 64
6953496924871266415719243746095428047526267343658918170770291721 45
7137688125541033173514829468819890079187022657360187073846816491 43
6999871069846001916890965937202418850479724357283763891387527531 36
0029824589318588876925612198825167294027141662741101090570516704 04
4024080714064988288295695919734610437733101144769147526291069885 3
8251370383535780974653904779067255016467803360181679298874314716 30
9864805794783625496578337641768867908798352746023356762500181786 56
2940317670366273730230923726501503186926410769746885868437414069 26
2171643466255329161462955332591820091868779652613725643563306569 30
3280005715654353580923307656579577201306319388757932570869244280 51
4658717689743000692053307220325138862014097978237009489633055978 55
8587849311423831386003901737861755220906235681003293744085341264 00
3878153965205516755686390448447235035417669175480615380464147444 50
7655483851899492641724833817165094163490881349455121146553699789 95
1451412303013648308865598433415767783030640765099929137596593773 28
5284890095105861780165363263836034603395809111783292931386020135 65
6013902505798628455147839070634071484914541613315245887642283101 05
5600622777141078266253896703605654548197317753107336837589035160 500
9153672361325138128018716119307920122583597643837303705921170542 57
9534233581980153185151260429489826201007859240316938280339604726 80
2585012932495605604246386400643332167482783972213605148402686805 99
9428273598411287608841108935078040508580061323437388008398098405 90
0542930301771838007751902817105259665039177909601908319749260232 03
5602916849270034654703150570048937755637111264094341561671575522 41
4950016273569676725372199299736310277397549283026662742632525460 5
8403368746037325321293661917479640045506383863939829482369837875
0924533977824317875191179847431936368164143014727051314058620572 1
3349442504853652826086444616442284385029855736431912063356549393 56
0528222751376583300749859530518729179538247094604229850711014167 90
1785555877648983826108043930731060045215916578730809590782763298 80
5606422923212023207785556153105045027073177602448313854934047437 97
```

22   Die ersten Millionen Ziffern der Quadratwurzel von 2

```
03990426472194245081810695586486573927624178613863402401106041352O
26402662727135022116124838758540952400872014214462003929370583436l
97576481019267773634002215431660081416061160640995270896229218288S9
30991787560903171083557497351817308836315172918737386698062090547O
24289635589233454592571183695513439603353613464486035196493890255Z
79396853650534027981286803044996293254654711754305876107969995472S
43611613493541234088929457834056858566597253673176557256497694857l
33054142273797582984878705336243101326395879860008655569101460056S
43697818915923790484504172272211386176827208260163149345105317896Z
30034308562997973575201294229120391135746597393937081862784548327O
39849487109509873607449216379654270600143612989064171600578857760?
33042307674963549648599293139697135128483938233910949167588127609S
18503436730019811259069796487490901250549746976828472000553837348Z
41411931946144035624003740911007021800262208945654654127451270670
62169714158728110866892283179740356698924610404876326200621906771S
33627520401636770938445715348304958919165088092755901140171005185
75248121483504767085020112920564624109509701245676160173843285733Z
72082773188172306247453368386893615783397529685780250250333171972
37773991740399857825983521179543913002740409667091053284265071339B
05230340014103416831698768638549554703951339378965439153850025036S
67010030672218112617115715652431966179249286065748786228769724774Z
00779128836498967094980388641728130423589811192782824748257469110
17632630117113528812801038314324802813493684523986741331047795742S
68355088755495752734885269651357615831493756710070034901352776049S
66457901416645319959574974469904335987971996950532065535025954725l
19525724480804009247760329669175706463163447530864685474801740459l
02398530145544357791297359610903939709449797803870632953189898664Z
47359223668789143745559594694968069281187299469127784323704933772B
82719772601713197095363315172659040397132878904056511964061802291M
27136220442007053539697287187384030654689749771293566238982663862?
80082681900471412422003154158250170198907990430390291849927767740Z
31149383515996132359915896028897527030394581548554686058925716687?
84365599773020685427333836251795736435488710764330866849761643393S
95832018354245360808482085732918191056364111745463879494518834943O
82316284773978565207368969334325050250436900909851852888749279872S
47282241015695303879640216684095715413326539361378451395527352942O
70203087005459922745754523678873686946530890764964283904057658095Z
29327706620352520332187582701937202329146321104395636163450956902S
57655681605356623516437808930696373287778538102328486426846687266S
25698198360245534746345397303483817702775174023146485590687136362G
66347792755931475900447884862052529926428599587241086470392659387O
16740293072075223624763013717247798201345514618159578089178901272?
00189166373095118427306152744669942657918888891004820762432551044B
13147161553425124889471171414604274991283651157749220077079472598G
09864961859113433296317553943351109304512890757363062664246214278
08791690166672347976788105603255886001036023066865884136930226697S
99430491456042174685451712842941904983586549824881549289230213551S
29325156730699100312584637670123844499518775598994218928084451700?
82150373470241370401909018500720820582272623998721238074101973880
23939320585419615743863954886476480466406836821662162955090624672B
92775498684792551449284507062165229807118061373068357835524421515B
70422601289795491552231355128311452666922735734568074852693886830O
72796091432020066141139042393865249370363161112216201292765784105S
77312417069744162566703894475617282362956728431447731529433667004Z
78779017769427383111055900679808210716091899419888507082116202?B
85238137013430658509442719275185537325672811919014776236383593558Z
81781177304166418054530456309784513633613809163470387909675554130l
07370809866501973664840305250816943191284395646243715392885266696S
```

```
9349935983418089974840846377742493511312821161574230685317854894936
0705628193469437595499671729825850161001502467657841264221268221765
8109101129003956282556114331899516450270248330700747553654072247602
6249902361050453233097146711328159799639433471852799121594805159060
7304460623637463418896767032921495615344057825666281602800564492322
7622338673112775727098708365441661018481422933532988826492111649091
0087436949216836020820346696252926586205918481412527158389186930391
2908127024087291592662803975635633439945431421946162354273813128752
6814095614872224550458935817508911406285606102817357811107439867231
1223321059941201197212361806759123546794011400263545698434812670982
8026043262759366462123313236210893887124780811461307482838181658344
4719047220533122464448637432189896213644148703137443511202510404442
1745784074075092811523087432384665628478876674176145959712529752971
5181445132249752673847133725359611551635231386203197159001722842925
0069329123052315873290295184553726154798914016999584676698510909400
8132669106125081935580973666281996541935844657740768891630968823049
9679153080053534242772928140157618746775718231907365909358743689564
4484615176244700466869612359223621114738492436649713583349472057884
2738616546278520547695516625982419106611044135038798227938055737359
0330159081992929793994801333358747767559226766259739322113821151996
5835177471444572616873158903252508706873219373367509612273572868054
9279733972905455456454360899509111731385587059175514229488522851050
0108373460856579002954811866296182999787606729790875200945937054894
9359906569759535231618991122931174581660344711105537997531595907177
2237289835341404214597891655696311238154701167011722306748205790613
7809190891639942099682490067560964980357200758898352617760091071676
3709719138891281835797212487435420568516923556588624595104782466107
2835461854056340735525188315758635762151648873932239030655171426138
9971796832429288582707009526905473306147378491116502485130945450912
6033053054973964434917048099061678844625676786200773007712326096753
8290593047293608966125133534456361327907603159765861590101588440546
0862593306479526463377918794225290021718456555024880721684293546737
4902928722019069086554503960955292597637953437889442499420480601339
3924287140347282014898387621020883010654991802648170984845379785905
2528686114316016252575345843653382749242051943921022906230046073658
6549746292237700700474505994846662675221907297074328758598469907092
8174667993446865230538642992139713708083927437673121830831829451238
6419194750572634007350638924691827118405847763903455050879699988333
0044098791860721846535780146828560841962813542334891143747396943635
3478564236917262978995421270155332632843257236875018729457549643820
2644243174115267893960070768438860154635527989366758215234394502386
8109317982749075824869622360611767111890871804342058292895506492775
9289820285525402688188785922131771261189641158762163882845909013893
1830948640878661930817086796676021157569006420065139750260464611630
2603605974333875754933295380822388618318246874265456305537601525846
3544421723037825491058534672711364779057972689037224033210258380759
1912279524380409336507259787759309092633859500832118233341507344409
5853656184391234223032060489868776007711121714602939663688393967191
5386594731545287268963341648556369428116381153348472283132434481313
9299434551519301558983595705558592900074667994263611679214491545952
1961737201295830225133417017195138870849901020760396924117949339475
5469467117645291421402556429703764404347259928659736662617346278654
0014938603923479327728817711372851702741489192170507797106565430295
4736853151878335749534928042388057889935402774490884786971241913848
3130690573335950857181854096095130623235719826584874883179688563594
5258539045393883134433390294614682698736091803438697528165715734312
1270703328979102068414347064025793501119824304090729618607741587079
648616
```

24   Die ersten Millionen Ziffern der Quadratwurzel von 2

70705848350284881674753873599568268565335647313573522294854346387 2
96997985989891775909214993299692627985712522018609317243034600614 7
61188215107145425184736508942790341374239278988744752855203158502 3
18978480791464302328077640417736253936737111961595382027059631440 1
14447876020127384848502076834427714104333622199459626256164107906 60
11515993186681769183719298879162076480058621428954272242080188259 3
67261454134045309355722678425711367719434831032421280160926518216 6
88831052693941842923659023810793396866392596818467783818742800618 1
55118827582063002724088344653542486094668161520930130815642870743 4
49168075010800809902486603784183169687589604044612227317821328979 8
25427220273711353527767676105439871713579365915021743735398902382 7
85092385390121007711097173382659723363233072888640418317527664261
08294970992761443773887651095053426070990311307074284452793998191 4
26762444396658798056130474278781320374590353803382351596548127835 7
82591728560143235471359107776182068187905527945024993317386494774 2
93873577913955013567581595816133468582385123076141332744956688466 6
33826961728904406371675715332688531163470930430233632137887231080 0
69455845345269722555137739432646050352133167770130919168050239441
49187436042196772081015681915921588832707566917281573254500390993 9
14971242603398871202112956235185890010943446507306867756911411351 7
62413682615698211955681082222599218650517329480263653302471480931 7
55842380501778016419976072734614619098985000089190263171742871451 99
27816978645285109886078755146741418804563066787835293631400281559 779
62748670576235206310676527678472039469210130912818396710543644964 4
52564405473076394761755530985867489053016084872744630146856837187 8
95086612880499444963065340488944779695612673052448341455662473597 9
73965702012032660403293042146314270861536320852824995203147296756 5
23613809593602054839550275869990627854235915349875252319225117169 3
44965510883613741974074041674634960953179885800724635090220466076 0
78766813051369647240727410873748196422477581930774014072700338382
11102486507813425966170447072540869453841699462297154560484448680 9
10954954247314322874848127269373679112486408942201371001510543930 4
82604867576497458382958245547671418607797465966219551562499535328 9
91119940662979781071416604913169323023178713505017588045193375738 9
56366613235993865403356325131835233259285001486267970044728945544 1
82209181975012614096024072616528009720373956380409842644625458628 6
04999552197557050308621810638601864039053115824953325870375910721 8
62358599475558906708792200469117778854226705314840044331477758751 5
01991239348251453209230334828991999883459437762057565208093647736 2
27676970439885463714094900120124585991070702643070624060128745588 8
88805336158588432997123281419995125250138829945814961598620967064 4
06832170548226657749895500794318848504922382995528497389599900610 2
58644150015003761906764756272037092059307214852892618129682040164 6
20839790093040287394272405128076472613782965222355710044569702235 6
10698302890218991688085375214141468347010694202928370656523894798 7
04323838520803881198922643042081750104609647567309526091493614830 0
44497414171709435678450873168328718332669494529874368075442182409 7
94705340478249389817334742489665777024988770583214756539581325211 7
33824355253623481547525701724772891426279333897264529334345374016 1
23725186167520917156204958496194623113103156665219605529147820544 2
68637748548408552166417896996557461427420720885934320170498382672 9
50316988505686560446521027706938771673411299017608108350843707751 1
81338694046236139031022470943584989366420538651240345646569085578 4
14246442811045933153941056879735272040603272061722520750362864655 1
29437155227632379744041181718554979697705292222060136075942906423 3
04140358762396581269704937274423752861282567470986717302555698142 7
29021486890087528983370831913610921191770725568942504557197810925 8
53528085801246113545589684348021866101300090146897557856965838360 3

Die ersten Millionen Ziffern der Quadratwurzel von 2   25

```
6450650291828025822511350054843910944318557574728218813128163355 46
8955686328012579208234906928758421036385901817167737610283209156 52
6167582120017424226539919381008691624214676338154580527560900257 71
8344646522469894450826621813773550248919876205707015928769960299 81
2947154147762015161475159092208768904233707914876235101480973008 97
5171035534875386224239262133662034018689476861235472440117030031 89
3631684316400281886414895991879295453581669378268369350031802354 57
1643675894518090626456513484174838203106805545830608671228082398 80
8128108348053523900772925156091382805012439745165866516547041727 11
1196431256413311316711393049098300749565198045524016966693003374 20
4110335796805438537617153490529051680590686948370701314814217846 63
4812644125101279863731047100172158880666374274848840840812263118 02
9658101930003075351143610870865507287492080274430349878007272517 36
2925905503626811846709764300003364636942438601407029449234082252 9
7511991839235450796387904862104823960167354531787110604060630499 14
7424555297351420641866560262489455401529366979697723532409795497 24
4757657098855881791848858553873733181064703539477012658801349797 00
5486178897238724019331538225696365363786520262113888973845427397 85
2948361016889281098307644641256414735865613256948505379637978701 00
6937906186696552220875210494275546613534831238174431435889566622 90
1554176693273308828766532083390343639192764517275411077196501315 6
7037216848961701113515722071666610343458336585475979958564474488 58
0516449105369622566670578634015646031034350682879060076933723570 5
6226457494266330946359857485000442510487802164891089455030007933 93
6720176135560291532997895911783620461812007086883158653500465273 79
9853943410488987602289705156310917316189182014436341745279829807 23
1737593927513006465735738920903988419368089075346049018975887780 17
7942342849143569793939318841622637076308889513009347272947880104 75
5937666417705040474625254426233296689571548208693578333960367052 9
0592920852104915004843551449668081019265548387406200091460780139 01
1717187872675730283835341186457164599669297347944422498622374864 44
4178059129298515782012375036904781668243727709696371377619086994 86
1183498626507513877432645560411672575790881335383620912238352944 67
7008821216928264574922643244007046691352205613022710846669614979 77
4576116644155544349024364897762273821239417097164977820787904840 36
2544545370410628322273169659546780325550038742737318123204070757 48
1830365615508049788972663347679812582903569509755115759723954482 19
0335723003979922274314128598099840771969382913610915745924352149 28
7966093768643404597875782076022560344909186023689880147186453167 06
7055002064106628450235284537259151239611719236943036887867930948 23
9079985037695195202519927743998309172341784274929378777548704503 66
2072581739255540445661494055234418024177812710770747786845128273 55
1485835407921198032913704482038624198238758852965177846519006439 91
3076833951917185582506673542168049043557865070163951671900926165 14
2465991582451528128400358201128987770160011764016694785286320756 50
8871639967271885204012424547218847283969664640972321710676187601 26
4181994572228815243583291948248031868869985133021663414529227651 72
3091588892064486502427056918008088549413949465355168409665874862 64
4647627522037510817390649305343596430512868819016849614906383428 50
8612629430163766290786336726447703021720769246829767958185969722 72
2660468569638104520985436099550407957593747909500622772906782056 38
7179132594522001224616256316344574613488311311587307401805343874 45
7964086641007100658238767475019790164933127352790338168234071868 47
8723497072873882483966899860778187236320548294072104260970370727 30
4095071565826913724617311123287730851754260494993215110991571529 49
8898696654324456537879514941350863819909653411238638987938272175 13
7918401176543965601124271327306174769047770423405544096381857598 25
3444024607246251205669993073841598523801163169331159074250156396 57
```

598894204398577883904973791688567141283801012324445840232641541475
071012493007726437055470543765184424442502259677999976854998287234
476463437667292188424478525507268584730061423578905957965397945781
568786061697218333364573254555137989015890256365832075804869258067
357201699192719164319940911842664367304957391234699875215621065297
715003039972932625642217600462151080955781999272413706030604038339
409257302308916603798731380686758095119180506484916277049054050697
390374803514587737700678874973630923500917026977916230019537415929
756412805359741981684071569996260228789466287504086582688623282152
150726215850866296065283863866173370704869705905009444945886732639
569701291512039173872157747562386819225280822776286848177362180675
431680857050849050939389387490149869799858646918682880729607940090
999477223738856045501277267889940633872445004650870395802824054132
159151317630432652536037836278808677557933499921368552730287406602
402253600331110239298849022145456915509533050377398980639703177 56
750375055776352186366006902514338981728462202108903690739636690245
872717557902161516674954551479501782393955388189180430267759370562
197223891094306305610217453751014692064494895314484197988942828695
162413427067015437729224605650108650695715503188860721377427184040
121977006035761015249703184706249370688646016695355591598401837700
818056101475234303909623742187669038109462045744619895512332602031
287811490643869125016647871218417186041710437420815325730662168030
774273520954488226912873608117455928696254069902342828218272505939
520253328686114566917045468432924466557743052934520979248681014241
497589966024958805736869692186776600778518460217246126678537096093
626373365118589854390174177193280599617591567363667267481 1409080
098070347470923872071597529284189556545352508125231296733 25574895
005753885512478007569353643775703557104848276930158744922038946946
819734241950050083056892536352898245467614709513486099474354009212
741201199970660091084997338392931247131147299383529547496449812231
448129048542979364605167336212181790898223570789591495267714327188
921398052354989921940897380765537815906608012971503717354038888857
184696462703881413039786000010039310838649034582535324733100678899
014273977292204976489072165071978169742943970127674205169528462796
564724653315421012967821273205548040004228525175629544038669833688
552137556417752442861592552070802426312588509210390546677034080009
623299685263133747178542286048838841859525655169809177534796388933
117090795225497900103137547686882191706960416015815218085390106704
823225795698127844447842674973313934621051789876976287025334706478
712933888460930518376582710892265312473308608535378855805787351781
766970727095536587897736295756928204452543388618213723301 36306801
174603555888336565585065887040595620283539046579066606566721306208
488919071080488809048369341671301168128782677437311176519886057267
739562570803090545607511976266834669158720029711902802088673295043
868986933396781626091574554767195562073712132423097182443490723600
244548583223028635895098966040858251948223833774227475636156332320
344730861298872239193492106870626566194817567434586522857172333588
249398050079903625784068070271923131877624474359813679462374967972
443055833210204420333640392909486200854240012942334722279882592574
079906614840216092793808294170600670681103422499690335427263217523
410004227434818310668495020588527779397418424868271918469095416860
622696650743985015854854699649610586313066951093461541272500773878
882571646651240997362833949657874381662399726641737919671778106194
447113054663816575337298358283817368752774938528165719345295288596
472041668200366679108547711595567320229313370125791426143746219968
963889838641117662188875475697398440662676122660044260319855854410
914009802592585903383601355010492501207073649093274441450616762720
865628235961637733941099387221131115759670399661130590656941764374

```
135716572527363223110660433462887224854532442573818244544005967546
290906411609239085979829911834677592585505391058401687094028584878
138817615599900247852207732339781958037537813677105538986220790754
668542351639616721845548945473079537544069839874009834314204394992
709429249927560423284707905549213218874646256787807015914181755686
194659020580246934553411240320605675429917014313727400728304305878
018317723543079113669411266883267771782428021973929123473840086001
485605856436107558438843499707982651165267489988211027970785738465
812690922308475552461371343024650903881823005296769636134533274552
201858633509872127265883595787581254042101236549359731511074022113
036440770728889185893829542935897503918635115378153102297056990859
199522220087187065557797682729294527133629379148310933302834872965
788595038950110478304519597957577382393436958724743357320404497625
567417769750507694787916664366280202290911848490207478566288032867
555130995885189272298811174882382848178202590451528084055150496246
517380124249482470457285694943049215267986089890698048116578473968
654499410912566999448685295252981485121451494023355811305690563332
052355205963278462624762021264323998106056409714363952715894673129
632726812707043857166149884822126837507110936083974839755181756759 2
129596582845734701143536112022987242353524782948657586860031921375
247021222779332033566971180774078294841458528229946683163560922882
478699049935255617778482161472320546339204056500006993299888638354
937303026256652248397339924692286413269415971989885375370726966513
095289401739896902550403523001745611147076653001669696874120402969
046135314190602692600726974639629872130107741934176992832503647076 0
185893617660006793213869159186368884178610491113607120060903228563
237633702367831828321925742041946481527439055399334751100921050367
621545906143188271357086557079717301724596183830929007191382999059
461368054298572390228244510639239969244339523133326706484797544207
764193725555799567751911055257141039673192878274056258298188498510 7
213093441278552491781431993329597138643171214730216900361673276912
656035863882284366828791477426747893963833721233643877478284881862
538536237081752900320708622344391214918621011681071488822488273946
492483885752895187655363816610947688655529717962007975115038195065
471411871174753516724648003244020476555619456241785885922420319806
011945711865180366507165039449059234799759227389271437422600121337
739326804361297959667349405853137240387343896702232187862059857409
419731909054296375036984754974446393466953888309436869260330483775 8
550705160702449250735475148117117921211310266566391155507890793934
014245938604687643028234352469092256510732663809565796045219558644
445037185217339388195817201868146580174300521649237241077578877374
772458700992055360635200493253969090143354458581604961850166292839
345964793034834991526730922312770507644428089809606200401017335938
249027880769832901342355154534422006200591617782230712653531314974
198536071450714871777560084380404740997400976688961802903965683848
880895208663117496376222684361419548420840031764657119999254229181
239905084105245483765970325194161374269318845621820757807354971865
002776125443930665245222570815315053239040037944918366634699496628
801195119031092850282326599618003624583301942307649009600060452507
443058199868944536129056554854011756066301934984720407954895014512
091650441310594787472385449094226085874374499693554647606132970035
494930030006336980143060104979893499078952788185826715984807579505
612867543027679692770732779587204678455852348264022798325329642643
866207887155081147408141759087367635187622361922440225843254133
244098141442384560765270080245062981039087109465244549468041922729
691721947169029851201960694238991434831198682987989275793146618177
806615813962005118867796736993826261371544639038352377109285552529
871300021912699633815109505427266919968186007916517857054117068487
```

9167085353373313804548723807250050506933127422023946811310534478442744443750155800512852815961482604550783837198027617850309230621085370415483753582651735465911754963662259589690784898262620374073499772571331923096731593808574259599537809924141152032492793052696703700867334778245393014408448159869413837453971705199149497025579669708461722665170509114943020181653416042416842999704830320893662121363963797094705514968049509365753204729607460685155453997467015883777115414350087578098888750384994815721318998546988000238792667457658654430804497527300346696482952619749440950421950802192675850541574878872228738355625783492870223142950932374485305090542356506579213809987245177553892789341373750642800516365459764844792932337048437196257853350281023434929047287858281016209516287398200272011844981118004512444827179387734200108262958827958504698132349148090836130717606619943345182056647094756016027864630842398848261941849373634270017483187440822457794064367263279726883389552069380838000998250439025979024888809818313731955035054114938904431481278812700134880699473959030095229140998802661308921718099085934466995149094159420815069707362592896327095406281190117539394769744998547639898755500546297537043208047850873097344465723886801481080359685122831608422446742264944341671958359445229746415160995169962681880582959245749993648205561372645918003583532749593719187578951173443717727903206417020713949494029308174984069248827126511314532885316460153561184966264212649801881518995501898861641633098595856304573796202680918400697601726141760698960366872383607693494250438279745778495884914972375416123568086978787897809840196264073776691849427669421344370977584174772740096975465937809500379800053186791024976770973017390531995886671949029359000541013243398315004566766905880760425513068611754941443679590909721241063392454359537875891716264706498827652812065556662309557566225473798400553710450399207366842500403647427024018036883906418764685842861909762112848291653350661176160788160281948202337198669073378191687317581416602302400749292430956975495574438521923874656132536008120277675587802386938236784411948539441674783880933328886366632020622714713630871443966987733360961919336184637037782862491869448788236199981235837588339495418151597647465514255998941828302267942970293510653244825885510143423173866145685717910190926936704224961854161229064777325403662367123126001580940528193668718595470726706388949938363028291516671594154034358381952807089474809761974444046422067931448110644716317848896778274704662883085132382131584658917383912525213450909753239242523182435954544561906119817359340376919518561349845465482341062280116602933870592464781751433623807604771251728852036958391064588175708428116320067951993923378549604370430406728536054056771357071964180043283168316383009466828876039948377759652718150289494752546170938263815391307096467183441953625446337897822998666656528338124272704230967290319235256580987332775830718129427875168339088670572455147995263240419530120488436471490860700967563132110498883224205320332638081448361372091818855441987207420288507830180643021284317364087189088769901754576125482851442565995748466833957154824520295520452825530748688306583100755579521031820916366427179725056876116686032701490335704032734504581494095209982055316105072892614285361314242310314246363767161719556421833703456591522175745408083127781595647081774377822924474620359008474007394402636961578192364240014026368115994148534665743326197653626997589880510808104857562497592719939000000996163264666683848149320937666783980061020747355417459694645114150267967213147613509287788580193772462446468215997526583651948282985230366493140589341525152401291708652418837168426052148436994261180495830303185872472854533198920721285594747562217539159584527180667836268628051268175882172325638965196946872952343682692685559419212147

34058306507991194231044976613056985289713819107771457081533938 1833
71553754529929527917611126275193145013408425485189031414211922 2658
13804929341767421274701920128224595469515608822503634923448320 6206
94763589084924912595449190921989841329243960493818388597247662 8998
69720915836913484062133221072694696641798685513851969865220905 6610
57606021461851132368497786231536379540244260526563724050876924 1592
84336051280457635713014662465513946054857900478920187256237042 4415
62384214043098127708849530706911331446722193542161074400166143 5534
89716793869403546489963620935564798861061907837684225214582361 2667
28868083499486921058953714322033480799176534438189257252905914 8324
24124866740702184171300705098846226058243680236893316263278804 1746
96225985394652693799084101951878231140230104632054977257454066 5384
99231148888871343679523163257893483327803509725225470331878080 3627
57270200377413245424435829869017147642147928091034105564961992 5644
51478760937471713532605129662589770268283934876968149016447517 7722
23971491895109829030793284310877596409735470189241239053922691 5752
65199898886191067899558889577112074565114204855717542840451083 82187
38204568905583435011092716798347921626288638105457290941193755 2275
51992900273457845467970200616011342963766663005424451631750870 8100
05153644296121787821592644633308894869186773760454097033428335 6623
44039078679014117077367268656734995895464052369661944959710266 8610
27192527791212052951795946623850052194094821092310239152336124 9654
71079326577303748122718608350083123317233681077913022739618334 9216
70029429934733599436107115753799858474165870052859912943813011 6932
74328913026030041702926762588605000653535753153187307593018283 39395
70436772220755746154745628492889451403937965446325825580627254 1783
18052706000885515638283954692400721309972385758382693533880195 5363
61320476196986932512842957524114631966155825369070954490592037 4653
77097458995307950860069554443892158599129364528465044551456910 2522
64777721017660240043548532661148764578933997156398396046964332 4901
87092937505946284740149176105205250392373252247099005065093172 5452
73052475052609685198525348558170694804563358224556618315642483 3732
91309923906461054169044264524097255453622668546833043127967505 5582
23311006690807037972948200475648404708193634168990456983870471 2941
03278226684463193894423932663441926446275417508382597265017181 2275
27791155811687722556483511359032376992584861385350158327541755 5150
87392283679694898715157588193922364721816143126645738271011922 8826
05577326032309825607894208813898291991152929037555556962599148 3334
51641952474075765678921513949059887960972422964692256796809165 7518
57937419255162711255119834299053062964941738625530022051732146 4565
18857493252294275321656655835161856404902328200455559413552890 9418
07855999555504990501266901121006376011248174583140978496681703 606
04160149659544712307374746896694724139696505216586210498833682 8655
50781353155142777852879629827482697908564531833035042560317793 9722
07982973618520921784257621977679275491962110766553336271049106 5562
33393005010126623606408678940745374104279964316277941969614060 5372
07881479555479962802996154987822641066142532498828405631855996 7147
97745343807528533445792556365294126436123441720080865506571119 3364
96826008488952477846815977051642714935682033591792831771627480 7815
44015447199205020408298766024211158225809519050131534306010110 5365
50987157508953139535407272585916740066715333970830869555526021 3475
45490936226332074568261363145081941585427321294970067446163611 2970
97619960118921989409491964708654196922439974973595453061942791 3108
60142923690383348001379912051496806859528261254693938873436490 9293
04790624686499898849332350376672315600548894066123638890879889 1824
55625314189288233052842599187253728256763707860320156958609377 1736
36929763559521259381443531191609282418292904162011781039861360 8520
36131694765786759978592894042653505073060778844549368976683910 7198

30   Die ersten Millionen Ziffern der Quadratwurzel von 2

```
20673117611706378748512521102150128373323354362437064874456332687 0
14072942141261415785838196555141299406509216701446280123433287258 4
09597542369719689529541121875665322042587485260927618349925652367 8
12950203046702699040189122997238064620442384480062291314642384514 8
96048728231804597741857005802417812949273032419524949740493415647 2
92183435284881967275081125767821197372760550844416369306672071322 5
32283293903486606122266390050456022666897566120456162339665472257 5
36162512006713658301977717834461673005740456966576059106571001141 6
47359932312579343109181012372799570594377615967098992768523653699 3
74816506644277175163915979336660673371262690811842169373820696508 6
93326856727836742237736381997997198578346419412651742119122166807
09414132845105228338054067089869627826794031787231900819050983256 7
07085085022812164135557389762840807440583689209261183750203483624 5
73277807165977781794616359947182340336649310317924246102540410449 8
06684495962837543076395694358746098638574569515853765657441786292 4
86953304166182174995359633667036415952161305429921199480316580334 5
23321159860566627355758786197714121136172814979996119538592062298 2
51972690460982996395071874015785575193260792334893916438704488744 5
17458426105465864510054306870874172703208389136585204232807537139 6
61641280944283704108127245543931079632252045155402410707427060329 4
70942739321723431794831519070358644319099620955086390984127264660 2
38671224671801346729715955001845145740320717673335716669041043723 8
79455094382077678081631310491080025217745782465217074465278791082 9
07339002395363407188014712205221402153991016312246899850861956100 4
86214931737216972453953521843745363688144979435813765062241081524 0
33158547138543658005721253478959924179849670372921253288923111028 0
18069826879559666619329106168761347601273571069614183625134914767 7
28641121858599827639080163177952838095455878294917130681894280481 2
16228369105145569196270183665923505335164833076947555420775291504 0
94051901810355401918391785478133997907656982676118094205293647288 5
37142304354264969468281529287782397406316882122373237445686231513 9
83725839706899109364499889503744216681574490065667980892405255904 2
17066419350488164059639162843168321436293614401089755855067691 90
49770268149688463696628361002994426372937576679574572874913919176 0
31477532179911102093764510196679414786939038305339899349329933916 6
47725905441735490434028729029898561010359476203488945984868177752 7
97453767617757399596555753070404927316739996782232594878740594296 6
97018142430035125418290216521276321093082337506463162641492382359
54555292065492774318872262491763738171334465184798088801515135548 63
38791434086200242533235922968962212370900884026104782555705895299 6
61018560289606339732897547206274377001322207978588213126004688676 4
51900739593732433146113776085746638910583774147382922606934113644 7
34438180146710808892554887423534423814483137436012485440167668846 2
13505262347659776653646905156790051155892579976329811153762875071 9
58843179382581731669213298434688723815797712412245054879091395474 4
97572813194719965375747279004245403114946606580179176899811422241 5
72334933234252254491449903378898400353786453440354688344887017091 7
96751908780668656561277033507546932554877397717825749874481526489 3
33003703091954907733794702512619168105388074566746787861289534920 6
82399040612210509257393817184405316151383985141373640388528086408 9
75099725556456530253645928260312481202686425498931933230458852931 8
82448583234392170079147979449086838596307511944773856061040154524 3
43665299609236641460460982755030756063714591157892519786265028597 3
96372369763292799134149715435472802896637775746485795641427067183 2
39347432849391944552498405291346973205532866141010838563668182547 3
56544638057426385511772602262319821454156383651699940623200411583
17435492084460958615542947179661587034067807157473981441786885235 6
11722539374762893925662695415328152669386749703176251573511167091 6
```

```
60544907315054236597969637235338591984177240071765938894 1590512602
21195572373482755403701587553370292276674854304917311216 8767421629
53873148281193293410362139979141934916966267128966502540 2384951651
07472011080398797983563154273656894320908696169159220859 1854188743
87345352197700644216771834902070743558997964888797108815 2920445877
01679245021039559162542237490022733773454026169294576154 0998564748
60909627903978659458779848740335777110024323018005968806 636273607
00956602891594975307610975303657936336098397508908595136 0115651737
13108830631520932490695735276094704513570170119189247888 252281265
25126494072642681094876262508045582462047411362629843744 8074593613
78866621842317233897315764912962352263280364985188085532 8622573415
17621350037573915848374868641588244050615623533075044702 8600668907
43753057376186424521674030098996088660353648914609326461 8987311126
64139662168369164884909356271756402731290720077064087005 3097416379
82813131063665112190243999110300888782704854835694231631 7497907267
44849495385826241739077175086951697625558385705187880012 8286401925
15883670220758106277126604961179789527670325976997078642 854207978
86042321713870198427966481350642848355410309287607320704 9081544309
07420301212715907813335866406494393794939244372977084549 2835970553
52654066770858493233907052572456449072174846944272900462 343841886
33465549836476702323831072946256253265158387741925204372 3471610327
94421449243040690826148194011457465219840357386971254008 7163473411
64587607726634644253125701549903838731577342915144530661 6766492847
43819505121948948883595449998165036661465095669396383283 450099
51641928024214642355701140082868970824399947647735355898 9467091859
39018154256888013564841976861844719314964252710035930761 8926067013
10410097807809631254469549563997526389994305055540759588 7888594683
11493942474039767458770564894122585587798499960489030326 1172089492
79837540593474131703863166719509839572447689206028203728 6395942101
30936965105575915265866873527488390618749593242374492626 09378092608
31099359997704349459503079736044259942224232777730492098 1844920054
58978360975817216042849256056664461736430824975834029567 1081499230
96205400759337989047221308038939281127327354664761416623 3538913780
82786687719606846475784884016229921508516369639403335578 2428160898
95313034423777473487117316343039119597707581229448006964 2516002991
94443656207700407926646570348176515626692163449919291634 7423589684
08426448062572873072008955968101924722808676875894813474 5688592702
07845905017163052930587289259092137848884478779788858927 9472953542
17934120307179898064863725492181534788609769935180898677 8553108091
74292013009102250722461475336617658087468199161684258512 9096350964
60849760895367548710104318297769925024315194296912573609 1452134133
06707498962938296583779774084803157348231521285372240198 5857367268
47456882078913825861320860288974197733931752265572955060 3469072054
60559560462440606619062255852567439273909674431752810333 8395618247
97839583233862230166768551351104826776850370561195324666 8812162190
44227665216031550476404550534520407417513579262496342035 4489632638
78755316617216643536990859225031305824821730773038660647 4687001591
08870745117661304740043151143900778678119393924057970916 012734287
81467858640850718370752419364547440806247531288205495195 8320339509
14706192409249469771071630085340283690591756937012379625 6894408826
97566395252777710924828319654433970320180369452654104451 7560657576
40272261247100074582124864462734547789440804036133282503 7035729298
00334251851614091813748347436383148974340646702640018825 8254082674
95375898404705288220344993208914295561668935855634302442 0859058622
46021130479652257931644054147107442097662816548361257454 2015626222
99561687381870208701742544989917302750760765612209303739 7074828984
45872034442644201351179927208188053570247455853191415374 6247499050
00310601710333689073310199705646197505217488547957620698 6208720612
```

Die ersten Millionen Ziffern der Quadratwurzel von 2

```
70100783787065763748247562913377736425850013594667178689808254 3953
99025646396376351341200656314094102371931407154450445756652521 3861
93480566870555898514875478668911914436138087527934354589178713 8849
39680050103598735918737072531625490451721131770995266036307440 7047
14653220555152769125580172320982991256454226088179534018739509 4045
54632928492166370579461533202862301707069632603019434784055648 7878
39587455005508624070448867416206702502091861376199777288941062 1922
61589280088672938751141149072282804011788819032459228261227185 0785
41058074847274412679811777303288193694088906708816715056831747 5696
78936887315363038733228189303362247929268422914630778579095104 3864
31856117251125369684297111538823484511921703351880703466248492 0807
39836334149210309783114158434713088125995201645299911710641805 6381
61671131847328987115338705744202255469955059398573525120417626 2946
33515196880653712718436207164656469902530178428854041588604304 276
71298982599812321192663902460165049024338940057970668227557355 4272
00479506213944451659443204439024228722893510819776890683511658 9921
24883703337874411335252932542686041602918562765504409269598113 50018
96061196208637708492344219778205365208082305848235143101997968 5981
86153750102809970927864943383374621715702670951733037382951399 5787
11591925521624377596838695231435991029332366998237384490665316 1236
70490124264366309798430121839561688628780629410183411751085956 8176
07589984466561086175120105460187926181540205695980042415594681 35411
62726338772161243253532884200020799852695616045033435992546451 7242
75169529962263652586031964248481754931886068776376068639024568 9764
58870319748113229933889792648214577341963920936313445140528446 906
21412291355839751457400419999293514975783048292274536227200602 2057
87157444530677002088853275966679145981602022825115646603605700 87192
74828914759368550181557511900487484314617623189824255566029741 239
05559810326820334869278220996701743045637369514647294994708560 384
01791667797569826076123099979181395368284258222692307400406829 9272
12908776338612246190825490317288386903097360755256099147839328 5806
78358017493252948815595421116702166850099873868707270802031514 2396
77012005605714671208536179797468739545735778820264522793231882 6921
70720122024868602919226738504286245479337984639865387761876327 5393
36260212286528813358874398034997452521795679203877218968937171 0475
38911805919494074668350354200646230852397583162901558019086591 0420
02823304058604028744494848299557103232939321930714729372458966 6834
35799986125741974199031442083209060522387565486215928971826596 4941
12855669937216009494523934943896733408725207734620500572533472 8110
45878776180586370693571816589123483646297599981005343633731067 3593
02467390372278790978933169520545889454648938184538662271549154 7249
23206546999182539687141102141077113409582309404645216252605221 9639
92224795024598398666326197758296632313920241407118752963894958 5708
63528403899002528449928561388452437585456765731791187470419333 3823
90943760064545048112770251425490345214137266983448827749946090 1045
26169862796344643865381405422948054960832564355618377070326936 37
53648970340204152444094571035888036524688754536234795855819967 0865
67135437318241930032141085046155176022614196794817089216033390 1162
10011466190882845823538565646487213392683365130528108486349569 1771
80811948900834994607933039441563257540891580923419577957835574 3500
34768758943870733562946135584634615367766963962351211058316071 4842
43440591412016715583059328070027410200617628721317417583797418 1654
68032177846203007922116900960345113979955054444889224429881783 9892
98075494291525650181238600594094312000690715304642180687542236 5106
40187987992731139079369441628098253047495729208859075552586845 7725
40477210414172245298751252849173113870051701524998917664972652 5353
36180962378879951187916077487201251575195475950969618411379583 0300
85637386936448112892749984124363503850594457800457994532627921 6877
```

374683010531319885374388395974802375599038597495494227753449528161
787683415449170094726069272194862906091315928670939467228737383354
050421426406881753363015501641691641062442904909320659090856696063
731066656275022470278732634216783580786257203314787288125635147790
984509919191690454444496028113562281361061920662235035607155270025
865186425652367594872143022036859135582062995219296072282512238190
082974809493244361191455451386149618842858749069701862451165088526
387991110271306243903531149774956957400164789060791340995446013337
586595189797303321671620241222297414444090948590025000948774775894
653620519037212647004166258356057218892718703145759919839697234607
677893540020681271824654448793765402902159648358353462048165535852
358403125987425330248743411901123763693169121637040612839172070987
753879472158909340143523176924837466518949722211363271197900082666
149787110563142251829378248216576829836176283943615250441047948817
204198151771479542234616443621086398628597670463277033180658908461
813887688936862894202698438989539066087608841836203161553928838068
427496872563656031337064408117108692891913569961023929613577063224
344702957418163476678442205086309522426151878042192073409049654026
199159503993929981948748572446597884755963255027034455776537515048
031422742169870564684485096233508900099230920166943241812334610721
635824815462588516776253933368652639649552936674927173134898860053
726047020861128898849016507844661027000202792761029491752827702999
939847316709927605696790400822171989582855753925569691109887646897
457107122476740568400902966020865812561278922676633084106578433096
810559700941712123180054870603936879393650736750266094981781698586(0)
836665028082161560420050386979515195571273379491052634155471955464
085551170979585370314516814652781859773775552655726260570150482502
169805779856206073629697931328722640770188909280047617532312437443
403897291520237626197272995513633379225574023868142733810737978565
476004079687251178200870381594920540254889276040814662748785848609
762492632941982808919417031881536149156527075109164329155842197206
702596478884638872285539384875664254579343032858494645613633070163
173639034300467908640541079524423611526078573687018948848669611242
652515938065123121404403490537795179480102470630244436128459221366
501337531436611607474946412067947932009769928191322572472685982688
475865591153553804288956560876866329306411499691313825187546066494
132657536810851761793332676394401356772522550478266473886668090 40
915661663203275857509374859768171738203258571452026994173082058345
748139663332208786791687951105093733268772675782305941681861305320
577476250511802087871684192170714862587071987548851868704507137095
239296386801785186729021707870379672150212851472453207884870357737
146618629936646407947346742498096712751711024335353657226104643631
733895178989388485314046485781303700469921470440011339758853279271
796522213024810311836542072530963395979258879794368773677616043389
417218504571713883992098347109928976546877583489783540955819301898
787456233321540068662116215276193892694894421622179251505368645419
898062675791772588957001355907083154174956729196418913872831 17409
169588915041007081297677045058715395970215683588485594803258356113
717453099019209964728673859049939083496099407559488346680865643471
974926188139009738847125220541200552534642107280617025650363277070
073487263103630739650037559302604227359705639867681779660280933449
720361819396796497113068874651776818828033026112930222578539011976
359887452796954128684448046381160766800543580237886135522791951647
946029251531961275473031176636857193895675472325563964002187027465
853260009275974335177413996894510738965056517269243884131950191281
533953730259143131819646317659618225809561803637852707686371499915
220156016533208974439536397872509982846164425518689107673542019212
561988551627154996765544868256841268287765572681670626222895188851

34   Die ersten Millionen Ziffern der Quadratwurzel von 2

```
1034561986758831855341400844294493471139328430151992949952468235297
7461698253952428086773764704550617139783531737435041868403600973755
7513567608949767018177925351305560686990584633164914675927244559
4472917627832735953129867391142636342768882374926472663599907219869
6430081879302182998483620863172832160094080024772961195918849196107
8440723129473547536441445170592106092526417940164647177204587458
7374336121990127456143960852154614654407358912213455442600103615219
5726416029528438144428399108667565399320620401214534136951399371883
8539562038547492453928534934609645166190069906310311769096761502050
4010114765622039600054271804039314861869085472396944478715431387705
9832931419441059699178788843789600909153992347276367247707668609
6659861912896465691342748155530911766948484318560198376315207090
1214958320198073267500436264540852413691295457394044716785408092855
6130245664120046142902611750813967910878394766405427089813696031801
4047631062632387587137649324190402285111913037502576543610464536
0145836313073576758085215233630356530705181193231437612749029099323
9526724892336957015911157762298606122399085969753584856664506855
2337675967356791464791603834042948386008223388538295784067720466882
7091564839322214008695344567214738677119786882172235250231482387701
4520318045380086668413613573669015620889150694584674449752421186
8540364579708707026494680869369008226594224507285645594366208742442
0342859232560208259153547125385228597320640745447771238493038524898
9382562042264376354995841980847855388416643615171332098129257804
8831405781012174094974495781636152267722155101319520969867646045836
8592515430361306947642749462864092943155095521074475722705405721754
8957043431329046751158182928388878930093754765216369900123963473862
5939860195403890784538940363009564432331923073567772041865063640
9279399330027421483334537242855973837763831289477063272728960233405
4514643061376688221194567611000851703675067489194542267688221459346
1150817120673729278384250982729801581797314201641647698524953671992
1499515552979474516539998843822203893914069649615829591828866974039
3081648303646534649105724162845606521076269446953420013437430636528
1153790113134550847621911141947411227404566713889510698758354313095
6516393669745109846506171555568427805647007281747436135341268021279
4368306851093097992955885006214202432271217904108339414155446690667
7629526249849295069192229057454781745463214075720987080947122911494
9377076100849922835542850719832945090127428209286344262333468965030
8787021434873092100017718564911473107405194353674692971573033137500
2952587667959983404856801205316588943715904621410721017976781423448
7120049484789202904803416892613006532741793407540303048609294809344
9899223484072947456593142614958916181025136343649353209904841991401
8649930298511969917326670444515197374885568915236698164421471888246
5973411136062270479011618359596119082693413504649923573305157362187
0163530583115826548749595821619615059000240052608555139893509111428
9584672225186098974840848448535446551794050175574658851456660639377
5583441102658042460059062981785830222530761854061824174035147020648
9752469159794782021648431052861217485015073864762746585139724207728
7039040343101400787410536896167542113713244838546609283619185585766
6995460001017661747414172322502448365306968626297264674896738852848
0359795715112183700647667278327987220502792580264268432669378736289
2651775663277621665034021836381700911317518703255106404929602183527
3579272984707635052964029914972322748539512624871345908797337368583
2381322533256742742345497773553387507937822697766519582828930061339
0250934132975140588293522660909842944393705099086588857172406743360
9621102849126712801532898724140721494978958802437611079526072000633
2908753122430686681577221675204802393368977318300642812032149784718
3104371960107078623957072773357777337109233433936101815009831885406
1112901377359969055169457335740550390
```

```
41942146706659679480738314978577297711182191655389874136674962 87222
81553216487150235426504342593381360513065687098199910470663878 5252
40156584737375079613667305295435450359332821369816093137840131 6116
71992526146902530584780611226069731689371633497609566723902237 6222
01098527003727797571423586570100081027593958704266487878815697 9835
89006458624971501252165572362249164346088335914743027164014235 4587
21840345865110907968182431533515836567675215570115865841360015 8471
06403143721226217061316873365900337870300562624587647653855475 9754
20923618963082629512318310647995775966311682424604730702574334 5754
48064900446936350626071804237039887508764552189132235656036317 6789
83976960926792796942271876219901277648433293142128338734536889 8977
12988385627461229378007605360012183767414519688413998129762871 2900
74278342489419740922688069329940927714191964772463879911835314 1911
93229966125959480701514997697889499801081958063938727835646898 9252
05908853682426410003271014089921006399440556875653281600115753 1352
82596678922969557802735599066562419870258059496133288277925038 8169
05627440899460231645685803974769605688466569501167274494225340 3543
17974412471160681014852878878510984877454830352263734273207963 6021
22008999594796293471046994814020842125498490532005011890792572 29331
99971663213520585927385624607339715307500711460165559260512967 2252
39141126840951882343878812554489591720907166967018491381566199 6407
76368729275726215301994769605757376706620723858871287058492466 4848
24250540922644273424380728792254892253625718334287800883448269 6697
09728584019352958723646509053135062393483116058530184301818091 468
90012680822433366330273394468053782464683611075379293627547767 9068
54975916084663419677345159041424780594694065506524719268392204 344
67535773581765884635192321743612460324243274228857499184802963 0866
87594576792885720935545818164050620861223715829746005234120749 7853
90263536981399089162021982770311767799967274473899235643455272 9233
67689224833269489965057161590879869458450583172804438299673015 8911
98057886950666270435230082122407558932779904166339878267009108 0129
52428459012932544176412046517184461152862066183731939810885318 8492
36400842956408140652436476205206871161000539125652755783537714 4669
77275359233616243972652933351932253264130816179757021558625427 8886
33029824010648344080974032730950345071856393642966385863651060 7072
44659699322946148716469534452440445298899728655309862011645338 9968
37962780169886755505742926057561373905398535324578535909855385 2593
27759360600545542832773675389348908491323190278064796437517952 6186
50954260781626424896440288283298266615363970179037871448787012 4181
89738150365633521082221035168243155283588411983019524869897225 8842
66700799188557934505453987785109793609707150683834732182684280 5353
69309751828888446429634577188080816873813657798041835322309403 1348
59707627272130615330535011129616358081126432695935583509740047 0680
98741084083494226333345355172727727918624509189691776774287674 4741
48853869210641980679021385864558520990729680814736409284476412 7253
73899646705277440667053729129600398451262560816037417665962372 1486
73142118354523772875327469730062209537862155790834655403426849 3960
78555652931360588772000814013691028532112591903188562849594639 4849
98683256402919926859103874702507209007089779630397727382700054 2411
00629296516056102015970237782695926219167648701011343294348784 3851
48088428811559321719833310106533512000053481863171662625638057 4050
10577223833172016596959691537074166064988019258979671537087301 8000
90051388950842963700427077566599956175863233787976665200628134 0660
57230542653160701671380061749834421238167373214197280693871890 0192
61895520109246733850614615124094191009328904110609416007339013 1607
97703762755055834191157025338988317039726999419950550963514781 5968
48052602889356920219649599215129270899203657739585192949811399 4888
96021379194245396599576104462974526406377469822174203079930222 3419
```

```
9318697158541123255564473128708440295491867468183069285029044452155
0196056400026341582143453260654530146943786608084682989951873079 60
1416157899244042254178725316214517646216225213142666582780295468 70
6377513022380019462719807468888858854949214774504236038607067560 74
5449351294849124598942711663530429173902639895163186666372237754 12
0128893191030253584386186264083703459801211566325209312139430444 52
7071171319014243323488052012660418432889864456775067697136947094 94
3357177054469277285147890358975186266047010332932609291854652790 17
3681788831819135376757564626785195387727405085218644807240035266 48
9055573521396916421491353695622536389293267316179725366168770565 53
2274040862384882880438007117158456245592322754537438357653129312 23
4856718129870048712155917730061501564004954042375169753204308535 72
8440270278399600635624141252186611054814822831548057970627998076 05
0816223296638628024569774758688009694216445996537834141904063325 60
4789322546711658754799284425807303164764936203908587653653497930 29
3984969054551995743063601022890981299802734249068069017790059414 96
6928332986713240976362760462055970622797893470481241667283156895 62
9883924168596186955387667497272759870399897475895179809357597160 84
1153427378502676676097982671566905406921464091972284595690908367 25
6699926750176297831258659352863501839079174420086814312935242495 49
1025300404424354602507645683220661433398672863547799784098988602 98
9785115504831662265717641877850968569691672394936615749841869015 71
2455541140938977789446495282236817392407501668182426131832734912 41
2432781825811044831987932816421521361387091583383162422175172095 64
4069685840929239034366304447096729015586758324648282210577242216 3
8535022545121663493503438786225029500101727872768489399007943291 8
3176430206756540589708168296039694625876578021899743802366404955 57
3398459193346118957136165312361865353003407289870096391308118380 08
2559998040483449103213188620119088809653016316727558451457962793 19
8716592555227535907740886715824979110522695762833707787016404917 83
5935455097396216392261768527179325691636320148351715090865259898 33
6075449231108349645950872446874511282116421442202718529767262031 07
8183000007292505644373715511844849685411448553024642557912184219 25
2838263907325387203358957282265954954265010563736018952193059096 2
0895479746601891912874664889776186997121841079360373110858478856 53
2052711179093844392252049728866426851946745297378251637662091744 80
2611394785141729002829703713554035959489836525376754845551655893 96
0179117356583060476476053633145466231562346616305086268318161924 52
1967111313898001244089372149847149677955076065973765266775402778 00
5991565547546278653013176991675977819430291481670602854999141630 10
4292388436370491274887939951801335803619605105925220312181764560 39
0706748188011302373267322170133045432460721943971128789848376301 68
0031286607677503474642572514871779585737606272488812912881806446 25
3102814726727201210172585743323317289010725558581699512786187432 11
6797193689997272418390990663538640974240004238213202610745109966 84
4298812852589653553621857130278523511463734310001205931504775578 43
6309158259657434511699489858608317881530109901526278198026391731 24
4819265556066101195852634944527882675072171033085538235458556347 80
8830237230969509435942193496485951409228671785534944884394315260 33
7562800318219628560545246687454461303902046359441540691716820470 14
1673957166242672662058932828221913893913309890607409563730031655 02
0923553631460903572393597750701523156550167540730081453018519853 88
2523951360482219385639993260764652395926219436037014246740600018 79
4769715343681037937294808005525210798518891554169331568320578913 17
4692699608618767878740236970017246206872940325145127496403166555 32
4447327728180972374126344177420303886291924399631491216494658950 64
8654867744628204319753790313645198882087128483371662703404640055 343
5261613507946666383662252414391678061509457383410355300008805430 50
```

119175673272783020011384131071310408374287635499945838694874452948107513441980215993782876978006771631420997045854446863954581085557028000204153747876591726449419988730428168164332941684051670350935499973384431340943656274573857542410505719748177488079677141688431602999985156081068281951646106226606081389291547918614983703762521825470946245810092886406742507584814204787851306559646101043972784631399854682597826698673658375136055675524552377425239697050196857946171979192895511493222284811332974515213342687983841664909721428908258454788659032244517767182234433651047970058218883698601891075173393913347577856455377856210640773256254889688540726395022251004019302459188062231305538458954479234012973170785064840012514050011353546270580993687973231536529719752051836270522064100691769646479111263292727918648069929245628215275499063581358292984689422572678811045675312384535921874518987118512668902532155479582961392452951295940887569032573326489600927703957864471554138119899770053022175378126706235217900240808507500790873815171446098152635428132182834097263623561826386472914592458808590234508014859121509070600273369233859690886891994755419321832747500186775608255507908792362105522044093677711437851782275122124000091725232221859649958004596111902352490142149916425667177492578726426205693158899012637808039638569705077132913920341262027281458537666864093051453749588626910565641623017687302000677269476736891018998103257825198659123745186219858495153104297986267436581103741575106304349023704177085957147557069004314496761625771367855476630155339437132541332362498969638859225640173815945200916560202445242166446459535529465810117186897718953021837637988130495126913704077913691165387134699255004137644865721429277574786180230076819072363520981803013658261092590422670113829592771484041580712755014601643246825309185043584175418887683807772791147792724465606680705023747577348380404338239346472467549603942252929040308942879863428352789348544644282372644633493338840410901976510903040427094743894051573922421146699906118659681482385012307898474404084001304375718658532153391433335227171937482024026923940181062194137182774593183597307568299845786743704980306171140523417961489981606792054819784542048949334606440751812407804970379789347078810579026016286456141930688339604773852416584548630481805489975828087094293855471822888368796305948480001391052837067578080715394663476133686756021798481130529712336311053409634850129367693070743428848468189322554652017020425186579585678541743196221530163998704585069573265786991737263121696878168834986678799242493505552890062542247317295890399733642696372212558191760249577621704383514638205218659293546256057070107994447091172026580177748675155666592044890637219636999870384395517504081380221133220168617318706969191401827049043480845894767708917550555367905615570442116293075879604909151281185539633383046892995523107066025756190085526881724996840261754241658532344124161538376384394772503904461182156243985344063112490424871357387466766045682783300349846788394640025475730755625416557020208738343945977005278845451928209937930821469499119170437314958143783704740857878352979149959652961329114646595684733729298759087817612003954241264118368269815345154006391054515124047936525867587835691585869383387839633265792494451936760060359037996534385775926377256062175915818465229453356512162266339495796147401936877361438812561561036777039710480282673038910756968652633386651818318493638583565211147387833770749576375767466502313257030006603535809187750278682932097844529018832000777917882840297305208279192733720687805834704810763651180020271060674858554398368929098049690061146006997608999865980594733698973602699435136323390946278266964284692309565632327465012975067295229587414770223720063605914896396549255239348596249209486551773322420977392616903335225163395574057761836334636

```
4910013523228096546622853706782491764547941806463576390062 69187033
3722327235741841760877817369966810068150509582587823059458 68131372
8545702051373655454930902752847933706265084157073600879555 70530181
9499285028220455491083670047801394950462421797718248466044 21975937
3029723685918793973210856765764010214016795239327815729440 82690782
0969340593845866994223174658978609772634541485087687913074 99877939
8338690274173046640305245246652832024776405984249666220423 54779418
1664377537035128644914925818483298978777203484896170057315 82971049
4973366093112463714909826089358729341841532424337276983107 97796145
9818132803888691746394354856431225117309023314735185909719 6373111
7353611611702863709942255453085359012852336489779241315732 51569688
7260434119301802831396725963832008019896562378576118824184 16676769
5887876272903317086669874191654207519209661529248851196848 108741523
0149450398094222109260812400885586362048740979991215032951 84837255
7565865873276140148183646589445360131951268607645621830149 41316324
3514368952474875546151902846306140800931603315738090451938 10263794
0404767706620651611905886993837860677104479291457227436815 66733573
5191099494856715423551035357043506123026852677216023585765 83371568
8342618447134661528143111170916670171572962313889418144824 75752109
6030796106447603417522536080964665031449860895021833271172 7332284
0754238800891583184833606783472232566587741633470298350317 47476800
4735093192820269182686223336157341121560631608598384038313 97683533
8944639146755742704293329257762683420512328757521908203466 86664718
3240965395276142082825695176614784062875793420777681970518 59781705
3382691721356453311630562205674389277462111635738906292974 68753857
0233034395397057772072139859552975519660286329896909002524 08050224
7096760786726537661527369859826062702397003500684340664004 43776990
0451195047846445227107104022326054523829559667683904192471 93812512
8887448957718371422098966785108755551669075446638501876404 6455573
9385270573800319104025963123138544744173288857728360608576 98777278
7755243310312766324440423356859483642143071806162674671189 43258243
5906450526246263221727249806484706780616369014208923397278 98653531
6045795852431040208599315239676780573958079372994044929970 06774397
8523233500455890205906628919668285867562799263620889774226 98066271
6994236590015925252144491434369553129323498401228258600472 37871261
1564927997558433565013208317601439825235160427519749672916 96362242
5673578494195460430008685828013324633421375326168047492604 79176411
3544918875027542445592013102874027762185948933036544418024 15849042
2587015184711498445234615844614128067976560049284352447023 66814355
8537723588464021317668475958836662984297905949439423744059 29261567
8048492654231974695786565845743068892272043429078648840796 13827730
7263339059462856298605462332204533844617506492892047916884 004011101
8423434868088422356591178438549108023877694729170273542191 56942669
8563254653736371530396434611877498157557391767849676264348 69404049
6304617031412441040220240037028892307057228977506462775217 46384759
0959285625221300657604072467676869962990777184334686319459 27623064
5230969559587238556918887594095282013831692978972352625662 102260321
1753643309102918959660959837428876323358735072890465394705 97332080
8813856204329993092676708246179454318609014514914079840733 06747382
4973503175263956044266017867824858088483446542985630723944 95628741
9572498536650774149991594245791551439236256038360900886107 47302163
5533487610697201254582381890404647722139986139393734481607 71398997
6863808511177614555824668035387584006468904410760852585707 90058142
1832514386663268815882994605932271428346446773008278980385 13642442
8281254847314255686497416154692310230570747570191464608201 85846930
4644199897213455644401380756206949177072501472984336849215 02981235
9253768613345326724179735453980336483440699498367792675721 56673533
6650918048165498077499075280872902118769409805035667528457 90762558
```

222305004770524079921730346086074093533388772079656921561535176201
068327280005260739858991640375825521710252734241871860021156701066
647385821663447231731937956451856778985670660749720973888235467242
787173710780916506609709184040648127486037429680511623649473231776
947570108726182049278471786633840788898283285418620048461898496699
801339784163762118747771814791397487667975009154070144883209448722
190866120351698020037968338620002233671434204483706729835930038798
955599988124100103492626854273181142219061613429098244982059544548
561478448543258078471733492040185442036887445495922558862019690825
550487432050324749193768745041724436141116279880039789611508155747
399210187644176195327232434792570810764802829905408738129447730914
012550436402135170996318106205900184289892462135005686852602532475
952010469422877007803996099680564101778692174063038013507705804889
374410171220517382099867582731056439297453676264510474565462510970
884287023966075177990797526205113445300402972054928229633982.87909
534902752642866206655324963367840515253520915501426436762492746484
255409679146196285826195430859457390945282592904036212780871272342
444727713025455199887037081581948078336700768062459022068381821930
373534331070193379556406791179636344053285099328689346778180353626
999658105933444873533061832471949733558834386212165395217591965422
803825276049265700269200005287793118282753272223835096591377627391
949024105423093119876047173576900936379889299492228315574462299857
693419728628279334260127128588505295683237827483521052911193858639
121375287200905813899408939054248856202800678697916311995509899270
439702052461773486725842963593751401087202604367460401915412341601
401329207997023470406325880343147418618656804949090163115256854002
205997889144918746381015193534099600494282968522997403333801433294
283700306537187990668406089051068462972369252968106367914154834392
430872149341771029402273353603783813974732774293399224244789650804
958134365727277150755944107932055986291197114464739471811628886910
185548453626495007134441773736828364642560149650614019924077509262
310022336699854698205417021521601192169159198032241209657253874933
900945351603257556610609582469106305438924233616958139025723891957
778056441673081855006138008242734969182041013977132502274612301608
738328735376372902078646932312522480043301115225364483005433384541
188125264623990014178261339328141818348035594441508749930113897342
103876696086341360668758775414790543577738146785298293709491224332
532234397746027144257667575009698942619339959617757722445205559497
640371786866848989019121615667418643928437127970389603215742404610
669614502991993312607300335609688158526659829729084933994994382870
774414830000911904143103589424710119452431148988018462015933802980
910872131808235369143147440905312201148143298580916887236427530553
191695382695684705164636052245680233182626991156258289614085465595
634059369579066449938334073065777870826450193265435158885247477655
728355711114367528966503557657679312001753453083874968658591286253
532671284035818734212714185281387118400211781359672138843279808428
771351734950158258340014836795974319066049371780040709440046362691
157731731708864657022976116520261551919268908916177454252146061158
958618340247034636652433047486107481746916782283006652586700776703
455946602822778406289971241347904677959576222740328547328766975229
541138781885573485559882398166146679604795362413310312299785024305
802226192661962002063615935461235599519681496012760493087496650935
554285358361253025476436235741748441110638064503120100018947200557
138739745742374273667647748630339062884611696858213789482573974481
484975934478559561270327352624266595652434204076877558149000751225
712353159832749900351223303510989333614410736716919184017505810496
702713697597566632112141971983810563245462744602956926348314347045
256238885922112622855851417354217757461019635588291243652874308.2292

Die ersten Millionen Ziffern der Quadratwurzel von 2

```
62913676383771334467419279484428442865572665006420101916928808109 4
82847253042078454404816802096787533401026874650366675832489064427 0
15369765238423878081837549274627422358023607542719687997090966905 0
44008289320134032433851608184470765362056642416953541412841996606 3
52157077779664956894773770208182198571187693611775766710869821314 9
35397824497785059926434261329987411995494369682256149745573005383 0
63292957294419888119177736195121605071577939857166117443219880487 1
69602092457114069910644156600724192114814636911309641694848284493 5
42416240233214691866327614803784854693028145698864885682388037552 3
82288277900628522306664690496400372315795505093687601702812267739 2
31995542183212993032629451955322369359699646792676321483148204031 0
21091992158708071923554982545611910696356460841312315111595819865 6
48721058272876777181152749292680460522806999527334768970582092658 9
72923450037173708434973214729284101891975247212201723620472531686 9
79425552592484292111022203306720118672599363195518284457448836301 2
61245560412389149763069440737388518019645993567705792388731441301 6
67921052573419751335218147956732203170913355818737563963097260260 8
95903343925321617880954588757252541105076520119158939757541994172 4
33064947412799964672716550003961574304550384674781370206634644179 8
73695002831471298210115373220984093398160415263289269463777137707 6
62788919984662863401723926088696647196488250399105026696053211841 5
29089501476173191174065596048151830488568698131045220109288185261 4
08891885423840959397895147110566155529451429219923138145086535230 7
14755578706991610026192399448724944802977376820908778144271177412
07496601192372239909338313619858315412221784792685567360499510339 5
89096898784571500485202164455117639293243070987913679124042792556
39343129864987794358874074126542721300027387298276630528793026042 3
87984869189360906484300231711966958133398773053937882877994050062 7
75714374224648458579603647686787873340523805309826864362665479450 7
55902752565785106179238654441935474212582628680288355282458717257 9
61064983817727616218601913740740655309541282495524947060591724140 9
61956576374155479558713756022306335514949094665412160561271251773 0
52657965111624350189355132814326155201348320058221134128131150555 0
48347455494244445842670136216002841394292614149943525627788755139 3
32181458464540403905527284770044004350197601691028889714060247007
63612563339683485083174649580683731145637159645224412961919153832 1
15450308984205130366083877720875215042156039748667232307791989887 5
15906042423324981658043294474536455799233883273315637406794051876 4
68210626034150813337951820176956127879941851929466475342365265215 6
54815106936222133281312080246812605887626983602366615679828598085 8
83808551479406596330084551081580768498203676773474170616633877314 8
31470904621299422401296881614547017722782002041176834778910632838 1
90606123322526651355958037835571503870835891196261260090781963869 9
31484748313199689852312573912733770417207314111030105278168399823 5
01983385999154809721623673582284848892314018089469221904601046872 7
05913564207158857532909067565479863435465924117925728300256964533 6
65246875456254249120676030899277274607489196844304786572332190854
98721228538169747218225020620591280343100932332625776107474140649 0
20003395606892805840022590648614360601619390536208657432530487156 8
33760340829011545034841068634755776040766417820413543438884757166 9
48625982965626456469691738966946543403816782645658704070256781473 4
33358756045757797131109448152710681417165768733001925780199170971 8
46685956734821266886097979635221905638097499525897138226884879103 3
87730419988206597109688927523038762589843988772166565119854439634 0
38603215265110429896333557020229397249297507349855162692276202610 5
04300413598846348785103117563765751916205096246322617888005150255 7
82253650508000039564641221757128461661563918766819537382145737044 47
77183861174324111759134737263954150525049289077126335415304350149 0
```

```
8136683603657172211634465631806846048041955759203683495012856234027
8746439388433955260763363054587511969742647449359376825327859030810
4601359770107659625663991883361618458677546908954376055142460058111
4459533255006410753120673565800497297325782430378844781331540831250
6716637621299521550452304457438439297592665117066860426577353578750
1530487474016836427585127572445256009531417920711428196857406822470
3932053489170585846598378726206882980162384033248644598580521381910
8864775891543362556682895132146805825854439046996477472265636059800
7843172712166995012978466227498603384937832230912261456253349893600
5409177631448644478546792732983943733421122732320978316426742265600
7623124844251431905627528340535655499772246060731659182784669867880
1514003092668157409560087437800921866593266273480813708353608993780
1282213971121170536156861865918263939157620814999386421438243027650
4162516984165156378164211159384286977333122608660905790147719246630
3005553186700400267980679593235665802830928834462754255855516978710
8878764903086584202351619329476516560356393014002048592818416887790
7801859323376379958246873879613415144866346387883131043212242689530
1984801988059238429468638263176235504990845678964307972964451219350
2866145598336113446793872074981457891990124402609746090415605280730
6218498283741055836446750761172378685932299889230684865278053276160
4008812516245848880683444491713128516200435492550667080770840448860
6454400743638388024024148447348259538385890225908247516385535704400
7782527139700324002273892322884262561339944355254410262052294671270
1538458885281610335973683053061648919599022070952588676837929176 ...
```

```
010492617960687384089472765390395679435353906509308703797335239558
739394787456656825585339014312057772739962568235688754816930753001
675331750107451670601682507558006462544029424961821208913135458097
369829435994383378274851643722220677181358392527851939272532838203
475766937071698580837406388750680785912338933506522592743863023564
450461828195298103104163547140052256266401058666382770473738054445
350928866481488822065966118390956573563252360365961803338988743455
153355748314675023469834220084131552120549495090918997365598355724
665153453996101044673867519871545256187517670888769752205282785272
125282060448546017122203725303644256814165664528092880055014376360
583107259964944140041968197311980878205323418212600020811321079206
804249996494275748166776252779259167391368097803739516663223286830
130190482666988009289862218775998757315965584161326487054034063551
897616168294742217035546322445192894786153122870681286301783422201
103451984501057864683248766088612969088297275218606718275763751132
932778657558648125940930872016004295472576208339838714628081477248
189402820552196065966514264787409536889916142560160646899990612992
215098553615765563535499376043153502857139976425347237632475771081
843013848872374031299707330498536430014072530977958107681987022293
878367145900925004968575455871090030161816478635517669763596305904
011236943321366610753726391158009018454887672888457125925109982661
103922078338275626936405860721771447534893416126284850997759082991
163935576373973763758529140764616184218409964212269379430957718961
162873282349982385225600507840209390062886971978220441691341907002
832678408290316405492252177043614948763343361726809042086027414138
489383821050488094600746603947365764560137746087900094401851222014
167515965762541595340098851811603334521922719882926058652038114649
215156720995497574657412184072265982904709816997694770462990604444
985059773743915379591172761787928258102751284708735792014653006403
998165314319391637815277208052937056104195040831563840441690982549
801169088693326739897357894664018186841569156982357563297682448222
401128792188424461857669915529464056629016690499755566941439352988
434425678542641651807658876787841127705446577002680652940846093246
418630808709119287726526314102184979683935939270588947728950992067
663622109790566298004914336283463940051569429057347712518015721155
820999691017707171923036011007043311588783883236629696654022264840
485477648283457567066890557190505051105218541543515469388393558197
737813891396811326137272434600593163145889031125429362290561559279
250174761961991019516778981690020792376225321008855847706871838501
276932772952804016585339723808971049745947381093404109119755813596
158155938968801980539937546346187277623121217923318769253807834302
983689638845898720049845908103324474786886338195053687727241926753
486838355943410854980054390336355685820638496426423465355060666815
731577170564728694352469779193180560544945707412091194967819566961
901723659458384647299401905601338791868367274449343425974312619778
047844159932175657848101107314350110578576083158285597068678523584
170501278307022282038045929208176649610664092749972988980526811118
391647886075598782342630520961510441320815075214240432450910967165
042124017110410625332621574492436133309235343158461698302458685749
860645243047337373151451836574934000607282641761656170583238497764
328652137029328735486249047720426920900414851478952205685628541128
590653373453469629638573396832328114441078496048198925550072133875
923680518868937526304891017986776363736891494769885842638756824112
776167987296526124264133885863924090284031728824496655022800162806
961287973754602491331216130681412703629449466684817775945662784049
819241359497309677514864486430892988720592364760463287458534882322
545867030494809787920232416573790119133641491107295498809053908396
302148301180237004742420920777008267185479760247522907545993257147
```

```
91951137492489009168768444620028699915239271341711705576968789156
1782367956831021581964620217060526806284124709017696922242925060323
9873218683970793715150469416034366731863442207507002566320578914753
5688747555064713998009811392613148483733264585152302298423464448003
8829734942151994450572536496656563106482463631167553075118974502014
1301432198618395322403349592396997476422755035485130199423611765765
1587269976895782157905919022048349187765244083306349266436849441
2291351233701268002994279949241581988544598720817150219250572754533
6374839668598689738575712465569329905192505430082906939100414219886
5086033981323006459662181377307608088293024281471654678566990295049
8843393881700458294020938683907753691574637744665299901040175526716
72977743581131763464265543730046381489075633610480921468884306373
6751715890526297357477156095962726230215858555711737464232098875253
2686603066118054794209091412136001419562237883723852853372872382972
8634882076781218844601638605343275701282671541383398053762073680
3952717001243753965531155702016276696977816803196417215620522103629
46292221283016104701097407447057662910142687135155084967150032220
9438110988961101849078527526773920106360590722378801668686741674258
5209526204037719047354128986753795221665894381547838187387486082013
7904727137149971988939222482354648193099535451512553890348459945709
33509846277002061218087901747444163067588391340038598741265963874
8372862701252772111914403730126856598525717019594672260471540427
310867380506793633798256620843331428942775830692562513760062142474
68165814483471051054650387189623887138524198700646338066310754789403
1316424061548045354099245239613526224796898826363817577149709815
931958250786103539210602777523052165106773398432753142664506740104
84282675234337314954580094515256032983956293022547652336780827359
232907461841843476891030161344833342901755226243063511319698792050
8491269719472710182433644285878755352932842697298252824843594827878
2183350605217795138560210804895840208012882953878379794205782240084
9685622048519237217117543553617025132624354927222362952735800709
7729282994751665886892483579990040598945846127846756896095995155709
059311161378541601912515521100510052749771300478792920182603770334
5793812516437548282372572073278295702104205741098367510922088792743
9748017521880988408409256253245834325973868908759842113000899945571
8586598724393991012508705161467342444873706079738343494849051683
8068406094807183830676444988760160885932913174404856200164455201073
55321357047433056686686810294653297874361677647050188409474234148276
1295125197420824981366318444136996446423108261792979985398998037960
667521980880112626771739268164465993658779132661046711823155999770
66885832935173540350371888525005894772863865357297949038055292468
11289568545657564597257897498194614699032366948357392195815700307
4074634414172537592368753624956027440727966799287719790568368065675
7580025174464525089934853227446720363088215445178453595880418666551
86406830526187021087511218126191361683368466245098645013679064277
06084227412724740368090914323500535305900384569644154743958816789
5682699445182420806573043501223079954623511158923314665938763817
465915437140210678863734410503895655798040770892408671580314641149
4393943762353725999314941522507992173039123296788676341812711066410
33130307966478300842085850637774763921568472466979694264816288608
78748008689613775969900754628118129577358030370624261307811923644837
99739547033622849355673447822273965844455211378275204513733178328
506421996336756471792465116613114357375124949769325215048323344045
22378498186863420871843872025140007411415718563973511447344588039
816996890234577899191749042083243776036735649738611840629786319646
302557184704807635184445237040808979366152001422979424982569302404
9602272034015149268019708962994843578435612480184296214076190669288
2645584123710141111312979271472186276733542786758773654142343913
```

Die ersten Millionen Ziffern der Quadratwurzel von 2

34090385354941690370337657926660158111605475123276874862173511 0542
63896650138454723310971076446419659513472456895902810549427851 7059
59087212279497253327955245380214622139825329590032702313099002 4956
87290101106205682917541480673812846625471281954415111080769116 4588
78127049872143295216696211834131396458241085730581921121274754 4805
99186040981985755059786226370099749558847663256818022389789816 5934
38594178535448939426948947667231422499207634363656520725692836 5969
22243669742142095823553874760472491538994767368619009609120270 9337
53622003906992969310347711297939697648963171839153237443526521 5107
26324414379298214584287839670930328520188228932713067346118950 4428
54047701872781377707848486344967282982335807048240853142286661 2055
94775160624379504462867070297040553538391287332164785587847463 9256
47359802288282397464939595033183768339275117673858037677320616 5263
41356323679952158325404658229802705856122735849159643576005061 0521
60031634551410546879453714743273422657183991899276953089065561 7066
58793681856689121157333102312053081907154656484753893868885732 1524
85352466972102283162367892056214329818232838790275093908439531 6028
09117182535774538485124166376986584674748795140562800774683116 8997
96766239797470214789442813983202312011313895263095272439619767 2191
55664162877785054377982591007041352074299479819419604132708224 6594
21199472799405024751206523842299889278102271591485483756924404 2325
94466809493502050216367375120504637360082122499871472054482429 1226
93910301379167331495617644962328498289933741378717659074231405 2174
83290114604352865168766979010314697807384960527293691858932284 0748
67500855426450820366298144213183954218021207603858321000009534 17184
23705290220692703410565438489277527533257963242573824640753254 2841
52817480387334594731974901696220187689542150015402722060291020 4107
25327090261975765670458497501172148041251961640760186744779349 3704
54607322585908909604167241270417165808730587723017940999276439 3962
91162648594913476859163067436880990151945388527349148451067466 8993
38663997887835184449376986852278515172969834407113855326616145 1091
43334611453503918080692346662449691470969691953079531621988444 2480
78486405891147971524568916135345778275758160205838274849116532 3281
94835444534741640315684497136526278363538076737762885087004587 37891
19481040254663595383996043334257991323784132119421592376479072 9827
07253559488128827065235714047709304702324633611542675756600346 8832
18755543006686708441296005056044271032610958809450779835713148 7619
01508066190520453614167208741830046487710975624088536718165110 5240
43653033324133488246492384685703338174486332715566171894486648 3620
78870911202300046756216218890757430209952192380119782905698722 1322
46365308873775157339995666031768727984831966265737689523038532 4119
73607070652153248371472992644395599241613091372550089961038384 1689
04829047941263105387904414331888560076700528288123837812871222 9161
67175212200520703525511061342533548900316811829270828684586402 9211
86231179891970851012537665232685815226901928133320613873902629 8882
24587557662389615851428833308782175987303725102538512399685110 0843
65317182618413723632299690967270429683531102794323851869928140 0760
13823405943190615753631546125594901406435363821508867927659690 4332
79255772047864721494205730632308427805533119740769141953523712 2419
98306956456257721958970823835145794015363835548724227224918041 8095
57057440853557032177846039511880154816592335884269678072690871 6692
33387933041468988740739159426492649191039267780567328580307225 539
48986285623147882533830092037125741592877139255173564713320450 3384
07889033653675611846208154923055020535144202425477384750223060 1402
24411378050244309738959673338969323773048674320566548033686210 3596
60550318541126528787691422562214512734749783003436322734794937 6360
28132797334217362330562333045739030054906772789717630389371532 2525
07532514233159255122076184159592456967648143737388223626844997 5004

71016275824645455109878875114951361857369616714969075047348370241 0
13892593150550206711128313727977254840546627020826180877352014112 8
35415524586117263453189169003664631019488077358683046477622763986 8
50938812046034250068684046716887177860255804405531979334303785821 6
28691208175326862140948470221466032299635816638520862816554564510 2
21042295520331324996112205730208575299900475739902247085929323183 0
09436457357470397320023062509135723477003235608520995342192227930 0
08688495306267743204670363231564837965808467698026101479904744413 4
16644628381749551378896463498033669069703091091184697297242227895 7
91523615127434530952552339471505803361424243483234181668736784511 6
29254763215730457338209165808871077672689688261139075450539945568 3
78518830886998744244098700328985928491153497087753060491133149978 2
60370172292864823187733830889579015029851719570963574100349052469 2
87317457584358136792476018826482382725408270154053589413747244660 2
33167341611091743337855766612802284946539943048204986660934264698 2
94676939907910403835816743469082476414551090307025424130726247766 8
43764511560068897690308326729490187882965588276980521008865542597 6
12440051905975144956128645078518761239402580873629822924893569851 9
80437100142351564230616300206252736962035318339776209575465726361 9
25334387863836316749406233493237096773421234593371465723351300801 4
08382479519576115630149193323319559188830529152622495591946082728 0
40327590614442171594529262462608191998690352885660745115749504842 7
56262860680817265694191409854694632358184430645499116393766884244 4
27139215835230597395852582097124816088217179985194175912494004236 4
78995615143030551558276748608878956930719153413489017881155462419 8
11974262395840658198600663625727306864309275519724456292194153853 1
31153834867261792735798869558798357626356043056977595609433122005 6
79440014704754803422250187570591116859437557110868480477955284554 4
25033466257038840389402775597591915022354280168454013341080295942 8
10291611216146899722316191228879522216215905378845660648013497571 3
95082149773805468683084409450438456068007461483096266235167296369 0
59524180267427991188721540930316888790620677124785898729631618791 9
62901805604757507371753279758805219887548419673259794245120190527 0
66287047949006796953008882344182376605109677480338054847211248619
77858012349649494443796738745014777694601176515266660095518514680 7
72772688597474892300094327529337193596631621446860915316286894423 1
36852704457131659803813092633975290887854673238769145273622360811 6
24936464693519279382353883937796826357412852956658228647451162224
75472711800781972405682616279411990526676927407057965621576415564 2
81136071045403302462172844347311744560088996231450766734188395545 7
09396722195283436649305833049292150306610929835533876646427291264
58428175276889625955062025420485752396262700393218349957684261149 1
19777751420767889414298310064001183825513910936693776775871352703
97232017514215530281256128570413715236396168758314712857870701716 7
33567559795657082104449330149114953234322435399267511643791649784 5
18668631030063601400168572495321664750174109744781836827545902995 7
13710838603390039117289010018531683904328658483683388065679199579 4
58542526234994089188578394272171070833399503288003863685875761537 0
03626380340297453093567097424311238970936750275958857741740390358 1
53572438706140685180571801098081315272506335202626794896869383022 7
36091734871141682219425432634499575668537999639871560866218551323 74
69095613512863253459406679032859589641653223154244840350690571028 8
35030529724936413335521951792910071566603382170393848707424430551 6
92187348217132065496867342031601142632497280297933565303264355823 8
47607923485376710334072145486659161201030979300227827155466886592 9
20295206597733522963633945248597244503874095160285854324396525644 4
61000963282045743026506607940392033968825398830774523929655999560 9
40882243704467373478290817555217582229836690953147847997248548613 1

46   Die ersten Millionen Ziffern der Quadratwurzel von 2

60714004885756698285209986747136499090504343764621231107741922 7186
63991615153618287028503866340849864769522154767995482115813252 8646
37732785527872815677877936264773669451270285789618429171832914 083
34693822205770461332412348072268889505597106198409845612494046 2373
44794854741135617777824193040157246283862361743849601070781780 89093
63253445065846038568374436418482822145227690581869444772302897 7707
31246285473054292413261625645719923580792511196915029513217134 0344
54754840706714419631106028426755664150046178840569418114577032 1667
40664713943705012383700554597380403089857806304827275302495547 4479
65362690886553517763630106524269570846974314089152935812964101 5448
73718603566195520651932078997859918332326715617300012015621137 5828
32502706687144418771371060774034297702685906388916892020769159 2900
52853633480524922840983536226313341725439259431202134575948549 7560
61828504439950056501609597513477075871385447542989393575058180 5050
28689242553370911805570056222773630479308962916105339921260954 2681
21744908196857202494254798508904104130364115242947492057446502 9020
44968427058559248937464533456590978523422442318212632341195092 1373
74665194292941963122316026525464447418295620189296688073800693 0869
48251841420305014341411292072248981829547622975968266324804562 7177
97189118476356523776226382003602288150260887025134031783973987 2485
31795931985456673225656689772783399485237450037863734428806849 0983
03980209875758128629636859126549422623332032714043553579932915 992
97555262009644397509818286087477783490511341371712986858625678 687
09464890531354505264133912771779818992731987469785804731087256 8757
30077777508955847736073121335022060514846400615702013547695127 2188
79325940831528435999486579617851479418159222648545300942587837 1929
76768674591007965047384769252406112182983747953328911136647992 6341
41140873846838416954581119004131166059896511395187844195077202 1679
40515472937493133368364809158848165715927651223598685448765679 7976
16783794587395157299902562768359002252537248562273643341172889 6630
59868791790431001150469585606435430339959969173158918093999386 1849
79860857511883893183378213071300558803615163325959330684115195 4211
92673731114842306739172104369629375492442757246622719300043339 9225
58130918308312769291790042656519881851417964828897445933585316 7528
76272432968794349159609332950788691293448528673413567217400285 3198
60415560901788908742117788809738237918675695392880713745638259 6940
67426857314154530241682352590601172554090867755447992781559755 6534
38486588116977164258478161044831868447695702117415812853603665 3434
54999820217625492012240730147989887216544654083968308691893534 2706
85464707762791515730293846674629114939788928459658555446674578 011
43099973088912808692470307829903805098688999457175850444912303 6450
72419255836348035914777619114062195304720813584514318363624456 2974
12638909892418997053416991497943737766856277534576906663107212 1442
64681534975188921994951968561926024574425673779180708866152244 9386
13678250200165448145297515236775765225263188848199079792354862 9565
30809169429946843292710911084456813445610672549861128507224084 8593
06072591804146909551582151306891200075621289537698323030607064 5735
27300829395329112222894445671528901084040337781879385753832943 8097
24387629763571273212595055751571940150975377375274406400532368 5974
79275179942619299917947344436238492501921145816814992968616792 1532
45161352256037969854178943480227456221819320708129456314502962 2296
63224128102049705434634886060304416240173974165755468684964905 4983
08001801663380495100939840373891380303244298379268560053724814 7122
05533051885790878390072755312158443349047073368082943815645116 6875
32572416946773497361864212989400447465053289333651931241010912 4226
10723700778548244919245494994386997302455988635819031698535566 2902
51960593055573400219721870708506511774271723391758475327775709 4950
83933359355273196498399145021907182948818509177139867181607418 6187

```
8171165239444603097318199429905210651196790239863036287322560139 32
6897024166451472659468306991470353484313449171349828509140791148 83
2454605714057572124003362243226510030091792039557245769023361161 56
6029952065065141490869846560642144026119588382836390731692061090 56
9098349613691856660238080332847181037021244401533893885720775294 11
3656554020810239243018249792081218329089865020416725425209558553 22
8356684589580435442694875824995243779704394305599406794110535950 52
1978519770601313240948551536880812301718041053882339519646832321 11
1205780577132919653858474205489295985113396964427057839391958943 20
5516581482793293027218622789176926187316074893155367302057537385 14
6659629603591746551912698923981691295685342433871059370986761309 38
5550662074746931758665547964706953357297947991677603796643493270 37
8628811367553938972550251036820479690948171649472986657950579634 59
5836460960470991994428180458473595279008340213221056565879952662 32
2035877491590391408139178189348481774945893013828484051122591025 012
0565691457712457611579449929440143861254585690472343601038940777 84
3800191878731745765419571356795729480901139158239555216671547025 21
9922566561114091742315061136785579543096635287777810249480798171 64
5374081973840395220264570827961244668314611422417077766459901143 38
6627160000723167760191330132940772799978025000206341086313651763 05
5055843241550125945754360378417153696644582756162766449680514245 02
4600551920068614081215729846046505312661947486827631047587848342 8
6554575167147471259935802028873566512649093843934853263310694727 32
1828473619932117372444348012457713577267462012935908620843358648 82
7415704489627275161321975523204080993564687817591020312202994202 44
7753644429504380150365162178811989846342625614130645714400700502 41
2583328084568976362955672095546461018820832527270977761831631398 27
9276249101819905468683285595767203080463563228417135451979431612 06
3849984059758363672459054962132633951065413298623142373866070584 93
0629638277560420520023978630952107093926751171017659822602551604 3
5657986521963581755183821868241860009199028413460598884912381389 52
1231982950827622531124121196040326530197924730782580398031406811 43
8641952344417126564670564832606422497402034327334429515240209985 31
4140746395181999373860351012551204594229066950456283703074761476 31
1280958123261389542122293476158806401125621193416571862235163729 38
1048523908121358833090437225355571817453835646464480625996531320 50
9000602946036650434864936992344936410916398410650804161484438914 30
3181559973941416197151022740608717308722046096471206433431471738 62
8140113687020103234171719214347482997808760360819334372480624891 30
9874521342237609464471522902259621559163697947150129651462645903 10
9140865611543367585022112468497438784692773976440317349338355021 16
0587407512597272129192470393436209263060008405756553085690002472 63
1934351057860751322335205763370604614469849255694309149144981307 96
5157972398205908444505792049470116807474646169759563863081669536 69
8384682981069232082574548837432392071018672061223381528061166120 64
2884199672886324428598879763421219683285274352024840383689836815 96
5801851296716081275916515273748241307339411143007955704572668325 48
2852892866285141890026550178535789720027423922392555937119477191 13
5760209317196329984420272422306157108355931971126904205933909705 84
4797205227600167221438783070169139833983312875603294787969347059 97
7192475515958615102891463444378853076774617468009881122590775446 45
5660873667070562955640104100116139263663699300887797047295047731 30
3735930189493273729609006890135551669803726287372080227178300684 51
8009763606250810591590641980001142846552364373896605418619534111 95
8571467750352245281829574282372367306445897788046358689504817759 36
3745414354519393999218681646587685744162026337449800922490135577 73
2601911357700862599169118551162945167106259209824129823588659390 68
3176904432861526478099908940539925924562992288189273680507624037 91
```

48   Die ersten Millionen Ziffern der Quadratwurzel von 2

201467770704616883369034594843307528050833857504860837621078176798
860764080513685114006876187148955283889507556562149199885192801586
375570954634055882300445565048957797738119975617599767502063275742
520484537483807188610791701069422021827740155900438614226729979859
388412154589285628751848256714502810062879512283064593931508085317
399992575641141850767454347020808408869214562058266737504950271304
152278974981204186340583333680240633349398820896647808255878987465
746517993355341430586008544927578852260948337565863562359526562497
939724511133727509208916840182488270192113266830394931229143413161
638880305199205571488507934578045265420200184536530659599553803124
845624600655926357965926089236117147066312984207401770808493846115
702465669060181860263236279616569948760351936828877610612239954788
532732348673088478106223731738973550686278307145376685335224792853
463555836048076550509209399941099819622540197022452347314348200964
698637307442632841922571927768232834498074195884153982842124905366
674652668835314999734523129947582841270080535964918465222324121849
788077125563292270850592255098224987801108471099019932713230225801
314075337601372889067824209421175610077801003549247141807873435483
733283579093300989943952252489486061342202652678062985398089971847
393028495367649716765724168217788890510685771592665838676663241919
554607681529740736203709634597986897853431125984964875204495758704
010687182512399131630151406173362456632720389977394070604193825445
091708312357412544326822147197535051721721398356428474010354036619
801117048396014787687271939262996563284512742791226696061803904589
277378220952973619766732002444777675351345405444371188266728960966 9
834869761194573197795795286985536003459291256812195714230257859258
042552690702367356877551488651653913592459586029115373219218411163
212505624306014987651117812608801474467349923718244055986057074040
451120190978043437663149433364894484883599880312412706053861151925
419840647733524737565872809887434333653566287230036917953945731644
727873298290931089782446765174990597126411448515183936769247320985
590008271794251469855945202546597028209652013328304651408171463906
010789768166571150992967043364665482764565327009353292400381633384
721392894793187655654532463635486206351038347068619531630986483506
549678130812798409198207152593295048756079597813394195222029788688
493904181372785409507727726864831325164031182900611993312750441750
245943175081692659665072399442452206317444525544002136179792337399
573917892363277378782851449122240006104212931253964750744783547538
093151660648700546657572868548549047454862697031459082141955627752
593722425751911372814120219740044405658322022447896602665516392255
016911406204752842178518208306233838987272680683840586834495702302
787920374193017164571038109124497951916342258147940265315377478100
169217219277146145022446326543033006490745412240358183085183485144
053514035193971079067982246493564091302544698628395533324227594820
984309418647088295670069214017806026290738113044031562705812346316
901010922134248629494930402435897280656566053563131237685113421438
434151389088314919152272752480332757858023748783409820903198698951
036390974724180442353395808975313070302010243272045102952806326618
377179801991594177925279929413191683956366887293882542375426879869
994088763398278664055358660929846313122803290199728204262951574981
629121314901517659326968509934498611464834922694934765489215871106
126831219093124011598416254331462804678165806809986920819505159802
109898252822704173912569320931408273556556435873412680349569770070
230516187201149876161343272808788221490973811575767461956756463782
055005023430440333994139635130416016667849446205374007740541848097
766622169791391044503837868648299420337259376674383256436914506335
699907494254754649616240499997640533124121652028803079245215508687
307034528676850563888021438595062088534564480038854551929255687409

```
3495293662083197375796754564056185311596244039930367859528539362 59
6466694982913052217067904872393858558602864404264693781922916641 41
4127243643110234964150100323912051081579776152364776577346891986 54
3137670929517812718610102268277125342448748336644257741206043266 19
1774697913308865811226500767705842280824112480502987419860574735 71
9591631503339983902058330630628749068879335068768792800980811552 87
9543812071685435899060710402467594301268173364762407609626548479 55
1797512070932237996714473890388682849707485536892061083828562650 66
7454225530025289112613696077711406298541602431572381572716477755 97
2004387418479534627190863526437901163887688085122853415141125463 02
3451711575779568336438519513321562066932484654429141625662911406 6
0028923005173946353856464276434007066293398766501872543632357736 65
5682581364556849292373991265478845709986209735688705496794859175 37
0868379443859544474439441616896841575687815227393965986660558252 95
8969128843664536460330424523942254369916308830044144836494077876 38
6800641840442245373340111446952082377752159328643984142511222202 4
5629603640704967347915497251254942052490074311339573362279612369 28
0863840853046125965653399087855867997837596395395320586299218377 46
4595590267622537787262291446177602035856886484150199759222254524 21
3981734028406782117968962110203447437082757919063483750051357991 32
6805381748313912662337375092086488062992131883253939564599355675 26
6703224069585651681501175847175675010871072286271536023019695599 81
8776675769339321811411062097958336262714422335337854538894474808 201
1412517220547869561762019368267977612155759516735703134833659814 81
9477805859303186217778054428826406082846009004337582100418769538 10
0855096714448889555894012180543310469300347858567812066452228454 75
5042446131252615795569557567342964437445450936895173867108541662 50
4031879637861284041507120295618620914051016242168009039515916101 09
5991772377415917229672646295474003762224589934688411891551898432 00
9662589285161716199841331704689643943450221265030741336510304094 47
1902418656982585903151563386331709936837595921387237132018946563 15
4712240282219003311278950564759828220814621427151508677501225613 32
9635237640000671624767113021634439420320515653273460226939041984 23
3063942860026379972921694383326274366029002751508908374244557018 40
6738592548697745177183878472224126066994763562570625994925148121 75
7301405190585922183811104083625964152807850098904295422806767902 96
5307807989540658893058083920456244130246389034678496571778384363 70
2490593647324598851669198038045338062598315544527188092201331776 06
3024208591658859105395711185824825204433391091507015144505591781 63
5658161197087951018727185624379060983581699772098676126007533429 63
6147735792988947907254125791580823569945392092468604175737743472 06
3255256974719747514725524386643979691080623769399533649905809315 72
6920582446193195739831548280820221403138437485578100066977761432 00
9550440422972046425333875120875836155637716437578016587867503766 862
1719927777825096547974427310912363782196008207333620578038972878 76
2990809330130665794944608784766655560204946768564930182477385241 96
3180043252814670119734026575622552966025073160108590137876242985 09
0249835264939745331152049220408449693668170039181737081869927806 7
3202104675229583227997092291307830146592251655476003286255121916 92
1431583881955836452408626051057764070847471941777181870973784297 14
7157634189382544875169574712573582255312508611819060772272943279 00
6406855409598026724289562583214185020887886378854941282891020832 75
3390484446351737333246536920848238234977686085180219089549336300 110
3825759836511830880187871705134936424854141139469177507202327226 94
7003591637563767873432229106014232458997695741102720825013554670 67
8818714486810950386648492378113381141609774425286461325407820803 64
6495338834196266042084517738702268799104499590897582506252245434 43
9195396777032434684324643377327813699459850691982985450403285112 55
```

Die ersten Millionen Ziffern der Quadratwurzel von 2

8622997268891841997978307299650776997938274528903895796564962823 02
5273215613163240957521305606079866784921914574747455425494205 45728
1985930683717501233804778893683031028299846679306488049629671 05485
4738270248974954211296561367553522001414481285719631284529555 33694
9483321297536829735233322801500176855300043946477203637062784 85621
5419205298830224940967157816747544305907111310588662718078925 45605
2415778816888488771874527147223222580217485631529204454431092 97262
6955493405615043365506420979935727047726984820296600034933077 17293
1732653177779492277915301495251290013785383875441033272428817 34376
4130030935936848990249056071038999686830496554369363614668437 76711
1363495541209649713256128652152075984465126779817568821297057 75387
4512422635770771045530285210322441398095543456706218217793145 26732
0875232060548198066255523135351007669964908588025579183338895 13474
0709694158530072502675140574506771235779681844609879175269454 63713
1520834524716501354315933430194931335209105130942146847014611 31557
4022902509277403763664841685257140951102795850267468206790380 73911
2674430141398111509627054859654125110815085526788409465059473 57991
1434962297088318705291275250190486252702443527658684649907745 83116
6097923331079940464313440598338990400028303421981044957808286 64203
1137809222660479261940443554869497535343727497415335821545012 63805
2934678178840278869368209529017586498698728938902210103788055 15254
3574410085854442933169598743873490899686423883587872244967054 98011
1721235491041522090718055314449764904679568009737670657882581 98026
4252239560836866155988082374009957667686788842122064070592971 60114
7266826281892952861970564818833989585342230219951279023766792 52644
0663959165485070700647558004909140823551644393573082106349125 16448
9779725431973311017781018248317821167749277410742274309686776 45456
0664819356294759326356297390433314681927031876550074391829903 22683
3240523902861895330702879266947518675515693705253293820978001 22626
7637603311966282474762173533456620090003995333522528158163797 28701
2242090397273392106141573266440949180731774642665347803794714 39210
2563555842371579078722874896655956854738394223226607749433145 58400
5911857564207035494412139093024267004734579500174651542457180 44680
4859380465694346690968965999066749251613031575961756795780997 93488
2803438683752679397350955817285580749363775663011465015954692 11227
2436639615496441968241394576045956575669215415820024241628597 22801
8272781260710473850792698700739677033769854741379545924565485 79995
5317509543585957724512915131866272845657553918354429940399784 91305
2935136940989632182297907741739956421233797192326475236792491 34972
5845837402486687777802310582285907362392462146042524447162290 47347
4004735696047914651146233593055037500415468346616051182910139 45460
8503359294380285054797033421844928178178598516332483807697191 04045
6621209980231957307156560323588181511879533594610388067237512 10163
0937454975236383439480564807472852667379698641818393929182135 84279
3597110359220434926610527963206263970528201070553622288856157 88784
3399123696888159364437829645228716456476767107235053225208313 21144
4186764898615271327181441473251885471835300294454169050976185 25860
8698760635931100137861160063300997892763542621607448088282127 12613
7977155309699015315921866794102983931710896973722834024341628 24001
0854567982454131995101374730278316576133600960944042040141476 35593
3370771621729764857677302112929149491007874315470677213566182 593721
5229983627955767793563199133662685946080945209157436976185890 28765
8964092693186314310020485058378966804791218894804830397652460 0647
9743733996706129388785431982593885535093279794452979629060327 57826
7575782164562765989954872424453732052345337882017919189440502 69212
0129557162433575693840844658014242449606919053864743515718796 59861
4492041893919515117912619091080559810614835599352866900952861 9458
8558647002654880854774762984796160202061841493412306336474041 10665

7901785716782153926199452905276410683068596269347592605253427179310
7072126919194674831165731971567070249253754338960228541782028204170
0090735316476652634748268514416869145484739153213369028357954561280
7468629318610279072987575732529907054527814518974558607570859600560
7210146941128646611767309014222424227722794705832176665806201080840
6168027528705438927212545002142460655471144064124121246540744637720
6802645885589635714086112656572194377520640138517310158412554276450
3243662847761149274157656336028164567002823004926812484775003911610
8349986712086397968986076273107259718504042428605293302611053033130
7600714723235705349467578859836543149607771637310914609709201490660
5729290914983223250813269471009383627421202265398955351444483602260
1628547364772438182481027630284482139245561827125732564998490231940
7884639710014867835594024152203135334286531534814237648138868692470
2061947573773206155785165096102435266184473697999404406823564330100
1137006923161703093629979315605333619270110761236984980645441094330
5752732250151714848235578108008684820737540109945286005607995414310
8608282148768843594108014281306856764659496716995258512137086570440
3183507877472844507843542699972713573939783103039433248273127388930
0913780293594573039470033407746426433744377840269129693845015739000
1376535961547419789259826587598279262338426361776221039259900929850
5535950662969717903821244861762344714791761056850206211760105060000
0883814631731308759581954129909300524214747056290458867113243446990
2368171875980980293828889566180633964638979169653827944064275216500
8852420441770437626866606293303204613538703043801203581538813473780
7334977482222167879060251860725925670733484217721330924325876041550
7096877732758418954637690129631343322844738263750622980984042496000
1570870013924066572211926036100033425181351656225087520927789952540
5202103420649426979944831801997452502714557010004233575108956308920
4289667546668977003011583255476623280962855298155173627856555285137
8213749332496000434904520024840963987199516443530485558892160655720
0329599794026475794715281963154699826097671509758524630738830092550
9190659906184939639671214742793097870430870534843289920881840909860
3639807751611877251458330268641139318689836075542378059548111069440
6265598453404005738145053556629469233636638434264490657144671771580
6156627096510342618864152837302194555896620293917386201566268179790
8094201029163962787596589331026287923855058387581366930196948753400
7471501042157077908806687921748975929221224382676230024065565147370
1793089162926898317341492873052458774157721552735980526823070099650
9214442500501470160940240568743893036583217942610485289071701880790
9877136078051580100404050177522867213504662572642256397313405621950
1826770817533116536599456917614615056829966598775415736562712003440
5293313246716256666553259025325098063551265205980547619697759898171
8021711064554013929499681531189075850361708272641079839356158299400
6906453776608268565421548274278211849022127060629204136340971699120
5620296374726240559371945146197217732756916898233566537213836192500
8415071365223418891023698387020881177838349047930256285455585989510
2473223388525791415815851761867783159061141122159287805100771250620
9064252577466545253741780411259699829565186661820691665116674480540
2365499292897660554082991531916367537448847916634257233088976059940
0326441151848502243569812649764289357523226884466254462534196728020
7027437776372432719775399004654679287608577118080139703074072711900
4189936541729866180358070741508792742428624219159842677289093298993
7922013858244608021388589184687119142363802114290362023947801036440
1480199631197369878327139159199317744198703817214016791552215891810
6232151542806785869557065174884736516755567591359654182544054807310
8513243172117769228968754654135035432675733525581130610152919138270
1186015130852237190028841416491453067313929592380909670645202323560
0667935876040116757550626570248891169673758317627201790046040026760

Die ersten Millionen Ziffern der Quadratwurzel von 2

```
76692749627862110899890246358020376071491943557663653682270994 6028
15412626287932852980028855974972179499934645297123088105258039 7660
47132247009644719365490684398735048508781630167416896266916072 6477
01167277655156040066834774138160787818012389212672519452363724 5378
08318468831433848030825167198140618968089052483320566687461901 4832
68367758818764227805245685657982513498189569234597340359456940 1132
27150638134297694104057072990262382297190127896845205585807157 9447
81059071693947639626418964435926350672982152879154911275047698 9551
87862580801639603573978734703371835553554881815033258700955228 9138
88638750899482110729869129502344131922578461054735535837015142 5405
23738477863529033241683478196178759591799944600987349844195495 1158
79993057987899290342157795289651626063174249872553095847913229 3262
50466408133484889117903503242448394546716049169844632046388382 2743
27538042692303465154070521687981111942758130855433008258768471 1634
80913756486641250487228072189853700863049931287668965668226541 2880
53138880043447740824678476810210726706283993325015504462668607 1734
00842116670204620152915425427841131069174457516951239009857823 5282
27442075449992928196500047678920107815331010418340944096663298 0717
74011085797464909899548131515960640348007605506642098493770846 5051
69408839341289198339988565199911800561472931426629306384386315 8893
86259185884828738497120869141426106114366417985482338023356287 5484
79994619134700198989340591389183849369244723023421004604737670 2332
95295935944653078720603716544423855650919059094509501745153129 2942
24214993479644003256019168814305894740752656505312846987174470 3334
75781178339692810835058853970195117230833662034490764225749117 2661
12852947893314184441555498570029093145997591118729631318224797 0335
26668288782468090416828821336903891689963221046743872953974019 5313
57807168987811269557555865758761716920586839045767760293013110 2446
02225937203356430462922359044945885904649958267360466713350066 1543
93466976434812666670935121091160833379393372679916031853480056 3199
29802352741870321222530515857330339627816415588838889494007705 4278
36352928704793293324647710644540373682355909591364187220857926 0840
79730955370446107567688164087378949288053387776366173660213354 9316
16909257061768263075712820010827153284559356778169495531577564 2386
52134563702695685582204532633288912044096272859347608178097966 6298
42088364692915398901703408355448847079359292012747431470541699 7057
17294128799874827624067806798605386802919867166058147224221838 3436
00513928164618316377707400285912836676113638728887666862451021 9596
39805294990752646538358700410415570055324917260606698183869060 9151
71768833202520936721964932303136909030613529457286583973680331 5698
72527778582397722970116702769779858832467684833730471030811783 9597
93204286087167930545647085704476188270329712261401926404861364 6095
43074681478836699497374152586060341346856086426836451894548806 585
09954119545461419384271520315792161737141521628358670533888413 7039
06328784668367998973365807659805937362324106672348884598472211 1991
59500283617024045013358728270862033102946724377213510072603030 0793
93117244854508868582610481937789921993789203796079245687792931 4766
90559085817897327425926512156107261547098892998317747980146503 4439
18790681249496273968187353111665731373206822046404767870789484 0494
45448995648466516097606045473544700522168239200482843119923906 2654
86026504486715220827690829485894937915759893790685491879872287 3848
09480116830382432831626833765047001115674356042390523960933715 9594
60733740788709097861910586309997098862580121132268529275504292 1321
88086119295274763368066584777914754564047887321558880039666644 7800
32446152121179467254554763421704559864337656567291652032269852 6049
95069093945808064319472466099952814732360593092385055028319369 6807
92893659095793586275643770111584101792609777326619286810591572 5949
58413631062803307600269660571080201402332697163152360571014321 2706
```

59162600297085146157740317346093864248612841320157490955996541 1073
99841344473456506977858997247566850804340076014389159257183767 5018
58402875253239528073215581515188128090794827140388330249784369 8432
27326321852294750226769345340253066629566468153998511320806077 8593
85573740046526497968599283595347672778108634671617814736775044 8711
40972745314538196221188756376223899974415331939817256539049069 9807
24149799332003571729050798944076337656115780628222004394937835 9269
15575450269251321321942976904476360154334321509829191313914356 0159
92520200090431345564538536675301838456110459031577437479508075 3760
98551914434029691439814704175162697345808443002702166951445618 2970
11195131877208277943215204897613708847815952573520409396553768 3548
21742976457160259131551369266975336791974753577134977057924016 2241
99465418512637188235156058303147140764157270169727483401077839 8807
98181062124980860359246435586873716212435118452521392490378215 1102
86371947314334089752167385424196049094655043794928367646043044 7327
49090672284648588016291376971106552714916032406136840957968082 5716
71964730912588056987024724558487984339917337806031127768512226 3153
79252260962252205615432640644400786583495324849121394363252522 2745
16544604048719165237760680095731110482505628921753531539181735 1002
05964195674299034807561849023485314117797953412321123763198831 0250
51638631416228631474410893055254742372128684509068980470573087 9406
57756479653498934658116715951843128621818466681685993074638612 5799
81888403043748932724323362856569813378193088220877461054488312 06632
62019097581638816971278283182654844215681727224409900463320723 6090
58821638175488648772040165387124547074044526505855268002244484 3439
48972198294378443881562586461695948468849731810803658565411743 78085
11839994940906486095700073837055518893087703694550623650637903 7499
63182498637383668966794147577895103832647159088559964673783466 9803
52782686729019573270674454811853590239081800004829428356835934 1698
73703319373334537115215612483273994651396807000047839007510628 89993
56601827011398516159698252896465540647508996989848025287502301 8309
48866555560009514988520278733056778477432289078228343788385750 6908
00558359997012343408584938159691515260848950810899952518871066 7724
17316923444956238028760001501842911251092889741652319622142030 592
69666098203180571500959853992614074575876562174652157411186884 4794
83096395922918562932676539250145606162987816632621410659740434 8409
74460075637525179765047748330918484590549320535828106114033675 1750
62708060052185165974450821866059427642543532078599488228553661 7210
05945980516263550451153778110992123837565134592472196685047694 1024
36767211938080945365245559762814012131183798470928613640131204 0516
38436609648194020754915494073072854729229387737894306768530564 821
16871250442893012496746686216170534387699032348680886894079227 9219
74266879140695160278261722359973143882148490140807158579419139 1969
73572900790405545442849829901362970310050170186201350782944143 1399
16031192838370690006548340990145948373827817621820339233458476 7138
16544016953064033974601679449379507243621941040579088036602959 0530
49529774433375019391297133941233793278550325563485042044466626 8415
08356652245163280915618068131007466904072058317236047606022818 7288
52241391312725048890992088084060592114817573119286117520734638 0973
37673918153611812621061453437081260429042473284123758460076106 0447
39492497880178988794737127677318665116126232510283055400359061 1126
32219645805300344854408815306715466059081666076707726150787357 6340
55959938568488431820758641462758688830155336517604376962446871 6018
78310938971792555990807743554523024819713342436855991105688794 6949
23973239816799483611892035509104312596035603646946993256122261 2082
63742291054527683460668636519323760588827098726516449455072837 1067
62133616677214041794261139522037965241716247312059322599195011 3911
53584551887717571938269430070150948014330310366426192813560329 0121

```
46582196217127226436617429399489367809480692222181971365547210 1366
33442429513379707103794106334210327146316948428408869245595532 4758
11337516093937515608839691758452730325949458965646949488021694 7178
15101371678202342247328114467702265438936996673698083285383262 3227
73325541595636642147062796310678425127956281919098553012061158 7113
43264576681523824578065640503500888036599873696740678018544332 6426
21616282025030877326483093133413019066523166925283196549343032 7661
80651400404548881024292860938932217467138727019645865590194175 3991
62116494696581876536633031603918947506440334382984166220304884 0317
37739405225720293838927356543346863162516300772494132012983485 3991
76646057605668279044965354631523661473041930059986201752343080 5859
64443101484297626812844289460921604706294692665954659719780329 5097
70545696325240811716725062716030841739878931637270318383327320 3958
64781304048825801996569910738520470162608153305705037947372894 1188
42860375125735167221542474452730765877824873814953295789586301 6846
39264994802993180930150864743903959773869410180711651424678656 6392
13303198486014349702448387785892937702757047857192410890753188 5246
05142484817395295693982990221235716084635538085637757358254720 8379
00644043765995182514792226208177102076323065826927086874371361 8189
63475961823522725945930254559057505558487675296042254044723837 9797
95302947610496294066489963275823161222894020304636822664932100 5633
22108635887987647200387201007422493523494141003585620261745134 9185
42765794490674986550709669699244331606296104618865911684039891 40320
89612741396160137067833521714225598693592105700556718162462175 7161
71598654392741968263586612984428891530406392684664460928413426 9828
36852224298594131656681624327239401290079567401812012451871435 0001
79284071118183412575509982404014009142327891795953933537366596 2757
78411221116425460879508390043362398961318213505434938557350185 5794
31562997559534963478952825961626153958899490700330084401208154 5395
81688500754226837567307800001318611357191472314639008484532970 8852
14585057073182393120557330058912983976623897047559043212059263 1334
89498510346213412033575114673548170585028031096642025250871290 7655
92475049995322662010662991614497839627912884947175099489315419 2116
81509477191874112764782067310294842221286213764938736587440259 6874
37007008077320836858392961720847775809376971805142683040915787 1009
52620408357990763691203223382255894752329930510000725581054881 1084
63866896219823721275055259078645305261884876777566852902964733 2587
23702065179611143740038624933025146028067828167327587232501808 6231
76972219639651551005417702843052071075424463320455978395715833 5995
77646220748491510916649008845078462067699848552376288017865839 8262
98596710473967633335400558776046629382283147940864016361323958 3256
93485670857345321631737408255535542064412062508540975869647865 6852
23412456515210842180324858315792684997664298709855707769061341 5503
93986836472677805947658597683932952327182731572413547367860527 3364
33096368699391414932137117868711839923669476453645755896545675 1176
46522587873481660425189212771070546470257842375390665590976586 1718
67084933564603626449219457790057636195449592931779191172123770 4228
95265652714418287805196217550798437803523039213656923660933883 3797
10039697432495476525888383592270934713196317319189410211729967 3490
62921496842650355197285336072552028656321004958924410023345359 7174
42168132007246206274292889862180786989973683606300817513726021 3418
03098740796429700977098831786129009884842644875470153391748833 8156
99720867548466556749740258059160993191202982852379980653965880 3896
29153131488622445826029455974548625077615700865918725250107864 7939
94877779374072928292251830810870994539280427307559455477936410 2167
59978399040341297462589722936295496999974443584976407953071960 3302
24014362774464508510655510999987521121666539022800328911135411 2794
71522137082805046056716701982452145132522807392532253772124015 8353
```

29298630967068734106849053149976392004781508668338488787409057870
94116545936014128738556136098429799506227287135732489060510642890
44573002750989441869834121967129878079822653531791424057289985077
177158245590265971848905723477682456882472647556207175621496076855
361647809894605556010517515466322602050577097001924600425466204435
66786514570841102593374087336321931856277813556826708475041950138609
86276810720277666713254220429062039355920471407535734071133087362
461768107242793442731447869883074808825909918141794493610757601308
74780381929047569687212650740636359268556698681818030862670103176482
87830132292463272731451758049575705006786289481462300654112168164
46432521922019807541835256781159434675721987796982695295826377253
86098274262350155940717477681413954498975637128089043607646564499
633138293064943053506238395863034429108036623779036256689248533582
78342070330502153593469189675181815015033718261257745644182295302
30288502405063929382842189503295304218577942103021687533566371367
73030860624191245473990079684330946327044920316487462841314871988492
237251918340322794854769196551722148770817820518496285368815691074
31366640887238703888520267167314769201370980078542923028026947716079
328562514375098658002103078208454362867355272769738276097130380940
170371040986436836157835080461068320096123420284980549410668083988
62707905886393973726345478796809220796195456484116606015234527494
38133992545360000394875857186181340868627952955892911246378330984841
725387525047171346605404460265187745230990471438365498619141855757
864333462011159873757017284578293898074842046339406274124394857030
091956432314240791526259144057532762712581678337753348290113893264
998667544072347020074411365348570201340166888751854964605234716649
190426291342693947105943700620845231429495847381394505830107541482
607211719035993418428455731984389454626991257948551070146327124594
684191803918103307769204652705880431159182644377678458250483138230
888510952541535070745348688824528794696004094058076362620342869199
934441484470600012369496782903822580441650367088587724378893713967
895981531969176882595708097061601662467123729779600548292987808469
608682355332577866299584817516783705459114267278728653908353309835
292673747825676368130473743125555543204052944348481752063327368461
841823621705522536665077055381961622868917246822359494323530516884
897979654352281381283825130127840876277494368715710625243094205256
981251981239530614344003452673899547331550845065571539794938737782
576931760960580366401579640356795038395767408582598465055293399034
254356573315677276301907920735535072002308399302957338949418151335
515657020924651296233604220838455494037858254021537299864036070851
956212629047102353132605939721094435139566504441085647966734375139
186581446664859566064200222304500537549749582488684869378892230513
502349387688775253327481757791669242261138168473589569089513216810
770280652033137283939688782600733585314597730443451389797044402487
662277166464126316364945038440461465575726244588849141364810487333
372443832170934222483749414105620951238790041528607034083342472258
820373068542618056779088136240640186210760833180637861250440488106
820178274158922660851809817031359024808367725801179658993107955735
929276723442435378668728636399713059977662663038147501609134144807
095007602736422263052282635083749086792070266190616333703331466608
627427714736179628807608912548585050286130456909792718364618356342
137694768881838741708330730003432130056069121397692824559703455319
422631921459396539413470351370099524345651285083076829206289334256
397565953746796328198655379670558398629660734910881286072093628431
922512209703381652919535730096929537286037032799187067069669043778
582861501186914897620636091029775073815034276702195472287348658049
963060023646793585095886310757415529936898788098644516208805736300
666288407540400748817146206701992188831643103683673924999535205202

8142143092249885317780903695725571469099523827988609336314504577 92
4045525401366820400066958498934462194262601154944893242831651534 18
4854794621906509766720164240955424070104896022675328613954132615 24
8644140905574684352667455998878178990766022677436217020596459132 44
9801834363182591712636586447173857919991551446971450763926603035 45
1149017884383081786995094517182028834047566097357493870778973084 63
8127326819397488221441679967619969387407602490286397879431629905 46
1362674212695206055120268809272503755318045667300836710163786106 08
6391752911212613396093234655661023281136324443590355684406890552 79
9088141482467888449470228705432393414941180078306680148536573803 11
3108601310361977157403395878147076028957759203010825660054633124 01
2531013717789697076576002153041763139169637195664072250152533957 63
0457381140823987507308106063794398243313690818913986431225173516 97
7464415533505842244741507045331744873255072070436766484800266474 875
5532672548968859176187224355783181788282985787928900496580122056 16
6393213880298901492692731880087507341685950131315966351666477175 79
2731698496583259360607146768980916928080438571398408706223317438 61
9571936280001099678381559220605004327928254559484280856282343115 85
4522880345308322817997004912084717729579188082877088044366900007 17
2842496830932848538041611774536656356729727181299495556007164727 29
5039582854852234087768267490198521235656949625361468009491849524 38
6694342499172392659831533029641268257341708214498309714528837546 03
4670247948912570867152204398775370519958772126531083713275985224 94
7705124578726552503903116603947413127949138938171391338583754611 18
7184612824265101565939440769893166290187410952485797268609384595 68
0953581139170747938610105112212326417277315650981203191881751335 175
9759192625390822905370889773986859248718225276987514314140461405 5
8806154047927592491079892165415429140406026779075530384007856103 40
9835226585128382002470593963704056375601142894057539388649820223 51
3128535895874124724891363128150815776650765232642871151394797345 43
1415351518277847958062370656935326144616335606902108440005625734 87
7016175648623181565850783240180521678694109769763553378126661305 71
7317432778000998592854434377702069618032957467220389558958208483 6
2800737833549180248974785617152260592623966670051714554601640184 61
7369031286586108540659935534116421874880434069850235743270834879 42
3755690628714257348600582668879615982774046873304194928719631405 34
2223457921204643974974143115498183218393005644895982474401440674 74
4771521156825695785468102727365388196219068160458002931614489820 99
0698805413636774408925445774038946996463043653350533816252375221 59
6039722327827444807881210857378933440779017385384421671112812554 60
6779341934543588645899836884514048990698500867850801796828894387 2
4679007095464087416990635738100902740813426043167640776075863817 46
4482632785549757842328062454199651509363561481140737696230265285 29
4307176704302539023952479566657345054889882214054241409619771717 84
0992258497783772750166122671384270738570333870075408650746461534 189
3651847055855501523187541574948561204937985834343784595536554962 94
5675889007969280621290276990781556992525656639395433606226703854 72
2371980071820631540235749190782032495407857808626147995827321394 73
7715843307575919000819052198192963929523195103782118225842102580 817
8184929258188628611530924647959543296611122186665659142131386957 91
7136391041844172524567228004907689517769322319209505663835226039 91
5746123154237143796995115089664665511627115721594935490543048164 558
0731219331412403338831705500691929101642484533104237523531370761 42
1293408855601467303201084834771830397998626727652960820267272295 47
4597816482280002934158235680167930902907288631624257514187978982 45
5900230827823530443980739842410913577977535762026404881911538929 65
6671535966866119324983805180239137555202190939782857275953511768 39
3976895210718166032308542157463075757418046111982133083479615235 27

```
26724123357201781678559274546402511755747353764950293800032304545 5
79181552753541947876354419635695087966259372171274827855020234056 0
33704396085550034585226636625366261860950618498247625199133132977 2
53424011633850661644022309752779571306151007941566590514619307558 1
92619002178150472770203904977621143462504378340369432262008749738 2
15572687100571943321313957629222144778104411212936788073468358516 4
78385742929679200021524294297260181478048438071964047749660990645 0
78142253618459746631019672736208818697341438432799067059968057449 6
23196300032553124905040419943569632372245428591875534688439081079 7
94866623611200197589816567778067412330312830677550891854895076758 2
58011298979790632170560375589979533080096968218464054721701030000 7
73246179178312583904810176440874357079166434525698330998499838646 6
67612739346683444200654767252539466933498311167809739497572968208 7
46594789677963438210871351601893393954510678459565131882006695332 07
91027712644374335032403781576125851478465486484383504881795243550 2
50967537247197829202475090386979150274393474383565663444908172052 8
45735394063642849043200844537021676388914439317122784491964555580 1
89060487670883272161647649460524291118076174527523128584186152135 7
26316177696566923308697863797998546413170039610504585045268897606 3
19397950152924151205620165194793768836596111421085714201528369839 1
63669453590361467311661685305975545745384912601135708645553340829 7
85068822041757744955918899944396049593876168588742256052678136865
44005195197337914439130956105712840535762461783347517870940253719 8
07117191223320946622330126285331622054359614838231991234311559456 8
03089176138794355317549661423937666992095938251493354684747659749 0
59424092186856440300911660211243773669833012067611069826090893762 0
98995794199801799068266558343247570179141189121425939801159617769 4
48569645221832125806699148724899933651887346739044727147517012367 8
27405199973156243455458476328490224131694496063891246580243228240 5
28967691641831647594367270827044331907193974281246555852993600879 8
17439527713785149399896340462571935607018995144011358674733425611 8
22497503167790374998015692142808446752252010051132582408645142420 4
99843279160814949764780246408472801238953551460876352952287793857 2
89085785698534729481103098516502053709949320908067404382059980202 7
03845504717510691365383485420010799376796064536739481098053877207 5
72122868258318438874262329359800797105329518551453688435199048967 2
08195520994878548725591036028536430894610202700951150719253718832 8
06420001195754650243284985864079323546295508098028105972024360803 8
33444102525082405373475085792548825782813071972309916411982686933 8
47314668733902860863705275440417616811978745847322673547857301949 4
10478848438626930403977320215080700004304603167746857185467687970 26
77382789333363872771875174117436291362582041613411593628133786522 6
15538628280603822232440998237464385988328330364690930448809211606
88018156907223002176484635787678319349297434775287656792355684044 3
70081869284366164732787016849865488832708592437764255958714148576 8
47943038655592340688065723692235604236966382129961703991919483349 1
79890044134833132433193932367419771718650521961751690121470157266 3
17125960822891117856987155462714631177067738646225098950646095305 6
88913048880303846831978840945133756309733323935911155208547101736 92
51633907476714901417784637791841374744979821120323402604380208194 9
69321137772912493182072806822326353090141850973828002248340851646 1
29845298139768968816500174589021035318584407109876723875284007578 5
71541955445395520480540942707170221278377000030475574701498951896 2
64956843841235639111675033050930032153936289355302962814000048713 0
37590025226054548876977151563212418794810584382741980004368571679 7
90448815784082217120802935158782849855548672069530314853913559076 0
67886982832302597649193369283259784903832415877215337830481414185 1
59848094014480721335101554746560638087952589508711856246499468825 3
```

58 Die ersten Millionen Ziffern der Quadratwurzel von 2

```
1005889433896298158087010092649807106547756399731855545950470905 10
1636829773444366001092603701487901177727932709591062744084604795 08
6306123413610004559078828542616338175059486691807747905868349655 95
4748658988417821195403173354141667905798954949377199016158001516 62
5855013891501782189042752092871000567547864423162866930034662970 35
9172518895041084990735307762724250657317451476164024704548265496 33
4551225023352014262577859014266371973658986931061744138590744849 47
4533765119165161242994594857805331328180155211000696693789548751 68
8566490600537905682999217467527632177529704065014789759806514326 91
3252140694443731007325518623190191823333179585907727492499166488 82
7226588562269422902310063323839404378959121250539249662206990237 49
5024718212208028104763887201622955395788946709489891962333637466 54
0188948027915416643298290091880114493343730349876135918519565036 49
8515976982237202249454378033879841299638315414401054952377428750 63
8320651576418603210537438813942372770019329684339811234763501455 96
9222926175114680150238847316433838643167307307112054909783671239 53
2944573379860728018129090764199737183019755201457619473418717897 47
0335574540105102918027999327645645742777598433615388952949918704 14
2378147688520831462768795003867039806405353001936799198136601886 28
9639215904185602031331547575103840918829499829122493612463649682 28
7843993507228180054592742182853848517015501419813532590118506538 86
4477549458542375651549551363044171587946532190868635731860282135 73
4980900664438163906973290081552323141826649354383957690040091160 530
9735807966330140198870255078053794034107823322413265140230409171 74
6332472032772431346990142312546196210153467835013210146908053754
7407665720893055253904805764501768342450824334642469533850333435 22
4492172439828596591175174456142275144011851539696729512768703088 13
3623842627766588957022450085530175899379962002676247023104582442 03
6661263937734564421814676429975143026225715827190325962617158130 16
5334700133954444797300701763551595122462960017334713664779728085 88
5068949740016746893449355508397190724484224760146232735753510222 78
4938652272072512223537146539655720047248654352767891084529375853 08
2008374415342966539084340864920763456508176905278007228342573055 4
6337940736049615020276689935235413821715986500130544837690499629 34
4405008885022580341644488948672500790602944744676902294170361772 23
9948097667214778772354331781733604282243916293897141431524746537 786
9576057164377813744146591213895789779490898209406214858651358941 18
5195604913982186101678199765750287063499561275065956279086221483 95
2161154838116864535953522286374629870580308482205185071235164461 36
0616268325998457063487780771106119568715232236195857980745427053 55
4141308439116839788352626381733069593640440001215744670780633484 34
4280266824335689928959442767694617023850168675649575188398443767 99
6961400283200165526514548019510583064519419042867757831838388578 39
6979358707548916237268159601399906486520512209802980995219808384 25
7559888879526226824172646680902346809341093556771617729727793859 9
5369916933462524362323539854504852258156518371349929014831264616 74
1735779696584267666324146980993819059316768417300213469057060141 6
3663435769953202131578211635156661199290457919325811836887309454 18
5699710877023398289830389924845341254312942548173715415789795223 61
2633900853801111099271286217980604598739845211117190534664234376 21
8220406483368835344629234602528519069094255258548909925137275339 85
3988784497437108747404395341863068806882457623918200804952389033 10
2513305639304711204665037413854793555672312883667296679922949611 84
7516205055137764950530174841225123222440249061027249735677616899 16
2088767287141005344914770983415372814618453645261434087118384271 46
7068469961127601150163392070939361887652309552685859907378585253 64
9133849097994363002274481609627944802785314602438905934861033100 31
6077765533312021413692456962276552223627648110075461114892099523 21
```

3977133678768243107413188104031757198701388099296639387286604925 22
7708305634424665595192369649035173838550012677733575139948092226 61
0836237170510265686876712988698950225254472883272809782448835873 68
4247917500779759704249312759228515781371055479793866689752407313 27
6401075473192725890363716097973319786219416944124206383302793725 73
5667176327722547055824808181153009561179863304300461781707317473 88
3886899303106965650466528276396493041616020041405122930226354360 24
5513660533573807623457639036318780256002845269500890302955212798 06
5749593284527762057342147562968247909858152818573854236165145122 85
5707104467331454613197372107140846694600394953548369325797546510 86
0931513118385726579303235129966064430057158057408689445288558167 95
3335305387021908823387586556659030137115381161561576610811823632 79
2428386606892353884885249215775066270553180073658365098218007680 23
6461588186855499785530604861250445857025339670328717180882433403 44
0857556081468129786147009749292377879562191202023409074429791399 91
1279475130920940440010195560660846546259799958407756509886083862 03
6095076621008294441508265048624731657825232907768766811031200436 09
2186667331447064025444019226263125308286562303966088326067964754 45
3373867342220742324165664247728998397584366615667037440126757285 17
0414869831592711329769060614801421428704027951046395949457466715 42
5814912750910460488597255206553068192202260546277486306265659785 35
1387639069836209325935963428616065507893668188364487998452505581 67
5251085923352282172366526782664274200314032286537685673499741986 67
0402720848224978140632936624150465305106500065454138689008984245 883
6508058767077439574968259287920323634055062548835765587911632812 36
5069996083689594709523468854738503579498580271758799226666666358 261
9175371431299727413625551884676065266935772646061515378527413515 82
9513166962125646576138366860222729145283900852947513783807229406 69
6338927470845020518702027681063165000054932962678442881668771639 12
9253683268854786585531468448469419951905052985371961417847810035 01
8019134857111277341117298544275032683313023440375333950992387408 6
2477232913073930729158730543736238698583252248013823658846791443 94
4951467590743150209003785198367666424188770753581738763469298345 99
8795380798854062561910610685229048152820575761034147616571817515 34
1889266880900593358115513044454484764451376027524027823409145689 45
4509188040627968303772795998122671504023731992367567845072939119 76
5753144539068597477352042770618195927116484608926957036154260050 23
6367531283230019091187621299885717939364673409928254807484064199 74
4110881848137598176046983699457461301267036759490965695220023615 19
4127042578893074369991383336609255050918629620513200785277908823 69
5819847685866726688385672658431678505337094076274730467753056544 29
9089679509192329901872273428397964485353410219183183941010320757 94
1878273013501346219959190063481437991220970332294477185682461475 4
3872621642791816584869995664382433771060546443189964156783763310 47
7459526074926641326313082576248610133364335923166825758572779526 45
7044197202323849377932215386947139242541176722124415793863107305 61
0648008757802090233674817840504359106558974895987359178131372067 54
0286099804582980270003977695343763153408936154786098550475693796 64
8453151772816608812156702127203461926328378264477103327558057386 98
6073143973176047589832909647316513342863356322827635434178453886 52
7381850180856953711298808517199162604738160401001793787349418358 38
0549650519414623844241562587244232664568349923205088214508852199 63
7720471355732386339962334574008229079367190174899145746699087686 88
1237298127176710790980153417127268143456826666880363974926473447 81
7873269919203681565213595984347230499450534527551404922522067746 79
0284697037771913010736590387428605484853105370712209921303111096 66
2807213993193263132314518095696170062935330528648805063347096576 86
8872182588959991037089536588904444602500626832569136037160415557 03

```
9337111513585948366311865031913660924957447368926094658965466502 06
6743719818817638057788312025742667105960403686519493609685168187 68
1967306095202083755083733386994786095786445639931111870594596778 642
2342356117174894629712746905292585318686837763065017647031845278 55
6432444261184223638142895482147367274360243214653487208870458603 13
7543608319210312841057951719059206139355204399558574820103471449 30
4432663151653366368265158561195755966647432615219558879719623126 00
2946053566177360900889407844696218866540115433791610638450411590 54
5901222103065679593949970575537513214698695775697795130265489988 30
9411217901399478903195248751029960046555155760508292403975199536 61
2156037062081803643321249485987803928965074143135164425898026726 47
6482663259339781312529953013243635637578658030615663761062529209 32
9344446019332303640876899377645846377322358018408684358282908845 67
9127375921528386103861841782364277390474101679067106925022953082 16
0140122630898685035968624958424453518709111958448816735110918344 96
7742519121588949672934817682627070185635882475326735113748693301 42
2610418558520029214112072332342303196736743267901038541571414533 4
1903313425506500151951430504955266703484297442038329873173959478
0543875325839481180953506926699905637228970757697609141768047774 22
8148066931225802363535833074048658350848000098478395112818606336 83
8434580141389706878477592484247464200922494548034236476751324250 12
3180219775453467622894435361200571515255351669802931899126314160
5557710273284621744768929287289767843268073084712449493225529104 71
8252980901737837394503152823281223778653312344046909653468647149 05
6754852934607134498874322209672139481191329023366222039913556203 62
0954485153164024611368376043262649378971035195331734825433474222 37
4184651851757123919792340230875236654857788220556396868618606180 88
2101160733488095953354819435941902244490783186299499211556036987 12
8348779787393905921318615922461311433529132485333239506587857197 31
4298437330730208537296965288724074703334099247476636014534030772 25
9359240531902934584609272590979868514070461630361576616332260431 17
8633182164706499781942714382646165330136825714193744426247066124 58
8190053682209777777663603974393909721763933019692150577943002073 57
2271043287172264975256741888554320432596036957987136875676258723 64
4310660730398103351024157884242610317094595688295583520977125547 23
7800548506021559529910962852775714962473940011021900057601895756 9
0820351116127507916590069124633526229331329020030646499529615735 49
3290243724021395785585502001809908760641390971234290962952055555 11
6821787387394627999872021010881332332742478834543514937250794483 59
5610975944643821534961458406537048705339024239191183934731360768 21
4951079229106644628533485463729013259079097195711013284472667006 23
1441095345628809149681254521547777980764635504327765085993764636 5
8395950868991587993692582915736162027081490675757608802544363550 57
5777976138674079046376248715256927192556008982534128954259562081 94
2802139246492659797676474243367474887015356456120735851963473153 541
6668833121898153302903166793458453823792073606138493688463434062 25
7195637061537415307963429515185136668832641130357706432900664008 89
0173642808602328370441720408819903597870664317160806665975665358 63
3177807136453754884027258324602300454283748370471762043246992150 14
8347087000955103029843042377259843889802605984380557697377632865 86
7319968190887467764284132117999791834740778124802048444681935047 70
9653730831847020566212970350057642455075328842302642138996435041 33
5885928616631035828005193393837239865525802723859748155441093034 63
4736550237231190897895345376617949145679855189491272244334250307 27
0273785092907055084437433197963733331865401557632592061814859203 09
0738266545905536657445500182843637384149851306897024092204572120 46
9801787673754915346376518302866148038421524326506859405659892880 65
2767075814737127706436511488679178001227432149897377232766937466 12
```

```
8102284006099527907615529749693025931457431102934673212960005437369
3848653688424350020656080648963385850900702153664391058947214900986
5540827207553463023057740213445196666781588283454347512417305299226
7563634030710438015322080876647069359402984509613616317780583855949
2297939333273846586896174733802926345994723917177913866654127533531
8265703210508070671165314312710892279195076340291146018003729633855
8303971714880099487518269917492529204927208487133917207094002035166
6631048402098927995815942264660581100839239183849623137798634166155
3100225219974653990789385448452680535421477887352037103809059490322
6166703872626743120779873689523632093989011495230410664645454861199
5295797893498369282117690652202137668710920319683262864512575318400
8972855185246791873185661940947281742263840018346097656067119172200
4192438276316292215890107538601016661945941252098190812632681680333
3478780258528884831533005075576275445743318410569328661145416241555
5163413432637128429541103822573810164276161676168149555686429303055
2225469666912927204522926220867989277924749226694936583815154885888
0108167036912749186441452428622867595235037210228677302951585773222
0735237442626222912879582945779963461111984877489795095726474985411
2917776512601211372425548957257658274936635838707569166561802767277
1181404848277547953817469750851298315814744939019065059967217563966
9641884003343397589168896508039599909605061766957381230977744488833
8482206153584860105926736983038716934539941432194443582932581664488
0145958945541046746420974436929746119145557457039250896525020638600
0639332609605022719174809367758783596078489233919322112118433160563
7156788570662284435750558098882695820460630963369445785789189521111
0626075100225967096776693175331809230701117986387334547548453425688
0199476290106253061900697981427527287629282259440315125114157198933
7515302330391695552013377680420315359624443423737609560924668351000
9029639361432987675565012080910702137406112946152152082826935395077
3437460968875955898827253926500956844917958403978829807705539426400
9465521625583068160762711364877519549982112723580714411126225478466
6114032841920224040802656106101251236441006335956386331097870543133
0547470697414162567880795294042657977161735291710285762053679604744
4749383813241278687685712686807453043205107039416261278352126618800
7515897883155696993792944736090166879321034108587424891340074143533
3043422655770769915075261547470929754028902200203866978770063094788
5382202821936121285117196923293573467101136104220057681074500329588
9353928218627677134500767701644074637883723398837408069550605015499
7545122109013861656116934350395700029308487845905725617612702441433
6517752228456943709775955842335324232964605661164567387441306338633
7733574004727995177603059943584361652007737593534045747689075429077
0786877638633063780719956875333518682582580411940282820314744611222
8214364044531466470273643370341274066803567907539614519258621769933
7044904950612615334279081158082028653037561411154096438116623071244
0305641379986183721570683132215334063349754693590638791875561175388
3713985958603239772219687812432358864859770837175221414946166985744
3779505138007424649392488815825139897831678081924265883444424863599
3159798889542778078764999925697931602700677372398498125423161495899
4469711743057519389077902287347460472828835557551053790713088141066
6970651877268725361426610506166126193053323827968146208440620579377
1635219381681915053547750098293231348068623285907040000960555103672
9591276566703575872375682893896071632275122396423131115934356246833
0326469348821104432823987384322721553450804688943466221622702024088
9587845376997668828456027015530786112488949271006124028750329743711
1603913803954956618035753804339663894512869812721522345204739010399
9987674141344246249153125187100977226799676576873528858268412306300
8457895310364093569189687701058731202214129434472510248528194426800
5406545287501028814428987382380454065790648747266670608150140803024
```

```
4474515140469307077462462683339607099526623835525597629690108029866
5033459071260276811985349268482191652850356585616014817635050032800
6950402699518926148422796271864468252076542496372729857812418239010
1356678140279522869367952480766106203445029212392163431823035008130
7033835810151324623036855921787351051009220371557122466751789389650
4809060587517333988559887109322602825253557310306894520728254199450
4382501800505646922945754230552569987092875390102304882301705439300
6093930499834626250365449971333709407813372281547438378010854147860
1631815603748468885051754813604377409176659990479860130874380102800
7780682386451403020130027563359753218980719919445401157081507460820
7200120739025691740387107151905267725932472475907272582887644427750
2426184010149338328448130369265785368658857039574807944701397062110
5898940911012736387649495734961251784366948084002741057449219998430
3065809446189100668477444479616482454478132847458441928382102770000
0425925179610197556394738227317003708286656857177490107830016520820
6990257854346427334760906182371827279952705725934672552228558708710
9767341700859235321471197729889249946185701028123254371961941429490
1988787144230264098978091367843363638389270301041224174139206560110
6568558831787970572048366498697790214305806713022873024032108516600
5799721245070865042154896234907627307065537674025595955100222157910
8781324810514052745324773209454000210119874212429192896591956933310
2886215075719131138714180444574107118948326174837477692126428180240
5709677236714909612815353486367265151300809694516260715103912733000
2620557217009683547683686335918923786052828854839145689717490689675
1339274477936525640099500674120108377155429133440146904862434665 5
6783097411041884255459762927762464924474998307269993926279669711600
2166370206119887383675904123533490661952217202212243545995574382220
3724831609839532258608062163339023736811589580477539439634169517120
0464290825406916520639650162697439867154009553856780616617096928055
5477936832878520438973193199241290389659758283150465900908123560950
7423028273344955698144442444938629357271776174709024838985848035060
5003646220678645282374127048082727273688861178603932785208276793500
2561776380316193093851529350098531273809496807899375286856807943020
6736158575972638872966886206779517424648150594921746093738684568670
0012260710706674578241336811692347188442311968717648856204850005720
8488175030109198119550332913396202111909637894797315570294828780870
0639707735324011997716585466964331504589372155694310270860878446940
8002508763121139432633807182735001852706229434659520858985665117170
0342178391569854086292196890948697435399503271131009709674407084600
2939494870962932744820056881786027822885761412287191689150658487020
7988321445894263442522219014054211607637935128170608397748190945930
6090845901405997137682149864720677727755829517926249633273735402600
3140124677061841918116390800909115176833482967946578753834753871130
8715806653768535073052032519664317068852142288498056682157927982980
9498796698257608036821165956094667813800364022510194131965314626100
7538665364664838364604876226823472054273354185650259991369120059230
7542660961151273038417340118951599600034805883593419407583595395150
9936912749844116532056306910427122788925100259527962248290241295670
5885963282886388793096509812188605407207125585256090297263121592470
9553592902298759601298674668557754044322112995351464994802036463610
1047376144656559614961668911011111709188246936246183955394232926720
8282067774804843878969442995877151019558718428063257699776416145940
3457389815193504427656261432982423365931182126479312564095509349970
6601388437093187016676091588658885189549423273106606244595218331200
8770486948995527719192872681679167717159327997027403399815065225500
1565682151577438678295543541637100615715418464087296882657939929500
4823349477350107880360218001355974649378592222689442147876507081620
2904512880579344855996485329447934440738837265533722194342507666490
```

72484227028971605815263050774615836263048407636167544930118066547
51065393192361002437833033947443143190547718684997894177669284508 7
18518864105494403521283576065119384349316639092752043759357811690 9
82925732423133585458171767818470516294934481250660554729606851944 8
09551878259520165253489563562287892543847766640635091819661357931 2
36728616134041445766099401317441368138838170321419183177058624650 8
98132574563574115624440538135284457026013102165021842976932240585 4
10458912099384958060027539805994856987127969649517127064268674197 4
04552162043678423809599663072046910485536481404616298260613026631 8
41334197349768652147524796757575237819832502050492762144518803059 6
71878006300639936261842893918872500347735550148569114106786843215 3
02234512943332061727265263309816723852981756521651766446688199516 9
18624030976541264093150062712065276520155562980433735153456859915 5
12809738159648418270379757305861049937225842520934231659375649578 9
95630957626943053898226263770015615821406532675494000318013179817 3
43741867847598185533643649957774808684483634037866049568651231157 6
74426976431779002216811542263821824057909345851911448765293139340 5
34233577533250743978395797980206699369214689368757480863841790006 8
31807335194811428845600898783028362993899945773861004682019141320 5
87824845060241006019428851012461898889572803762386485969701414064 0
60287505866075343431953117903102630568200708148874915657616850757 8
74345340344434618760031760409511240758932957611588128327391914266 44
37972999004463060577337637181231892328801160309009805445063111307
48174988641543845689101819581690167816307510447447666083279023 5
34273181507792591155949664928509501215780493770561165457584966856 1
81549082749591073726889832920840062808095355398464756779158180227 0
29258508789125040887427204824928681532868553615930420739773221528 9
51988618183500542581600022969028511466226660485382757808527693557
00263100810182256360953883595385041176682287170776106106662983028 1
22773323982913507393354940938548717914481672908300349813873523071 8
15781822796049370705606170415407318951317443513771295324189294471 8
40380184530020690750158838437278126476879663201100659480602233206 9
75139647427953798758319768727133782853751428305522531145556615308 5
07544003832375110841442170479023521939020304399169729375142852408 4
22676433030383565110495254382106944410093494380189038160839633620830
15982990890807377847074908691601328593936919518708873283938097536 8
71099189657509615558407223038651968405702607708251818426278761357 7
93211509950812031594125120526534064051645732218547286056945380872 8
64202793416417294156731705339178902446964412836735698837308764607 6
87956700235409157975229695855850767341815239777274010010575370425 3
19364794764146658016473762530082579416729055081963184065106885315 4
92878252187272448594470714462862851981672860395707168694175675643 8
68524062760094237348018507044030438334444757609756972018801562872 4
18554397108580120207437260344542347620895343659390583416955385569 1
22095370905901208675034550946213700411669062137864394630422193837 3
73535581936551763084042485193904643229756525671731776474176196718 6
97723927748936408389793504445335586948049738832379123112497050066 3
75158228370809837953156861779011039668044024108029027472455602091 1
60447306581798653922182827469077443206080555888784898542840187097 9
68185107150846005156981393984557452822543659125306709685848267108
03225974254768023551300120385683397586532474665706060041912956907 0
95497613101852406899278815786709441830262670310020840655139235301 9
45104150336509715793663030321011311337678284277631354918546087684 9
62291071696238098694459917827405065432144923557888480248177943325 6
90563969576485430851856145204589643864605396319355193918401752321 3
45550272247748240301667975684004922473454995110503517662837111618 1
69595455406238894461065054913632957076497553361619667801335762869 2
81762744395366028556215823015311209964390565538603081259790285884 6

64   Die ersten Millionen Ziffern der Quadratwurzel von 2

28646595042597343214779128186668313369087011024590074814736605404654771008161811296950141103834701474677783340838308019381494239948282255884896050828551189530955840491887776925571274573483875209659486003870149138725459905371215450283419153968364516255594353680583747229261854268759186329207978224272642500063291388835899019170996984640725345656854581076468910781529116779388508113785569665774366010618160769244702658809151175219792002811474486509396514204088868594547813821417708594242165539659198817040815251113810644651262356628542770752638783424040343344822252146170463169349842126362319434503231199326173231119567246524941419798800818909247003000891754647329253298293219483111275163742341884092569317315471585437987900342311439745337492675560959031114579363883828846030330071645014319592822261221808918078256252904106610373523041899995561883209895382542885131269893571680359219913389280077236998857895354402785793523422614143517155473838375785483961836212788167473935250797126136355516877378031685172090974565169313386449639703936607798396451116297763078741115905629264789787331960416484367172805047275640399756210131244170767618917028164698200434946451207789802080428508479869172339141453491985042796646003475454775250628346157391228512619671307100769452232545044947955334550537938772595379939934953871342603846351164384834625984982603529179660866760869258464821052883384906978429720126834334691949177206384631487675982681873622898076171214088806868904690604988090132408239579817800130739869935134548877426171625252697860432191604031464688108312822526752102531600759672489130740609752809934445375605196512723102756710200616673639153374436861952268210656088178498213792220603779816068504333700303036497076646072662930118940076514866660163973680294377064236831455286161200332381435527730285051886162322428898287075430500570912473174132787320101127544418406884722350537968812903987576660695755391400881716838886163523257540664614226409784124637966455815548223580403724344585067211848638344730867061404549341776099834996877693861379042778045210523419732997875820110050576658967505281993264683530958432417199261225956056034308332100004837676114973221537077714396615881250410827587570459724661508135349925879740447138116533214045821736823467550111010924423833593455587237707486046630652890240717863192544006580804245392947182771883524970117533318555960126725404684526187026981129738726725829016799646408963908306212613443997783702838563421813865057035034044555419507166404061876067209073998371020561386339496593698729756026978145295590428753030366136800743605013546629747310807319049374607912499689999411548089935692711010277437426004025413349531903597007535697753688173039321877405137616279346633198600432130795437523622157858568167962622140828481833404825623045467540746072964085684747269880982148492127525162810088532467026706984018196837780899843736191481196438640101588682935582262380686493149360132406738947710538210429060054314399640270999653272589658955300738447969538920777814847166495638715930383781225439117726806314270498617422390557078211252221526555998226214821826241572400257933604712023725763875988032748200534266711165150370565245630720957052817934362076923890084309588875620351970901350116228760188566867758347220753438807986802970644543953960104655229537710065338099542062805891719119526868441354422627339491859199450934766337960036547780056527576726436703809853194355013531792514153207382273413840766169814011628732096829454248730834883426694461333750600577508467581804386504699081614810566256257288577493073745873129934109688832820097274390590146919700228582357363964843053817629169291954174348772812670734809704958248102789303722208860389306414221037149139374006044261379937670221137464603243646094203855391219460428464549311067986930062485868671034190731450059706348065967374029869736085376709472632623

15656009852820113696254909286005813570823871693914922349001905 0958
51716162567301058542472404623713087426801198059435054688351361 5450
39547771811256038807491092965959919673879361616939478364792526 9308
02848207924378574547319436905674414514005401751341894211180232 7606
07383120008882142974590827453366182490793263222604541890324698 0894
09576386244793634982608784602637132919471663534107809915159786 6128
58593074318143904477501268779336850470646468622569566391251638 0580
08353019866754524921554513120960924393019708348166862527487037 7424
97701420343585850742089372884706008297448941196454276205643626 6242
98329539336108501076474396243991062347909110252649550525816664 9483
05716189322113182621776603849192534830980386017925631360923987 9292
24092876072465902842871538855963156197725788074715247557942490 7766
99818914276463455428373206096064401905972095229214058123314934 0575
10587036678947831215083644050218728663827869281310759998131969 7721
07848107010095279521518858643477645442266992840352832715098662 9574
84636973059995682286344049506435322357580461145987681223552160 5380
13034989498484398475498013367308680855807085906376297936153973 4521
42518432221051063296581602590845222086550104306471281508680831 6137
94823950032516101165275050453330131895492347840163736397857184 2681
73583828818478469482340592685031498308019504502780648554154369 9398
17228366340531284206455985423641633719527550221675845465284207 1436
50624967838180773280269739225960753675448199108357725666329334 019
30355118772532619938935744017650543986292926980957487591014754 9252 62
84521146844637338734836412175591483691496726612236203690527940 4891
90710591167975741618315784864745334580003757991625041866655774 16293
86506776064389974623661216533063878525241357615267100697139222 4358
92380458961062898806140309683876386277460996237088352279411511 5086
25624428402394738562618585856187804769062011820771285277639274 3571
72926656913634085829406488980744141485711051476896958431133429 5890
08126994083025731852869204995988233160300945864408182525392989 8618
87147352068733074507879689127604930387853010987721760414416290 5419
16882850854140731811598972268671931883352391345967302333186082 5126
16300130027067136306272018713626756055108954730935557195666565 8747
69749382722867953851028121441341993286282295255588309608807641 1751
98478343087570601083419968255950383352462885768333521479781255 5473
18166867044678242980805112210472778208116356490062202675451965 155
63468918959620783338524067843383778912613624178436768421714003 5445
82704225465062890483382232148009775686642787033581869307306699 8001
03872653911636167833856961287683611362265000352155743100692483 3647
97310868222064199069581177302656588266518658708364530247959213 7642
93929686121602617160097353945025953673938588804825570877383333 3344
15555894626852631659762198123704939666936242370463524642659007 7082
29979525961207758982758455901537138521796222792133964543004182 1777
33210673683520789138922069900227499034318432103617518488960215 7711
64487722283017538251211057111346381313774614925091995731998289 1414
42890692196030940713397828675272396539834929007003433842380194 9455
85709097810946493382338096582342005600035422809301784404483988 7064
76989468983769348082360977849544641681127449528751317829793020 1368
03564757425580531735164767017289152643263875383439889624846421 2617
26692973988074552281789467593174179817399344870435187251552893 2071
62382237517856410449023285010255416319256258897211928681689020 9349
19091369005940041921019459809201958381335224790685142821190482 5132
16945620708149489190365193691662022030644622040298073019888307 500
09378074359580945818983262469678915969051588546043771297437198 2459
28303803539669694172160990701200340601741400042440071521729464 2316
79635337878975362185181074772800141825504427008500695583330975 02909
61090059433618113376533896605233371798329843781561836729007825 2510
50999681046559850152779293738785271582029883988230396014409741 7421

2476713650583477873439489633640507709811959583625312095019665150490
9202824127638473444991474072020178313238611301040067528706028501323
4264750395168790776676019265244539871518174738629364805715869582250
3545189123332764335358935653764185134374876596332396372277845563480
8012608980871670829662623315777962798988354982269346394883997257530
0749862403797696895977507897299631578503773639054765879766570879510
6255560566980339705950444194705280609568398383914507808267855401940
8687387801582254302917607559733223969023001388162709685015148859300
1665473851066116345917596214591952522455372631368783138146171324240
5370499020783646641848802415237949364500557417853353831223864564740
5531684625889614690040958295331768883236282119446025444534863461910
9620404108481475883603419191473775142952271024565316101029017572370
0892892940901948110707540564179860207228208930381898783925500007690
8492338237004467051382874451546686143285163778618720721202896285220
4875029984135191956212031556000705406148230127334180683234989150273
4398457301483652226042282568607148515166807421376626742774319641460
8481572503656041719142266041648113846789598085412514299930742062080
9010876844884954455299279836548385805511495145468449826501690153670
7969332457300986341787894400827465005055873350793545080510195367240
6195463936189251572299578365189631631100480748221893132859961939690
7169755312477552013430402978310496464792057749886033422870102688380
8905976595841228096988890752301740139078532365748014087836401445790
7888528953329248092686307985832986597479476930213620920677050495388
1764106032388647832092706315537504340345467391760066365580896433330
4756915292368388200524500910010025645383149972487710444480592150703
1984919216650391271624887140727537213676381205579099167143
8313968703415690657147666138650876676889896370244047000151549555001
3839839117460035600409548346930660249324501290942949135514128580380
3829030924271491711996364367801122663454284828461445057170708057310
9814504100201944895594211988421615675416493923091258273831985218740
5954040638340607565003467398521297391225222551133009305961747363260
1759728807086239662699213983657974573037790293076393353724818536900
7271060121200338511909552419453830334469148829661381066276920265590
1605150422358164140453735629110397836241129502906508182339610462710
5498095399792886638174631401568341492440769655690519073022428860840
9451871325275362731932802017579195278714350723955902589446879108620
6546438992612835087020895226472696733938301229879929643356805401920
5192348666055797784809349674656074142421951320852245967584308647740
3601306185076957979963932516454250655138428723364426162291949479720
9080700702340294583903980593584525869965721008433974322910755628610
3642804884322979394717824036434666926302356581604212602923235009410
0183922108041098821550911988067716870101693685449602018691651106550
2349936220088822218975691919640924089016895306778002772056114386290
7188458702779186397790384191521911215201784059121526361973208518210
1023198553276590933308948775272835918852990532997589391438836328300
3732869291718736564760072240144278111888774142404150468081320086000
8074526256530229917640490361720715781859700502537542432281061939440
9104372605824664255548013649030680684532820638465205251498305714680
0926004695066430187301840201752999594824537124504387196245574842770
1368082073153978583877403743759890177744150525085538007314862959270
8726643838227553021250683713759860074904797530922736511038921574200
1092433927603320425928719426249567926512489881009627904125543064610
0773897457236485562768697979567882166665341320997154979400889902160
9287943496106616325354472272748407951236574472288132526222932159860
3015099310222685238827471361811521259425706366866517992190501674150
2323281150478062542179480273683190738600529407830810693438337369330
1709038997903501071492954226338677465582941684217341010008691157560
5979663109202154675071718645684101522063419433918098349148943814080

```
67980860093952889481105839665224679451144134647125613181647111883045362340386521397083246502876647184245238022679534351860053211176108180043600277655907331094428683804530025472694934360704639031663367686932056836580785335590158702170612715207461998424572008963084296274579107575250537534408686820530095027762191482638718842641411548115304636727144471484385253676616907451753378205331379851526352852434281473700512552258229192857806205112889535501143149118199136491583012500358335076717068133759137196356552654362575578807187317266645396305363060756749717684240213122016259962966014040890060692922576405074492917166614038177738151041157195172383184512607869862571066426967147818496205664840377415364607455700578194097616526021799958886307580836905578313757631807861164432060994274117298463367094615092992310743282471278429923182106899644919020145633996902968582302916632378793276900715241652254572290638878663358021888272925052486965347380001778371272730133865668802042844635640505729891720128601794954827182320981522440364749561514927105590468970177251663602116627854663171727966408944701068290634837637525060881961941978440058226125576217628927025566676890951558351417334113044044544294770174665016775063127788217896252238769684711914031815337754642335731510803566529152432522673418911728437605643598351800885964785318292773769352363633913597787288578154750089781800497029513451519616207167298176338416476421879188483602240229254039438767120008625334095353559106355081658199985287993082953825468024148566475992494097403663364661212657639792132554391795452146709985740531122351130519482889399294516494935617620383652945654746672339795514279146117785860736002423372828925419204068249689956996272541141153594588522474390359436886759948748901041044036328022720281167521020527565477457067142778263879669243381038416071895849863007875310794904886366557244382364467177069999175152830921563170705398896885350902849041694122133957207814753258597861568292837275265898002713089945335021238666109749230852672902224400391601142404740460624965877755255458061641926874544199259287430212585346459871051813746267646938164881575558899177567985462369319738670499583920218095968750057801796530453167534327278785313922320158239424845187261472867065585209919014832582136057160174504901423210197696313600002744890116606328595539998289257284185515710679199394527129570003803063095128975253191082536256955518091518197770478814764182223463322812120275429007730727874557060212573583736748439308396241130345565621459007717849029693364969772324945291741537227288727164645846865937264083354414980974163266172340142145902809330427960455476118588862510894411580307906390731975385159630538999586941807120210683501330567624755425021378891931924714027466509060991533732733387597273522752029495051304644046216639756087876106821961262923712965693218689624631121155203147712029960506711267817015678040734291954567915774791747267437472217783710489727860075760385483161555365433149996702954742841866607795279577083601215825893141897868286579188274034521199129834413644937520696134237952471823786712180176461335697453597250365888750756028581703219196093421559745967408505573058707295469264342519452973669741593005110714868786119407890192799377608396823821072770231683043813596123865880738954904764864494000522546744574575451441728074579112811880475558240863431453716058629585968728872081085126220581912422671260802742643555436580989009975976022490905332210662893494789258921286939667634370482705127436065051109232885466930969401397819772971872304936414139106823461657229183909211343905946112225452593300553965518697510716535708533746861880452474343166394024514115067234254424772625068096798663409783033903042346420923482492234503030594302084676104510636352059772025654087468816639668198000625127528747216879359193331592796952419825617398700957750960815969206269544105272
```

```
7151969932220814157737615507474064519063798314856611464089230901 99
3979171748097121745347096540563560433126333910893809627984197342 86
1697429218784562724497520459774415923370291545345767680433147185 17
0302226925633579954616873829989643076816342259591327597241493241 85
2482856355952303178216837742559794604257539224122915129045155462 80
6427625780700656628463905940019916034522535925284211944683327687 07
8210771146678462561918524905195597439895025588530861229777123310 49
1626244342988987049272338267385949133822144159340723157757012109 31
2994946613455367293656657359516632685032680915423305854526609112 5
9918350503797834412544365824252513116389905933601579082852683144 94
1722201897000061097237351451503545381174611777466812784085146874 38
4505884817283497964021549398006768042513250646806416511092012230 68
4433323406374577483733669318161534317475165791125547501625423465 99
5047506789824018362037076611055546178573809800222999577164345697 67
8465148071492116608377444447967738462945077029835876249278752785 14
5828215823465825087725065987700996085841209223302659402319262470 78
1945052424114973992052596063457200377269646046441813257357320194 80
6391477743951842585148178667016386524583311215378948519778327330 90
4034919576159485348123777664785570453596207180654885515794090604 76
2976831735364310955462531435992349513055238503814737697343935956 98
9664304702025616134454046035148672829075941127594904854888115799 49
3479486257388587174754496724010999027193541821670763346225936087 36
1766611001906479457397947331554010320290753402211384115184253799 02
2602304414649857297025637864825474221947365760564477775537201552 570
5159197207593261655669962251886552435786816278437679948753377224 23
0068779766325305239163820187990657983032587339929139943769896072 3
8349540504779494657773792527949590505899916013619743307990879356 4
8261547458918833759098769521078201976507517187343816957168406135 42
1193468163787026257264458381184855874882417019769569098269300374 04
5157623089219504259157511594491411036174959906923319960015623806 58
9874142058717221660204899259015242919797115027879003330687601029 44
8924148231491571849683989135882727229929084951697097438857651556 85
7512321438473813597584745770091438133693058075774295340429221757 51
9683523298030926777369020516319797252348090354318683664338985053 6
8066171266902102257623513847255443977151873726452129099949093303 7
2160561419900653739000137497165387474976484849995637706865209707 19
0852562017389649477520699330211727120139261959276612230414228772 99
4922483680690780023182597667338509112570128450451745496217363887 01
3289456342712696581520463213147311910179135689581055994583855280 85
4509804836637192813810481908215789171751611971600419985300337593 54
3613622534069589725325180545750805059574159586748372439971998968 42
2336614882758541418273557524430910886547791070492406553278089058 76
8936949926333761690670393297029531691406813089793447314203632881 89
4332007115740815275348210499132695399975455951939891036671534057 49
4809749023499891556815718676478665605253106991473430188354691377 07
4872577797293625911218901396645105027025516301417029380353602735 33
4983606025128542839697537855224826326114669952542969370995148086 96
3734143609201472790663386619388522760778104724393281217562127907 72
5362977867505078235330119515479818311271526217071825072854004525 42
0911087045718992533438877443266727669483849179111025321966377365 03
6143903072417761955597281560919783022280696301269729171472081957 62
9716001576076268052227656938737947898185002470561040891549647430 64
4631792913841894274984881211912358671925406419583355453406371551 48
8734569020357387448695716934701896363046940036950327930705486579 42
1188320847088633747156506690645438335874033621258580123717350703 89
3366422870007690082775587013592267382760599597855575152450165449 11
1941363294644085310890618026895989841426384257568250107152964736 48
2887926136514939496166435363774817743220518814189777243597671857 36
```

9378718997021381983886312442635336851275706987116470265442833748 97
3677520258863221459306364025384348062681890089690493472565378050 72
5118965926545282212268696459030213152382372967175182374449157942 43
7819994074516307626717363373941113606556396574529821779045495111 64
8952918004388592528513959038256902512064453071650081726527092047 26
1772757665069430072389613582361350660988130750352354724610370002 25
0472823592456571717989867372498987787677725248250130654535434785 709
5929875383039677631029698465067904613510020495486600862321004615 89
7952246072244015661602738826334454148894696995787205105267434793 23
2781935106485652202466115848066316612011336993854587783656059208 12
5865664305764184064664279594995457774149225022838464662899671072 71
0308148082519376180088819758896963844491327058636434831292436528 02
9474910574079123222444630456469705840438428148027334297243169096 33
1441287753909363808296486601874828610345040033054772057927083737 29
0059398754535760405131775666826884739573100785073341232625284681 51
3000091753150129831634012657798037620703450304608920558374261789 26
3588379888241961408996741287912403248883710545991486916017712821 27
9801050533683701326403275232900475874011974175211196459566106541 47
5024374338074242658587234098709181586051164152932326892778035355 02
4708178122046167246701460437952415956473941801502963313488156848 81
9579080551120805261657437330380528953127159414669455424208760759 55
3604559586061662162302210201004835543581896867503330843327755853 326
3240325942590948550673620856810113310894559391341240487018250691 82
1287353052872162818366877233765642177396608759962011596111647244 60
1451299488530257724861988317876060296609419508960035683011391502 84
3694760076242185638538956663256433351858485668002975865700299975 53
0810863469576592616158430224951714271920790211831230255492485308 02
1507075142623030472299305033880690462220673876344693673149491152 90
0378151647902259550071615650333812340592612017469924903112013377 26
3179573023648740020566922139128791418144929620093277137374011948 59
2932955955770354063270671056710553884377677733193542235122104465 88
5303797957495136065155169142923338107643639908209371279815933501 69
3343712231001796671258318227222132664052832661918589943905330755 7
0518145240490785136859144368928391128222692435679694060417141545 8
5159996059493665563649660008105210737597688232843358395860694922 2
9156922848702089154244781054258119492799592544369575855482330471 90
3624195153553938250489288772238894435946056199430797231407634658 76
2598446382287869459980653483161561990444666808032464919964416944 08
8192602089943765449809586935894388806175930663673169124555083268 8
9304267199188254363089740336035526887012969749254611438715700869 65
2174900065160779460475534348837936141419756886529259323136300374 200
5305701357067408065771291583984381815537498122099135168849254633 03
0058050363529628740149173260756205690783842910512122015192990252 68
6244884115220195663642241284149698665890824292542694815427175268 73
2682965598275784555191783081676731389016311642993931783366561164 77
7728745803865176378442875225279743982831821315622050973656945775 53
1204371009037125414663819886104667226649568058249542175190944430 13
5838812450238619276282302648085718150011063577522740779625334199 57
3050426434921015162513493471938853580660103207580781271395163820 24
2007136053639870134975835053458309406220643780323504447358133131 47
7995354744721344722819656932811221049541192867693574113396316736 59
5373844476664127107186983436787994448084210747040698788393663252 91
9664592000051436683464961994907966716450232966658249100101168797 70
7523359589545983624847407702908720891069146956440011092312742861 11
8191487209259284688767087160580722266916323945901787216946085232 06
8325025866519989578542558150567888362404719905488144676226927677 34
8087709577455539862207812852680326440628610802806058467662150350 00
1556911043327056543004961532649084075176182799495133899987249108 23

70   Die ersten Millionen Ziffern der Quadratwurzel von 2

```
38158230590253714534275632420859458334466959958555915845136912035144
60570201959574261505310660876804531167562885846554582616395871380346
28824410256104907762518054088570062608770588938603035321058464632
15608477270152251239055949138244244011503381308112766234228980959445
85078748165362625375104216433213570166846489446562066403977154652622
31357144317011898826629608387618148949796501692434849170942633133455
75627009802085996291011027974871533254241521708386785341131258116011
00071018425766340708920247235053089465655006250707039672349280378566
11654004725725511483821068232287898557485919376376806373667632339133
43709869255258261569367736742213267529195044745870089129016010090255
20078799864667567961875622424199305053640266546275129849028719953144
34846727259925230404716437077220294402222485882212516556812937420533
62495410499177079426315938209051404341865397613217457406546866221144
99735018772992347087965702474210866697205052260025305019428254652366
04021702817876843853236178531950650092212419715348986495719862354
77243181909062799951904828934339310004905233505155829705801528951044
41990640157132824293547920299896908025850852615061261093142533089166
48304547572381188843150019498441629289682139450143603436498526174
71432911998255089138030256051403773546077630566296896159985044948566
69250831231632134212000664740286314721756411205476459527606114462377
30118776810757477475675081758439055960365623894801807218671309776655
66153107788470221918997193635426539663974059782683417609946066816977
14756177434001453371562978286482779709544399296990636351525287963444
06531567998385134730017845857290116840773390367274835131962838750033
39627368355860754483833842882288108934054341360205822647290450113144
64106343525246082053393596619580530928906540661816063679462801879866
88690836303139389622389367405495672603100763588183183618630108593144
18690807956947681014994867244223529379559234328608871231554802237866
56330069981821885630576799138269790664095306790490091908096019388
35792870049682475602989115149109750077520072645112091040260758068
39344101298726748977448369612604854627092244881897340098887261104
67567855948137047072165322950857084705251366603332753361043490311355
45502695776538089866547947133683132011058082421613978311134262479255
60886443905352423733932559569158666237669670982546696233950808127666
14511385150893024463113225094752223599278734416452641127402697417355
40786008329350535843583137440824864671143388176066068164810976977866
45450123294851979262821031310105502533255229581968782435925412661966
98209516811743862901794429465110165559912850624686398122162035654955
99197558928943126265121840416278480230818251986137793072232939828166
31034013394712461347571164357367399837774436184218289275647083662666
49350295306401173080839506172228447277931045128944021709117243702955
72319511878599178034676366298585385434506406252132646213183283491966
49986498072643237846156266299355373717451045683237117515785611821255
41923634639988933009521043899172525868749859700545928782365042858766
22035755439087866583098601366105432578445210329198202526948391996566
84495045373920359181157732050841242654901455898584658404313819631866
72588337894020502191938079042634427542944007438995524217112905073755
18784620886229761329801229585899382903749963203938715492394067702066
10960480819293681848453085525042813695968361896743218627886023789866
73310509213673057545043239690010739574154312686911945989732224197766
35490131754243675709227892575038966273543153072155708017166820881866
32321775271505055324167790259971012979142847349495970422354463640866
36737603192515414625361587905790120717568629693019250285430475869766
66500344700967144070846764299216831352629838546980284746839401949366
71276740619939439201526391062026043132456153552820415122499511792366
01840899942363591483394052479205259124362180358507802216454322022166
92884024522085013569323936020498477731903045460312993694360323237166
57073712285557678912656564703246591875992926529085638909683261437166
```

6267799021337903176771342278115226018093187325444131189560386326 38
1244781893221079703978082251771140124316506156975431191940386576 95
7637673161707615142181103079241631602818180124155723269958976413 06
6447454969842867767624996288848988994585423071219426454576787245 16
8684136241367790073180125966644142346124875444557836410656661516 14
2566132184133782544289187868206982153687858232361743929332812895 93
9585847740391384872183944334335158341171168342491918075962633086 54
3446903620477397286903438054858496408159470399806194745691117486 18
4476009115573733711194752779039323000724839310376365104026975506 99
3534920313360866933822034191164946679766980261931461125643220566 83
0166626029926087223240594783640079707611324454674101760781990793 28
2551327830638080059040286427235276257760046393274235618111350941 75
0894139938325981126947677567543583289806835979656539034628304616 78
0885075499521217276295169817723342273644222390926775324007831632 14
9051560781191764239815985639055969710426210202203487847799705646 86
7913844204195923915013570601900411993286854681649452137535762985 7
0017007410836449803362947465248819016514796131720529111649710629 51
9010884625152605564288934187430225252486719374414830807286416322 86
5495415346269807939688487720110699596740500349982718336369632697 69
5092763962270674926669217799968055812540075842941252058133655771 37
1758114072115821814879991958051991173528404711369217859527033056 40
7611167774340779439820407728033567288343129765775492395212567688 343
2405309585358361863905378236650104337031921739840221747312637833 57
5464356957310640951429679844879201677470407268114674835115139225 5
1748912115703647180192471937694193966565766443590759555648151215 679
0567658249179926782535852247447788644063008296791478865564709231 14
6875576887925556010607007883473395234329030331766628421613486159 1
4682779503704817158596557046574073873863126418128538770305023778 95
2860884755419231599085263001309531916553402905929887346476928394 90
6764076597259083305241369665495620743092266895263172308180635664 83
1994539704634059641689974479515728766758866297353850853612309677 41
6397318750522292437721460953230204703020957785300621052184174061 35
7615566814143018996504852337442642258905847695326685421843654781 26
2045920194237701662783675718773763378131296197440764070358409041 87
0390110892050210490784641825466300318854052047537945536035936400 30
8200887227036537077085273934027602593851195312658849307340629609 05
3943145566166517686793038483229392873273016910824566034629209634 16
2810016398859864499966547327552987698092166576163890700968782683 06
2474639514957445817718617904103194311566443004744536399079266976 96
9170887354445660751091336571206496059913950301729219826983671044 77
5627456996253871918377127968295654398668973719240215416667249942 57
8360378354163089356882137201327284060752672117051213401375346741 98
2244438667589796912284663196933294060923570240338312472906441205 33
0712199564103085546982900746532599039309781934126378803949617562 31
6642519998218841412078337616494256444592970396423210263406106934 13
3017118658119045595346529361398515539823020308266228959178076834 53
2346331958439905492497525059796665126857834478910319711859276465 39
5937275929332765824425731102811151681411799954943844555063988776 62
4445761278296279433765859360503621498720295734528202884908257885 00
7561832258646308188435911714726498127180373139138589722985404840 01
8085046496908939721450882193414529801674405187626572929044580782 48
2227222190419527455502541125421883100928986858571460819652791174 16
2769933800610236966781199321215937676924342374886959099329469582 94
8357375847717493529576926279312905399041113976787140516909041014 44
9761832988493621592706119796634696507220599139193381005481885153 12
0374029840452766339369641176965961895564201791424081406878263316 34
7465190435302974074219157039099072630536224574250751217848463631 82
4207289456009958233434407090475344805059287744471330834329738857 4

3656919487157316378450939720213057926108834064171264001835480993 47
8349604142594694554845998800767880266034262199062549451753432496 19
4187589090476377058426859560779832321613725203913008854809263712 33
2596352384260800622568447819025750275677579335938339240277421169 16
6850019803018910811854144307186214655303025308743953545985303490 08
8753535764465771078893735674033306134877546820352605177248493055 08
4813043899780203989788803325226269592861045769457781307597859152 22
2596540902184134204254786574809073550606750818909581610963074193 62
3895375650417895851330111309407438857608892307681323897344490836 57
3403907250866639086123354012958242744593208393277248344665443784 31
4109296337070440378937552596679017136696681076874780165467288924 16
1761970482801235559461885362979442173624402381432987249794883809 96
5734150262268570457539376186407935588173041895360562776693394215 51
1984963048243316006383709615790107172327378811767518467429676046 90
2601830873999845909439908799150681977108218176448290501234220413 9
0234432293733715697169306938009241447596116991454451837939020935 75
2247257919688199199034734793925736832175510966466456961425277434 65
8780854641031569881603396265431859975913105822188035250689091591 5
7985553395483067843962788571350726924330113319115930801775850099 77
6379013487546311948496900589994582592219198944936181603006123629 19
5526936458869033826637396259867324826235275813094672457951264154 12
4123332241094852096314918606038393549131435647576323409018931968 39
4270893537425767652054024091216356491446274248993708149210366326 12
6710552202781531905181208385788699068828640767648940125791846445 7
3353939424178667172296812331450931755166407099789396637579916222 4
2072142496041607985618610755466451920322311531741124414623256230 48
2056815358974138965973211458934009979925308858809600066462346011 32
1339401601750359825122671633553959230336083427534772314860444424 38
5762636751500792795502135402304853613686475500055703474992338411 81
3481752223026834874560721117703580722315099959297643532195693237 09
6618858421755936929715246286300107540821798143562892963812123140 40
9251140299809404023234908888558805646520276614598819785977667206 90
2683727542462995983912352079068455359065024528849648967946692373 6
2156237442012078942748314393365049155126176955834023179930050971 38
4142092556033803045265341475889994407626032130386270477206124436 19
3707775350004487236223437513979803831141515075497720438195527371 08
0442166787655455029893798409594645445560509789173211563375147147 64
7468417576399485733259335696017834671512218444800190467675553012 79
0392389687464247373006918523941431473602824105911092664496109792 08
4503272781548911649060131338508796136643068379030509556815937744 62
1622966892275323963337798448938184726283004723146272865110257822 64
2737828444838976097302514180719588049998035991739380712085611331 271
5502785584732601849217652607866850921487306429041890049248460211 81
5875012624498693937859088700298308899613102781679083410162494657 05
9215174924467261946947603928390479289092510295383110619354282448 34
1006756258248628511468431189992723819158780690217096547892401821 71
5040393825536750104242448900685377629069624675702856905793615705 21
2425337701464374399605992429389944125701963241197207060675723585 22
5292459889046813551762283613839752515356924522566542224279382032 74
3761791315490155064474127053440919624000990468340736460568692427 40
6124355880552012538148812962820563701429935305437260815746286245 30
8912393252956429630723138593337595561037748545104776470383492064 42
1253750038901638076727077509259507327288798307203817061435820651 58
8655314578853655324865088456966171609441135916335894497100486573 45
9826181084001222109115502775177909877168039992679757605267810964 05
1753034313786268726830373930060041294977029862013674677722021174 32
0623680890402129552731076820569866694900005325918085341809378090 57
4086790752970407848589371687380205590399044372669484074655132779 90

993607002272336648823952762574956993379013733260275285775298539883
377462130112566854643836972619469763089870348100211259000564253706
049103533483969736063181859272227608175480152370312117832221949361
931761462752448826138710632928673754687346993297813469399886040485
438872243404170657812141249588244795048383024971760248590491747800
371587613917621179670219572783841842292334545899594387250309344787
576957851919956658483945216629794850864949140465667951180072310380
350014875371155604890875426744329862109219797475717987032187482617
407986452913028957450456687692557691329968857316295951540791316458
477845453548523488630512253400372102142367295133784985086903930875
770202492310358157533569157173565991981246952657736011879064040410
160183908155066268457597263198130969412139350454770177115377086668
195487613199559430096634289645507695441169124574533345763646473046
195654690055997476046306239418126580426810279026409854359176746549
566231024703806506612795529836218137819047800721428636880355322453
427566867003076246326001320881814932479631902196202759529717181516
210146749516116626518267875254622397163987030418685370808346894278
871553394627472265269889727110420561227910792589361050848755842649
550068584149726602535681515900503377024513441602998925360302025070
857167319977848998064659093567037826150903772871827721947705987743
363690383058594498290240367365982345056444318917544786852328031554
409687225838835221861594548376776102759226683804747601937063737158
519247511194118441558390827244426571257300010805628577141456464119
0934985243547797363657464967410407959068328897841408144535066619753
768856440740381545993869640105709211053262947386716629306661693275
387712273018755196360852214596070454906146238066785918305177392883
838759436655194835635990606288079111870096893801382302793393841247
652757288565129975851941835544080524877020940851041725699998265759
881218864513610777658519255610110515884452152637152090663359054571
335050765270195801932947457129394495657969892745255133176900306736
899919824797563896841471400017861903490639168347091811252573196013
662586308974548716428722565516168724379892124491917554313145172685
685815099366793687171590489746742162179371385070100039684863497092
261036525785587639293532018670546035850533721423948689127590036583
662234113309595869911594687963500368182519556885278062799589315103
236049820093404102336335938877386723912294854841690715111594928954
193425111938249237541398007886900982943379409965710874601307757917
996477181136567813462457528648544638531775865137550706828261208681
841990855830666003809756049762217677464909690089609078269271819499
369083790254340279186471599013941499641251384097248205657047761921
094828365278009603870246121333069133522734831987983582192886885803
999437934721202064993092203063249569856920492475906249845603288022
280585269343621419582926497840270514770684230950741484245820591490
963522360008744914889887728615037365347643448091611748829429540580
659681736932271657821786137003523335758991636795690651609048206475
830925086898157361266580022846585157277124748610804916576008376267
822936590614908952363249698945799870000693307223396103693484093095
393580131571487439186650790178369800292739596715508139877948067149
378637293814498793996449485254565266914765877577459532012465025176
143157756196571329247976346347310452914606134934430214836096193732
506280380219081720221706051655298741066765847428410707934459375464
745324583857332760384663799682186535567695677607978650619851660055
136959264794406243959300225887920747628783293359073897229719409522
837968828491156446739896703956288207892582076789454435700415840320
115789429950026067010427367391499221688695902136362057105185540614
264614346948489810765215409411265451072532846582969993534358804358
4045444871841108573908074048097208473217364763702830414205508140539
250456774004090488410875456114123651437424219813933456188708515395

74   Die ersten Millionen Ziffern der Quadratwurzel von 2

909951446973731630085687234115702248553861272012343680004069074473
722881934750963815618735762883878372310423909699855059703435180448
005133787219358244569519209073306085570790600097916955060043482680
470766065530677302454945343052284197288377150851000077358921369202
900907713895637361031311332791254503817510694518687760790499390588
628912687562950438460717304734815378135710255217605871411899965508
115257317129091654132726887075636620916743740532566749860436912152
023820260897776038063603394825987359426171617617579590645022405715
675508462935164670319705223399491442380155437369963852689158779533
356452605362112531321383193698560732376981235340004417257209699386
639814037522842721736826101915275970810214351091621418825166007125
945055822492278572896523994150878493386581901441776332410634482382
070163274242294779343236679587878418971329341271077848503819285142
758818916711852082230914455008243615062921385732236038363216252692
473257025409558646659742218626161265629079258321607773463825056906
196858348628403083565305959962003788300496700316280058752693472872
029401450335318127435025468038309594163570998633591951385164523491
106095109988089015086853779154470950343572687956175706389123811 81
153696495242564294775337946672704981667028487081203027208647634387
776527409983938221408578721000452167040681515668016516128469267581
265818247569295095345936210743166608821866068804215974235497923216
176949636207016958039007351303625785395741563187492833290872178403
575289877387591143849147438289805664899746189361772681116839247499
215156476282807600895034772751750422386980204858847081290741260091
435555243053320738986454597640782242973748134993943224836297867336 91
344897834268834900642869258377354641455718695573813007983364624024
076027351915386851377028048433669969896028750867761151131934184423
468766576034012106658161311292514596886528068686843269841021032461
813249663002381553726839077533353058072876094180677843698726199210
329075732147557419138871706834611646686541893268280066000343238472
829526318856758758451265401370894650244157122940134235302671470639
506242437520395253088841953187494176181120664650578568714029551145
327042548028092743653647008450634387239336258254389101101545913900
875188665507693121393488005055296754929410164421331571856941848875
372742325669089646848372641318116852153046142554867403623991764097
777456779058671969193808856852410640407252097369964210458692104677
218015023507910713622214163291696055551166195938868400487351081019
415557908065124624463652379392894010614462493392714588491985018631
899880750527376600432134022745989350180096308605531247570364407741
279670321931105427183944715364973872337796295717729330947450872193
838288921988691987730073693715567983204884615558108869948790020853
818472031198532704180065992820856076621159196853018554270099633503
924863125339716415353097156719373332310292685010453228799553532539 6
536089846321182030442952237322217874709832793435013119240447624064
455426915054430476307929044201311243875232777462035775455974090457
903928655912686911442640517906550734042364121506797875260333175824
907937277047764433424722252974197583489727467951455716947809850567
640483074886392963258564174358094830480854401513208698292399868612
948495355971831604967637081992841928190206754147068057517241608876
729058245707737846421143307643742297572470996403300314156511019093
302365209788985472543366670264063735738210480847635269988235443330
611985000634703912159750850456811517885850557147398191074750444983 5
400820796267077168256409525788853129294840309798086867896430813371 5
538122143584030544007112811514246138029646537550252625343917638022
445819887756398466642540971993286459185449980995834323608333893944
238799600447476938347306194276840372731720712378292969416545531765
063217715384844760726997773124279943515856861108745555947352363104
940384208436436297521003618589408053168430222337342527851369523342

598924517948136360386588861321085748580258555260472235630352223330
786128726153263430472299096127096886739311944188073747065810221642
920000038723341579765407041317497775975661432415587134893703866456
737581449065885360848744352693187592400518112902309079972257470986
059394188064753387379757454356426769286422122271987440442457664989
095037166191322251607976254109136913735983807126947913668942491221
450852478233004718695007146887686375982826457298510395747411309378
476356018668052515122277936609472741654150933970892214676267719236
443642216792233202587580146163268789006311913203126862353600404405
640376636899440233386944199357853438329785980340673726073279607324
450145407073896092504479374883134153026618960882900492054722588555
580832705411149155456027709374385853913215476257318025403619972546
022010708850419753042360813174730278435878475858333204840133991388
969013259299265592183476225626428544328082123855829977653975884691
443051507859106509234399976815429946433963706309651627224646132240
222769025828330186780624606336868398063570454273154551132684023273
360752423553423523744343608527775196978505606358149281387406866706
267396375768126611957066986524270099668084461704140079832557566356
7947576538827072754791373257999156117306992075639736627527468692808
394180180472850957985060335692650445201062148383140837671675637346
589769335935176674219010654835981206603285578317983761613423329098
229239747462921975412301438244631434835550739735076333603619310161
074820618611381769343278773412802226410130943015997621985744427508
299421560620655279513264262817356901629496761394684504969346965133
006378189341215303330815521003182028582986633365296404806504241084
494069083738640283868296680872396244309517103936548903688173073128
171562598239554610264733430591105809609531743997236623464156354003
650064547145939948889393034017149658486692934225910521499882360823
100986776275100932853611608226414569339383456283320156354652902909
372659394559076784662433260885098214010334981694863072182988910577
659517188958205816014454543454544275722764563887281472085802270444
143921466565703535176859968469852820690412634876851969289199576010
212130856614820756578166096399699762030808186845854942227363590396
661159137728413422600909411219930388446766481906865254905691840136
523533517211630843542148079499626940576620823719314005976962506914
278999109575366691952888975532703743787964537740554278278572230755
151082084769207696129620856572103286075940042668482985500961841552
348198352159603434931388305665167696221021642038655108740123808698
940653924630240347955800469182258976618919417028534511806158883015
657970877522203487272832658781465172507887295409771286627189547435
123836281103583944871791927750879953399882104913116265547423097763
419672102914596234978118347601874992006517368097964974350743739520
715923863972845539974893387361438468649100558497289824483307986191
944319231104152765141743202967776559873023315325985039415259672782
689034976734083715651347883152219091528992545246919324590708406771
314369987393390116162803330568838646602074202915627180314756946985
936867109751890909630465608094573757674945044085203216333037433675
178081908523889948054509060802301415377133044121346788397332736105
261453833043447060438438372223231170304114865436976394481605292235
612373098630392888445560581570783316247682346625305535446047485012
917552946120866358919356710420091963907457442735793246204664592242
502101413058396564901248006181025849435269568729157430982639781673
034118994585879844931427140313333629439696417810422379371583280193
781098503127061028317281835096473806056173723317254229379408531937
011096190703385277260942227943323152425250292149152510344619049450
932063719836411071351931039712275810735637581883943954113229194303
909883406072413426910991289741932206546998754899986421282821801308
803290222871929779875375683364923241086052644878206882137041484824

Die ersten Millionen Ziffern der Quadratwurzel von 2

10089757493050407007432712132572904358455469096047710193112845928702768858227751209765381098919662129378771938243522242994888926662454603654262724532113423841722524192809577420796867214498318376445973390473537389570648418880353343164744017779415554420755001484557987077012383396707733368087776877648508057094099060244846456784833771206384070606019052821586039573320647632361254028189167009447527644450483761384600394736883335653205618719890606035058457864489260338621250720210832856743334284383500161758801070698123488828160270128892563387773784314720320837840167130111273401094019056449667845790626008717089549781806866796979385555988819750643994354754745034495583796977073945898386100090889420389046359394857291959287451200248650815915061144300974663567677016426795899444525618432971938857831993037353331584446236294113968724651977764238457833453215939368368799422474226533375562041422823198837304436486619014246491235827592775934457711292324980074926590490193003270911160205058434359720050532610070513737303987928582431462242748458279853683981520415061977985527668374625659628190638546972553787674299158133335287245675738930171600124923945448727007104849966909273461137142933299841005245718510885647881494058716816709589082226023439316024388257609807385722782995557746688854149916823248106992267007115737640499511588699616023432383381640417849746159887895652955372090234045748944537631511711765420356285809766913809269628570812272258944556971245547234701926412994988413920937445444579388446120415118628064476951680776452567012887821405379821630624894480599393304445468860614069932770403953017864774185608774375564169387091860786645988905328806721340763543955030413177146894409877035514138332531275519398544523902948492401755480586508586406574234841239427794625356889170243937640530698916789815399371990396900745517178026046604837466481268808166694426294044047769265109491232537722998767231251509448001543063778331875324039566401502717894394109784395725450691605531558910312293304889735345815975220802281381551561987366530169981519864333623241988287520465300258180282389194806191452325435991576698894953950054696693158674679021049010200277060104982991779926233128912562288708394126054791118941706069236067011614728169702556422504389477864509090770110563106774833906559471002066581492212841411910392651438152704742227402402676445522569223903082382536007978291852862313926685086589019127210773252955765850953786968311326392270135073836252210418744390681488818562779076276196113896329656195580460151911935166205379587903041117096935264585577963337169967923438695267223447438300285022811506212639262791656840935724448344537102004409502158993021499336412758725149193779940738671400134149208736048542362575634452656061897444468722321856218443342068207059766802974821842127540980812806988416923561498873243993557950612422053613708354327007198324077039684489592464779100857823582562586797572024361128795061466737783052272085271752108896359563144244746085363306891814652963924191379358243574982267275838742182784456929801046939569465838549100541466218153282522541748287754146814732249207436265659162729479574094902406891962378701612669525375707358992918654275754842039164595096696840887774547574166318171114817527575336196615220450133437338884983109496912988839242213536131053366679148653709947803170105633028929382867379702045723926627645869500461445830761591263330558130995993366762807844565421239932028468372494443706069671867080235602116968097665893855313751672850852680324236405251887042177322562120383818647980418319843471898876272045111374149948391541641134252072869343150789235239200125275334755252202177703411811042279720775922041928352228195131592024371143670185788072005404295897091155564900682869134514492780063769237424386773813732586148492813976007223365979037331773366200587050818873262164998740422835029463743898925342

```
562437078279091074530465917442575313277196313548194975616710670966
742883471068033843267373375977046729846760122798258110676761538930
510031548375035381959159345636790310306089401565178688570108642488
447516362844732523767537623039487865601983334467199674412707548533
993646969421268155739239998318759254458662734248328554773502358553
225671960910406411441430553406664459251747939725314409438432182742
378224517453424424846381765216831772144290029509709972519052388756
212248369980203682053257193107948776871921548398137173362531012824
747371680200852158860485933889748014502013853939806619762972107312
363775733060929707297652623225948635165799350418295787358098596121
470693331627374883792238051733778673209975229516772479924044766913
342197709869158847519512354794085255353161892271112387434194357251
436544636378447684952637642612675671270120247445655993474096335584
245929749909240681691133673759304884985267642950102999727136199520
190386707357294903404746855636222578729492194699492639600138478500
730291213479870511721279838872236057660995798594344885219428016758
570913855371229847337095607826400323989293435957708972890603849673
982387262682364948676170848114773009911056351081984846222512316316 1
604666796820549170630840617777608717012954489677424625738952069117
940575848612492430403473920992235182338985424196950479634655254376
814510250989088124110735136888629100051728129724541403044907815199
930037436764986656911633350853333757315553695074937448046235322 8523
387639811344125509682868071562239477762035932762579246903925550590
520576600376934389553024628542906628153313539913114245974576205874
362575647372274189534728556440697958167204790650657669038546201 28
339834828578950251596914284886969599160778547319231523585280715542
129913116620618628524336926393954083693036241673576610775338576893
765415787289106429762881023015421194539615890055860074532852015825
570383138390190706007392110900091497678676538952854213005313915948
322752774202122023763785746322304553462828100919289512862720610491
867872771603665475187801764456469336505420615459553001039854289238
226192750231215183369890467451330711547878653266069693185139329609
762787383933692888194262597173509567135132229837902800512364146981
062916517033171038350783351785130962821754376320524260677326170263
060412848344846858178501563728073974099767744884594732220540746626
927211439744215369285476465877073674905705301562721581200055097947
542283094999096844237632221887444575591247486841569691547256779309
767291711394067169225139864877732534282696785691902696069987373270
253426415394933486445637776695461760555859948976608473346109064284
927965844645266300165818304556552562349235038718678212925880655522
992779142080143107874367438612580262380202261796939795666101155656
654353258402219277348964222406773262803420646305016189711098657313
117650294981746379823027511161837608793478454837294982097494556764
530249298519064128473280162657570650008969747107658608217524271505
827635636447615344109917471164246426804897634033724673990458388861
202223455921264418204872462233691452971293267773525231720119748111
900240979868412122864373401569243629307607813772013341381908585446
732304457557299395307020143513409259360300871246644859642488664114
225490433150290262555094714710583393676548749964401012059497076058
712529823966771872913810637870547331811893520139713996730857828576
793430834079459106328925507235892409185157211177464452686350878282
352207470430080819055846551957199388940302592070898030828262 04505
431141173275127329754566256955515582957157647293119435291618772897
973853273368946469489880407810960418033434574400518967632297430262
781038482219241165771837496092001924970280696423760313579360494386
497368092401646021110770021311525993403121079855846182649043249748
796329435905170684029698663875122770548303086375315010237871482779
196928605246558873675221513508425685528407492994676644786421122054
```

Die ersten Millionen Ziffern der Quadratwurzel von 2

```
21179838885155219572590749201332938782544566505748210807225779761 94
60301618880832556048381899467892624035549978740116040755208069311 93
26234324269792054621676300319863886229001611765887664396940350460 6
38689665492174439439254071242713016860112195095310156716101379381 6
18493434167253044068972590136197359900150174086128190493012496321 2
16714190009953123065842561167325274904622506822646869139178182819 63
86599986978381674485673807091430551531397616370154268037690261491 7
92954183794948413266505747286924782057034171251112072676282921716 9
30023182969830139307569103731165303509621692250904506116391498780 4
80703230315099738549602574112852447173203096422215132231558546524 1
86936945375058109487593093874399089801656565816339309397274506387 3
92146288320580413361822135280682557152787072466059485466625984585 4
29284541396856613236547823391615867487602486591318454939660644841 1
20531121345379241440008581196472261751410023730738245046832474359 1
03150589431603422227954077685417405548619544494457895823201451603
09657699948842656437871800859472815152240527542183560633663125439 0
57949392299376055536860737664824524278133521320735276433946926108 0
37407342736233631440788539074284314355414245739085661961990490089 7
93788198104213582274909741700219856210455545653907087442229796357 6
23902023292933497726649618207937335710588232491815734206567318626 4
20585652427852584515203274661250684707725071802991069029275023347 8
77002250408709270827251138935994838646178555844594390895963442158
36483498906309006045773675059216454139199970287482596944811261163 77
16453566924755369536373666268182186480157407451509127178006915345 34
84234348991580864470684527271193642094227997630205127770414163628 1
86226815810736965819120944562695725431762319684379566818306573922 2
66945072094160655533968005321741986279160234933434231364095469132 0
39361339389519355337588749152916091586938823613693309331326910717 4
97304925081108256567173173158503993920007418184416068416740990207 4
64325335006774879571166014299693775829297759688646349745045288476 6
49089451818638125321394600200172454386830958604957514673468288043 7
65941218099941193360313466989925850153582654841435534402437883595 5
45498847169226580792901045087639563413763467840528236193132287193 2
67970296260749317044984534332041833493894910501551655479858343414 5
59179192427810191167962973737218647104651702469506134783079420117 8
95824040297711796278683012538777049646137718126441110935630694321 70
17670408392857044570350687615956845611093888824600054318794476233 4
94641512835389458567379009099343194961504020710649676916394289197
03514045653307266634017810246795785033535406557336745253690465743 1
99582105206693457068092969827722825794522284753200135853091081428 4
77936047809419180299115945854733729882380188917386422715553733767 8
19061384618959939412816547938449072985465152178169862471625163177 3
35124710517860437977536895730823485616022644746225198780883264852 5
24303451174705364605977813598992400365716133943581722433957926120 9
82381512038916843915488980753383100707311655612118749743610463526 6
47765367910357794234563699639897700303052254559572178017100985003 5
29125648677940016956922383847556910759674086318996661176404950782 4
49655349322797582445111697070033410698292777919689626300557269266 2
82663384538960824970095977811259451703178740815446781974224793689 9
68560235012049117212266119036879797783337900701373477462393706401 0
52752480690093993371984986260560763668781644719498725619057236776 67
63686558905308322622929885602273385326874111964014890330347163086 1
92313017894354596654025367978812527454751378482663370340339422739 5
91259217725309662977819803494118269432414895825704290281163461366 4
72114710562162476168736575734183353678516451548470482324759867908 9
69682866764723442806550079982019508022650449008510108504694442349 7
34731702230169703452689606162041233941237781549365419709727545531 1
75654476248768417254000511970691220085177219456211989161912143977
```

```
1275581561831747741421446184898895382443907911538911370283769276 13
5385484164444857682291265891990691971565014135085804898180126267046
2249110270911718253800641264533949281130487228259753881004280393 86
1800794390605194037776846667361161105226465928923657147658090608 66
2532207421588948686329134838086038069908050337926205938989405047430
8224713324027557471040263598050255815093569009968161738221011131 94
9845316868624262600230877264260689237771519456243216591280492866 62
3773097815198649816965620318774977639724014590442600173205581909 72
2175406110670496214754528956206285362993966924437831491727307684 15
9427869682519331587807233330846513351750965657880138993445895478 48
7775917182141707218476763531793773422265476039286565469436702047 95
2467329176912195723398897476511518389453266704051687538957688710 9
1893884719640832194109604198024198962964389598476956800866199881 35
0878759339947712898707072880565560029580773333442635423905847514 6
1772819575384810849068594782372497330707985618455881703847757430 17
9320866433847998536997967562340338082024092471599264748840645116 46
0461961944931304952750477893113550049792984245548127248683174317 85
8383926973988345288113352623089806987095692478399548537964040906 09
6894140752224054491921087064763750492530789365188784622585433347 3
1032569142720071137303395455735150879946053076942382457703975900 11
0736538282542836929407141083703899396102618809344241838721580631 6
7550137474129339846705669391221218098556262214465078961123596938 51
0958948584336453005216934955944976119726689017208148806396264034 75
6295896794738860693270753410158894664072678867559528384115014902 4
9031003257826250380480181638552079628505062474739644960886475083 5
3123040824451508268273756063354174536368575667292408808902816038 40
3943241909851459896592442787942890892893079802522228954115818053 23
3579663371579562995270591565819258274224734785072247280862437231 12
3222377088358042327997265697618345718475720961136188616430641935 49
0082080789540357225978165271036643495424835178221483380401099280 70
6857652883378065971421442437811914764538374009166923097915365726 02
6052919610981828054144531355528209016814619624890536251173040981 24
5210504798272230766482435142762344630567626926156611009588383906 70
7194715609704407400886868628395537817529654625290352799458051388 30
0281606752805362820363182845239719272244363432882148138649909747 74
8156519849933408935170309238953538198030015712622681248544754138 133
9518724822316065308127433026742362877631880186038123191912228498 18
5235731307697089469228462572955208104774332675758783050887525055 70
7346184331970189527647937677552172154644488744403073038624585715 88
8453597113680162510637268588932827908526870701097855158255318641 00
3974801348175961676078063194855312260493762320140855368519894552 27
5367783275299759781017728028303729676879325271558072087583259472 89
5359391674663363000269082361953042642915676449842007640594270472 91
1924473237271289779602750973782170495749036323653696420016570722 45
9011589725118728033215369635866666010878185795524984913873379792 53
9201973781433254875810809852470286239803807924642607241133364672 36
1589573438106942014639682118976403518323371601422822279750478110 48
6428407046363344484768427141487486735619213783790295871008784673 74
6914641308458055957329387315413750579929373240004982397959381434 75
4860309698396486742146093734563157470225490776126890218518224811 42
9256449958415436600814345864449169288483458190340351711100040375 34
3976376215174578359310308025328461817836918941097623746755946433 65
0325509050629917566132413207813873842051879461078789841567404307 37
1656413445080396764759851271399385235036352490580253905727434213 73
6257152830374761939369981753857443843036960193299666341236632914 85
5925423690283888474290390061678663146109346395597294487206010019 74
5451305388135665372298183932228635076407669692628584037464937838 0
4957187056082069966240243945337951197315393009773762145874294082 84
```

80 Die ersten Millionen Ziffern der Quadratwurzel von 2

```
53333273798156421467569397672370397631566278940042436471602764580 2
90904848935329371790733495050810625504778060399143860431482851024 2
23961821966014012685971856636149992819053312303910109927788867982 9
25233899927017127767185839447747340578224788062276284477105491866 6
04517370270131247700408405159692402714467809186131608302006889643 0
93670284229877137886119727792546880550128867617044475929414457533 4
21508670431779124446820757165758152189012050043503839958190829090 0
38574988746883170384350127123043392347966306947906336978313177096 1
96336786212350885831542711882552093888092780823310338609539579635 5
49068391175369809345602872473386204166106401822865715280652911199 5
38610913413652621679799209231205077763399109601468347760553934009 4
50477311049162323112025726849431662175326548899485596268661923354 5
38025910862240206121644870022633368813116970299876273307993672481 5
70060920146018555475943597334785657439670267371610965179302493120 0
20247714210510999658096096688163655609309854532316323040347373835 5
39186405496563431302504340383578998824268508377193407930301741440
73112462905524377524328445403210808625244894381839556806241387607 8
54152442400157784381435547059246075280229379992341374185518543435 0
62688838233875406570467539784995643170257883211844260151525374421 8
07470264683429357945472463128982520137252467635336628200966455187 4
44065043418630310303780612872006598879997899114826128678595596780 1
99421098981587184015942078198053651352351955638656970317139583294 3
58862406046283974778843794147024587531551928162398255997617216234 6
04365239103572666248308967148930372064759300882614771494951611108 6
56137130552903006173720289238990433403289781393672615742175621597 7
70587980657051899316490333597891934905238404365836359216631150324 0
26038114594725128828475107127966360413035124125184018658639678927 4
67412439486769640265759977212949330683503316025361340508598946559 7
33174858727559820058354683669095392041719006006538748351202148867 2
80766873523569315520505293771257061650801212914380462626514778435 2
88777797407511884703541455892930943149629910245254803832315366863 6
33112631804298838848157242543830987303188856015813037892328618937 7
34434294679595777085433616642414370654119079739894222213799816737 6
54771523330957542512195368836036441923118325470482448362897010378 61
37026643713859042009975213707220906840489107863636993987158558684 5
57058917101937849985572022228505028364837719289994711411104219185 510
67670074415751456448405970486990539892153821827947493562375254310 6
63056115148681032570824172502216827521536422882742935611016128768 7
90232679035919070127566061196940451572583456550686766010617683474 5
61509985602718565713244215656933452613429568186193954223595284021 8
31931905820641332266936319571021554262053175875611200162879249723 0
81795639348131374584219069261949633698437562085863255551239681587 38
83093449039497519971544366183714079899599962032543725796347945503 6
32284753924098504574830798464746460247537545221227797773024595523 8
76752501401611760263634470799229906187981329665900070806620633529 5
20565744661894462071038383613125348527264512378601621406330612665 8
11903068886287515631150317944714160362711698029311774622480681834 6
44488254345666820509977533065100842820723041743519110579014093955 7
59075027905665361971676857648441841232504211150496381731393199092 1
47597318556300222960673380582861942502552790166075204375060268288 9
84442742168192319890986494788819541554859060080175114088368795895 7
76145200819870566310306828716920174430514659421668242961121371970 4
38617901922621910580684347920352196003859194413551091619910703598
95864858533505445365182402586570420238121209388917875431370034252 5
71699903195571687361297360580054117574474952527910514574181009574 6
90478099873882119363251748152221103005302528486396605004574957766 9
52304207731789575946355134181836779238849353816427948720186134917 3
22722999967109578847888758130749045823599199427818404708510082726 4
```

6377105903260817910822669518293032413124541617869020922007229 13726
2062884166274271264543961566235329037931967107741727643560547 92811
4890851695820843825537219831956688332925935169359352007522961 20803
0796651232505120330457242880711730809369118542942382756252697 83458
9659742898068652154905483773531132197515404723430876780412517 42790
0385587647577532590736739831076660079601369565159600484430206 69835
4920765688303803885689484403135622736089120348901998735118120 71214
0778686325299589446913355134129878153054256036983743994147404 32101
1285184111016799573527000865732129784143766943823959604109031 56435
5046120948083315325228888131079384822104394220221934315290947 51148
8141102608130437744799590071023330147635776122240105062282642 81139
9948421910517534733053284338197172552313678362789652157869187 08946
1705627750357784892517381559609636769494281428729174364815930 46466
2101186130884662072181766058838095324777267050939988159571713 87560
0270256539950960509548668775939508883212833889437928651248242 81395
6431156762031885917436240004962592041746033981858009967798383 28333
5888894305887239308749466160679611619564575498919725412341763 24750
3557020364489115994133714038051665876458398348004603939378078 33355
8467086975982675260545764174639464445051764400831558553743049 27587
6274690193749131061785214625956230357253241323055102428934404 36016
7538588164697397102171118538624076512024601036807640958988915 35694
4225300335349957376007763559232828490388911487504326565335870 65016
6195915262160616395901053091399367219886969759487817966851413 10023
7719545116503610264723404564072993262335851585402983986675380 51902
2516500525183983364301764644695365751288589504094632957545357 082070
3099766014041050907181925956397761256977778525669039649029001 00362
2228036649757567632209554309983862804610870686491920284807683 56444
3553860503785244247164055864876443268178329578524965703339912 07217
3244428190922996689876928530211755337195520326814516126727766 93968
5151502109376389578256814749198267702133847394674815757290359 20336
7231031318217851567064874844793496096619875276510694976396518 19412
3726920591303796622879206628891249835537813746422677652728398 9092
9536947708091040207123703128300736729241153391643142374006336 98398
1117174534384231469223380020526331667955077315591810272371121 43873
4693459119168636449042944837902257193175232067551740061174113 94278
3133652468528352266784663742210494652667940658663801085499331 84751
1270756922804430201990826159855280193100505945133229118064580 62876
8956491890961008514686008717223616686441745078983673221749403 29617
4957396942806486104246842569749353670368080781680881150932203 88298
7588686139948333255790214284654386822160782400941425030444116 7833
3415417600575916881916677753966838964083027754936505168024199 41486
6539275075281190971522064096398385648518544416661343367273901 50740
5741948826430758649377691011990720767011833787140821256473407 82611
6123721238390930275176711580661349676428990785271103679150007 64504
0860997660048970775563785881538679172583907843858839869231888 63788
2509186961064120971339062341777192981110557433708431121286352 95541
2092723212191879612681894152833262695970940394277155773300255 01604
1840259524762315422920403976551150320230648582733394255335558 35253
8593103826708770981280685209014638242989961565153223083097622 7942
3087768778603714180407017624233425254142474236690622095434137 47585
4254835663957399072901339326985267681781565092120321445692599 34055
0482913052723143575150802126739782958768080578843978537758307 54350
1693636041201634215120829335399403141646389831929922166553450 54359
1064484831961777809514815969092942977051630823796834270059015 48736
4412759704557081466904323156216202242188343731672943619813936 03750
6359307570329065001523762848793790825585339713469194116667242 07840
7994113275130098035849465549066109425885075259955896131456476 68221
0098087770647305169925433777177781509686617273210277242643906 1567

Die ersten Millionen Ziffern der Quadratwurzel von 2

```
3765301079355624204631347840060928401884520137966919893791815381 28
5435730492493706384798188463852724747952971954506776111895223831 50
7167309898239092628824468711973622273603694798407988196195495661 7
8239901570953629040939402200823262909624955208493341162784059702 22
4913199262157370253669477775289397816032719043599322373481008802 05
7926746299439354509652263971789087557372279544717410720733820640 51
0726551363457809792941199477452228231398102998630397520496268676 28
5536137552182502682092879576023712104709841214918435486557631822 43
2758831117821098066476107132207806384040509881894763500701768327 60
4411657221094578817952879779442943813961878595802409953170562963 20
0587382094657430056800252616832658446011942994223356756545657091 25
2495346927644671571508808635318578904634378668853922804898694937 13
0726411205610362266191480073487945553923145785341983846583191805 89
1412046994210197238611799270340490844832867896225006020480268086 17
6929259665767560780950812814338303899982474978741283694837534709 50
4873632980767343494620182604575373581595616327384938153421364032 24
8346272532722493333924400264895923139453753814046046652044317196 13
2685088124963972336814861702312544248705518571477290303281728832 42
6638075754761831369756421301983615565088971260446836265102329752 65
3414281174803453998297539174271372918335452755693504112064488379 69
6091241123322069182680774778114806994946433624447674135681646272 94
0780530509256375093977776411755525753903812060722806771111360 71
7969329060280169628195960084582758321997376313026030340220275765 2321
8377404906165512092979106936289481910910089558857467670697373348 9
2891259316726200525800265057809889002541950485860507115494716844 24
3548203775345853051588076305195010673207527304391021847372665187 82
0753812554538341793323449679787659716381932811412434638774774501 90
1154624978057909357814256200548946373026345375418237051132791765 31
0580650834645680194870469700373186443650956237088166475640399830 22
3443185066859973108435069158912032927409786296745120477167954988 57
9572965071297370405731665022667286318544765372269038955639542799 26
7801351109894140462577684539784228591561790906362263065476992183 89
9429032323079211924824832238302139145386723008366405552351456307 77
9435938164506446880630099348971370561380362230665414321701211328 77
8020461197821781357706616241779520640156528473325508524988678241 6
6544037708152611526581138923958320654803239095085371779390313106 27
1206429172835814917149207698564957017912706903388638788746890123 05
6412535333544548452234261228086859252992568304063917710228403380 30
9737567723136642146747158474561879187551702476116143004155251817 14
8286937979778310164142002496787812418339769171573150779707030383 34
2010493261511473892175352408632748051842275063683321563688556568 19
9613242459304754204608110709469357682746638439350767704232901211 01
8167315313368211461184468226315673840597908492265257010028645496 09
3116803597802151484544233303115517433994731941278383442164452466 22
6312562251826385964410836497382949954995375855930397334556256321 11
7691373985710548967427658519110778674369081835795688945611267361 95
6900621557165384068889691918124615443509491450897727529851466275 48
3941491771930618061348958812839137763201578576437906779334479074 70
0402131384444689294707982672166334255923577828538274957999748187 97
1900385027655530041019510609578643078440527395057497597699861692 47
2896227404329500868526888866587599130083168062927587118010730827 78
2396553089647825554149775303106306721292184488329663434770452367 50
0603845545950783686158865916888568840077724738279243576043138464 172
9778195679407072700236353510736166469180410694550878472232715121 47
5707227901146626053563156114909501709110123370494678763052525202 67
9612223139197128313650257003374045469521306238554408254026969379 34
4325367641734683930501401290243494997954596362362805346491536892 43
2956525378792713690607455601804796901403682731771603967869545316 75
```

77113248505856109823435710035194545595672599791357744383804163253220979087684328007564813221215513801586965729734464953827901333538335482777904298757650765326268024933493472604568401294822467820272238174308945444873532971180658368793615866340718911903568342364166914311881932259250523008344016745692988543955184533130003293401345350829506703102745571519490493407232759373429618710344520308347369386979842316847973863649060252280380960888809604712959425375063711244227794904092553492984655215358486325732099045736741097778202491170772725244270574567793947273249468265891566712460517033087963266675846461762881065123317317118529786891524113008049412915193096136026967571729732209610312264456578576863850151262291898706582242943466984642919456909578214935852058199037209773196917214987024956153971743897585485688457773997899649660085661780015523074556108541054171819573356415808733054711657189020083618634735238270735105961879274329609211714912879184446002638763857751524224039066958468635942626957116446239703229361147568804313391515237681047870515695734407091403161866792118828250644772069694155984319876147177453252157538500976015714053784845202782334951252376386781097088776276298241433449694918517464336239973315850982674448405503193447029365536300424614820928311272801605440664431691155748597371347030753581263645097099996908388465942210733770311964042912369105071202757767782154264514361378710853256005903045595534241873750151787369688741726834939217062366729795975275166120962265880592930879575961385900677147127306456152695386558912635756916276036860261682675118081181157831632186281648631850707457142136405360962195037165811405220851276871050438028844736525569204673292220175304372975405339674988587978900451432289755839266497319657692776637764810430026585511533306341144726388914991274532376575855602283459422111938630464211372522360911190583942929206318224455998230036177284888328545604570889882962593447974563691551464830311008551576183963243318873160706211080621514770458991699752540228842261107656015972047245174714692321158092860586840853814062986967679986342522166538247641308605116409122050431210106638013861421503487995510038845890780268697836057557765630459233579612317404715332147918993057490210424754679820323012371943066449220878508041518790789846284161888639930782120951932757778459712044254736023150968771335435327647626669085848223762577880825249794517603981960431645575534473038295620137533948529626262774610804038156517179953578307327986196143129288911440328993607942687971208302164285033601556213506628338143436256429103520658924039273567616650919596441677684578192722078241475178427814351980021491146894437394337431943262138366889518516726743716803007470708248922875294987915662194149364319073859756227657044475336818854089962328837341887086952354473715727014867021962910410843198125559823760529205920105782844562032707415928975421975658185551411897935960015837786613113071599981360071961985600643039476615047103055517473970986186283082461233689937072010922350165590163387931117916621797153095475890678170058976602482925877148116156797015946041821127627108143695463549620874873399305966616970980897274354268321032315543699684985549888562296539058080480574374730170930071609317604048534336688839314526173593757713753040697041824137894951010163393685062438535914343126409781062248728269780589374577595251986091540916859241991186013330701690117768094758191640835200455293315541051041642492683968087544432031529266056427481701840814773846172941838437704870049822787219283064834437982824596009696337623989225289442398500335089274679569822402506398423603606255437417373202509000310507226299709294056054364293202849942969853867055347319060300834795554729526326648596146967786315550387588378294030052830989960984296646224083194977884192286458435265219929982411848570387090767889141214771894000961806694924217

```
06596153440230546760237539766490274939010416549761125820817975 1097
17975078748203902274070784427777837878722595224232878252544814 96870
57697919430214474446363938095640200799323522341862940643242244 3659
16722619478804257195174349791755009281488336011122490050435675 3075
59326391620508621935459136062495627328633990217348804599723238 0530
17129160402761422320195662615055816861374877007621777475027585 018
12994795646297545783346037925718429825641213059389716121543565 1346
53998530166238781349507531312621301205234104429360987632722917 7351
28422116305301957879462576791026902037236695724418154394979520 5282
22002267875284157663551389890849515083461975559358817448593973 8410
89355695032536407380613428232443137928390235072871248650160918 2634
98084584681636500784332589969915782737437237163275120724341442 5116
90767330327224161765343210599983691826357439361744607882897293 1711
12012767049099693264702056849046650089866060027353101676827024 7770
16412611559199307723441572694263942312964232746139153228834942 5199
44790509433212206565133125549244383477721741342254014774623325 8522
53578194883939890398186392173960583282429685700957915788967303 7428
68688839270763272905784751705759248670853966685433577966438315 9634
30074152182727064071458909826855675346000816545718858709497728 99544
07295205397654099395105480844093637075955276633405073760074166 2473
65973143532658768080823335490580913948952425597483086409089689 8520
30236500037019901059693220800990257417693681521269079227291524 2534
51801704541225360540722988890158910903390776895273844559017262 572
20219304362786720100694799739026650551491637904795958359013014 863
42521374391350953947947114169148412732841375638788916688905643 0345
85549664583685074664564072455653542989041915449346632933817532 8330
36706359258516720250599532134085337942925198115138911454017489 8504
22259075401419244253563855509256003735678914306658966276130414 7766
44628356560586317337249790450388017235869579335240495109702756 3721
48769500517801510118912585627058604797852742818497741803181653 2776
22281851812279026662959427283153501897081180485763256303348988 0648
16286442789322253419969847259903325050969439374971528473593550 0397
45130245855618253727784599816844740580490762145901208938934697 6348
06100396073501723732358459866313256586192760716484981753109679 1067
16726300989418399746691114104341887491961027401887687866678664 2905
87995506507706027072920301614227961321016708172320565776075856 4153
80934648749419451667336237096228531023180308898271805538596564 6857
72370905205197539377849405941560842611660642255210597164563361 1784
21462934700913548222286284564068035784278655038345394089402390 2076
46035275002789815768668651833040277296854117917528157253043566 0456
01607764340367409556738304196503069570030266255252692382965473 6017
55446046225773321015214068344424379360538105817754912564177756 2917
77237412630502278013824564876215526880928569727822484794587000 6071
78149464127262439558241054820901705770664693994059688343722426 3450
67040483131225192767434334740907674022801093455478688384849431 7218
05000630326398095017175908606465560443796126109792687165292724 72415
19637632670572977100771365461153783425888370969930156599137140 3386
96668124156060630510871008451650278488272794551638928882741960 4396
14008484726007066304641200594884089901444287023061776726399081 359
52626051694319902051971965052226917786946865922269102326259126 1553
96978164338944815131031516720761051235232850321590186800408472 650
28555809986293676763270210045569568984013243029285459698173915 1369
55003060357054019394647322053116049837752766602059846375778515 5846
31492605634934377843235861443827891827195931599224262355372865 366
53287613411773481135571862979625307478059138835711940735194042 0537
74838766204887529846668654690306905000413291313264476019519543 48277
67824642280547957648711033502598325867412029475076322249934417 0297
94825015116722598109420060125527030381711532830707379767310059 9254
```

0545142152104207613946276470933027409778757376763922808094437167325
9739980852528357563586244111667969052279376638000594487015776260520
1574345162185717210346229890855539055381621243291398534176466862920
6419865001266332184450696671691582812671119161326729121155385377600
3536013727139635873383472541614850182475261893904564329581323727030
7509501780973417996500460620460120236727568752229585484536739441785
1416300809498343139512580453238441712558472541042447151836665857960
7998646758648498125505952487815491981563021180606043714036179919450
4548141821868573237770132628906176367252903249395857172227229969000
6503736109872156219182659224366470473776351173982668021986281050880
5217484120822973642402476624616526143274788745294928083455450930960
8839931985764563661978155553592019274485810836942919717948707745290
8467610120347940863349115768893424347239751846503573358488536639110
4655832865103828397682722738927760220488087599626959336722648079710
0345537330160983986988841443588657586030108547619381174869755183610
0499504122880873360400403535095004091459090520211923035403166827570
2960148310446448634320403425850524484270288088862236655804164571040
7697072914392433864752150235064006223186028381038464829692987615790
4424243001000029087808435261586075964881927431219777638537057825778
5257815985581878020806009561745473571649579790508021633063819280930
1373782224424243479854623448266179504208981949366454823315551733650
3429355259363718711886710666616299524542313031073058507961463258470
6287210003484671982240563278754550369567651503281424303993631657700
9441211327612135018213222712294188090439257880669729373054370040310
5681540168014821868283014038050086359747678039588678511238006653850
8500866905512449147203357950789749172318216088115930315005350212430
2235495046243017701741835987180001340552045644282362356771767265080
7843188793397092656390816990382597605112521489666816463493625268940
0929558008356352952011310735040320393045890422874205585149437336800
0448048221422970086003836749261048650031536828190505850858503861490
5730478974121625222263791721748663877060313325664039748281958049380
3562989346750194947257582706084928558400017778076986961146704230730
0225451119120692885365998789273852054349444129932201287602096945210
0530598507183080413424484473782768113275437604786203646730274004470
5159616253780246831550653755648919120183980899114990022693805503450
5526818714411495181364655495802318156527322689615359601955255166310
4720885077672110276533173938748051664400382684092616007744299730120
3029203697830068329541133059114925018916041673809748034793824092490
3597656384085916938733522981117259852660575163252829553286679572400
1150729672488536999065170240253066719863587407735553603201282292750
1221097539920237546124597323248526725837714678957113399694665850680
5772818353811132296753285423533186507162820779253971659147945836870
5437168874502580895036174848301218407588094814741158340439843702250
8082494493379874391022159890037528873183409013708444091596274084610
4391334051117144171118416606077365022717527245698223257975254893460
7675995438044040045063696754424073208200914376640303491132912673680
8303782811378366595116113458303829672771068378326398707784302932550
4584383614804925662229713208353461497703132561623423808919468804790
2635544258898864528980063605675719858180094728564727414829025872950
4193308450011481371057620281052454050748486433039825603550083211470
5836951216280215672099597226695397046800861743795983237391920724560
4757458002996524485430975857488577188098623566696582909300544552460
3764051858125507671553760835541213551562837459590141133684470668690
1965940875786978487576982976219902444749299418484996568871187371820
7370638702882366482890276361562818798517091964364118920059333029000
2292849852396358652838157621481714896305297441296530262353274495110
2734094751133643288145900869200673938725585705705229607713996353510
2395058494329217523547753519073455011487459018666115860645111339380

30839189613901859776870897544842437201893449168441112051287 2499869
9093647676446650453869026654888197996751177777174058803469 56960001
69158677234216101343499009969642706757749217858925496447061 6587445
19699965723859469805645933591896827973194775562863159041838 1290122
52165084766932758054441274981453080924826397828529785520070 5648496
82996511597357186109129392886500410340397218483891414352419 6033604
931001507499640034696902555960240570068252936797488779282682507016
56315442797841671397770341597680495630622950660616666299849 1144411
57673850460527364729096246345802428927284953029871071046182 5068398
50126359857173889240698379159683632793115975999018708895803 9765122
90626112213422454889027243581449012987560874551631198958576 7623434
92381031881532080773590956464395502809742004765410646915492 9113852
61688973095171775757238468392004576095656359020934969598608 8366340
27762414383682183759477797082242598730098618054168804646194 5933111
02620113244381245946614992032169005560695397959028388239541 8639183
44190162495042467090446369870161853728643588718554778250154 7119307
84019139849929646045035568787623354193766683380994923786403 3626200
48690429147314468316693293644633661066287607497910599353124 1679636
61258547170124075826154605654642346384486734473659892209050 1735099
70089388634695624192586475350836619319577892468827593656697 3249685
24366950110062182072300590802028369813644953921111905416295 212663
72990677036901292574616534612233793530730033460917275292574 5032251
44394313814176516561640210424541422351403481926445935579683 7362449
86788578990059991456187661124231070610417285419456853761758 3972711
30282970187255782875817852134728089319704995536454210749724 1815741
33884875329470447810977563215074054088185206929296998148240 4640190
37284223695687701069604224330578693909354915627635102076748 8399026
12677375957045174479706466281237983193348237870122066006839 9849267
57399146523797069285591378051917428636078324104772679696176 3236011
97710163394947674933065423480355286275002996359277112325959 959103
15628703253723064813264957601141022778582450705771498249812 0833531
12035555428564079334980099437163485156360437170577019705809 6269887
07445525932335294560496041286411186356355341311884940243680 2037381
00253686565144858978253817356593590097580679963492693574387 12252832
90659179233810618253856711227678823513155483427389310160788 6870001
54699300156789805217706845971704956901757797645783330847774 7828045
29107820269448191016195442792575360551556000558980385431007 2371158
70323712270033736906113306497597005187687559486481735717287 0447540
41151271801322289037020076144325848589460471711561827948492 2301954
16736646065092962715805080819140179195825273367476803605126 2864490
06458968066014973157301909088860698111971022321961563526813 0543142
43436991829970429284591654815443529779585215231096339722485 0743563
17761380607653233861479726489417561827107082068674324375386 6891962
17060625167384803546621364417274497986272281121908084075623 4999867
89499100025310750833330988483074219583313615859496550643444 8771477
15916968464435080491702599830161667398393049319573667499824 7831659
92438220966839877668262453433260655505247061995427673431792 0142043
08579156453842021488418597434283215088160158176048814183191 1197717
26668394721891598251551948965653247910076796688782236620075 6668539
13324540880739573600963924935440879540375890741679340898800 6169831
60332472632821878658548755072702793529303453687404115935506 4640854
34737539002921984742913556540505622440719078859056522870447 015940
10361022389664233414355369507858052805539656358159318272970 4362132
72246583952637783013099892162726848834304286506620415807727 5603241
37712915013979962866506317003502506396403116738315412325316 4874940
93969868747485266500569889820848390206244364534120076394793 0679928
78168001486560017420229954578888226095649608850161736598906 6400940
09965285837974418245639307589281645872973559268286369707302 7697933

875284667224367425949738248082826701258312539916919215122526626009
899654099212771403870416952989260336332434084267908951521970848770
815804244569296376708197250126955756971906809391685839538448057640
845996891652833912862882747149936488380519143173404424296767308181
144203014194157528905525658830559409785944557248371151680795811788
374423367356776590141485200757912409171900708564469596484449168800
433573516621251641162335460046256194768114725616328751129567435679
200279149016524863828596150575677990996601596020154734074853639588
934537291238575018510239848602399163503050468826311417679080697977
237294579823001758899611726202618617231633309842953362953106994752
233643411411469191233488994228275945005434145103587579080530947457
966931914186010730454768757915387123504880976312881893733472938060
793261749505653883822647725905358346153412545220726898323684157744
882166404725831516674853687814268723871511980681225891343921434856
082201752111255575696225232968360946381187007013435637555326661249
627708302266791368481672126408061000345883190456468897560774054800
731728411607444714985004465756734136937411286747409854099106427508
920376003865632501625329377668849158971090296046186603361795017959
809292170457169234605063636872791689093371723308224073640136262956
951945583111580856192347245969641804097947246844795435008161551169
611341591550690442915014037091606976503567906440513143839049528928
252246850120696222586218113524892689062617641187467307744763360941
280352682996944169246809908494354753690678886833455754630801201974
965467677304350580063333178001553796257772780054213478505242015433
137151361555110412769895007605903425501326894062257449235514303566
379611361615331102974240930952368195329663054058133173421394839281
361143654785366173764334748789008591994600184938766217774307952070
978100699620379139490999724199877542952643108344180319523992808810
993921455120782933849028810514143537295521867031469159881077680709
864863080381465696417652156742067991403377375025752142066429732078
941696541343855660267481142994729217292554756515180272320537112871
497226481400333222157597178165394699221984041747835000053714877645
728638021389651896936773785576328108897737697479409167753858139258
641082515587360379794055576991068721268021911312283555114116509802
461079340388813573897641259613382152761748851508306908701399478458
783717677763352619506676881327927353803722768970898514011065403346
788180733921152892662172747967987523822905329905049267282082560244
760508182215964332016226464044021468755003665985110241869163095981
679610388562171124856211541666103732329720980862511714481422650971
287438796969452458256209742407132342135292698067313486151282503146
751428012923319935549936010978027985356180479453942399221829584116
741128678903803336355579598135801892719559019925877543417465329226
220088428080421793065205736007817666251120871621246261439867676694
132106095727452485127757676908503777681335286497623032390963336026
143451319202537694122826711510946320146036578799427615401902571290
484001251272533845175619104740089275872164982922626034735317451123
314462940539897489926909716952550856443119912952085914494496605235
800599047994989754629409007745232395362860485423947124605148238843
833375419793508905221422643444436585429151210774163562116364208930
938368056199768393849113726233057405840493591925443639059717695705
260090426395167932145864875766015069659163204476905807997869760197
908810610861068013308124564920428654833272945841960274553100694141
985792658101282278065255959393123922023205564570888809518343136873
700698285262991243891536971330705968355679941677365746812274039172
036491699215652084431004389409581177219132083647663251037635599687
918534311831410377902197587791151416757889570960667164337253348927
098907344061828975599516196075219672921049052497703066699806940749
389345688669772750248678841708352262765054591143510120578304492372

```
08349162892193302114753422466036735242685071666130884853039633011
02358623402591768254286118329051643088206808175189372062316054652
87559768391496568450951642104531447105985465615922076513331663063
01205080391701368126846883776835651207805640876129029591769382715
64363109107667068875163078342555385918530685587639473978571339039
83512666990752168676013513682375699756130927341663571381387641997
25997394598788417545361569416606926226303836481082413072189339387
32301232643824193065269152543927719611936204443396123261144372103
60432684203056864787778658347428858177467010458901969498842096465
35530444877907571606562637137233719070658490550239903718468089423
37881249000211234149695691374830926570753546937478894762338053648
71853863970114443960739045985423329867786622963429746246169384706
11594742860747614480918860342876539609913431104657375633656854261
91562137701483247349999564223295381826384932301383123710499646347
98253169655183694878589429421436020602156249029299949072187442343
59987132716609743667503170288614729634996371953291691100088971353
26375468579568869350225341145821051884977168892448590758957553558
24236682437819842067553734302938827016671366718005089225281027516
02768274084158804026051938429405403235141556195797209315802022793
29704291864721384022587621426254600043730073898339641765532272602
35575506534096320262193062609581231022132300637294351357753899416
07821179142157608101798909857492772754107107622628421976442460065
58194392502824638498255558391434511612954495974056990960000239976
29622310085668423238088011744300550914132973647605057296090393899
75762134894925581606160361933852160557536752364537852251264063263
54645057111665661958910281366762021999682792327279533256034133380
05974622631093450761891788955116233355924448281682999869825467742
88526895855388729693830330729957034635893501757944838332839647442
16635956958103456593485279723084256361737388676015391498769923051
64149506050852244511062927906271250189774232133011801605034214628
34874805463592239206426355670841651132177570024771745445021667792
85465403929233792421534290033970247104112730765622141120735586399
71163873218482079671309406067075883280770378574711346684839664791
60530059137144169445780206485072182917615867268032664250449760327
56677063447923272546998123382347073986548190824262215176580564087
26294146022944157343956263828114711184103052815139776863830925949
36986838792823414979676795978328175762722569280926762729249382515
52543023565641758024237783018462414037316971600776953917704141572
94424509180270279197132531197709528509644211743562111344921855974
50032173318353936450531168240895255587235567769996006616343536712
44309317889936143032231397631995458189928684518867601450287861640
96398963223855972809992096386436148344549679763000001571219016678
58532873131714919840092419208372795146560001206773851091034592704
19694212680681195271392464288810497541825594021297910937591101692
90069853775777671638638210805879768820801350423974877085430687260
55320741783682366614383153002846629168735503396010823170433260356
60191042264510014838571424642075476134679907200272224470135442571
62494405722039145666804170441307367856434040823544338248908532053
15835495729363648846856074162910291024752811252425885908480892477
74279600788489616038392188874479269061939407312580173081717410242
49456365203668146195951612511227851856945786551174739011405803057
98962782163205495167981968798388249901431886103830891963877654920
02632063832111334596193616997999130124415872697171199960826656432
41793002141813945563393428435223289809296149706117498821858294018
80212776972757986097746985149080429234314460689528594718186717952
64622737800306740792901093192340956819658744225724238751872561728
04183056957760016929963440755160347284570002754323604635866252025
23287544211550636984137598573479429611646107602736638127966068810
```

90   Die ersten Millionen Ziffern der Quadratwurzel von 2

54695477049361611748018937258544250468359775911900615645465970759 8
44208506495886156746930271829910897905773480803714438535404301286 7
06918006561278739887080285560932432778704526963180630749004539508 0
62425104747501959374680511113695935810476155047639798261863444283 3
73558289993992111376465901179695374774273278019255259193534990721 0
25547252986196317690077796077523106975843992659953268590022575336 1
14822368985993335437197743430568638664914001070459083333443427405 9
57444998340552198395713577827633270657724605205663133633446692924 8
00001933623085032081553184949148033447389635479072834980413551405 6
46680327960702117858034437288502989844846632330433258895554029200 0
96315817631458034605722235955987140588509700475939759794103461258 4
04885254787999391484113796872899159120436277118581525608569404397 1
01114578849331313623408053537672714730560164745535460167066879779 9
97809966251034371928386327443336374892677656037020263475832139529 5
36566628505760345623761323609596659453821082320862926649394626674 8
60711177767854124224685632171096643202580065271002637085524318713 4
72325966685148202637413640271685816441332694061722131778405419185 0
11087952784470428608920403808370618655661058854743055927461303827 0
29439065037145643329779839782646882121344896779825574597463124704 6
37966782828140002708453888240106292126606906016373138249891678383 4
65739024421594110150473887201143623280464909599237215711011920065 3
64729154366878849017377610811577379797921407093339155405197487209 2
90433840677969386770493684262696314752386848130702024948053424876 1
46748587527928746491442468418361720462273201203383435399759594362 3
54790703024285765856030548301084703689165861557111128474429371895 9
95887664418201842559962542254584618197407852699927965296529896045 06
92702426177057532416582773708791837070629059768047106470924113043 0
27781281154949181914017664585554879675842754306975889359928770970 2
60428335344325201846389094766529127487715944431994273094987349437 4
85014535708717124372747495559041689911752139130991867353121087386 2
51720138204965135051179652796073960418300754723626538287490269796 2
68341713271904633168083668346664642961677874043098476842656169985 1
24434104480284354374694557330621879502560165673198371051071467604 2
26994899540198944333394065848893162831352975788593703298494478851 6
71629192030547492126436522611761548960178627141814421826359358988 0
50167453894711683221662533262623280603791848004226940663104169201 4
59740745237877590605899268580089412231371875969951789754623280622 2
94996200245213782661680893801910855730601438473080346105114712358 9
46920895306464468834900076224542939918903942233172448402911240010
28730827969325190481132703220439618881622125677170149165695268055 7
63388397525755108971000542235918145633430569087565099650742988381 8
07047753772164953535139341969477042030876579576041601078058075114 2
45388938818320372509485181011154262854588377635205953778601357673 2
52449582965219019552733166019364499601806841589982660053239123393 1
50640301449559463856086186188302456426378434214073226066612395848 7
57347272723835865591159990653901545993201580458761533738833123033 1
17483476982287629220215706921715376725852991640186842979597710133 1
44811572580729277661592374370645522509810730823313260481876905188 8
38166864742034354474137733295030762783969746444270150610743146525 8
60546566437560319314153098075965649400895759290102378749674797038 5
97130461729936470991188233759402832729722454733366519276344952170 6
30538006593535443441466430527057162558018359913921470032867965306 4
79089281783564669368726811460261978039149652467632312682404458169 4
57095102815722707715742381799956200552280885301394456442381955952 8
58600207190095051851986676416195936505151493282810318902581246705 3
06678311974639818925010201512648866269572853261935936757181096674 7
31351715899126601200445792815577939259058994805010690112377863397 3
91842315529894837314831823209631198494452380818917489768902926768 5

```
7576989284533263786978614832264338577831583707583265610514981603 00
3992103590510605210784922630023950630756578662420012275919566888 7
0483949859037632396030002464175034058617325478861417280674739378 00
4100973024145250000014882562992735580068474833223279536024897667 32
5240993882715414672241881027814802085486305799814552668657260919 24
5367204447124509811955281850092665428379446893655824940768198579 92
2304827339614204675846604959168520635770420881046080157507884966 38
7935688305018482164433127306153518255074888608714300044040471428 42
2492254110807215739579294071439987039560020117252705481342216781 13
6773036676414186445256903010417209682338183123372962768100486957 03
9703425986161620265710337780287383618348180669279377803347175199 25
1427202479473087595944905797454532032532522149915750711995530111 88
3715253435848065833014830516182562880428000567122388048220282330 90
1276265002798531675402690250720047878821181722859199744560859463 05
9548072137455310805232909321397540913497617530027279889636679805 7
6919893307765570666309760299424018503925611893778142931969641190 75
5586980916489217557127500043535506958781197265649402254101918634 05
8516529326591923398126462262580475284861641242219242584985275362 50
2018644409839916815323258012390274331700041573028348438464894726 91
1647780933965299638176148967935947310594669351686084300725901480 61
7764680142121587115995774535490914089343746394924273412384525861 69
0592437276307653437970175828523385339842764248586224988039977550 77
4653875239938368857490318987676835231693749354311294082701701611 8
6643615589205708131264689479034301231576816512058343372198019422 2
3430682360147354043059138859518121274417848879272902020282942293 3
5087961962721599405991426984412626538883395657152063512399545888 23
8453740702704303217731239927262911070705622089304056443887365758 09
6486655594216592468126622292428109983412458707799244466501125918 16
6802899600259480630944648808457152906650821397782061527556445213 72
4381262475796114457204236540764163717602436916971191829227510990 49
9083633787962747821538989377905710798983254101632629267144317623 87
4420136034276405937267228100006194257187728066070565495626566583 654
4024815542523193353598310759250913866465336883044586529442402441 81
2414612788009581283243859025543221885096693724491052155443822925 4
7941121084326644247298550371516280293624699467688721542657676230 14
9156254447181759430280795604048246389611473912440199550281782628 852
9265346661156706768699431715643895676215227712625079874741617236 4
1144516584821539402545582036753473477615694452918469719398149786 01
3049814623004819841849692813630293003896670362451300622454545100 90
8494477175259742655468005810464402933928769181959059296682688367 75
6139225360614240731527442011582625613820368835026431102226256520 34
1932453864505799773146739672425496457535953162013855894142785161 18
0185000676649232889953889716422838713525311421468833514479409164 98
3845608309288013900651303210931150823486576750176917365659011821 6
9011381264258691293081174943021119782322306445815430915154937982 41
8092926949012258158026714908499671631903506916957859478433620936 72
7890624842364405031732352943760905102128358969336240913087789920 17
0781122228934423450487238314935015014524196345155091723523343279 44
9425688306751055130181647729316638952903179902176488220331290793 42
0827461512273627190858877614567598151231976152913443674026478676 71
6062954968223282346343196832704389010184094670133928941990783505 42
8221437727035533334092472812771671233379447486569063395980452077 29
1190910355561580246911380847996657317496662056715604859774274231 97
1496999845068431538720642565876031811690841338177066394759883378 29
6118592758452607247821023535623547571452460333260616052451384227 72
1572727764973983956533423746369212365275373088262137771321081740 99
8401575314536925446385311879267960488479491035110582057830081075 00
6054545749480547016132445124971653042180417532121226468453564399 31
```

```
4837682388757809387585203268087532135256902891446146983263585347 42
8603124736141627643908898594087402677957237128806902355340479031 6
0408472493523116446257204188786527224747482540953027920580874581 22
6310687787144875865347585434780508225097335093660674076267111372 75
8216973047556674302521501171366863454460777096471656188930365611 39
8370402050251219932449671562187638996605773396753213824313187059 69
3261295070432385474728119004605219437055294591033253219195341984 66
4247858069261679712712342256212405690166196962997664224230402271 86
2120465435479765971981361884852755625773373314243435693915030443 82
6644279740847770206679598965066863829104731006065047985894726627 81
0338370774939118887404624183439590516724341668918738031833856110 96
4567548319491196530547605820695205975373778727996955998081131299 69
5490657045152399064637484903323513131720066863137918250686910716 49
1307444177469574223252264949788175319348338641415386168598906455 81
2625119356524572953506737728364640216545274666394431845974233714 4
3105368325072248506378437824810186462057157632182506213684853225 51
6652137168216832660210548945504987758887594172256117001744166940 84
2139120140176256711405998692340695983233615097182755988338781353 30
1239257857641158951186194128089139231031221435213289446590668441 04
1662890908815949834828861626142133792475067611793890188672957649 6
1030146895009458232349325885185330264128201326521067369359630834 00
6041628878374231007193656513700992843126998600740668652144296295 97
6952956244245812053965390764906602508239986249681339890573718757 76
5322249206846429122081717384753647053118923483086430676176275058 64
8639532532366479006722091516851366061530471528626200245151686655 8
6940926288750051232655585487580992884172032265269240896376469536 63
5398826033502318737455232455053448129663265000819917512038938102 5
9340875123534825113583387638595576233214418218519465540293615365 77
3587080649041248183265706876209734185871097189098390325383896441 46
1900207990915367944729786680687397990966855811369765271053068527 617
8070445338432976029111530253549411065673456579669656634222795812 51
6814944991767164168140585998605742961210687150651349295402353341 46
9888874585491675182690548811998978010681369048754644561878145116 56
5643920961446593009388846045006724269230888476555285628169144935 13
3097326356124374103217859721975832377145757732028454380618046557 79
7722833345210032117670232292176433659865540358205779729058234245 58
1176705168728829524548792364184489528765225128850478087625670458 08
0012812440376874016949213358072927394481509799147577195618795892 76
2530486163668527913081891064389170287759815653412536702342003694 87
6521330272681953566186412152048491010207715752043874784500011522 67
7918080646241120345499409979168069875125137107197970693913592698 83
3464771520319621169285384426982229399696390779570564419150910649 6
4253464800597930928543785986813833562701947667380656616886352256 90
3139868377370387646122149829904068389156490793739464756959434688 52
7310450529712888187734426171225368187385398983505721231729199022 88
9282294130922051072239931284770496044522731801485948049043139932 65
3901156778505247447856205646702541706062074010557400395713530762 77
8141165422628979352347980113906148542266007295633774950259902432 20
5023905943635811417186053882092921961673990618296975219371694176 10
9289288039972731466982535525706419998078919408304037347632341904 13
6829679367326681218032416802686763737039993992724921414316731508 62
0611393906794057158691137083043632782818954900196423779472981883 89
5064032958693482265641699717454397204434091630683553697158954490 65
0969258500496662788048132707622093249697562226299555684382231358 78
0973655925505327411610017525913900213862040819235904533681020091 80
6208743047116871593896896462734416085957620106786923215786256547 58
0592405723064246134846105666672059183991080166284746660449369256 16
3229284259898913206218148978167217429243755876846857297784809009 85
```

```
8387342654150482361053666264227098649674206958194373748312715887
31
4743873002930614530717893249151569331672025651060561486138326158
63
2220846313384323781655732135778614964915077265841209081898783534
61
5622787891868744857739791485719653471983757659285696162716316325
92
8231242137562744461159344902193899916578954954505043163603971124
47
8956564720944639564570641643818898225437846673019267359500154406
75
3586975635741437385657799133075370973509501505605363767257454011
3
3652355103599223478363496804213959464322699264139284247218032211
61
7840186707854070675693335567158741802085905598942651602968957735
19
1157534530389709651933918800495583209532797785710484584994245497
16
3269632131437791316753106404077435435745857870804729211896596063
98
4009865335949773456353454316842616922061153154974736100772837872
37
6399911821260738910023029484759159504204258788317933645929389284
37
5034857814015051180780778427271219388855627372850125450780874767
25
1121982022703405547945394935026683247602983586415540752882546367
42
4444887906530385276174557838883680606933610639749258875932900372
17
5196238367143631541242077201447900609345051547326412431704029441
26
3412733541826441428632606393550226755527331554292774630621572564
39
8218489862380633284988299485292778941658972402289638335800787604
33
8558629437796418615364155683466708554414813755140596800080551944
29
1260491951181979565585028796061899904130800241080140942509525500
77
7183707849026742805169256190865165704160809631231429688543532000
00
2209803320782772890383598702922437907639396254093780824091279224
46
5091057114222435121039570521714064087711454184803470125393597815
94
6969772968514232508459206081938358682694571412777885607520742180
32
4515856697216254096255343047911260954235672197426194847430409234
35
9211205688704632127511335396516813829093080954442474318534419962
07
9490474147161569571036906988773574665954633234994176770372819847
8
2753974898008411955754332055438267014277172962253193290594970535
47
7451965665759640391208715661085175576412307028579662436658892411
94
1759227248163264822360328087064032352561945527440388289843727677
95
7309024384171481046778603296388121527344758149953540728150529699
07
8902628315918668262881564559766055273434519156707536494419499157
283
3805087479435636124889838076892864634417380297659765477430299611
35
6275995041521405369099559596867073799473700466359780182039208304
261
3301793062617303256386668589518074745478005524449900105207146445
726
9583556394371568740171344032685024796460890116076899376900987790
21
2792376311885493910115127109921773179104372793478735020971903338
14
4350629281120006357430968199686180040291680148548729329350819815
2
5248786598496678601621996047168864328670592568677653628534734982
70
9445552933884788978589423614413183283736124872609849746033589748
0
7588706299882282467458075824187153076268360200886831950110604752
54
1813889675421870066476096520301422142299866008661810458580463193
90
5332217595390529481915799626236542941992222371913107586849978856
17
4918007038774554093509085697606819027223518493338489894743277003
97
8744319036394812672315531905361174281732885966688286910205801895
95
5118159330774570303621371551603465625653873545666999279710919711
32
8596550923784785936176549513512446093396597621683378076720614032
04
0497303466814233408521204471641670398884535365485467638673801779
14
8380601104671229707000957313742563205861567311009446453823361856
22
9918745049597905574212900113390807312589385291132075609060425914
44
5702432226016603313861046027027412750060137624464137882849998588
529
3286198737083699813942793745177603656220123399374853021588368312
18
2654365964600376257813048130847970733109283293342781595338553892
0
9161353906795381209572636346571154182832971825881788635067127422
5256818961823600065572422444163665135420472318552146828124947107
38
5741767379027251369668102257803310069251481020183093550133753037
94
8844960989428676847329400661727414668387254128733864643936018339
32
```

37017558834521905775836975854301550320665471443202370465680256659 18
34494673881680141921331521305081529001356737390727489305639888982 2
09819520767783612186864706978961495020299627555551761993942506426 6
03737531895486276144582949525906513998191554088984654880813526035 6
13098904092139317668093703810075934875290063521107176832598207727 3
35467206753530672770716542354120230187627452394606860928951388781 7
94069612101655514882032297828415498720836694619437991333151660344 1
60735894537764169415000381671147492427356157723352856979100847208 8
53977709370251325837933893323942552626140653089742299700878129571 5
32771588700216813744883749364634902880911821278119434993697557237 5
54662744503618916798623067537532989155913744170123261450313758288 8
08184067607809027685573811138429407677458899932832108459815149507 2
14908584734701015587283868464320810436273650429983146546459396128 5
93044374052820108500778082724383362789329618466260035342120922509 1
50381405694376171631086284081486095972600826769583299565975703830 1
11850806724899870426493288522234975782176142531801105559246400285
00800831472256119194082339755515720314734449396520575719599562102 8
53534110934785495538515572016745410644290159552739575580777968850 8
91474726139432426677391304213545738527627679349614425626744739562 3
94167038672141611446271004860880441301278111969958954199777482545 1
40481869880815754022559304416321093263057913785636604916419621822 2
19335661904249909988019014026514773832836162355521661938981622335 9
15298331940331278197117310618122864552169304495815967203061744146 3
25594755534681201178099870565526660763664057792767542890732159793 7
44511084714254820280355357755333084772294467440878313822263534030 8
72185861667393749806910746809711095615906304001695409930790065784 1
67369299132574465092187785120800809873212773152277379434380470239 7
74011025529888119003271439010760833514557142550582599544174131001 2
00046664272236650488342134290368101272660964936637252920192080 92
70886043187779779987392207839803207556582168743920952235697896362 4
02579549186988315443255286438154907626242131970196488909209364637 7
56408661012130246993795975639994392350514274583643842849403012520 2
34609743199747183454073230780242620322843139729279001797521274307 6
39109540232191450155758074477229367748824786379241573961127492224 5
18318793293999730978827785083714240159604325720266859506549179636 8
60605887994170806652277502001489953277310441496193088084071449874 0
21022410049380307889967413617524052936900175544607854015838187555 9
14219063238526380792185479622651806033157775484346133297580360484 6
51743948873984767552890735404167610493430886319459199359029237355 7
14308991044595110019215160594671905920154063474253922890007282317 1
92387080959383859553208257290115033269206350171654400468043310010 4
38008591069043193773163054052685899245118949889460825997703653699 3
74688899299287020723533152559941187895334275310690233073148945068 3
32515239461277425580512493850075588686866283769854819426494713708 4
07379410066314038845762579485884353982751757559297707372557110065 3
41693870130254973003089987242781881827056291048577384620109313171 49
80267752734942328398698797510420434489397521753938533186055172732 7
97188256760905505013960337555719054130733424972155639272261865693 39
11787860393499675544863057052331575020778072481587493275567794317 6
35301980921998615866170721892887918587714500885260665248930383295 4
06665921033065900402413579109128647861353490273018718902490482271 4
31143281463226586052309354419817320526231135532182886724211591076 4
14046147869672333742488023892729516864106141521969943538456353520 3
67941398464774830193047146745930469515704863475826789765444706293 2
97483263304307264483901878947414406271058121280479600260429778502 5
22374654625144427343156887049473264709546654437026734290866120532 8
02487138986882807983494391021736990092310244381495874798187685091
01113944794171759601496037678406281015898541765019369278195837504 3

```
0759641423702283857824493686786642104007819348591275034719359831440
6964348010266918745087737607275415637644119337966616388232882786202
4173951267735684076906510310372932062619234209358204350107109030210
5025966571416492529589078617535173495578363790172530925786273239160
2751326738685179476436765415553078778044815813110967915885780082120
0862944827323976010332467520583221228051048017689180327398107337180
2734594322928480367456009095259544402450326127291919329013876437440
5796822540338533984183919785047368440011786980160248807288157790520
7826643742429927707778453924224570044995713617624721970754224147220
6229908622180635525255779951272965040072098797499678538185874205170
3473909717727911993217129675027821690243749553812922474345758530600
5026784014923029784885275797051052439328203235278096334489693605690
6169754435883760862020334646594058645529966472689571205722173973950
3605540610127936325683895235216001801199805053082265639560537596040
3576636041139862503836045103462962784160628919464622755353543393880
2319784807316359833063190874053016022505321331767224159811306903230
0422575477253771149543980718406472677752522453232259344164379809060
6224750443579843676428765283300295301892029469711319428327695356410
1605535364370509445098084261233904917939922381324296458888165478380
5452850126919747603339482209553118151368012214400252299353664395550
7732331192212338717347243948912980187169756026576152810400381786850
6134074557553169170991494187073734054009985000721602781266197945400
3350115726167789332147632128904047558283474872792397723395673041100
3563578802615085589764160004689723043073234838779388313785783068100
0357759131415151965361240242869421536724976117074104427945286723500
6773893742613424751867293655481112472502879079517916390898020841460
5103900223097463653462871848866929237603803025384302724835531571440
4785687786432327410523578579998551152357936880022995313243065517910
8746342018211198488551201204503964752503176863064808634972705113600
4665517184772697686277210585973902740666732575449982417307862352250
0284604257989064338521975875261644157987409010615861069433462768740
9175948570703994485479878224847454821298260571815650755137097898560
0109831655890317041820836807899117484764624851371357848585325739970
0247935322996783994607111462187960327404505520154174264725324510270
0717114958199305361106360456246863992132962373789739382699082694760
1942373231491742134824308405339169597139049515325047639738364454130
0147314927410522690281345196444679624452392941800884514800943163220
0184260599293532162023279899967147266205857277553188823940523839220
1904791362509027126551807098634477121181491536729422763683517299240
6269793508071582489790505577657933078516848276232336377155262438830
4361314954960980899948920910111668345570495120415939464063883545140
3715527894555951906848677675669770046470074085800658875337602422230
7509608495953395820242294171504086592851722899712131970668079619560
1378914221964935629556404043931335364854448085293888303998570730540
1237720811340878563136251215926693741826633746524262236140190958660
7427587207582392132762139033654767029093479958251931165979495720110
6971131172469715531320160118954542464312509078749393476541548464980
0338132718780724907707476067137693574847429968484392758781595421670
6228709036785679121626528003811057496943532715423036863476482566800
1240992730568337926221737444499748547346057725264645879780074680150
8204800943670094508937657718833626414581326555088539183141740852930
1246604039280089063817881179224143305534459422712465725125299825490
1436303658602508467218852980693961354458589243516737432684348405290
6221857080613849668141912807371568087540031505163104670563847359360
8254794397988780009807418957414945697382440895744866021361365977990
7980467841043070769539513180182963064129630703594720232742250663640
8485813404582696250194314540984078532516193537845235077475548208050
1780448133245208550955257150833553306608844107391235113738755224740
```

96   Die ersten Millionen Ziffern der Quadratwurzel von 2

```
8686328214401428998232701723922793735400516897021119878192328152 67
9814676271849697897105402326353039593764947227376785657673527429 10
0981634672167432421077605029440225837638231507210364323983243648 0
8480967451672986608859867791704186756121972014481294393354361498 88
4990263710944114380395704101211246286784751012200967132639790390 29
9100247159713012658947591476758937751637298079859917007623624851 62
6000335688713700725606439163924691642285114886879206627208010939 56
5905979068428167323634028608067933032413858991861692381692278610 39
1927691039414095804358155943889039607030890700164176054626713391 41
6850093238029424980484899662967556931252900595908647314733978493 7
6302175773052170404532987749133235170190517257395696828978133224 27
8921638056291877276976980751214877581477654912875033499446155745 26
9039294855085082778759117427333002079220552015628393780402210737 85
9354907577602881959578253919839038331256446409797485247546287220 97
3663387871249453322397604213659129953244539834356893665635701913 48
1364254002296629820346755422891293376311744278951905871081939917 94
6206061975328533218036635745965588700945697742720928534844399544 62
6368304029096488767828788249567932566476353595359129983439170018 21
9142890283344305735609133089153448837868870934276974935313324899 60
2148951473186255510355469945033822679971476276315377950560214311 79
3795461038828841128854601594123202699075193633386227383838753073 23
2040937517615960008944026902836972789203453833981658057737959711 518
8809231522968757521962663980141117669661682621733115709086914218 99
1561999678393525623699534815465510542024836830105137618741097342 91
1534484606428553015915272224514924942365296361368661004063431670 05
8883144947715650369001103099626395380548311533392822698484369057 59
2741363891247519916158027878507868837609559163008762298714150851 24
2561102460069535226160291004830657034397476261185350732062219311 84
9087227793098639330603228239534522205832739891712237866313892460 98
0212755462994586174729929973675911754222497972791577817298614489 398
7102345819821022963764485225972986004683823638892923504841961301 54
1835204360520752571030419120837445913555621430110009087505770477 81
9921880117318920420907541069827588728059270030029435151620082295 20
7201656054408581206220924585760869834504117023645081526424773118 12
7344703419150881486337099587613780988556358558284925139298172766 10
9519606860476981594725343007684507799395979526694014007715817799 42
8081601372823304088537489880663351819331743464434064996688792603 98
9905403031405218568127817124831236703255807715787212637751225515 50
4785880815087666826468112272129617001962787688483720443083280341 79
9469829565363771538527165538669926949604378861309616102418347985 49
7477830639912626381666232535830489655209482446678416587575336444 62
2991712268803152962827522788911512268465960513035853075454607086 95
0577668046058339596796903078458869560387052846302211950056109171 83
9076440327726789694846146173903077527742299681924553954897414714 99
5905552151753644690987106226783321674261442717095837865242158552 81
0339708868253684441042527207838112704056990673256508359181054819 06
6017091949303664445487044593017262220830972460840030365882495582 43
0605182018005321237474333548864332163401752356929046440186792707 67
1620128023383728877224913514458099813805496072276808653452224907 65
8527361263439059831117612485829218771466214971699557949800510011 32
7684100327867437903758232736109265113064789113453699253784705670 58
0736959524118503435226683283343893650820497215379041795150114447 23
4468125682074304366626146504467630821079907916861917474631975470 97
6516901226674135804562473445579313997517816003622520916831426065 27
3351836892263674536715089570431159973064101776888022046475081953 08
8545271884807406626797566647223085907629612508070715526945568123 55
9941639147142366736398376674970002964674804347595562885831533103 71
8521868195629015716580496231673943658724649204037745211734853722 9
```

```
6068405738625994043102895837238815385567844499503664483970255273937749171772590347697572286429500128379509739923293854298479529866967090640291130155636088166962959340834062285927474340449172589405499013426852404209632040796677168198870606036376819706374323123079204344448685917404318759403460002271800938140229775166270822258749390587026794762467933050592321679701106952455620324521542881528912999373538398537634694887401494200273543155352783052233456853845879124403302291042503754761374782476507415093827773779413662266923010168346047533845375798279823232902423714898612624515710649201567433299641786158496440342908804281265688586369704209627597387758173812121682166733996255101689760812921678720372769877314799148078890503769730571510278125520161256145329162262133802006076477163033028429844042226750541470563099785987018447612135464575594915696312403513411408662881044856545201085191448195655480402561880707811540401897059980203909545076566434043376295255237818540225561173396730053328886032776820922633715319230747086822491363986658591481491209608637661486925771584509152430618573202351432071687961423159046131786618560281720394756718850512189612916934592255590010000968448902884516059247010709177420726286115474146724909047847779680857919590178399489677114632248266694372478281667093139663678002826115378418137865812213285539914673708634780014328588569076826335720262695812238313289079315737560448684499880665849899926189326318985031986583686571052708536959657959838837728860736319543843037159947980591492863594267047678111360815849133560813847520869710242375753491349049104363858046356006703958218693735212027321076311170333971297802166719559633082116556137243668139508077210739281717557248444400770889979161206013177956479547071188427943077947986740187106173982476955667919233889793661390845572270708838693130781135240598407802127920527231592178594429900085850133687434155746752120410726765863821131413973592009494266623262467411593219072033300675788248907718660372111309452476024539323268737797863537598054524104208713787960015679399237217697303795798793443614322235519617743949820848966146004219899660098212841849651883862694971183535583039648655651757019056488208949145917925609412417546342856165670841714843683199353372809639452893386417914674347906707663859847812445639940606466510687136864242668048364841470388722111932673917134613743354916920210450403244380908753467833133959356767377982327795532319607570132761030641783369517924997094568633327870154076472833802781791832227040020094470146101784626651677279778775567390315678458983004500026299995030003784437709987994338153544955743914852676804236839788693074931336060730284133674669372899766074863940517774840692206970120057936899790704144438766031148927531193013585941961133410715719869193722034483997393780650281228382424505257872013661912421797950208042503658611727360371953894995456413456445526313058203358397576304643246041525458172094698280235632436401714948621659766495238560651131401809663947912627910176945808303222922354124763406088905918414908421250058046331868578277781885446973621764851053532012786220142366827154888020399924677886477249749797116609741986516861826828333268928706801761795437688859075177394692716797515071377954816990652385529701080390338471795312585181928203921303267814806796498685194557750243923140847627931270574309708349524938842830076571779167942808525717831883152203750742294900846275088898239409798056091275050284399324080936960435278594636551774807378891315463809249577676501427378553441707747191569944899470573622961837161877691839658654762944810483957093342977246596394576391654248076766533667405275067670767659882202998122480696053328987259984934639809279392892227879817303342094688935968605214582162940638188749452289159384342985032004605254247281781372642588044804189377303593355085489881399735260242208399818461539671183
```

Die ersten Millionen Ziffern der Quadratwurzel von 2

```
98076705547050350898833385432138895875366433878304963959911783354 8
55071382750862309367661347549499046614108496031611368399181445185 5
87857202826346453407934250158951239194496459667805106072194415252 7
85314903007566896555137590640467657905962145386282624384935131546 3
72567117488916974623710204047888665833156596704350157245283560241 3
62552332067689004396507587487857834172868642504010957610883341962 6
98457623805138120237088904595643554121038077221901153137510016443 9
00369967895476335217928711913569088905031598428923080399383659293 3
83133347455864703038250819685042678593637513128863230781100992020 6
59117999401845328718524630417875467372290853954591124382197082132 2
95410859243053559323886536064379084021753432060932183855999237923 3
19507250398914494188389369983834586698236673136018052240772880503 9
95478739321837627241048854485186794747774808736990064478288811345 0
13911921303693780436819976842369495722356402001191479923826641970 8
37795274868403223460481349863713665222453979301512777272234596754 6
89884970472598454182937932254134777119349712328604051693912025225 3
12852648879515996984964260361514823610689926061930841102740549292 5
65024920180582896827959014448192084813994938862156722225969494856 1
66479133185379098191910580696349642049680234917808217406931427144 0
61120645339135442436252323426552703061974886165105468326826306315 5
97123396569604888828134604532869878785953942129944637832680140991 4
05654876357485474186979598128238469086142145683857230829565128620 7
13886823425507338646838702875562407462934676214790377692664013334 6
75361786805229287137706813742776511927914753818413741893632561898
42595016846324901645408235018330599477378413875226355405208853643
58551985534927098666979370891243796941538983928816792684373252601
31092136683756829952350576307937583764541751843209737649344768348 9
92883443827107222274748820221541102935442279218552460443240534783 0
32995607994814529571145355872565578731290627559716047584904777874 2
94786223232492910574622675568754295686560084648207328421249489831
88701019041872765243720886411948851940946928851803018485153468792 7
52942918819054292208575401619572053328961371872811504410191134640 9
60203311186818771183195357761079792371877167900087672751712380208 0
97913570427741497360922683114356057662131957104800075674194969557 4
39479549695379009399999084043422502514034853757809838742716807065 4
61494517669747009002009830591546529979206527502791959298574783031 9
04087725438752492393528280834991930887981342069363899859464652618 9
56789332418199528337088224559043530115469246870191768137879156126 8
52694885765646971356731585604387037069044331095778692217550753196 2
97147979479667472436088307027450736551019630994699513598724358848 6
76385869974929449665937473255088678662572299253501211296017568690 6
77323895601150662152116886939148801669043700881283257184072345072 8
50511093099215973287723384199978941215031680702704275197213061205 9
66696921420717934771176111812082871582123871679479814608632472779 4
79199807433422608129586316529632483556810549158867967485731885952 7
86050442704465938970739096805284029850629830866239801404501783301 6
58787650415255488492375457820370216862714899648865693322442210344 0
77012215889247870415136650030963859423052861899181151940494323524 3
76526815242761415450826746370284022162430121232252238290707784875 9
66010684886605732729816544574715811585847537025116063213927180081 8
51617034024955558897749986729550417749724110487085973072552796450 7
20525333171581941150740310960312053664813231075890356681353907133 4
05551049412635056512750743875916409536760903119147550953672155854 9
23114309233069354328309001180363322794802532660168079922114186004 2
27654850978145429352791513413098253568575424757486876612684245990 3
98889491073630262568066952527754194382078968630504641847721592909 3
63127577082123382009335769961054001444215702293228390203245451211 5
08314190948268378869009857197533106597784557119698385402589640912 9
```

```
7582023238096743140655410717797621482066006037232877509234480971 04
1150300724360378383157568737633581754653499936075861655934686338 57
7541322212798397681225755626375031083819599395539928485958373580 67
2240444716351801538241913682641656100111777414554753238437967178 325
6791638476229640084298891930216276712761696625826058729773382229 63
9678555839954639116301793251724326849760063556924785762503494325 02
8829860160782421449384027805758967928305341458139936341179053489 37
9617844783346705702206811280956205719115088641616725260646352992 36
9962811114504452105291007441706893930573387498138372706097805588 752
4656206021703017023311281832912230474741280196650831684211623996 20
8885991190859419986588252621076034699365272557818916471027444584 394
9456115969228227696608271572396159909006206606233677288289624516 61
5445125162979382679817897544241412353828407450945988328273774233 4
5929245762828961884998649646984549152825559497842719248084298754 53
6572614323391983451116836306213965725393202022836223898771099721 699
7121595074121116695782367676620195977498715778246515341048453572 93
9420186152182357720676028304095878947580666749509895268768040906 44
6147209219651543146251377565493474334154464878553648847792346993 9
4437032172195618354484810039515934758459819968126343547482756240 05
5378843582086678151551518528709055535019347622927151670325433463 33
1534372764650683643940962356028727780047935995981704118715513582 20
5683626822435050660392465358445198169585284744140282732340057651 93
2921443281366703112718564191232204148780935109989392570763109003 951
9010506441778644800101272840017508210314674282459571857623244730 88
0603714677440844916904464795766778827794512442934063309142467386 2
8996889036184203326589619078265129914987629441496747817918961415 40
8022860604304653995213980262560435190928121528526221953559446707 72
5029127145091262242225811656270721930431531042142297463953953833 25
3988806897893023429783147853708309912304286687532079662790366063 10
8048113088580500060374421687029684551491570566411325851632723288 67
8650448711262235062924142444359896100687828768475490502162390613 91
1016534311392611708902366792999100657988185318232694187034912142 57
3019152134721084207945169224616494975961381229071302489391665960 18
1943317018334347763518132462782018863765219255263152870099983082 62
8818147956598143014211684229992524074255372356155005102519074843 19
7534535996577919162435706133028075340050519519629572668987695154 18
3379212918056166283370993782557094335312217534646093465534933932 90
9944313149516655208604965455048396696657084766820737410978140704 64
1121354216022562984775698171882441805702120584099636688865340011 58
1330441545476556135914743615593331425744939463414472142911469433 99
8561180503191452379615377054951007770122557269165251123345583133 97
1266343990434716987944452588228420288490641904408950063020091874 76
5262657785035839459875859481449858436892479118913097760651810360 39
5025767517721821673636077170616053613463093796052683077101901181 00
7090099937839591249498909817732227470542932727717629420598627683 71
0911237010713038314414782716805428557685992069746529003238092842 47
9892052800412943575519067168135284303740746999432664156207169477 00
8469256124482760266773032496781189846483907003261580798373021428 4
6117142093495008762308887166831350497809596544627856109067824871 10
9035277135030772382486903024407680183650972131304757068996304964 84
9048382783843182664189224028314219071673354596384137776950863591 3
5555217305070038586663024806733874543841395900275569907921069694 697
1465396481632317814769256151511623125477993141668401165230630059 61
4227025431908288388902835903692357388254368850391151680965410425 85
5487651650553111301060973368535315218019731623497633223368315981 06
3974431922856181647872375172579968536068939707223630765020802867 19
9317407717366794907591531961542174042346620542687740196239863309 12
1278038701005321460795645408803128421440972122529111655684075622 07
```

```
82672239571090540533457102489735098060788107918563089832915 0127919
40681373287441757824267788295844001426645609215400425348276 7613552
96739776530191073971287403917558969008000524603380089819964 0533372
00051032262307200878928587476872915861021342855902779720226 0296418
50720788708836974728571674703340383221057888334559227972027 5912474
05297944028956520033339194487277562120331656447985644524852 7378784
89092998840318560479130717801489981016172639751322558354215 5537689
54012556742071077989720799117020725539816423371765669159020 4720751
51362960591981733163477584625469188907028777317405274824328 0630602
37928775607852745916904723280115832131503704880637397362137 9462263
22674437864091718401398887477873026102261098249286957537818 4868602
40969183406102678746232838372342523321191693790859455021398 7668333
18422052279227598112905372857663970218684184207875217859346 6300601
61179683519740592512268041379041374363485123476768322972751 7096703
25801162494134749309985528087551232745115201130314523235957 7295185
59634427948859243967550410693163939753653049485001498987409 8420290
86872810487121924916209072684408423534354585181793834475667 7208712
93393398756979693027440686250304150519431960705329637103504 3515258
81542991475075429622181134748397252364157409362772018823922 3476963
38125144939905507237640862560908148762130934968411604261008 4315184
08157128282654087282007704455805691855306432876671868938928 9088926
43233488667194119384183044314933775974780030562326438580265 5365510
82950511799683242294957163945532237372345942108757418725827 536716
57545587379048896788297299014015913693539531939701079375114 1382862
37019759260818217492865955410808241409827528192038097854368 6042838
68792251057350706668797046037611954846579632499550256876747 202108
55641471983663732573114536684865976681160118656334027948035 4647539
17078488248181119256873351413710804754644526705771337341471 24748260
19019387005830196293450312440585888644177350789995322204532 0213787
67991766314335042659860372050497575902120865908308269587907 9038772
12737333535306791383091829662934544197557578893510242655382 1342902
49600982338175956897955988458039046932282582584112451640262 9377929
42877242666458590721290571590683565381319301594333584570718 7378424
73132193037081729564126909424983246846490200159201414945091 2432262
92894052689238253820826090152509281928370128233461921425317 2974768
50896634056774045819082666625501419011800098207682867353443 027451
21790259814895763076572868083516084071356243633083176698905 1377790
19592378414766030998442823009019050409925585011638208616436 8996072
48917958713372465972293664411775126127906909017231514717708 2379178
63398244162700449278207371734646513612061849655726921437400 2234801
21711529358476760241352449727492628261875885377342982123508 8622094
22820321569963889175103818148292945548040859603471796816604 9398653
98639804593319737332442053581552244193757131595746228205084 0503407
37759748116162169490693308629821170532616320692263156178990 0569411
83240661268558269279376334021162201337000684369271395062965 5427459
38936704095620537030854086050191643239082441723154771262033 9926097
24368005981592804064900463214910884243006699491096565032088 7924801
15309017259355541883365182621442428240098358127839852943085 4716929
63219991052441828637066199069551101650112030728771908738942 6926915
32839464581873699544232387527416615717286062497875695195001 2628368
27666487650922468321211821735369294726360537666261378356735 2887697
97484103377107313547043471946488908808333847577987494846430 4878384
83032869079184168419247875864178845281337051267820141257491 8994911
03569585850489040369956667081480291729953976081721695168860 8758329
36823744251357359765607926745781537407013557746518031795159 5789915
61726338427550017768942501350671029379067822208019138058524 573068
22076748369664072957440320897277868474953581533651295538208 1795757
56404592531435644184843788056525781335394014743781572109069 7569302
```

66797463661304971288438985386817946674549192129335410059238904426
320220740459339558431342919309028638818700969931795666829073067279
696890550469085703840055702011144044367838430617933206814292076724
336107236901452925778359163030151331345299539355983951359774601939
943195697910631973382900860422458387696799370994066184796731577943
259861739832191810851132861581678272825638582372393955431721649025
375755278077145824504568320980659014920822553952834920455601739613
262430209014743800117954693446307779329880417192322364144764797058
605960277862062385569547983212689745357825076005726984398998755808
303030282178249510789695199452104779855389306385449279050075205658
540046042189345083930885477949954509487011944145000123398927052413
231324261598185264245443059450828590476817258500209193754308131088
254281793322903526057391313601886926053150584694707885033786770002
478666593545811648878052386595159782844843660232666223235666611428
102006633515634558767855381803998262248347916724567049271370337939
534620020664470963560702926234022807958853125277269152877296521842
662209407508223326350357040912488759087215756892649107354343855924
073782904238110155866294491535364600834751269729709475508496751680
748271699872808995911420397683637046279032963658757748301048540309
097433231170681088132492293225068476420923688761416451633952264279
925052018463499654736332836380292848060199436128054781587680540836
504058572932143712838105720643062824217511804525894208982991600927
046503933725122055231793861149950987631646507005539805601337570813
309808860597721674274339615054942904211348605733669088651477983641
025364296979632623488626943901113210147997182716298823453288482019
757902343936349162284440431352134422026636876284860674701466175488
932233260087084205304402182197186141119491176853813701920852881216
339976904494711800143405560446675901267417602850578550777923195858
983955702572511368855361873441886137642815690110942909775510649189
329845995022543340195349762949592807584990204641043036180480552846
598966725812354097950230690217736911930552669573053304521028057539
915712524627345492275109852754360809645442668339047903924651799909
725805133528928038019170605600464420293464483963715761795997640389
993815150689116567605841021041094722137350923657545564064261753234
189684700520270198721364533076338765137143143928185305810786402743
307020963411594542155679792965273561643333637489734282045183799309
556898907607324621307141557512257912083553442995178465789737198319
942705762294957897530161486251213379783428093181120169802066197316
798267692767544576435797047296215131494024229180462946106521581504
568939595585958052500893242828431547517564727338622533910273632822
356809227466390483224023706499708202015996017585433141993834581678
073721239882164259592852708413549423727958892894779228087837587154
196991751406258031589105443245918398850410011842593896358562667374
871856430108421525228996103671661607317805818536742553016885361921
938573861299885457472415078613144893257852414619661040636218513029
462406176724253850994057613454932319042002343698899407483972271184
083205642273441306217397303342335928684939813638896873008758197963
387659669922367677702537905916981935844606372813195890181607154005
279676371125147898256929514499637150164240770280896024814121924797
715524532451965787792663305182458040734934572268564945561912886251
718046396646443334791491971144199154500585852867724303630914866673
721422846782122730602887042868766140264549764690281617045243381903
337046458294722108963830594117930864244287256596097390299944379766
609039708610353106119442394363314314518406074706345469527263080030
021822688818519190250385209541885978545993805635769213962958662923
961183455943245575301380227083874889306422420470925245161922696595
412538142119162541220721061273040042744190713079295366819566670852
734968201866314901833669205134419964852285839745309233425860392409

Die ersten Millionen Ziffern der Quadratwurzel von 2

344553398532008546517363105430006020902870240606549941532945146752
046739678019268998692398515464335355618844398025856782136844182550
520878293996680864708153498982243702819235381577828555975748340717
680417066105042199166059997840947702475885799074730243795581422372
837679876638753363618147274334790638116359037115393488851109245880
312516953207294508225257501902408371940158573985110469075751672703
349621102564663861156293748506440476834382655381260911502754999374
998014512661214378915281528544902067112448522772378392879684712607
668615726069786937887041435424718174053035352136825085638824847634
339683765992141394311009374049930086623359840636844649371046527973
336976145644735159603144009943467205923757891253421163007279706010
600414777601871020139436837626963238759315606544321274448390246327
863137217878374723913363727010133364190431293058400406371678031665
048603854669764831137416071806590169323789678176622316353688069534
310670773040060600536898446859652838797296963412960897111262368198
294275597082803823889351077725801673594808002618779225465678206029
968380556901877306242631622403514428555830002451328580400572513459
355509516342088274002292211224372162534543047978887464803966214275
578803567478384318588428026451112476620941735129351288947768587512
994487040907063980722931254391908697250019694268569747707707618779
019651064451578464020362809063253959117222188338843943755323399234
068267433706360656810570886455017633870290535605177098938930129743
997838287679041935941614295980018404081243339224334425948040143101
026326537495410835767507843421726910371932780395805139695559227816
460686236251975059547433755636216588838289208863596429999037247171
414378512941513860847573063015794950782840403494736132679999710192
964421348611981003643071526655898776773375675058772379069264784478
929562966208639657255974922797386320993030065138638079202746809743
620735441642768757110767875956677958182338523901804093803007036229
683402905923118568157109230673497901232154451582835694519080731157
281983803695228909189616896400220442117161873751344535005397978083
085748274802094296446024806969803187982408153140684988157626462610 2
601276692282107657190202090998446054578219887552977577928054376263
642074582261059687321797000861238618734931158523271737595980367936
441216220852531550958659116221109153869540353638850072159065870048
344338507537564384849513727102313250635885112347258785334375010369 1
522092619279944301463446455953684089093589427550396984671693572800
076205370327223203761024062889768963876949385645440864585417791022
151161291344629029942956199767453229520643331972494489083483037242
575687074815577856398230269810006932022113592517048101261945906228
121098271352407199385202931370704269075794782592755834779349676242
333109833768334606586094395089104998129400892741681333292827373624
843262537908807276793401969237636611718441633652316436483655205538
053856758043207075342338345927679934196378698686159295779663718105
749895886591268460972655299880287594739264194045638218596824004920
544513916094183383218279900810974714860566886835555359635685967122
785468033945136540002373250529975352920604825635666226649219478584
378667868594773625809320468114029155475783568086462595069535719511
055753743623909834119324340966100425393593511793027247797781041493
228552240369198153672121084717079340515832918745974388443041840041
247478609386889248686589368318465045914469875468792973611528397716
966202785874956344389630309563152038327423682904995705287785949732
442293586671788927250640228134212196369287611016329753285526817332
011398764375080103412993393235357024503746730629384879066555220905
339520901449027869341409022102904652595660747857997750579740275915
354328988785328432287350597431083260323444004668983858228353931999
927400912029214304353216112730945712245065464888412077605695838766
051470160988914125167641882409098371486496908267581366552609275889

```
76137565530520157909832172671201088075930181650032099773736 3366386
98170541859912567342415933730695868936151725004614941184504 7128342
86343348294895390065998249181106889543318591685596310734522 5858799
08307240337650401980884032752540743805021576682758865222650 3509016
58068335791197248632242571571232306415383419061689054984085 0268724
93210678499853242266319407188114425865924027247727974623705 8238276
43240108606673806354823800703484889239322242696909104810499 0962197
50723193037453709161507122306544137688992397361651423557031 5123888
68776750030403685640444769251755772250549870964903429011612 2691635
62041020770907402515058057058507509401803190529075658258899 580247
56418603134181993695526754110422405717853353284290048553252 5581106
81713102914728219489464152854601300447243312848082167470526 9898051
90033382076913768348111023520330055334911502813685077930704 2173096
48013042966227286505406865532463436599645705722386013637067 268967
24097409421271575520388809833700560247986487364487505250357 3323004
50694257370460522967655974031409873102783631862039091351686 1308702
30333645214790000794429767559071210652139654254593964087229 0934816
66313732851494742750169493049531648702904464204878903197601 4171513
52554686264675993575767004005543981805114867419292989599773 1246778
63762843400639476305010753837246104064315052876449866166097 0862791
91771703694923071072095513400406680444492306695908056567645 3444873
36645831288348264098356182701041143578002050395067345604981 1924507
22773407786905279976153260413054103599491039263422142196946 0032499
81219834842971132051774567280151438777184933935123517490122 9896238
41071777490006569521033450744416832451780599059576387049084 4975796
99843602776324812622683909266860026331084922362065034705799 3429336
83123854286363359023951292885616637540908031108546830139386 6162378
29929641929359271730152340144298903366682587351177907438160 4656569
87098336959637629716563478551709029341023429058717309200414 6818557
85422719750324014006328701426410680431093432233652315044812 0634953
28637404391772899418536931042728367857051130594176120119320 5057755
39062878613717929407716566903094276369907155044008707507217 9588137
80011407674591185726443793663073152202741603032727518104334 0793553
98789042439365929494049307122907759892902577879389808357032 1048806
59916093467441584444525776233539208790140855482406284659060 6836137
73632706806065918015377405681261555677440639545426112213890 1109364
99000416267423179302060921781074390710971116934571675891853 2768721
50199820960804572789047663912692666114938298554411578241713 0859781
85267993408899061307196376424668811337256605428229819517340 83394008
03983006408887997223955413769065400676310436950728305658374 4372677
42952115782653041284898278984331818880310641358086122842802 2374428
75754979483802166015748245949796835510481506580765041355315 8533020
69724565876804882274950314248446403768936476176380094844976 3634900
59147634781041164445332897459324835700205546339506037652126 1873931
64705264978497165139650094210756230977685995456016271416562 4682140
93960314057423769497446915690558815071970678849012562857918 1688025
89728979999742988331832109703279208061360960523032734843191 86009150
25003263483286747439933262863058421940507961882106693469966 5042805
40859463035447434312210352105850453004222840177714557243723 819444
30944302368183946759377654322453266725795936435755976051555 3745824
50068026723691348756933901620803658202781573351743217730963 3888889
32299527288474286933419947760820481117209100395925926968277 5720820
74630234574173241823719111591973903101401584312639451869481 9768077
50283785986701559760299441904629373418397162823401804775905 1757370
65452859185814830532708045768872014412397874853699090218293 5948343
75820062266747352319783566414161392327230849554245706406567 2544154
99778842574921125064961576347304888804843634622171742613746 7663804
08722621081720926590762217578570280877835530039252939065378 2082986
```

```
36291562859964478761811179888686568615886223404504023146905533669 2
72263560441954335629105736740131235619873309551791754383220418369 1
03969131078669672880762661811315065431999872286134974556561773411 1
01342191464944700054019895484294132088189301315835013730727670484 3
31959673951739494117283554400330519336783396826046996938421568175 8
26049168035239046804222214506421592335797669882416125457330447007 9
00547905349207167581792119386110599259942512464280301607796067229 4
50748240362693270186256243077277082446764766571071443785894019638 6
28815543437151211596206899288097449560906911856935553644061504100 9
91544411505888430341723011102338940961426662017285978243644373289 9
72115305280836498151474628893276875242796497165589407236789959203 6
36259665545731397077893999477778538853201860293921287380459605032 3
61695880792742793901616060372241916817174883003503995677672114448 5
74306173079577474832819208627209191043350317930647731087350741329 9
20665597552750580577674212046446453356210996731051553636684521243 3
95615383296076720956916120255218122915167767079536468155199327524 6
65176675900600107752259289030352484215625076879125818630754736841 9
19895262622769012961640264985742260499019301165520155222050497115 5
61401982166951734618669074197820275504434033462447816601899573417 4
37128109829380747820969370581044846288308666534965833584684286610 6
53179362196705030861368599332507269856818551366047282642608893025
93221624277199887245480322399407230041640982934583379818021196238 6
13750358804252795358295915699813003923816432501771411408286212508 7
36462302329896396594689254333072234493724792689107900996713486147 58
25243216319340379902567088391714312027326072519333341783962284759 3
47044420986317044629854383593645320754535858353839343881623917942 6
27757686108258696205582891391987872746209259310391816239664011236 7
13140239896453463235588970818932460414267043942628122503962011359 6
78834227709035243869431641267443246781131457139227894195268738212 7
74508852538273873263952454350192101241786819659125029975909051405 3
36611717480050526172961728476043254119027889192329742754450700609 31
38035438816657884284640843110368721453128760003659379159867496296 4
82627618559352932788161367312074691499588577913330591154510640387 4
63884053520363909965802865691289991352862666860844024312189748483 6
92771632739500300535408625838547618998035045171892193806282682071 9
57685552656781506027231459780471238318685439575171148154138520052 7
07649649817705741795220277914820266600917232973574449099112838091 2
16309215785483182089989872182541661435738608162310606243240022842 7
25576140959286403225009185752335402520948447086814459961507703825 9
30099355621991052447336875301506231161256072175842061273732053315 1
09531996446082977009653732453048511262714032547354529845772595233 9
58295457001937421416780228635754693261090135843654085993874015565 5
59762829602190806934336198301366780188407166280043283845843356203 8
70088475512177592186226450917108295456350573311467302960061857142 0
96501395633015523904599051814396749129538187275249416816117760677 0
94864016600156604069685590682925800372407982859834322321714424275 8
29915799180367445742747294715570091827906500944479876501711016594 0
27272386800788418914825243132433161269515378643527680689545605629
05410568746237826379248978408774037396046500862383805173998763116 0
95352779817145017499232441356369513153216001974445581374123970594 9
07949167638074671275263680246098493903409828389570761711409348146 2
39326199747587913188539714047884077440970787443437378689504461360 4
79485462851993243023069905175133891387748813519252969573671832770 3
10429631479222235340458057958811023356358926292143396418492185400 6
27374624838234057718976904992408882100368842073377071756828708458 8
75358157331334522055678198156431131839024901436887936523301226765 7
61580738768989757738798428995567600510322814205718005851105750156 0
79441801945211157355662300811417662359712057294867141565910360406 7
```

469867408794593749693419946143065674352931858264957761337948217521
608118737633792349918459381357808839365306934420302966315701802346
222901726404678458594337692614619768670225274540397152546873341546
090460569622864979435484915359543050548685069367954799771058978221
047860455769490189931232316177208825124498312649980452367232672525
736304248407867992124943801573371863455077359899000758965689860512
542127966684169173243674279697752598363823302255293110755331734613
227693160981496740844124917634682178610959025326076837698242546703
237183595135749796804266002177656504422100160680606245986795907713
664937447187224269238921239056670398877844100957575913145464076461
170637253829984761510053868214643768424053541038591434735596407718
932425686188207310945216941713737523330579527831687833934771007633
710501310900069248128647840811410130366111533875376705954449563190
962689035709506420294118407617121956038455199168484041506585802692
426216628867434364783362030455257007308097241591429979290715863270
641460737908156637435714038729860444587861990162831909869103107429
066745417766817730039643359693451910305529784741457955978341065551
646316799868408784986413480552713580457235911561796435152758820132
832056567181622225596027275194928733209619806631434203676145581672
084663948544127988867619505014524374233642868953408846691464694011
958708282556534210094178099931017535567035995883964522164957138517
710121628072387931415040181626880132677060686488913889020326183409
472388103701287322715853400948856118709238689169327612674773203973
726203701013288450096565750257159880106849056678153345172704195911
720500400308342943777685728463354262719169650285655468006861006339
254260708517872543178209826701196342205969078065172301551975177709
294772590755015145915793077746614326985151510871599824052665277420
503427875032407827035436939327577929562472434502989563115406459399
427863283307030372375220893936694863916665114515076193454869699737
917608613116549617788075843556053652666350404985085577728804969297
376339713066397879659773368779652190214669193798722877743558672908
815195787587956272466510961820784115043279672960789881491062691288
559960488056462981551582260693779860299775666902579737891978906454
505133884365994720672423495137907513040124509684830902012729180247
809756009708012699102755491597047094035260597820755417691021972236
573350494086160872866023374551796156152556597547240352029337422288
610201748739576568655642230790779753001473317708885415425791807263
475727875564719357213491053286993481564069044012749996412353704054
019325942982259362274242834233605953289876551058789086010266566880
878647205727790115877843760986325358966304580570293925627462808730
264057636977202866233076906522269398247261183992898391923634507340
428323405664850667239826041216361199445545373058164601587044606172
117458095818867994453963504519488099445982546694155841496443694978
178213384029033406255044282922555835815547207890004080198302785793
429488468307154676837938395710633631014064388812942517792235189595
216495145822954378251280319521446997850455346904018431111667210490
396989325545803437266407385993384955987164239972320079876818494905
553064852951674380838106700783325232030453663022236905911567446070
605096647381534524028986170711627146968607848937313454406473470857
432403467976989833741201956463994729247154854146288263490304105045
073447742876815278510101526942715965290023091176681098151511260790
807987747592222035878350897590760134775120741518212917205050664687
556014514361373438702489519990395755997028047108746372560334693564
930963929121070821092396664870317862465563979376475542916746764890
553930221116038602984693345241410062662570480227982440771420409523
331925994360649570282168987822215008745880686780900031304897715449
846181505546131321476771842001457533510215252337002666991336809506
864881470835048462157831539584692092974922398482833111723402239215

653994176112447211220497009559657276525282820473825847256801610719
252257586405512916071295819257949393888247907824904434128783258147
803119840933779645060899848063138986749479895269735021881941983125
771333291049257775692019596238171191322999774184515397943621221136
573450384664480561528361032836169878467192616336813252047594127645
023873841505014765415951574165346693260246779479366057032385874229
993701013745211577247512461207782552665086955013790793682385347261
978003813900249962221788737785628726429651083005686042576559176418
711091183254380010103878667504696935709610776124584559557746380137
690825166528409510520910640541795190745272858788886996608893715108
813104365687919210543284327671969884035863253807911193064233683929
193569977267117113573991079020792362742676738520122344870170433939
505455330812260964424349855237189703135857969089585294548969730992
898736455703609460917580265565706185575335481201878461295398227918
993688735224048452690216357290403735615147711611783681210661192005
717123428519565806884630068856141623022278290815840747350798866237
609505337256484395724594286855317981242738561972706344774579091688
649235198559085845113506481175387573849656484436214891452689733371
930626390336514717368943279825609864137172842162675876623165555463
882120967354360922400612898182070798821258850530165045069017949211
433366524134435395004417685024615179539325445221692268521508942484
622298029833053771388322687192485935711866191861642732873434156118
287191723102416450211323214371526185076672239730729981974784051395
244300472912512871454095849462092110199918800800230135726715501250
005869589498017691924652197529778742182779118754053367722808816092
683321330698230980267412339201633001990405312725498944138277301750
711338493997640717822277997989443196500895183067684121454231810716
677156562591357820322008887475799639790271495679386648080857688808
672456242966528969779615652054219766645754587543395325510788245218
362819533665731420158737763451745868871971076006199082561237275492
890488238290058749153387883973688187633204811568874566464707328968
135483031769919532400175821769513812840183086038240782551082392511
760881742568618743947357575633749189621097161729052074195747308217
562400751285934147410247483597617157187744181676146747591202166859
267987908678727655085341471611169748007448610797544149494181003320
819493913702773618298197437139713326485483779973881675772259476532
498448852017691986667148190469989906344478604065400564230792537926
569422448657834769854032418598187721236576040711942844609162086102
807609421384913821511829193207015274972437350218505576598514197798
891447879538091131571342691228253797173205677439939066645088819946
454266334536373026891966291894827866651870141089809750074503084762
931010446257125068285728423536500874141963991653868406296422335686
556693679222134282552447527875608731588970320601463678233842860682
773635487118000376679262252919609891210136722798674922869630619115
284207645793401052532677322030735054909751501417063907829875103673
347147661543156991546878233556596606931001098761468028832333534050
140998087572983583970112797048816384165075467306235315501639255290
357179566853921618750598771715392758710919858145802101638593385227
160051290948119684125337679663427114816166242874070516449829751611
173693220349301368486965695296277597415945954741345251301346462451
956339097789037954672569565954894285432597031508089970478172452189
395022094186808582810857468626777238053460495467321757137324988078
180903071124505126399120731567923026062680921492744984141744145431
961780024697541023379112544071617170980841147017752839294492370284
724562742485916971848640221591583620247178925328332426092974523632
972410124594428791455364525265839773398205978784467934142058544862
212170854439705621454998640144250171728375697803388165163595527505
540384062561306982477727735217156042382772758164361779093728744938

409693266807804700939508165940833018295273349375577344320344065408
538122607508317134673151101913975534525339876123234723294592135298
314327461731927769550437191220452223958967898965863428240230737024
442128209304981579285205396253085325961910036634353241219237278910
024337729709961196296742834095520642727781616039090855971447105219
179266983963716954603262943333818420439470351709569812776589643410
110713457684086219157324655404512397799475813347921023818975204059
031106229113191508222156680288785878980240228103475861256705516772
659768699220984210744497429974825588672053548497086308375325523604
670694826182977877079856359181657680766896984291286387593122205423
831218945944990490187776787813595932964057291863568387048995197978
123105755446608681946795295063374953671272976286652902716550577082
872719488775777715512532874673133166925266279153637649645409182317
574368448138686141798147808553716429000917009375027402800293942676
544677372305535216252814455216514344951891354005130275322146461344
633323106422348204789911232999541156223682156171003834698193153061
937447799483977361767154356549649546077190539570559850332578809477
149728111155224896334811004890355857046528011521196733680972741860
161746762923698232957375306843220141088469766841294989775354421838
538202946271418446502415093724856520101165800444076540704894132161
632987977566792675679544908170465699302936205829177186268314922132
590972902312738193597341183273903326784806018809040671714531697745
248611821059986766218583996755114547095861221219439867083942538885
480073071965991994976579355071136915936090425054927480544062406 9
354224707613515088681289743676138105662457293205962675313924289436
325618103762299858893293510789999000557516593177959712255116527435
070187161011551794478301004646788840861219560958080286104365428804
996786631127638803271509105743805010000285487699077973509527234720
737702377945613065426499147743471495533774905364672541569813300083
154425123843842137580043479529003721492074124575775892976130380644
627136670015384320386680005835317897371203006663670167371521285201
776547246168557142045651751972321178324335340968897590385750792885
854159181229256248051456904079334012795416007439183753158938998826
021224234158343936177190010147844991538395963367976548758437188074
516102472543190626608920005793064225207897102358062194635995464072
531491585968214826488192212745343890357750236328956302117079433277
068935811897270160165670828365851597039069803769461835178425151341
884554618580360951048827707031390495466806586668053825899827382306
032610477332949296119775946305397373662401004027349746911074260471
718792302234570752792009890844809496581427610805064520670538804448
304019398250635434288532287712413985062947985885307038010883542961
909547998000510295456041881963263387661774019890806718630137980663
739266644775134600899798006559169851705755473263032453784769427697
433172894057181414413391583000290127962648752035598377899024956950
072374621615813807766726566245010427736194059754159169163392946060
893153721629762637508695904016261415157961633541870253885147017083
187888601968720165759339049341311105699098927114099466174634586307
776281594334204292645584736010729588178641910162545276955391350506
833554867145464641342497551124941132749554441252453143562736872786
828282666978213377379407288261157553087533541257721696646824553250
888345568683632488685539911669920755970367891808268582402504636486
053273612586891677136105605473644969881241176341471440316525098193
217026835930268360757635405575485477689473433056668473036865098702
523253383014283081133719946443245941458200204103364713572778270245
156201501945287150779405626486150547311959021496658257348494890849
015202914320823653539920246990278185701002223403667136638456835 21
121334597031885933578780448400754122219420040458394530993739203834
578462786274054481666495197711114203535004181020555160701294840590

Die ersten Millionen Ziffern der Quadratwurzel von 2

8114571344838757096804966866203246459547947173878214402775451741 4
2732345087354546060153605325144614982797900207887394432022889064 05
4386178799841415943028430648141917777863024725401730111061128040 13
9402676123202268289120182394543504120476536842940930236074634377 59
5954306207167778519941727207986685091266937729042383606488236133 53
6298417073183142452667634769165565940576493843877767245912342773 50
6521966509351443884953820409403776963737203655096643161208664065 48
6556310774364734885508315296719151588757015490330045035337729603 098
1096702088290348633600900649016688900225456011236265801200541178 784
2962287003985718669586251299188893298912822261905799945736253970 76
4910578359085822946984692353874168237429020614421773922893882383 84
4750910393083814264358001206529127122733772797402596792941971478 47
0986863881017555046001491094816801047579626888126288303684648869 23
2607987731076141865965712624020673369798536497170292980401515209 252
6420316539124695424858300047675389525645545811946747824704947118 56
9992031348166167462701733306748356502133704317387322979266500019 19
2698347273656895975019533001645690557832296648883843254575830229 24
9346637181826666781246559514112090595471542961042105914827769494 85
4110326788030298249366563459459723104590598962191576369692368832 49
2357076170559010147981661662924321296405083291692092476227599810 09
3660407086775540647338197286998212686946931858514657355105358144 59
9883853795254184194551313296775473857394516024915985627743925674 02
2747709239866077317008172392000086395705435954636019993118374280 13
5002159153906197084174091077424806375589616668810893183977771094 57
7069948857120001455165454199466001267605110036683850459532902242 95
4514279238826709725962434272590128816093142754927153935545420931 09
1685770092801949888763262868248487923236622875990715276939929336 85
3771911677126330907719038023037230776556782302207785653717134308 77
9516291204251592892657914624632654009015818186450313277495815898 89
6712842564970882435564661182746536847078507080166942248039707259 61
9433946906283804511994079500282592908481066990473730769889988918 47
1709577441774044411650415697113960816460013808023308996176809810 88
3845653755840410126002043280527670624489934626523106860966993076 71
9196734924880495376008060660573026480752562380737941829078712316 78
3721043743119673488706382503794176712389060600795885911362868988 65
9575806242103157718465235356133963002345875484090823926532835903 41
1539635236051649875616898206854308955777781910941974985897913141 38
6270013276902646940009743463828583401836195308531796707734536816 14
0610278436163018841016128933553816957281791697084540703669198861 02
2471436033117813022082607385874003587427057190622292854789022289 5
9340499210426475197290706972918267128583409984056967394858685915 11
2189322711345598842033286080396264187502459398797198884332098874 49
3543908826637279291925634337764091215263430580261932898303499979 90
2807542529142549486002788210295794805135759164477481142147397993 6
5063552370108140341653412617824183038128306046917250143056960444 66
8425479104395550078626581532698824530668369125893062407616165669 16
2197463505496654206527927986146297734010972884068734339445299460 16
8956224086811635341656430810416102527618492293270960903044468576 46
4314142201903287284888438920164702016192684709203096576559679608 76
5701263613078012105449039907023178397228647271067992944524724721 262 98
6344344878731263152600701213394635143254823604560052162760718849 42
2116129638647845259183614719515148115668420736409419410833404482 61
5212107368310473170541644629313353637944168400949415039584309992 82
2641871430715232178647196542541362703407338989485203300070973457 97
7393596242860603684558368907249313678171188847359451414626940819 85
4278311666791979290704806176858874921231817566115503580805267057 38
5558363541542855838660731960000371591827881308152062389067803906 931
9208386777166775436712249731275996534603022569201641184840194098 45

714529347951276932743528313421602664618491104571453692276652090637
933230313292348332927601946001731697104927127041820944788663127172
665648355861137170599969619544269038818022367452031969340992552453
346017315537158603329393450911966137096134952314411461898862230817
521230597330217516477980143673669779904464291251569466008707759104
572931857106712540923960077666939522418767799256103441239021458950
505618283058497020706078420154806373212851732727529724815001662116
837296552388010012457148410716445827998345944100984828415328626727
589433549461500196876115367892762029974081912426776376227628387387
298799299774907451257865261559319634580005411046354850535992505223
142231159860657782881261287098270870186184364993140692313657104034
792287492342410868139607304633340424512944548716526183149971976407
743924221508248874921544281612968330295798910403266953671050063750
476749847106262246527934980950710535685017013024388266553591542362
015824133414350650247549532411438285857297660715088135703973894167
054454535601998966063666319786910058106368525639276421850588199301
314358165250199939326054757205319781555135618734200669485025185194
292358554736747885108211396042601207700697392122258755094976976440
836793020687082025906788052406675671398803382773132522190161620877
507058781037513425288250793094562292807158298971156198266744922375
770680926804957119580293637580253717267079219373451228745830382148
951016202281745024486751885487384199237612739085030674237842826380
815759657891924264098717274045973940926027440447784261539817840530
041468362631601844525644249092385278378463472855465023666395052810
219763255182215184336214247487908312606536255835803225317335955814
222311728322406325693122078648216631641329756327970713760029576218
437378183718341307982953047572632183794691496789228129437687162693
079030598465898945724062228518105869738018247295457109089821871769
750514785467546052594692869761724353043855883190888020077891780606
486355148656482989246712092824962857657515782918942062656557930465
126871750371905767479542154792279762415979801173277091345382113 23
392997111653729654316331400901229253547341414725770122315201311707
122504621997745316356788768464659577361680734557772369302145194871
491820337298950975012812295514304713867808573107588757477606540460
497181746441021903419654569912313101214506034689400051526701207390
362376659174624722777444025395530712369630706973005279584000996422
783465267549297379633377230318150277729892538411462527097053961114
784119033993887485375121545168531346616329653082456290845187097409
714728164944714841814464857488053136399932901353355514233603875269
565456457279815097084432655290415262393431309520647085595331288086
137477077175791856838401030473304337189407809082302871464768023705
011830268077403210666601712770753319195365202640302389002630777268
220891196402099101476752144976111029718754020290491744941298591721
479014235277211225465985814600697205437122231168773005687179940830
081585363351860309962800311649864590319394795439823403147339512942
270361857916637874105278068972142775764125264084229245037580632279
190973785221582775080503003679094195681717366839715001842381694916
592547688836877310991425230925439917475481554221832067888907321478
358870791939878308788820558677593246698760602283734344592239306516
005285674278422438865350275495543351534875033996859717751042714148
993154953806162860775855027687329634844915643269852749792044260575
296417516334738440486713858289008900152810635407441901741706541343
570384204362642304289486842993656857665324790854063751738366086844
242826451754837952845154748793750475502526511255415907663562583964
254450417235037532745157650012991813473361202228480172602662506112
753003339319081856087810541768727389281317106611002049260506406729
571644116290546447574888724280538920095285194518709076461710880939
562456225496217346396303823171318045950136471088025283006118832760

Die ersten Millionen Ziffern der Quadratwurzel von 2

913982650912317401523404387997194096117135630149740253617820231875
320094974852670943258934502743423253721844588235781177800764715680
462767348005817690977375366671633928205675654946935082425907566031
501869075602672713665463965475734602822183416378782156932459098778
404150854301844973502259213532609329592652757543233767246625876415
213420932500880326375668260111700987810929961966053109748112105827
997235238486960278114842913321668694476393533058965772336994674324
878202548005179315597900823586039653649281639408651266602924950798
332421217738324594627788393013157865568093488905197706293002229146
281930775749521474678141135558845374315086860947680878104834320345
179863294972605389407005622284929211241294093831013679646235513119
460523210723592895648052413876766937188612335897481649614884875772
245465354400700456955029695054751175769189844516393204348982133221
889955117777580732016664169023701086084799686087586601224795843388
239218070526165535480235826757864969866327007594108845676125478180
171337572894105691685300367828713780861678438910123101743580863546
822295956888488639290348828248186479720816718816370667135084267967
074299056085040289239760677252442323848426382065830435368117928397
735061207971093075041188145752904354219579868819885486126992945412
842302852981967614685160616044283558894343013137617191461573471891
805754212690511015602677202406119579101132797449215938088821322789
064311242106392776673305905547715203079515317966732439192071033096
318099468936119568373326775258605467104636124315528950865404618112
421465120725643415896123485889496984439890410283247945196356803461
459930863207156977310972430227120151536385589184253388470959897718
270845274856668167742369814813725032119947428442221879705149080496
216341264832226717428377255397346763920415334546610930432648982848
098536627701607474776801824449251987038907861529017108698310737482
267660091826952686401716029511511746470119544371520203443681627410
340485186250036651476430281180914778965055745818887352739647028650
993667928638631775811537705039973166523683379205178273638792397743
063208051568871252121592031171716674591037384901859959683252722312
4426297209060805097698474903380776843988128831381696828310093218802
057077003993330580760088531725124659692059470868561822715139194
5353522001385046845593878441522235963805543666781139163665825908318
455381629361940563955576947620037594173968216601124776604819020167
858663627229226375209044390269460608083364752569698836922780647259
08787195371104788379745420859642582011289323748129193279696792774
316155504203880209260052753869277584539559538135268202166578890114
248508271382092786721858460009385637248933481283056036489545938616
153372367618263106598624320184406284836440298607355469592429899553
369851389248896960177204953314727555164292464951203571613124058047
8134992465942874456010462127948324299497423797940904059382477597438
995176272661845129121058128042840340260279492812011508021919743823
728175153436950763763889664807762891354605370876429719094150254282
706090258729811332378512243006329541870698236209150294027706920739
169454090334826155373156337155232855199877280965119920690592796867
816167629738639126024725244647438720052236596716056885166678625642
015788790068742026756644327513503173044961569743694511883068795992
226597382795957583977197153906219040032711938145268107527528729754
740101832396518451399959842541814719344924290267861626276209791099
370977101814691224810865857187666075034994834964638904039480535372
245294342210673541716899226322856693320178317985853141006115323256
155981500000863131786301768469295376791740199987179866351910945818
913102361931991102694141758487337175011330663346542122342673770493
650816076281002853147482005131790537380006566376922615651531100030
51984954781877636660202205792873945338152707372027732314083221270
278588855480958688900016540068621892214781755113665746784694755323

```
19058055168353313809975907602241037543634789622817758417273294 3649
88756815649567764403677135509505630874761352028804617772689660 5464
07266300985556868333576630528148098203589283370016413255793779 4580
01194896760346705301559426062226260891033881889944238216773480 32869
11024025887856655213028576086071648058546030423347868529459693 9023
34047530204355047172583137070141288620079679906673825313011613 9413
00332029545190592194025402010656592410907280839269979953926346 7526
01817866967752947878032595574574544646826937640924622715508588 8210
37813224608684876634726405540123493332289372652348817769879194 1327
43615928667520054928431183555825220329099241431883413556746090 3781
49155130651760514265052899031971715029061050312071161924301027 8933
89523768613925371154146509430698778530269535283219064565324845 6278
11388302931401014674190692449611075699631112761753662271547544 3365
63621555136797599040523384667350302852211573508484472264010512 5628
46730502837481308322119269422870031372314872185007027116647241 6117
35208856230164056989884913164266144162253638332706156618511868 5454
79383683854584630692824996389579626909424571270378838741278399 8176
36977476617471524880828595253082449206967289109801684249262820 3776
43367469837921234215222072584275530394793315036621698644555405 3087
77999501378082701132727205837674623003969552982818456392064501 910
03883653285750702970882540397227662208483184450833424987858141 5106
11900648684591033282223829102640237749847239103974691309393772 7316
60180279564680075642846209302850392378695291490646604037895327 4889
06988823640334412362043839792265951738256335158880827517598078 3142
33661440932797511510600129608284878174694204828342293942611280 3939
24861555928204470442199884602060555774822672900929653760776953 4190
96206768364793661243284034767722047195507803740828990795475514 116
91932070407958239311970880693495201804275587628579988312728489 3356
48938047330531945772791440079056014054171885630491536061884946 0164
54196170530956233675075710692304007923710774110726335316676211 425
36187304503960419539313862023813701919076250226534566945221589 2573
61299132239938482060815186299029655952092334805473533086903672 8951
26401928631306783741445424309686774451073217316911194807452123 7618
86998388710780713413573370392465748035446360874222322719791920 1336
39517530225120151410833587290205591602101517581143299022705939 5439
63513393581350949286583945875898778430696231268581406861083067 9536
05480817145214954669746144910274418014826984740974730288027367 0341
71283275331161341153190496295729647991488052202643218084403278 188
72294962700238356069498656220817462704875752887568328334555835 6904
65594776780177314553136379188972282267485940854697215924459624 4213
93529441198728484662462042087009865876759965185600927753931715 4466
00836544475414149170888317504162565124851393534414761502249844 6773
05259255586413953729585183046713522512026988589196903311149585 09710
15635261547925657901148327433005506743589708186749130290156094 8677
23954972731004436650127051439535500712539154681376476877915749 9068
23268607238024663048411407695599084849357459308969072473872562 0959
91572956128500777361928363437362406145235211403258851516209656 3586
88578471231687544666466669595463325080413788234306913469761425 2759
14411352941652373899297493360172092606442692658728554888054886 2327
20365528110982400584565420204800853348841160018698425292926295 7792
20045961373585685818114893580203372447428097288477746415043095 6871
65794313395962407519041334676908166544280415987403460071312008 47219
70380940158550450981729650812182757687620594295807719749826144 6472
78652174132561591192261250153298978120780443575924337481869921 2049
38185277909669465854177686713114051627908417467555684032840093 400
88683756130579076946810644520354731872358209280250889951304499 548
12016044256403576890456345000591218008759201477560252152122361 1540
01839617937272156365197368658094667106136115722858485840813393 3168
```

Die ersten Millionen Ziffern der Quadratwurzel von 2

```
13928370913565361366395560655208939518832128029174771940594694 1795
32066280835051058490802953823168886761911981902946610982539140304
07081257473189695485609404468335522035653898193897597237027092 4922
14258688865129532864225384944450261204291591617635747320943296 7663
38547648969877015463224856647711739232063854096384672416984504 9716
71620141489023133683069642080562442169186382411573324366899361 7877
66712913492184631748664115636014855768680283924210976387556707 1650
64850406576941371022766886472549300780856385586183081280244494 2955
26697374973449126591196378060718869537405062379484739312116335 7140
46221474615734877242406851812742264241894254786719461893190548 2416
47213697863220241519805711915977378259145416298232085354135257 9094
64026636272417894293323350320017573907000104845471037938568813 4561
62462034698704766933615090011282630800074897078721708321182360 7143
25185231977196549424194129227658495186267859939314684012255618 9413
17246836113473529539617743781248068790058152471584396140115901 8570
24443112185896403934393966208318499711449177873579608115797056 4645
50917764064436273045921206132408643975067088379213670469556075 1251
68800929663195796981035293676323952965435229438291818085765211 8308
69805786087096350860120547117801614226752320958537373101141484 6626
89861475506033714975226100611586208199313073665837306708586837 7270
01706987677784581189730068344923064126236973006656662335056146044
25476975358104888964202805344893046307260290600889238850996581196475122224
82735903388255170940514491362381745574394470351556399694247911 6603
99731190418516353384305653521710840884321916047697464926203013 5168
97027520516774999442871293335959870811904749227428646687486521 82123
97858015780476386856133535188911790594841013301247436301008634 3252
83283105817285902058046293705533580959415336088628265335436938 3117
57140757598309657439389786543254212304005253871750772715354337 0780
46596493446738828684759330464208238286757174085757821941694400 2133
27829840692646038463470716847941396650970307112235446700236488 7625
09532458756560270269181840156307173785993190165221395103755208 7294
66654669356336316315666302012689691775084967358766202112966419 5957
74497378007752902726041343846502705363200925989551516638191335 9104
18238001758560475334123140358911583195327380512604666215920955 2322
88036656499794264558354267798218960538870757781858770843369557 5543
17643637412942282747426254603815172500826779346629612371765065 8766
93313527039616593479104423977954020406465617424161406023558324 6255
72881151217882165857343737316399257147234950150717520786567012 1112
47787740566569755055603393759650657908744554372790443435568944 4742
71722828686349205004751622926668220975339690521967807904086345 4461
18248618099072528257361865483605029782222921548457126273571736 423
20224947297644622708521545255278849408326614125004589783199952 788
90566646059569290971980093530342400169432182809745462244389500 725
59516332442356570093560163957130252190108435543627646784432127 0949
22319765162259370011112081419489240123611222819014445581307215 8574
05781742149709132566248273540156921371654216138126094650589681 8508
12962589875807428380235273807525065415124645317012718709742173 5064
94796022793366052369646605145567088054397680674047133711568647 0653
75010412866559140670972055997184374369625986276109025654553824 1396
25007123424211369469863446297105019722836098117639026712892918 1149
85186020371031631650620173849504055077700304940400247727753184 486
51591523151890143417264377970163054683309881692024977757195318 7972
78854165205683976771664183064530511945352823501681909324347419 3245
66406458032448169467633304827766393030380330295233679884724590 660688
24857425488762055638375118284364152318631025678296848011164294 2443
80294407160534072114076287726089089407733988690128926955743475 1205
27647969118823568870912408383699214360147055618034994379459536 3178
35825816624995670824500047513955696986207096276390362164741909 4503
```

```
9021114860338531098332778287642073185545662469635640617375246851 64
6269725210476728746893457553578910329346761799956641241574686783 69
9490834133137241873593706878801672645717169236847743241823592676 33
2939253408399343049926346908924218684361464953199262500551697110 32
1986564348462445629831473849798496658326852939980207057932494059 53
3747751410332979340442963386962031789929121228196379340454384498 03
4807871331483049875943981639369788742179428226620138497557901065 35
4772364597981303919993851464843918725598950518835777512719686790 08
8188080349693547024269465781096201412728408084413321707876224360 33
8627127455430133144870993627374553020633664380980079513741720835 51
8265606024328157940783370186489680151797837198678061322974266533 31
7826032285299857380362970492486542692516844823402547412170939499 38
6863350773960869402060291366939263602458054135503264712623536410 82
7707587239684310418094252445286662277590883092076032903199148720 53
9505853143154083850321229965266606170350243008350577175851389543 41
5285651908216446520783751273308345246216142985077533623896485695 28
8755722820515770458464778758345795073505428228960947570750856696 1
4691752485134571497912078690776694505147535030563035982474886674 08
8681986812506665440914839726793934994223055279617314345357311951 96
9441689080199942457882411255469103842779561630426238274344050818 56
0444803990243089109730506820635478576144366741512905816211463235 90
6839607891572391362588907625850040045952013099874133566958353071 96
5708681080602512878341085700985416400794571140940929211890658590 299
4080765929971079448237864171340104260216600106601612704793570517
0518008393941580026010392974506675274634607976251743917430778507 5
8017090533195180959348735966003179686838230019832484664504016365 516
9461801643275165524824454474458548867589182600113948147058324858 14
1080935128465139278593195459088571089401032699838895346070680120 00
3223223527834541806595104270318440344648515424480770521477770198 84
2035570266433749262569711842280118505210950048592176479629678117 90
1260154013449914851831129553462493799103628087591727793108926910 04
6008244781408259718731211618697254536251730686832686899154452027 88
1526561591792348079244981147460848962974787692502339748694535251 94
7634629854129090669810617600018458649596425552063872477390463068 66
0342650127164851978581042261002195422128596556293829958064576071 7
0615018881191797971395924317991143359351604767959880807281038683 48
8330260334867828032589254363919325480280037320169045980337227291 65
3267920925946807738868584104307744948777929875833539241270015813 6
9612730789725378912854658045699941319015993426072439630022074948 20
0948092714725966992525873401027592167583833536984828259144374720 71
4602911938772761615805126330738613471433462125418763769240998392 98
4085391624757555284716509823277436894805091326032618891772828699 55
6461785393560900069563018900686237667443094958751037734332903532 61
7682003306490827093834624937094746190285382929694581498690450760 60
3726525228469360783180862869707412297384311404707884456477702654 22
4550204990444344175811911866661685738254066506355629401508057482 74
9237090925400221933997165530433800628360764676459157286216074674 35
6351620013073159138861061386602793505128195959902842567531759680 21
7680869751875512773337824255587219173503805515748494931318259296 91
6671006381105721783123528704718481945407693132549509249914458645 16
3581198602436375373607760926887678507309498859240233430362816441 26
5416542663073398845025822196488709875769272336929687745218881281 07
6068722145519102411560524698395315242888345837334646767659200864 38
0373061086658254933884298890430248942234630986657901629439574805 40
4309322086030205836917573821800652372520107020896955936159153998 78
6999997242251263969590640451495714300348289315375068879452075141 35
0858394046079056073240317707048619590588581343464335562142516961 61
2192908696933007627472561605577999234388932821929414590896290257 57
```

Die ersten Millionen Ziffern der Quadratwurzel von 2

```
03974163691649040153735971573825857795304718955326584638384907581 5
82325561227488005994554202861889049638585140861096724670804234303 9
04661719305525100620134597087614214473708638901419058524686724424 4
15515495120548638816387699717509406741858070770195018753800765845 6
75874736420705814199727532238573605331249948123807099393254461351 9
69456072590734944964228355044408249008045518210411988023771131548 4
14078153346183364126908672285020991111018071127957817271531291641 6
42826153777160930633132446626702686430766751293199790877007278614 0
31020948834716515933489638705541737406768791097474437325368449343 8
00135691407632685549491571561509773814277282893299225172805707038 0
95833514731675325109525318584031483165079887160527219417448037788 0
79170429398585578632288264737321394348935135544046005860707752618 8
60331315450068373695512032552676857224145827972671475225387024928 2
73077979070133326116670206760021278111594654213900097198441006670 7
62215778770986494760535272039647366240222130863206189718294409563 3
54420566529368648706005699112349755168390903038570345009303384745 7
48155414413879836276261301886897583433827371188414389772915122774 7
61067947211958644276949605557476334130548306546003467565073464290 0
45274784932417367401660752412744902402656252744002474321354089725 6
35700442992797700539130145796817643339200356383128302638063787791 6
11875993941625788788628051335421267495862653589356209595932565133 6
18810692282173175654724078858355146331054106500460666302181088711 8
84532490144243924052656259150305590714636538301114535853557505727 4
26110239229471025966638690322712837139882578126574862636158375428 2
94477122868720111959841612560028378153824419012205209409375958990 5
74204345033801521481322765260542507849096645010586131006907403330 3
95427726301881367487533927865883142262494198549123036150397896394 0
98987811686387301163372462480867525003858548428413896651360150461 7
57308167503192646487890459477369041216180853776380059054590178754 2
57739392564575211152509307369224295341796677353810114063653733819 2
40345348435221423080305166997062862366134372554590889094197261142 0
37723263785083965277361405292799521013322950275248039717866729266
14032795210832623186186153456739823988394534064332308934688067375 0
68871023169386253811734067153321848971994292416447482042289298924 1
65447062293173495648300312835181309718336772405770772884813098420 6
93485341717199636737165270028681220087387519060825116972863639299 5
06052581614115425346286168697556007013236156134071071115126085284 0
51222833529299873751764741304325784167915408770296097890916478279 4
95898896270264228426773606715009564833363228051347188089758833225 8
96823690807859108896052725626717357495412461121945712638532072928 1
24032790476117455107226282141609480186075750124984637476607826267 2
13215459779260928526901356567760772584211902424378433275645375109 5
90114097168162375310015264388832562325390454451555219592345945114 0
32748694377168937271871701187872847749175534496371255056702521784 5
76225941217833588732633350091055409995263743444402068885835601438 2
51753284333086784957409211809090602306541287011631863526740669031 9
61656448836145690905881322117415737154917067520106519128735097830 1
86167849481701951750755959017422547175336906043142341511884973711 3
09944396204489701312494139630523728431449519883547737580168750533 4
35958882066825829412015974083870427432997435289181096059583643782 0
48836420854463226493070418121340367296478721381193713404954398848 5
63610969582018449458335937523561093479866017422722254425984931422 4
12638594606300749850592967108841026952062275557927973966519115290
49724954036496135409268078493322149268185199580150544593753481209 1
23167695251324959596940727274360097056851975132343251316095927127 1
85730768958561520799033425876067990824682906823136410325749216222 7
33028509701301349247506535556124816168187035564163751350499910642 7
06759465229605871191714590720532235097379930931944582633688907311 9
```

```
5401780247833521959238961382174217903373573622426287203340153153 47
7455625851198646941759171418110848200108848626210274150891382573 77
0561894485188205079810976842718512468303141359963897678723579675 38
6021401980606141272205676130042896619659763109784193592179866408 33
1571246801178377337244960772012363018026673144865379429649891590 73
3167107008846672093687060362590037668504778139670390422056470760 42
4570213454366455115498570926244974416804854804184404580094526528 57
5938764868178147949968269910134695966087500952787855698634851065 12
0134201897635791188976988900784297334961759494823552599655230206 53
7358476125698023448009344383094355860669294956790321481102603711 72
5157722417261104632428263883435728000160092027747960798129726468 67
0413629320415876505903952329401283934573914827743386439283001781 02
1845370658767040041223143503784338474569225745439436154989584311 47
2150793288311917175287353461494842516685808302126271370966823024 32
5417594712773653453953688536679125151737896165944021102133838299 07
8454193586133666956729641731924377988671324506343601300742951762 57
2164728964818728370824834221436357799647307808862398273083175622 46
6015625966907800846051865590745562874802874084088772196597858394 093
5501895116360925827788354947897706685594827840678059035176067895 22
6455364170630078349531339743479718312960350837810276196194074075 71227
1231165865478760872770678693946611273397157212599569501715217445 73
1261160476354580628175543610503088003188622647630852619408961115 43
7312420162716734916544222316205859959479752848651141162797837794 29
3422203388370257671017373226714747381980587401219914237649806431 68
6593272058155449919623536400056853448616974545284284803786726582 45
0003358194744907006766933398075419740225296768036689926379201428 61
3650596892517954494915408713463748113197763685858783922973573564 47
8783958770911540362653183992892468446754424805595036462331698905 87
2334268369210028255685939200239952445228982401679292120176780508 78
8070028124996910954790835194922438429982698719690296818845244466 51
7212191290714716676193543084701997636932356385024195765957814490 64
5998205799318213368616858568059491576496338605052044521983604450 60
8933173189737772224670818684373054315922671926414665434339884595 4
7852820299248921928384784137396733190150699442473271113324826881 04
1789926904008091421774458440266681161379838742208351789669344513 81
0490131979918244053414572655199381686717410832895397332087306518 98
8369267457237686685793761104473905930006978957750382264702742460 631
3978490557111980908392390366952116362564101153346242001225393016 09
9338992069349239049477397316879620725111417576818258388702960835 62
6786636160024027186804229238395064521822622793597804834976279884 91
2800030985820867984874323533797545580975545015052712318115828407 91
7459739251648610266336358857794962557594151986949955464144142378 00
5222423739833768581047863198400540622503780623163098461178667794 04
2059525307560667531128136777294033965829369604507753761415637950 49
3250196015470228071767007031037503533131478581500963603077013478 85
2787251290459448312734824685942714029303174938200108521714819633 75
1112719741464911105696272873614913246205142492982524951750235968 23
3779715934914912242563490725821251443067157182155962964374621719 97
7125093568274890088929740479628384146876844327769549709046104306 94
9353841893389528005385304179318977177433418189912938655480359404 775
9567302183578365070941847250602402633529604063693827461903176923 26
8075262012762763417411818210666481787108273614973791821593025420 55
2443478495519659426602138727855128805751662415272427163863423676 47
2204283311018051259838496770307924794348026528140038523554380875 05
2255502227177283375878967787900539759991166107991605857481295238 54
5037545808421010609227498998664139701805571798108767185716808204 8
7540812713493531136420006501281527975698259447936802032096492259 805
2141472498496267329521295703246036211825834471258340885752043572 42
```

Die ersten Millionen Ziffern der Quadratwurzel von 2

906018076703479841082479434200624726643686634076325711541586009396
560030220703842067092656802524343777046833490289311196490569672891
785552469746093809936564363238287736970222816387225943870903589168
502353884900168619589830471205576749524748789783404032811060769671
215723981284279859938833304628905203107593227541801524803635159261
512292268477750064357031197158089588342725506682387478907311620830
213736067728494035395682778109057201953952909149530156781169203428
787307240511387080777073007607281494199515842115705497432355826173
904590060031235476344722678208293878949672382732189598577876686315
657140734913584679133308915241276322105830109449142717636522226277
213779502527996747060465789146047206804918359330205999834996693096
821969845847490656633341043149512562459760800377658916537508069334
687611742884646827960548872431063275504354797566456581740641254904
555171799840343268595979836235004980315726592138952998489773250865
936434807370256993939951803888896219655906855662761883561052141784
297264375870037418435819491135484999393120172283172853426309398536 3
684696181010717095603239027589822850434071258088091459519732862600
553651238205162114785607306122532675104605884930503952409319713662
670330970331026205564073689291189342011645141826348133292487969813
310388174047908802280378945600619441218882681379891476861906602967
979062552836887871910637641204818594628312878213514671839113797057
276992366586571425661507296088895996870172270946632373526456829038
244005695196399030391492556977628246558557050304649717537398002963
696978676871955832772810182026046730310927247840823424243111262533
147887713186767075520332399930854492585093070154158028910364327252
172031163371328107972944231466763266839435322128994299210919369070
926992685143891556724594729676085609371690042868216977060566661095
538995523997849175223916698884238255769445495121135766685790742 84
983175023497096670677678124586123061777972634014581026274048295422
897384861339329688119080106661525075203786936014539417772031218165
946258170696257519634072194544639867263710556863483527135697371905
779684389507752429480188317816497833047316017713812240882228984639
947266096966653075692214997372644770529270147223743744863351338994
928367526111859777956314339450761009655371809603257955072272491848
768041681065329774827440174160603629003594376556872810687377444610
094422950833121089826472862641190403983574426886481812663380009175
971227925691695599619542968230100628102523497608766442655474939140
507776092794447919302748674652973989859594299918257432518314044570
387551600597885882909644385234675297495384552513956240146183018111
212823187502678957898549012733553097397071154600644657038144093553
627385445368618652369698702639276459517392904820283747413092219552
807293018524092139398554762634651737607797379024051839893732985482
091897452126037893038487161939671006955595477846791520126689670885
888164957424285750669429007212201065937447961978790046394326131842
462798565837919057886174317949574053288872007750802600370076780831
751921994834225365246642396446312332633201210322184951932361931341
874955252793870954066921723667743568471662400317236573866022576253
312713454199022142457293943395533310145315281562872843423032458605
047564960009500599569562721926305993622870376847626030556562128010
751285008835864671201684305815249324264832767987814893587562635356
377486205399493405272279120129365465900023787384416938155084231939
701877489422075708378935000790005957446930869492081323836199051638
499131217287540754057038743108205576988803640956397280379142215468
712820678496046911831428971146446655559006606491313916585905 56697
461733364367939316110630435351694752466322405335373214659001570835
233109026733489154709158468690865781199606605360087836748877247228
873119950789052518378162015950837911076262245111319892099477340902
116930096439376438652079910950722685230623494487440613898052368059

```
0345435643545781831361373762331150257307404542706304508896265316029
2190026394111912915487784425353628660268603998482382316769472402 67
0795195365945134219270327067805876136154753768156679197033230825 90
6541395121715443881540827087653235911409312751377463830786908231 70
7108543431864712573382029306910526270299871075241605071497683900 20
0404320081630456006242392856683794780040333800428578991081528902 33
6295194078301396277178266065004552552928621906225310041671299183 52
3597974010119468775951766225072521739116509380626378081915395142 64
6509313566584623800260287946989050706040327071979056486776460173 43
9543433330987179405146663668824366147354854627669191794692375666 47
0409258665651911332766671396495154827143017691010778741494842715 97
3581633530965947102694551030315938737919508228041017139062904855 65
1149246093948135327385763599416917876955616041049946689910895202 43
0674785734793664211313733706991525449014374771262937880122765685 61
1127014914251150409108003811035207701570718534247249604331124181 79
9768624626306253658330152319450458845585489112572308318921501696 22
4468692498841454607024087989205415014916801240842717272550811694 52
4491208768953096227795541846836344442018174376194938239126623587 81
8613141477314076845910613845091434936493546410472191645748809939 19
2646454683542139591199771278066987680531057604692877912460799483 51
2240230015441293745219109743702467418938300293549757738702750826 9
5594466119366067837746981464099836638162399918326469704259679644 50
6872460713518051454274934457910964062857941581357957774361511745 97
6408792923258618262368670789108397443568811262231618527057686472 22
6674618455174806349055336895491847902976936572220778137488749571 46
1331527056011685496392994288258471914297329842983079218136098467 75
3826426899963296756086813057651819564966909653977412250524767062 72
8189730050646523214242736578965164950268658342238577793565169069 36
0545489719909885943103384021509785916371421667564648656010011278 95
5193950689265334085385719571514628576041829884234355340255032706 61
5113288668572603289512501342954320541175695288514461795901238835 60
3059049868421787983086852570677801742609999738975463953444945246 3
7612057211772384731280006883198256733325021908149420796724802264 72
6191341997804080501017423350927448457104906700026006758761688981 251
1836497628238049318476827864598803294586514144429488850696162402 91
0515777104569718498369542695310555125338403990049201201235730328 36
1166591166453091460733065056855106233579265633483750004971805741 62
1480609938041767955271031739215255164637480610084317772312713673 31
7912296373766700021882358871627550335547310602878939111506807608 14
6529313679795716198451061833410101822973039031487602646053104308 76
3375606586658770690740027874330693666211231404201315406754413715 62
2818990360555507687576041852832717068066209372135081053853897588 98
1971901768799207050240971409841502472055171370594943767678880088 35
3489290115287884374252189954091509465004945306234974737238005704 81
1168562020962774399346950045510602853858574948747690946893368618 35
0742123848915216774830369735405910761069239518085292872635738407 22
1182480907776680968076924300676956679081880626498773916116918997 7
0032075057574882261321275240249467481687952532775601329604568242 56
6385698773133593134428591728624852928815403722617061855005409217 92
1241552337924419393374238991555436844754803243775177574972867686 52
5359054776812197558297012797657791007082437620207052082417710470 44
0160311076099268382900527772562303809955822272291235657697279240 23
6706497229906458160381938222360213528897875418454302500460807632 78
2397221738893425839610661567753315315565505360900343618800609 96
3474232186372690980724940972868474116283429383751366890015603265
7323681924914103348942433517427819021761865769211165779707047074 05
2090617709418326131428103229964233198760048764365690892477875632 36
3331582420668517994331035612459312189770701156487084693021346555 97
```

45062393443898524761467409963016846032657090780610776695953730 7458
76140148155844658759769668438302250377669455463938480636421381 9826
83862118693686809700178652736851478345138173397647183563516072 3462
11035512850862578590725687869854165878119030510612247004406678 7481
98385630413348851460154077719338694861049131158860477228683569 1138
49046975882922885202574920199001846983997226317437303631079331 9478
29734697925046028361000140491173316704580058244004865801969208 7998
57318193080879509761982393927138767441866897482063099616570429 5351
24354322223038926423995352469728097274812268211260005592789265 5660
66604757382363989255317922319236684778883673397030982334463208 3394
81515126118957284218923105840406612152109694880771053393942846 1182
96507020143104372941925399514225546576305381554700105194121556 1983
40196672013376058382642927524765284770614353323149729727639405 7027
75682825323172603350370116677577233497296270542749126203360087 7243
23885707241934297250999621115600760372953354704022981285286341 8428
24798855535120199590782252264766765480252657494204374525973379 3841
24940565655650821019016421983737848784471574990947632262741618 7805
74044007967868906054054750501397237461377137619247764169400574 6613
59266134802031394591872731099309401245890060726458725762221479 8403
64219723115734714931157359993466182853807703199441173924382585 6821
78792321111615839268716930296559152387275565239189330630060714 24567
55058381178073352212631532788731756095643256497065061915232857 7689
94380782248443848155607673429796366279552332733731072484213318 0228
00461182769494305844994884369423117447150950098460391845639447 7931
05844551320129867560720630425578491598167525287320940496148361 3
76364481893743261717829538025808079849788714647710949779797722 008
17615753895750688814613038785458550181430251659534934056518145 416
50003019077515143975839737570100618990604644173442463290501301 9345
63891426566538716455815475202750456728742434769480239029490074 2675
74024944974922379554356161508830531157089505316944836586637348 4285
42097587164476725035515034928477428541500505179756031416785227 9968
37349477456342257943205502195645258792187430228677021042078232 1050
07900706978368742406661334710055731755851901427501425531012173 3298
41838013368473975584890138720212010683542953152260770557427103 4591
00226504489119020678776828759988886035941700364356104689628365 0758
49594071946733104538269783221969864831585367314362446830310329 4479
34370466689440772626099602967383995569537383626340646174257522 2577
01523091760586082630629493514380417349294254292064648442247356 2563
52999002066211206797383966182635782470230296742641647230583645 7380
09535764297299024802657369444418729737024198180341949542952467 3640
11794703481350914920842846140623204203053172329386869269022663 1866
07939214753109787972504041109264793538798845029616545211913285 1530
86892479290489848151854768576162418449406836244367612237881920 6678
11036173812062702965519291039487071064321612041833424812559704 5498
05023968877052008438285770414505114814523604582196943963303602 0504
55022343871057243588849425880594579495346418149381560034497343 3293
20973613590105383864025722756529904142568734291660210818754147 3695
43224836271809872746336596628895860493492154466475084313604851 0367
96110261008238232566817204265511089714955919186820014063086255 3549
51139566635897285667350813434386289521901016883082730116688848 1014
90471458407530100314564650952586687887840040902627368437827124 8805
71084060746694108584048318116917932939123927639746281666458015 7974
68463191725779452066622064804625884142773617915680941482605723 0034
38278545951996887203830407094504834755216398096326386882043490 8913
44503179922055335332965271238526563431027307881626878318492790 36469
00613150355042074792363558195237228195283406380208270688881753 2853
61935710204088598899488705252292840347095895650790193674787127 9173
13778471294658631063573340569512137654081767954664311606862330 5728

```
1336777247204798299971903675824890920899446566780635343802261152 91
9283179609451019506688407329178690179988356220498472705225172811 04
9243319503200551477225312128974667674879760881309691267053005236 76
5928950725206157492569502176138175658586226431177400737278218526 83
9716550908245665234653649227333555448808901803747582489514750874 56
5551409960882188394016703904625309997246986564623673661258198147 10
8702780369758107260053759830061333678596766254600466275323118319 24
8541759444888669856879798308274258976654914204258095869230082126 537
1047551777641077979336949336512242510071042770369469897408219514 9
6195611433081754337984349965543351796695663084837559252207132967 18
9758149642639348081855334211207255140863199290972689032898841868 21
8376035372931003684589959252335207189049175873696477312244735211 72
9121266251653090962166220553610857734980750664064783134292371944 45
4508175806269398685699017245103133884045816606529923198922541691 64
3054993061506570038222161829541632335984990699749228608946432071 9
4962108094757942180878768127526667457824063883105464895897211631 89
5656273495537143449273476192578018209511409738137080693424160153 9
2652967521744313702871432830630258022264755593249965865906366002 80
2207866109894411627200272650557367357637510163291397485109400370 23
4977833360624985836069097996811187188799177786468192178532759040 474
2288470552301856805255630001746232706166196361726844587637246371 64
4070413184599889441867658706369628923946411145515409926291119905 49
2673706946928812596167139178494364719233085044139248204374798004 50
1066925052784470184963871508356054999734055804343049548225184514 62
0239513228769514585912031168043814522233597881146364111219083186 50
7346283652541167296805735904790109752815332971743601248101282450 03
7600269235138649739858681099676653124402700779825975663830000937 39
7335703316708728586331115215454816237369840081726833993351848699 52
6662561715257395295798601699118117678841211967489500917526733899 7
5756223857707487247857165672368270874762732278941143607861889804 13
8950575424307405524139400363453742017995039421106835968885744004 88
3619200395543323808996273820961373514012309946121163807053674410 90
4204420958911429161957544315306378630990656647250417731321410329 0
0979715218171176061949078954394894180798671476694540234998718531 92
7794349253374037811220437830025115063154924962687169307361876287 83
8386393480216389482525612329475043629656333316198226270031169836 52
3994652632148105128471034590853392599243736621508029511659910910 24
2252769762959481658149776332514098747521603581523014940798995984 46
9339207069033833040491588657577749556942089026179543204902600558 62
7158014920342845407910243244734421648685399700685801518279738299 94
5439667584635346819054713718403247410489158053351616502054136533 43
0571263417665519205903790627128182727706671565228785298702869220 37
4954953128432653587677312732039217254013334038261098700336935118 79
5002905432044857352266076240952971165138815580048126055647412459 50
6492021323346692184206972217738513924840639464786714133997183892 77
3696779127165783088763027402773494181282060470539730332862875937 20
0551410487509977783564606313570023600038226753722794188781287658 0
4407009542425586135649327389952532948018071862578877807991606841 79
2384262624367218066555585866252150808165093509618848401027388704 25
6598229716645713507984131880053903785274986632237358689341031307 70
7244491763658699270098306957318531893650153981068400626587204617 84
0710682588351747035829970773557224340495617775327339942856472211 19
8684921558580998589625453252452252451989648929025805081628147142 88
7698099251133635679375923193362281361096305024652311584583398274 0
2829652398702059957707587599420025268835897795074429781890912237 66
2606962824294684946331286635459760288884176720713045007596492546 89
7164343122272298740967001083772442681127933959329546637058160056 94
6464878457992362771109595064706215833007327667615503516775065022 207
```

```
26501458398175110172558700509866701150816951374605551584188686151 3
078274032211618842806234297627389028255591708466280266517535654509
964295574563448167201807212405683329158344804760188517298648869 14
170613422495058586095659094542444105802291890022205119134147460455
831753050933646451146440583816135301216458470080953081972386273019
840942150176966122056783439285147331674153272668685076033561455221
873059179748805140715201040502464516417175269498957288623143614759
355056901231923721968902194713028498861498586152653593394047672351
161323994773871319885910171572700926740806343527002293075707002573
604592001074504662473671235408302571905661533495577653524262301913
209349452563894564495549238696640362517342134140939992142152922055
593723795058328293261545850833736727257740251262501001996926503420
728093005451772983150634908014257505657970127883993328675897860488
561021944742118193166344946065810046920034310977821260342211274289
279134029963523839913949837479987720945274337669138858105427821376
206215649192701336700704525538238565377363300275111890677889840 62
224883492727120801582174421135528392381615217335542777805315929931
555045360980358303534507683980937255542202929146244965041460869237
362575196716744402508781600518729706077472908246624970938805606020
850128023845047310149235001431904435020759191706114366376865972992
371025170177284964393554453050060933980975272092394646810678022792
894565100683173422164595194981828154483768791051726473059671940516
032534077880300216709008352443517027433556924376657028907565471369
264981117198031278909098484168728505061841342992077478695527151454
176949185851944549500764408162359814938184238443247149531362966645
690315893506329858158317156890573673800450372360415757487956127862
447585196182614093228462108880762145772793036266792478292620800438
417437395742127717471630889622607389934217532286607256761842947619
701909542462612089210158236014617573225101084063991633543047788205
002425093552768866927020786677299714593971306269621345260783971928
724477943582348665004968709348012414922532326655423866268221227642
912493520001191462311697607825743516345532088322436196313568266689
949486405800646577501969485939705681550010624849377626852097648486
867612203571100489957966896403407639251923283688763400316106256193
370465297973684615527664120701520443435813751036389696212096560660
278511208768407324099221453857788863299700880944827991436518043943
964706805590040841970755779211109295256962590736177589788651815406
844692473350349110858003114840149523814295993631631177026708127566
624175189273044757035019537094044140937450948266913281289655866747
905550111045768111407108766799315307960916199936705125123226022965
898030280779936350193046430846181563068156632436409287316320656186
544595153717193392356174163014508584133221694044908274786800613884 6
536975072008770863512592986571993457795795327639825211281535153178
979148220931734424394476914404405833116819015016099329906502587819
241698064281463457955258729639277544665940640319233141521860060997
300510475749507184589685194993937189621622813646801915692731255950
671451633074324463395406341412605884166337121090571970939652607 54
887679776094448890801053316502623229328458553699222639692849551623
648691111497578971653483122070661666454722656650394103665236097401
725874525751761362500429247477632685809695110384984137760207683682
549892430324451485852104278462153190331938563925716067237176467672
586123337706812529139636128733716843468418936271757884975427142101
436182594602014704228403891879393624624290161141170066243087947674
570838800226250250314538940486199246305837504922924065954610128863 0
688718830595382340716328392416036207527557369539477530334540014 21
080853119337644319014852884770893097504895340564103151863666656116
689677791937991825899894553777072294114992929557790255733552743701
355352046615093198788073582111059073993236028611247680661363395792
```

```
40145554885030835354560656522247063291653311693229274978592751836 33
13769427216803876939288693924137191990645988173249450324902565818 7
25848991031505292811198207277549177054017852298272868867654294026 0
50149567842826293566903869797269754564877180809167066067114735377 0
04277873130895805633754235784583462352008172391935518952576094363 8
90334997059663491584838563249021563616529849851040762405205270386 5
70811390182862509044010659243243799228675963025896177491262028654 7
07616081954765953043998889394737926487428900252410127850706984150 2
00225602955900886403888262374202902750910080767320267161087421369 4
03999669399676948437348261388892279941775338906016634202990859668 4
64642856664323781328565715989621281075471633608453736927317688114 1
52703188837503578930251340255894647276417327897138749283942889992 0
86971438751771652680278960561025404273029061648414616639792528596 8
87899347996557157909477351567103949847380825411410700815400418935 9
02440831967000711255669261710282478258972978767039216851436081607 3
75076132070044855948996205665677171745215215420391682650873395413 1
70779500784856895412120848136064108032121947013652353867391189033 6
72418212370775378922815516861737718171296335886866488687115112109 1
59199284444712646196381147160292233041079327962303939737612626138 80
73378488321809311216625128114458542142415752931111750719318526084 9
68015051766603224282737186869612790893153546515324605245874045376 2
58576131785907965551398826920400788035398191148302159564322052852 5
40888504771506559282094127342190623759051470842978142489944825740 6
43315574981963158327072497438118145735947804299819828670418434668 0
26190494516313737285621738678093347630670739375730413296161473655 8
83891310624388957630309496477232218411906367920164486491091768387 3
41410877770009175159108426316518955829987622089822675077560014358 9
64194121988061456490683535772132110774248300767720505617195437378 3
86923683121477819120918420478350583549718335958280722985029419470 5
76522150692749355606401685664149036498900949819619757050746927648 5
99038783763845497682764693086141672083223239725447809492426454901
60950107561395369183784919218424367694461034595260151240398478460 8
33705453646374654882923071939930713272164532403939918456887011629
12436460496992171898308099862915266481267139711947805720722255947 3
48273614089169201945290257999341259989810345491730088327958625811
70050563297729532919263955224230982557338038049979860648308441576 6
69241192695447675252071332666255299488874349711414045051292866604
69996151100913202555368368801622250601050385550259863917707049046 9
25647449803972204709128738281936687683942266478134982850997076548 6
07623021903443222958421139101402005601723952094190110604540975053 4
32143420262183148536976300907509320253591355995720992323046480592 8
81916760219312537108490310703059728311692008914341166518138919158 5
77138497644356335635057837791353721433340649602290951399532466778 7
15030372874381142260167303227430502351354488114348135119198846914 2
08472334754142867836173645754846060642253501354621159951000661386 9
70367600896004409514494015536114208071977825301145029284480502699 12
18596181408561423122996361733911130339904668641431457037767832080
78917116896668384911728939307301285494324014580963392478175115430 5
87437930874019297606821679971449495442637450018764765253098143510 6
03255091678859181398550099958949272905925970725370839608465450355 3
30327951046133980820659220990692171654968260868339502521756629307 0
78867450141817382257846461426161080206704297928058697971943697347 8
28264320713153380659107489884898899525297717829019937546632235579 4
20593306447120146179831470984639980946355189070936707224642615896 4
36495016070330448700426326926118733451312746106943266155791207685 4
26629252588733287494934072643825708826266930410664095560490172135 9
52305969394509767480612613565996666617327804463850435787478785514 2
49768552130889125447390920492810332484202621540770017881807903044 4
```

122   Die ersten Millionen Ziffern der Quadratwurzel von 2

6136987288692429247398707823588465180566430865278211038588344536995
8602988354449417687258666490116096329231660276907188710734449851442
6426082027338293635465852929030299216162544910225246765147252908455
1754021584724938014754921299835298986961475801051105483419910572888
6331395448842275731482107155200005687549079139631676594245542210464
5243439060597746922337971847170553997115181241833634383033607900445
5029192349132224263873718663800767127564778280111326545438004963433
5513298086434743457483163332590961805662363551188113632702238958611
2713197238627025169670029152372092750359382595876168078073800775444
0237001148192997679634015583658177675686016782770611335442200951155
6919324944798292578745847090670948918255184864675824713338492884533
09567918078403971450682602845436901970812687530744970236755421541
6511363175038678218797251372503676626024294548665799795299965130322
40395223038618743832922946598207850652508385034527516686806693476
4411590335756089818166818600619455853728523208556785538358447157822
1905892165193051812579106036397542870722524778778912988767133222955
60784048679740590096901466152931314283833262823581689509935793876
3276889187520762278264119229715602958210286911474861194230723589992
1859429057620574781541328461687402411796797980540514691908744390886
4536825211295040399556419381930125965613078603699940992844729269322
2340118078844957893946738133306258963934055772921628498844476226666
0864935044700615523848857201140909782761402526677148155411444454780
8187470226628322349182349146442216230547005637626690056082550522066
6218127785155638621543268618492560439309770217347460612485195355558
1074442918376826947923861844518690301922172039282885740557783242366
6538193575748657147112611364747428424849838719511558448784442783333
6333000107711879550751993612078149282017871428088959836135123746466
4934020074562397450079794419405270429760767913429814562635015840277
0223813110651776417884216378441335140191505499160612019692664751800
6475723554759968830117254622386766149662048748260592773869790565355
9399705912750369323334204121954625727506061139508093393404760428155
6795263986599361454661669995012322917859870190818974924135018913911
4368459659454160848210123459309086028618931733361083631648587802755
2251728368396440348311859417620606636892368533669540131805845184222
5097463962176583313305347100624398599918179834404750949579341030677
0100528738594843353755664692465181071470782182872544621333781589311
9031428731800230111807758826688360194503113254055284447632104473688
0500684112866763953911704263276765552111801314882511451801065977444
6614857741667503716046107830904834344638366165893467444173973157000
3322924437476898302714277981408150840341696534342813565290605156100
0387247467524197249147288519518761776039906319181549359691425738299
3023805991742601501980460728074258880090578064214706785683657856566
3382397292461420102961461526176145193647550312414097477354292380599
3945381015393990220570508955447700989193267451368683814070858038466
1698277993441723181558020177643598110095562890492277270752651578244
2228354931638619606846435239720067814862888451687802295296764351499
5738292133569873122423302103314197779216290020244180209215625169600
6475049347631131440385699080535058545214050842557634551847275035777
8040594965741250151757145858730454466981193724349461885730284973566
0069117828356417316236050761637917212580824963127595381894120348977
5752336897484971976363504376205481354306828611914152594614553345255
5701570354417352773107370838711123164978528419714750184681091747422
4737587882275833872335452700905452274613307109114096151510542003988
7185187318478804891269232076191302098099730787156047922259583986677
3920623401847796900993860221864659403453778226014400658304906438933
9653897122150794464083452183832137791070410147757966347823887449033
7933022828239923754522360418803409475959093837102726613720001951100
4541096160382708164084444795171220820441215880318319423829577431355

8675346516863347301226743904158278160967576551711991659162637592 73
3679877859241125446012599224866667981218041891277937513632438579 91
9677577496578090987397489034486985038708211520729440935354610558 14
4219114726373352102982454024648292029970410962339632659215965533 75
9246091840057194367988584346704098138608759486030021416119184478 53
0242200208141156626160332256453713722744276169720536339762382387 06
7893167893913173334253378140078457967950041071190025803913968212 94
8450245020160891534429508272658108336250231813981171813025664835 03
6835267038137152908685654465152276476125392398016228479810287302 29
9174296323921140358341049175680168311427481038122342266029554349 16
2474767659771156786866570764254883064997937595794681238145070549 59
9648932865700149942073412457193718534086173647566676219939903451 32
7479764095470307400632353016027319021509603531901885230129815528 02
1750308481721393530770873512181661873968918062447447260406084199 57
0222327130899120074788363573172162698410173682397152683262890376 15
9584573060234058485494682619019143447167618285097744394409214091 21
8194950470985383606776643698917598179701128338510925419212634261 37
1777985003011506962813570628763958739365642402890614197186856889 14
1132194455731818074016563983794061594381452430193352117334879069 61
6359576053282189408007675267248254521172818213651900751439633669 39
2294224459369532903748583823506396041415937365805149325045538674 28
2050802873058138722656365780816157951018193451546882105540325635 90
1383756655255736569632808364545197344063828803859383067748907021 7
4048915559632079613896204958471806588704526537837336950162990044 10
7596143699190662195306126835354800798088930450517072801360282788 39
9932401321527021775199658263447214982785811187081793407781655300 41
2610771925163633647573490428415651139307153617683597579369043249 50
8639199854225904440326005899526877591104405833165201211872324256 9
9919659582920849008017632093436374454609489851583894011439420125 28
9183999575805043785090569162765631658537281566211783253895109447 29
3438525467526602923689517795045246446278774616788488519756458410 01
3564132079685421622379236538288457756654477167833923939689380149 77
3625918145462547688955108379232578743602867543698247774210022440 47
5149056387077077350706233945778671547603565569480428512347110730 87
4890451405089053734278811282967299382262951119775983891715155666 91
6759634753028320434743478907993572788754127763041774752843491869 50
8622613198703140773291196016437155071580277758483189347601902332 98
4686240989756710238252446451105201946329469401767572376110268354 11
8272017137211129095988743893508562023271753052676156903378568219 67
6091889701616295769842701076894495238597619000208524611066059283 26
9226587727096344870418842342965071712464620698502224744364475917 13
6591549425396830772342130669565596877328825097632414427921526514 94
9926588492394271224497192552770676033706420970688139275561663310 74
6822184632226977121490344695573691954883132076996927330172882563 52
5631730154471153519565444663536635018399475970023767297890882617 35
6478383611344767791526330564378488084762748661914968656574741011 29
0713010683488020245209979138229312157458007629271946023043840098 14
2832355641238387202894273597413440055045552891291344349682514817 54
3673638136123416293795899293613272841568632885518116841337219064 4
9944684393051036803079993891575189751257200400930624322252900854 59
0038203185679243443180420966221356045113567676002151063057744934 10
1042395428140559201985688571178632248466548754495205695490237428 76
0608292635109202946679498824977659225937523148712999305496801268 71
0372687574174633715298338833496404229525874763279045123919843468 56
8121962953005194018083114743631689001486211683338804683589937918 67
2669313130237734439713389910318145043368517828010656704709323265 94
9733589133491199818627376634783970073341224934770444767765180534 77
5390091140077694554870998669416112698945431351739473520535575304 70

124 Die ersten Millionen Ziffern der Quadratwurzel von 2

```
6189234816302441375823589734651600529193077840702805768782393900839
9344849076137331215062129868471937764189549028035896562575394033234
9494783878947603723528142271502544355888582979484764740618423313310
0284837502220313406090816395095053996835115493243333724618021715659
6750921764498041071175454426770205214430235638905283502713990882519
9005663633336410244364541772045652794056616470372581806725557884069
6968252019919030476285024172135225946072730648495021991837601326064
2906939745287157223390376937278754684066002172332447456496898211209
0763226199318304917013015775598331223095837530950322451807534633472
1838395709078314020414435087553239689203646224239483430669024389283
0015203355229161524057105346820350362020379965798306055825418322240
3782987003796038546804457940577642786473403062080128118509265320026
5361061315309489685553823755080434073089187166328334744313560602087
6583458412415376174820008021267775852982634216763991121821290278502
7122702252380390338179579689239481915563740500446492049289236790620
1300812694323487737253523659608806519295883629108999558467244235286
2507086168488371318462578577441481184024179915327329517737963701214
5555482778396123521444313794090282835127451784405813909355078570665
8722515427398145181915577855923498352581291161971203493738789533915
2456908795153669529686797092340000923108173774173885255119533027507
9503140300755614140839172043981535804407104031500187098203695405828
2873987173684099455729493264205960757980941572697028825495366329669
5995254507132487628487813937683862478962400479651202004256360778822
1974042241983920749087068337811383847947358645312189621657332876499
4929121142953172539317663990600601263075585824640315741256789370553
9171846180240294863399230113760648620641927138718731043821615965327
5789028447245614611278802047937156361353195029078307458453798953162
7721768578158228682898511953089573620847502205236354820027791214154
1496092287719404827791062000377308362991046515603698989685614995740
9462443700760982030389990203100607138453315915237435729810514795743
9178896673785339977251511265330931568706882567686417708443452539721
6706969286404921904995056534057263234715699741084970919049315075133
9481521948251931782677860734655735841221773324949487871879347714034
0917328747071903820436587370349510108684395367925249397182128473030
3155885057261506400204733052403802491763386426175202469420198263925
5688043041992225193918162625804944924993752991744490507211797608674
0088384130599778998952162402880661550116388417178012605446887926704
8423482830063055260413774171952221859043820716520210290953990487621
3405624541730531019748524971636995174324704567604440614002068120041
2631783686351073742147871085840872192215838658808548052469751259518
5146198024786449352825698620021749593458588583267211438669138448742
2488538853230737586091781287197805429558527293681894387788465395189
9460484599278687627154315978987590612527218198711791987086124462660
0234396561391151574835005124099803537292108972350511716773165354674
6001336284784481565979746795145887112564777558046769305833277762949
6573206092689899526356523481784189641390166798821996912828761660109
6846874292425406977897801952057208119291959140383842657315439918873
3156918179704647377641304749850377515464815184709537390596582623201
4575489201328709806851869960686094986935483650969952617715979620914
3686532436292125743552347563187259416109682802913190636159805149150
4408488759217377779462173510100595099075466942625615062383242236420
3108145977320835116399519730793407080605658694741856930807448866031
0167499925902322916682793109521633832489294706096203222263797396544
9144570589979569556732302977871120185196972552961751017563536001532
1700545477223730174210783707395453872068853819555097628315112757143
1395495431439558191618707905182616194779507892984510468976196167961
6231011595824118524350039795808684971957337547163134294927428050272
476857569829524698
```

712088555354905906697533143979365626133073578423161618396060466753
765055566426293340313057810392315855899019070590524289481754540647
089787986007137192557032697973557165217538185561728659717945483632
628725530301179373140738295026455953357345518886834868422635577288
787804624600034256569994705499695462830327923152852493058107416405
051351273715432011646521199696291066025577616714487402371988134553
915474649525042519871957691035376632033770019528817139941670653484
791213884333724256827599479133414657555241180159587655857076407224
434971649096601577887135944002915803205498844618945770866811659854
856209434643621377500403127451047529209993343874155291332969605207
971809778349443703623541785534480763409349054762873102210348585250
666076973334990944659098511024690344533058768073714876038461476711
260299738018479559080092905076081078704407564522454646550805234201
920445336515647777580750640137108345342403235260469070791674211944
545874962209931434563744782068945346467316663441947187787598556854
181338594176340424162385703689803244239877004234030708043431992119
586337930716137266028082158373192362774711245099888441510736281477
167082289802059583577733884853426585326707619835073273085634 46015
254169930139434066854533430688042316306847759617969056003703 78311
674775431277006729567968984465325490147561841094119227778077 848167
373406638980673859519239230821646658409217967340158488285069 443864
722665360910132407929254351209733368980964683287710585965593 136870
797774548186947128956208093935789315029810194693015025495493 356308
674754942197218861525492050171382816027551388731976637088173 804529
671978876095402623295671238481562494345540677470534353950857 375091
635482423672089498123789546190338241071286716995908053276774 014943
483064883248360314420002859902723575659897998182059935991397 162015
281952939937873344568030909300392339571982116805974231476674 213676
045028982953346264280375120093489677364865663009862126501926 386464
950068272120553051325833301244049136767578583808562465472835 954757
771827598808613556830174575331805601730845448041635615196623 887314
503672392846901719143445982248627768178467304875568251207772 444988
879663862778388886602523282351070250027865787790524499166340 941711
286079299351803498125990794644912366317220350242389490245952 678320
786890436717686581096073566685859668517602956385155653747235 258151
586117418427821815055640917959247980577062029633619247391593 759212
518684546053686890922074474337499730740605507004550738804054 756231
125018936908072711983598481153358388443725861229451715167690 146495
985471082565673415444446559726167825038426773687127950624248 320930
522114838876137854124402943240614384376458700900194070664699 836825
311780316657678515514687283088369060393558175452487990389982 795741
740572721991619043392102502296486737563991396228886596060181 639644
539540082440904826263401972609661029618718524682107383113553 136389
841212384674876086688083612742773149986603855878839713795996 1494429
143166886733980309751974490615960307463022463324657602076350 514917
465369747708459331187751378578327346241597607174318241594401 425667
927065869135102798868685690998002559456318872218987602292478 72488
692800114496252725898837196030678350491423786147140074632706 032741
219195321804557555511125137720400224699059779251596695147436 140976
586705887192077797663468627054961556199798693780629489206128 88373
016130160089086699864993294146389428500672513527500472638950 789491
521256965994691253030219266927617947859844836326393479131653 719516
381719590456967693854670077607866541873428549606565310287645 121146
723924512154514010750469485245460967244209844676710686973863 328920
869637242512568421444379664735939166344695560012536198040400 409605
857352708297534276181880125829022087366215148104003157751843 171953
051712599907201498012899117587927305701837978371415912514035 779953
984351796390824261299862538048441665527449481009833321489103 907209

126   Die ersten Millionen Ziffern der Quadratwurzel von 2

```
1025341708229832487162813659183673692087741663668103618753684456447
0033982321981111185684282605010666597485045222281179313284805440257
6778914501617505881805810694885607005648209690370043793547804040804
2153937190812848618080755833422984586273879873132690330281511244751
7345928640390009520196439787038803894765678019670245792461460170720
0398521481117680120141968258659437701989592270669983506276957244681
8209665641271308007866982948897845121223481350313581850065358288697
2225202218486909133373790695655354273114413089296241439046901445089
2954797312841519966209791635669705350195377923829588478810126154688
1282515165329071590041642203965973386522013551927698653192827262177
5964652698522859531529799653881748397486238984174336645361503916144
2884656739290458101478395141421838989108474183026600184589236157852
1026273923335824873173476542791063628830370010074116812294617538988
3639631606244452870275042267454054606074834714129558587584731027272
3470765467406448727857769725122042414124113537184026463181570336744
4633352041298713449514122324222055981854058823444231807334624016333
4790478341781903472302517071429720120869639351784565330599876349677
8784198817630050322854847856834952089678360809337997394346978144966
9934329965047850730639840405640606541955408529952176279498862300122
1229215425874871748466010595838015215791009175267597045606699170703
4889562833028943523868141026437964936317596285699432750136861067207
0165798484638017024534793775075235792601660006180887276743519766622
3617840948673392428372087093989511056478353179622077005503103987707
3321819740910981515443601281011172012007343912427687735739914713011
8527609840617496906897148443145795573300360654376338549407921677886
0535259512807125453054755415303562920887295960622954971216198393927
7434772585906728656081373663099858786966879872654456551056698899281
9242888526990664844688403092944515296179239173125565309751464947327
9320419575443162310405236084962734292686229923706260635006977723744
5649509301795917026896333152362870121416811750917502877780575215699
5454420829881379457454162557916156446326761921145457379443408955866
2509967197397081951119680112823341765606605643960856725336915053544
3246737777309325120286402710513820041587630345803522443400548073580
9950657079783312649479443918336805113902110148797370431253414327070
1711756242103501642149051921845499277243463964686773333184617194511
6016354390610141373328192688735199511030474986639140674699153784011
1486303469441229974815786751767951935165472012812761027475176687165
5103605242232624046644215186505465084823661279858924452599342500517
1207811607223450036667385535098260440170015426327846701910550239844
3050893193939682006869641512146769958189207363337570051715913889911
3915819097861784783651244958267152658959684750277757686244956305777
7382006974681709523325635149215542793305408053200167267229737883655
2701354651308705512786021489662645049843541495662749682965484550799
9687730134873767765887200091142744374693628835401306604913440621144
9623645654539784721087762029194392012507314058019197767635779697977
4378405268485454018811280072692206375040649634085483815203870959277
4266352518408410471303861961701117672536135858064877654316805515699
5447023349700653709078694076382935718826617125194634947499379265855
5524965052173808895956404669173209009048307180219554839853073026922
3037241034863871185916553644671519674632515867363479661627475761288
6368109903662262227981705752545468100814993673535813040830430677927
4427661279809493752246385574142471134148351490266694565625959172588
4545721628873876687422108468950997355269807961374898318768721483344
7299806878553729012175444778082401885961878670837883129531351611677
2386079804708108477703207422729933623729075836391492710191982415355
5769798394944235026992597759386211803472545471163980729904102209655
8887793624240875540045365752262314460622973504600418112541191097244
4288835958377102679429633047330300991334088846280219549374826101444
```

681982020868211025564492347498691365898251594691388582908357601164
373450780286683693266408145605974566646445788592703992297485002 5790
051246099145116954941066460148961564237043307111305124903670429798
339302876782033620667911071098794813633686708146677784257189065912
842395180306041144883478989272413106478805555066197873818497143888
491250286501705562939046785903045045135161033683512696040604607364
317668458638337529144935025468288758145173542063223400843291306898
497595480020534138200634532494713402531003368772604089876027177337
571829783702629929550063106558960154950868889290621597332172547316
686112589997625538410122561238476619191338601298717067196389033 0938
598411891729872586818747649718570367017232213969825412791533745388
859942586492094800048494076686995251982850861694417054440683867317
987148646915059231063581110952977296370945941100007601585022288879
332687466509055423164439223454737595895160582499992538777767956139
300327323331929306883703488786878675640557732059193504521325768 2850
583926398226617251579561931295486416035758951150552417356412893658
506730919263558435591547724994476169851464661475585842519789456519
628675924314651661909060406124893454390433067815661374986088447 38
679593283521922933728270258683810324150127456186784470994877648078
691655658660585454996636576959619229337779912197669015583820635 000
637303489053336338517875826132648474726973190624059469278821852596
010144861288823745783348650576281938480679630055283108116676257359
161391281134438766054180919518745836388490733477068554410270296 75
695956530113000328792321846651386019410590887359221328973140713 577
256895211021825662353787087871835004354060708002654324328213637684
052798234437142606528012755645349017016486713824511991621924070407
917734895941538136293025424318349963071585856237809319743208490650
873355353330933883722286496929575667019034975273646270694132258 9250
463535311289938802734555499273389825561073426329527342647786393027
361758377356847134033429296454754251031427748715291593268068806873
088482349868645334185673092379735654548261072293623256605324818 33
795571078528433700514676251590468812386402125332158396052997200 291
122808727226218677839091090339716289219920026319213308033895467392
961002694616867112893396535431012962449240793275054705062143969527
747959741353556545228270968661554311302813949131654487641589297 6516
683475501205308022188303579567066205743863569832465716643108451576
609995127488097462159329067720631836959158832027387616281010521054
777138453874696363689693131236684056947396989588400860717877598997
199835160477700553685286987322796269953737305039663813103313975175
117028415799042803289977485125108202780906285876179997542666367957
883913536655743988267567964913194842972667318805202974026365312346
033905468913683854617631282753393220942056668587657588863554009924
077281079158791896728193848387866158672379049629539903661757986712
670373892194459680714979061475458619634105928522223615050606552597
895753995329587844601220109724818610272448391474393431835562139573
399054713508433665733909905940739848029996185504977535502818793851
197115749565875670021275764387140845731232196369997929620935851920
953135865106354193200891142793670522556147803465585548593923101303
587586502796484850848188429744731830099273042651595886824630862036
305073716535129343311513428628983758958492532136197360116354311350
999913509475167334613544220436826329945245431032345475768553681987
482311953391003289374814397847672626377620439346144875057324761587
011757788355538426335276762241311657387590277017241092110143017845
435409987274620132427693360447497654059738100364471372453776515977
371947454517688071576653396498477936726507252848686139180789749014
807421700430645415948367256083287928943908103038956357217794185249
571634632763692089798231696655510419008507829456639390242631728041
214230354441951420786078427124820633758110380509353558504792524 9923

128   Die ersten Millionen Ziffern der Quadratwurzel von 2

241701515885236499695672722180236730935018398783424582365853881544
259940128402769038532254899119259282667271878723140806050675608113
240896015266395080779287934226706247271930943768464840757447211668
699420945364818741048505659979598782983077469982471401855571824705
914895853004822212089523558914597381496407047993985618952804430179
2989271815594532585813601146654099663060009453564711479482124161371
053802447406317301152365647359814053224715879398095918223404201921
739501755879115086784172787190828056076044262483191795522905382926
160583803180366695056278253351109401474385272401651151291154862398
502927070497198220937057745182808120469349478989457366845606400787
525886081860846211413434451543803326311226421170251580820866210117
614333371361814645017266069708890990032143753172963177011868182316
455594429487039317663479338946951628196458800892105779297652665321
879856596957369794675244627901079883166452172240725783942417823008
877811311358435021254612767932239610205270174362216991560948221098
184714753763773588754170488318570682406515955926043450798791291306
186272271870382379312161055499627559647327536117045089748499179605
034913325319337781171165309786791245148027589806096381341423585185
583354415599893638300396324683053732697386875632406108768956235206
689348884155378112241230133476808068162794265703846202895975786158
276970520575397567098041092312867009495624237948388117688972705283
326005203141070186579376697299915568070661157684084665875035555729
524088105916676204546324594083773981891311193738934961645225894970
346127605742613600741031994518922548078322326025961194019645697798
988135841602639913314385148595106535810337954056089399067603545067
28599552525978213042506710281116949258442232648103557059933388050988
584303832454649382285387718550163383002763797179464729697257291589
134886025361203713899917701399650264474535471170464677556204818115
442629361424503317352794550621505876855970025933376622900679230445
271238307430009533287264071811787812925912114495409016357043263084
620521563117571723695996393518113664266630134856612262212306715071
760011095977881308705418207792728918351157367375914984078661015144
393469885267389101422036476947244707373506348980283317746642946911
238617301824575539388997669342163349602016000159523223220318007604
733182510580041893631936426374123341831564673538755274185791676750
146618763122872623288135186775652513885390601870753647094556384036
226423188519789641811713186723845671220356515234881224436159342874
030413486773532181181990271504492917487492947899956597905364100636
125593638779955883465278602271289862940998474797377181040572553283
658100654693272092645470563282115482344819457194927405910365729895
527478916830799723324685124498211077782291157448982157631421986341
191690922591720552427458393095113839787945509689211914978859148306
260259292781624035353528789126274347692708557913146993495772833369
328279424601976171244217345704118070360693538331108216936571246193
901298806951616957737375095807534775364995625316871371598809701011
690884060624188905125126837514499199223554027154858908492928798410
901990268072453135411823618328411227764674972157810901823346765222
853044644783075219253263740178891516278239545238717432453401331435
798459601830687612761124050005885847190288691224384706224976940885
890894412562192384555961001563740818159914310313890516906661575046
387548713271352196942810968709464119770985772746039227871877270307
400559949899569807915501011600332723894276782801224788620424246906
729744499768893953171988287663417831019772536805935950902751115313
307002930377594026844094042527869498578005102945838829097288910322
582865509787773583552896307806105650032418609019343128873481154185
815078547754776719137333405254667326208288924122452200818237942570
847323380542740238726780558949745277841769588417184871772869435456
749621862740238979052773735682558067519988420781092167243700440304

0211686781293209407493566897056674109543237560127577227632604306344
1477697127204698220993845792820758356270031652071851807098721761799
3828041719094063460382717169627058752088677166063185447995163135877
8922820842929462559696133915980075775230865344306520986474462627733
9440318332191660179666963666979310621562267431077237165123880772171
9045791615252120053562153315888673969227151746027506466332491472275
5692248335026428947278619221549125961757601034943516169147281435833
6658569689241022672244233420349044284072342032381114487780302367088
0031681736759216953926514536204738446498335141189850155944836838677
2912963412657298461535363931912144092092770339678591471254562096288
4329384659713585395385809786837960810524729740762783953533109171555
9869015037801011194947370888999435853549250418108259715114608504100
1680638534235591139571442373100862189429616198855196576630452384600
6250447550748793969444597710188405632614116065335976734111765074588
1056892785933248802057325220744226005968579874299366553402763652777
3016161299872674934143857346336636171297464865479681818374762046844
4162967658306815177476889640798268825715139290617474838225404130011
6967686778045087638922218764919013870349088921117377674975493937666
0285826399772337532726800724803068452327353121859761026192127553200
8916283864371496467604251883980698919899532866445763824290943394688
9457239556327263784464666623212320393024283164847323102855798491377
4335691855811033260238767755429454846918781543101814167047120361811
8263202266139788880601303616653008514610716592412533144477689657600
4423865202528774563757448819905519979974447271329529612419841656699
8929774958909538335639583059560466052696275420988627053958124112899
4729549555305571649325754200857027185742984392635229648657325811466
5596484831934612398897129141440117870119933105324167576388149731433
9697575953953114229646257069235308592948557397093574033980335228588
6612856942130434603283565477702658723038583549395789098172487734844
0466103529449384929183582004459462931784675683649152920843057948522
8030562791257689904735678774210075768460058350537126211575944700744
6080031205967180052161515533661367255777213891479410239109125435499
4829762541244806833187964358112029585573549243153012413992030864811
9162147778442070654601740328304927502424936930176976422178298145177
8111822098828787801877634718098309282365181070879240873035693681522
7181987087225835899442981741902667692773456944133974450364479970466
8617052325193520902430607340859603882658542373683724845288235146822
6301419954938503838088482591867245797940300275619147246999870834800
6062228417553401738927266595264693208526306235191486422328066488000
7676800275611274188967042358881650905670860459761656451665755117055
2545552553064057957998444222116961691046727216014314573389986141955
5356397294905932188448063007465662783411179919182728119951016504688
7886382032914805987215541597398836799409905913228044221814943960399
1749089505521860580832342993510864811537611377188904218267487737666
6317520973119074606923133237269693439422224122249849320388512201033
8288858855259813449703919389075455922353130263455457065637573767611
2427589727255580740796651617536096470529797336913823558125476496222
6417716322085599851865280426342843632505731755803494446675175402544
3041484899823777296327393000109395144069054093445421670350670820744
4415445804478869833040757528941125755184482948197299864961303868288
1142592381414244518837682742734996580761374846970970355998606883744
4326746030694293404676411575155819354444891562288348070012205775788
4343523863016716645446976834457016479712820777158592551724593393000
2465286755524251496479135629224149385449069260894738698315222988999
0444884272244156968822143779013489454404926965519698382503417438788
2917564796387936683129880901503660153485658255598542975179818456788
3658977393634018273568359884647571307039087117300532356369385543133
5715302332295807030136213247587436608411376517175131521081925318988

```
12132402886299345550101608863736050517854200913829380136126327349 6
41670075650257281109209663113097611501706495090707953363031818094 3
18154677712070672054408009455724496802117397516899558904569897278 1
68761434336713047201264605735090309051069384980093763987662940236 0
36410322505172788927793602946407060886425688610301752024738668206 1
04015332961027480794933986058643031423633303712572216176781754397
02393558993118828489619893668930653095355104748031516651446113474 1
87181983013807498958944898257549625954316943237115926752333078485 1
78827868958259890159282823000684668280378651701289349441122683520 7
12738586957105932109472475258693973322114143553416038236426990694 7
32708375872346352561084211015906496970294496131061686589567426592 3
27637712628337571936589613208833057842478510561768537556850020640 9
74957574772099224957404523071035916662837103825038622535539256050 5
00213269593625791329924743633817152471861722927585927550377924864 8
61204681344590938111865518889029138833727649006818755829851624966 4
10358456904121178332972972946285023832621628388230186936412173908 6
75855432561924510796602843842626182929354445044176123129290104721 5
30788604225339086811340628296237071204590858265460008799351908567 6
61163903365622853699812118174318281018766986853188959576257153649 7
19855569381109887707860476687887417799255543532384233915386824468 1
16334704833653694441309622156155818363950279845425106665005934228 5
15856318284584193925892089800525141023463996340975001850641740114 5
35340279969558643048291203036269120846597546419649215430575532033 5
53286896953551621373242922197022815889402031601265330555068535005 9
11476674059572537201654253263336321701288054431104750324556180039 9
56612326410186303698594578800354132465416982338022062371498261931 9
87255762152365426274842258130642352052152753836184408670385942315 5
45235830441542878671148338726217683344464655919378076386854153864 1
33883716659102858877835103505476727074679468061697710322509326243 9
62477855357777529866683362382271205536639981075919714299351359128 5
35539347249018782977262743309955242982832206386260801716861284129 5
10527478692257092624254292318427747278622644383846685763764317452 3
44375257128450743367565355590875491101019226155322570190857126494 9
08131559980355134350607545865099823139603031984690891286505567316 8
47721501007851893026275925396557569976301977026608215649647759387 6
29739157710752771117025718773341525389074863400719717652757520662 0
92704686603389958738703019614012913635025865788207871282142588680 1
11574245652040252998061438341241213384627960059961556438961387171 0
67185400134150024099089095124089657497694885302287630365391794743 7
43694360263518404664056765780003946517476790345815632085964430601 4
82175707608860198730729441817871673754963071733662069132341740667 2
58247905700544493503891578710891340690321784313502655531541864888 2
12448730239707667757997977820239999507935122202622943001746603153 8
96595969999873427652055860578142428862287006827927765937063933521 31
10038860030015826937481804580499342977822380447862539333320582200 5
61753075360079917957675888421152299498905833635769534866539539101 3
56395032299633649809457557447215231429537562432210359699940417671 5
70776006146272091215544440765894001743705418040537506947092133401 9
41387936848407353547748171809339525553198229026068705271884244044 9
75641986376357201166355133138717532847264821513079161440996285844 5
06429748076673192438457874309351958988233118053516723815773694364 5
07322902480910696187369819076026030043430785623768407957958261207 4
38591547564478412586370977216595454842158997867200453033494605798 6
93122045145314057904173630245651704526343571855675258989001038007 8
17058359511980340129692663947074134067349458327413688993262011774 0
91102234897599163279837873239023033513002804799659998827778199302
02517320683260442823499078120201134622785758398317468617504014632 0
42639245116156373187889988679373956643569077014935281591866482051 2
```

```
9412473794200348333817896149165758017413712555292637200719183397971
8938553089479861050855363572987953244841322280209145552916038082
6409754972075117604067214090915537646508825065090880686668891621788
054165542523667578748617366198364190537931605081829427889193498722
0282022185720250246508112804467273664022030915720998486227604181 70
2604803249070203320435118032420952816438607927974673356667010131 50
4551236301982751900002729651151781461794182142239372584556776435 49
6067001326730759557757229158213798471712454942165221002172972054 76
6859293566549598717131930641334958060899166675887398721762867672 29
7511985806635659047681319243224412754203601407920365768369869019 76
2508853799518827777851168700752991827949510632352379815291748840 460
7559708211743942000556469540270575570355723911036512778935708826 77
2446400637675647238754141130634824616276832320783640365501874688 43
2703940573376207529679615256690081832981427483739938512841435092 84
8728358610579630108905668081426885292927094685278921008309576937 17
5926689786088811293868423107913060353145403594226052037634929845 91
6285550375551878051025867777443378171080387648198115779922076001 58
7148296166875803031358019924134130950563896970133284692318145643 54
3277201079857252565360765194475812985034728580624785195565429390 95
6452162854807170320194236686580333098864986859239460715029167629 61
9839717947618608862540247357528319948195186060974651525849080606 90
1256760823055768477440935391831737363116074252272465721021230872873
2164800049780785769396482321698428604041501898971305095232227183153
4441895623248251563074286089182149131085143643284894277961923986 36
6304081461143361287992269053031866648511794090771748393171368224 71
0159117567384687541267133395445641789406951194247289423857038961 94
6290641794219716000803865977594171100053418954726097863672708403642
6143566455310237255208477338283997841820192792088563714913901631 71
9977343931753209798368379542419318047622420907980649551083400320 78
8635848867688684131457148210352572603311349942671930848235811791 05
1207620948619460567695466829279694584324277988720349305893133075 69
1965669102072369146482535666868131935511409206563226303515957354506
8911433913559939729940375840177850912450597224599017301374626284 89
6899654505326161240061292265479368868321569221462090059026350644 46
7837308509533411877486876494521443297666130865228286684472736832 38
1786954781271673041051988484085527852264545831716966787305259730 94
4943880907135299177161117910670461236395792425318130193004198921 19
1936703804210541728245145484595300307882178145772432508029026417 00
6687495462865932754186762473919389797050139656918984554325946775 33
0160954957726817657636101994886885108707777274635578769836668139 92
0891222832294829246489871977229779596717098028869462718261671097 03
6976731281289369577576774431628605973987608744051095558354742750 85
5555725828708324409475774917515102222350902642897233445446269034 56
7939825292777312760655462789460405120534207100348823670270048218 01
6345566177782836434530450255569552021511286655044655277646912792 37
2782130168501183240439900683886527955237945313139207501352888322 92
0216319428352004197489172371181052090313007420820386506093266692 01
8591349332368307828532409038417791785004598029079137494211394064 43
5507660215755673863558132868488640074422285283914222873087634158 60
6386826177373301054105757221904032137590065220845253647950870493 17
5069892443489244261084982517468741859499788845542491545748883662 0
5297158993623530561889888156898191052725839381605425878520067860 10
3727932228672165123551210991806288343744729959567421644606476663 34
8330922526511741946090772082433176812223143355574351013476827873 73
1204780451932793514462870539039152116956660120891811203671237065 24
6863770230601971433881494211272531909204391302936924472018759978 28
1145525628588092327563263926928241013698203279925024946721284124 56
9244629006165929809623352170823762006595294979509614245219230499 24
```

132   Die ersten Millionen Ziffern der Quadratwurzel von 2

745973094917440322583250177729930985645932832993240771485667738676
081029817458495089209192901521732042316189217335690541654628382326
887950590783541237753443060815511803888995173051349038240796606743
406677472465635144118567824301798042211805851451920414199575909758
065019854825277466509165138626008213357941046096007359644220022870
455676029986044105998999623601523489727899351928274782824158900126
752774492383261487628363365874949542393016384644673198395708091834
994738060462884129020193016558143703139542954861942737211978863727
866118116391759672210930006456108857856203178915755489682751691188
460613550622531547252850195816399290460033653430864856960463022155
825380798338617277095101387977290565072105158163529550906253378150
799003971294487345785842475751361153744309840646409860286308631669
797082601424457039810693991254837130626895989001424085189702483484
439385010823685797747674542122440488749021629661158616578793476126
301698398780189982285977801442822341803196435686364577534903724426
944261653753903100873420262587922084696095595286466976989015583444
969439444061907101745843077420238953016141068771215110900698793731
295312573567080202789532028301663399820017589071129994837643557970
417716854702097724293913465124491944896244727900383212690005113629
292969019383408498680086109658672999644476960851455383168833592997
135699435306704344878722087144161138956438544615186525864335865796
828502524469741939596997517268839335472892879531550838830425235598
881202637366072156517182157787129391422551106240219053604249856571
691073167223208777301538522469229723998074777274204344828250719543
884713474050553768384815896845586013716361496157034205380932217228
106365889407684282937649794759848522676320291975216649984674774674
992311701510915940877268304041864968685215355193563342676380965706
675787005606828575334183054005668466684563864891520912482264926546
550166426987588362136417085540529315496548895675725736800530886182
155106082485597713782784082943622837492935714082385706359654570964
445002132336768493962208601253014987971792738469858042055126209476
239909621990740074285564750411081677096678804712519577010664605117
809814247617929279322851388551149930968290745412458237784652638297
494680198939717360624434796673871092504976466279765554277916823913
438936432470104846635852158424666198299032486453908067174176482568
354127368117370103161248358170402954119994335722440118070091567672
630706240681089232322468100703580722549120962879398106678883757761
155502957681903701510082751814932503085936591255972139500448328081
644260961076431397151450161747532676720313892022770934870631375058
596709608818489657832911867549491531259394477113544193737487773998
053282341289580883232012401299511357544938368879865162390871573728
288410801247837236313938214889994646324387081384131154104793671743
470856853594520301116777405858831744490077072362022279777863331141
809413684809851985210831531006919152391030520417201731215191712828
624961893655356249535242515384164948480904603986617750371842390575
155941257945110730500603123075863349228266456211816377871709089481
417277740837364727856666871210731179457443528417145689617354927799
782932153758540360368725894108716531552242868875848914580224065120
722134381575531361446657995123890042500146530919802014904156555533
607332252628153984305416687099147218501751417717148434988160817790
143665960687841503996868025715471341284120420208818918029782399889
917820515910765200470163693188462061748855153646973674113495154449
682958262681800559615547729798983998399039560171327921989244308939
970950396699662446245719644907666765096564248288217817687305235196
242436337885513691518794726877399490000370340740078490706911791256
690212319923839180793141267392268327080816007435257164969889471809
430805625200338152005034150734500727434905752674719490978904292452
813497866721743486414205529674116307581427307047552828270587218524

07722271982093031515791750543902417245619417110261664291634678462 6
658089220183184951066398097800909137269288458086063406438811955997
216008258642333257664658669077386966015618903696067812564457981657
592720751089540157762033438177775464059196422836257657823518420252
810240551435106143891104921360577572580383825408981627859401585405
471306974998264925726364102451414822387589292293748114086917113573
087250028197363569051336471490406693055786952697592485426547421770
590552738773294299974367725348132167106332936980537949861936589571
069728817126332241581921244590368004467293753739485721867165595142
936747986083533607159288284881427057530112480241519138162921101 05
678849202167540017243640007881705046747727918909226477478241542295
516236836093329989911253772119818819883383284455863360047498696935
250952400239520295444278401722003609751508832191044715273806100141
480095663268837012955553368675876764136873221822298672575422913122
561826114095403846491360157904389400218208641612536622235876990635
949517792485345644518913160437530673249501261285854448901677713257
746829313594361083768576684627021118124636460427951568425290532283
318328406574458995719522013996359086528851119519959807565743451340
814078944026378648951255407847888640113938689584123128853116831663
456494229654296032876704053795526989094807632341541688004768381065
613797127431628072782361018950655255974169658716400826849155649103
525168134125162459596796735476611944674526373636474494144842154960
920722937696359099650169475102710515117730923017079225400632181461
986791458734400998498372489346539188198732367042792462719268785957
435874734666263312020846872030821051036728314026001116882939080242
741495823019334034935218776372073046222359963784537494497628882355
850374685595594097477714658328350542997199731339675652264290766410
844940864577234519343210492394704316013141746703556858195471776462
856822202218739817081619455920111575856865750921361562171026983197
873007375541048151254680808750995035785630266915601780337946369240
524122116388422078355535636087777460304165331587912217865544327012
318089345362290942217986576268224057549859817727451642718276755554
956983004442337947251480417136958912310092420571300583443578679216
739205807957658015633913308757533460381533930614325391070778420933
550974130274451104819643358178504271463731190203550014083489217926
055978952494005401851927886378235162002240038780862658710732260068
719127150642226400333701937173493799117829290165380791246007229683
397630397599464029859008489785753079280239431092505157057297904448
430166948051526032917861848970329437264630158050398260853134940495
286960822038638345364365340130998592537438443512341580610272426753
974871308841255321749233215501089998809982328851458399637314198917
439016094930432464976707243738260881832140289907042790055682613282
867379684118300123618963221316071422819763613967249707786562357350
459021450250204636192453689117269567764423272840462635850582604777
940192534281242989923448736661180520046757550260942514230760086532
817065620758225542594274413462479453593529812497245316281071735727
652017907686473995199934567505300144996003158151269062442454455216
373972540754505450337852070246223842130220861219362758158491787248
981420021850462839789131039959757601476066389789896145730800743545
199365625983145720807234662741476876547437345115344159046940515507
523720347107727661531914653634731430081640670020180094346268908083
311950226536062553913900795468176866287616904971817653657539687445
013193763740624739990896924937961792319309127139162287430236030402
514069554082770524280728730828153521795200975500159254165753968 16
656350293184179214952149727436239571740572432546946333859286191730
548208272620927419502129674324356365945520611572573280384015107264
064505146680558616982569455644495246824484331480653913915261937406
845687648776028407037379201881380101995328164296697852434215396091

Die ersten Millionen Ziffern der Quadratwurzel von 2

625501548319447058450557014069366756017359329344616671366500763920
339696429927828057812697718066093394561896812626967474388399556835
766704566196041330771628480930623880336024291818172098786231864390
648235301245195680092659813714283956011433592274181096473803652504
746920353965207093913807493085845192964618361105108850329761204862
816087155240699146266180794107311046402429625099240549493376483953
029037130492629403717301082294089593827531456871752852545496563114
661321843008148925109603832079502584681277409378183205750655983384
634634585295521513388982801725392894150896233216319019979219368200
169450185843145894438602273115877118311538806388125844166875200374
118569186934821265662113804910345461780763992429068698253526982171
691961489210672052100323326011343765431755947233692734894996164099
345614231551068655815353918761129073069814641341841759355498544255
770887514792584610772260164958828751742640175294460472676433367061
754833043032987141360387383387069613144362896993772408113048463974
617808943591860084625935149471849890829634916336348048498181866006
653181084041317165911898211827713362322917569275990433573536850031
025198673227849750607146486766643038423843355806172867485967257585
606593175387734268280272670469858517412234175210397509952259606469
054117110293958073583841207016472670915634398331820687704406895564
773153254628486379033700463866496239758061977244691933948791546085
360768701401336947544048307618276457464168372099967254010391652289
881217772180887021915611112766724636873628490179573947152137493584
081184834421577763437953354802338759594712188723684656245390557
827165407009007149174847600603508623540494604847422643043909785731
315698372935735599081153147657710562401647436278268539918472080034
280243568253125622744755198659387595634964884756545877607160650585
187169966459473067073894414961012659183836903979890100015385394742
757898216292861528029392174594239834874732797259086272421572619444
420206344171303748626000299085689153537932840136278538416446281401
656535646815927197853948967170132794709027494926489524714363320839
508825354307030384950082117177430140115632914583237624870089914792
236284169002374308108397875777369467585147714582020452465804037676
532221005846033120578958240797022561964722001357466023105060599017
340537385035368286554360037046670378112790578516478988473410334112
872460490648596746655161228612906421414498862542473027628351657294
639213963219490406885814504457055347206053131004389531844991698828
889013616003871463597393090382448374053143792976996601402800805665
068079265847019300505885728935018412417474294791065011463189789773
330333183415918657879063443727170755202513150074381296886403218932
204739877902846949882744854176358086808354970486968637405737008030
322928517004086984152527872647289791871946683180927913411025814730
439863116791594137284181651232128058466378287376317425227033916072
555030985033941099725695533570568292835395340403320129977293330232
950259508401276588756753482862510148086608894214393499198071640669
194047245413682417233547080744002830162845317256390345936408918983
748647545965577391361120271036389166217730049538527667539356121497
604893243448194289239161327539608291322777245377092607084790878100
189447719161223578842939283753809251794861865811989171630997340 98
656142786485274633847841909981282551340405962789642377885919583748
310928598678929715881356706540454613837557876333344044064341549983
774866496205003802979092147436638653263551647369562420827246097544
669417852479602139463097010825516892137936859390448817230687887923
896436653594042394835361481266030474818721693945604343268750001016
223369320109418879890571366004323498698392300213836176801049799267
491557782664789805062808943746584618160303715308108488798853 01886
140268311922969565262258151906392911487441008319100384835704471008
493735713200012656979441454416046954207251786972177069029711358871

21319834320058989730890908256043018010667505630902222326183659333376
13282819158745723411582006806885975294407454664780660032170783038 2
85003998512023284167347974478638175450168070197364826722734323598 9
81319721103042933215744776957427050173604185095594604983222948114 3
07390112054807190078645213237885925194688707612960720156030748160 2
31690828446225469173061415764646691574310138775305265459323368050 2
75939214154449688964171137712549405630781664526210259151440012191 5
31226868562699035723577022523660901898817224214715302487673443037 4
85681842343347394394852243314574772423149903981798799997784927306 1
34497696081224574642810683016630701452447947186820509448696663755 2
51115943046772884001258703345622845461169747913334686314013193530 1
52125555695201499634102799918211176990128819571337813055164014230 5
13619289406617666612843480124711266669833835355472526444428260965 3
03728776205658501299993942249504972393901081129365275220048363508 8
50039439843367799707409548881962344652963776044033545846054880218 6
69661217162837734616198199546268175149867821949707703504052831353 8
61268242513243184444969975781274097783045321658480197891786011431 2
14763536873901645194971832961265103725295617674932397450765437204 7
36832438095345764897811361083634907396386044132780625808725544720
46602651733743379400672166125019819784614732036034236058058592029 52
62573729101362761820890746519544663680056070623006192226365064290 487
51737620198873724876605682808685292587483581967164202754655200388 9
26600232803039072548761558796001383328718701739795322277123565626 7
20882957438159465961048904405390433786114388310031863871422924397 8
44683184628993658829971833329022958785263390217272044820111299748 4
93766690058581154850372468158016202247492417926689104269010382487 8
66155012395954187676171812108281984077345229259942545861168481963 5
99415695386127846496631030182777784917968552834547104822240289568 3
68519541163678668806731365250655617620142384899968462455935566567 3
97963130676259443788561474290337747516772315758310846607363005974 0
14686445167519825040165105705737299810267563467859685156800325542 9
67908878870003459300818331114021199856933198912697874535964858920
34938046038625707399927706443944615688456176481915045996915040040 6
74366643012329804599020388951279414341914895493643108007021848763 2
69472899771101894261045297168229303256585469680295328463900408325 3
67677785178749915011399655588639985962069095832427234246866912262 7
24220406689003138467414957562825903806776043471240983466066581172 2
38546556665280681756339325544992440195096975951798034955262489083 5
30077483301332786851263177884727388128523105042455219513009021269 0
83343605057838827061865370882531479222030336384403769719614708450 5
32965053081683906031232366457016636922456276805891897597127433317 2
70323512800261912611764630256887273059158220673919178813095299723 1
93836909070546157688227741497390908031324976020022329352777154493 9
57962388402940397426649382563688062042646134816431365597740596342 3
45867683479222679315105468705601771744928133384657643378307139219 7
32065908055352791536658027028943901552198392984839692462917477290 5
12238663985639609550215822550805818491318859668338596902994821531 8
99185173189071897994872915500530853861166115195780856669088920413
39278314078885876111781780687389269929682774800221658583807766221 1
05855824803208300131224236508474823686155351184438331950772219728
39257903671380916589714979709152392428999232990665177337798779972 3
46260029486126059862839948231439158365242235742809934782462277559 7
78085020429634379658436440162801208385054581230404738510217492330 5
64441374122299529823347865776269006929528657377666191164018575065 4
63022790671599247549478229419331080446896172710421102645552330354 2
46878600084423300627568977016080750897816912719665700624366967872 4
71664320391741927925787051611454317666304651102441843836852101061 1
32724197090131681313577297904002127761574551271990996224708996227 7

136   Die ersten Millionen Ziffern der Quadratwurzel von 2

```
51998164606695365868405903032513022097954379644166894615407608 8416
96011167755473921733790815608924383619942951861953119196982781 4688
24701006350245228122120094870916315925133754995960815090837153 7389
88484538324650859883705478872121710174645282886948675786859194 5114
37667590215348429826872603366565706652292011206761044898433218 2154
70576281092850338122163450402232499672196524053194312801670354 9235
35729448360134331898035817073701695026646017755210141236059129 0844
15126273863757943569173800246307040887527939950048112462098475 5817
55679622241588517675540033017839878428457288150231423438087901 9221
94210004082727235312937908517698105016769286584528812860367528 9733
89308133226148998527430292424541570659595730504128287849451319 8154
74384915260801710703573536519987701183663509357468685855955732 64864
39739471678350847589984418087923106213024969366818529961531874 1646
43487664987541821041854587523939019966991760537873692528939122 3352
91396674347060888286684196845178220010852086138006457991068372 5026
26325940397586359780105891609873724430284409281028051468864767 5229
74732237710772360451326899335621991319510033018174210253052182 7683
97019116478277565249172566647613137740302412662867949757150968 5711
57440166620105939409915472160479607357245594884077977073916859 3800
25002023884338059148608715620544434085650538724482143313343749 5877
65802079140971521413074923832552357425518787066599881160299591 7932
03150854079298140135862188046521631903820927895235354593651296 10
38932668249891194096510940339956090752867381391126148417679890 6182
19905053902153675064371499904830508821277160683043333583714745 477
27779791556795270246444741820326274701921509405362095366969877 7976
00141993895676779619153301744468718748241156028050958975109432 4839
64759462782647322488490645376534678750748753304415958661561994 6311
33802099580568186992863166055347783693199863322033262917653170 4828
51623343405048520633780077670666902813522529848277596743226800 062
56703714078164896687584848305849747427438140873683588503311999 6144
52596055258303645399248321962399638882285884535131280637359200 8389
40289522338589669930668679755942571657139914888160289360411228 1866
34197275693170028797755017433556941567701194126440876681269761 9513
35049593462328226000695571563420359559885793715625756597916637 52534
28295814437923884556839271951109875759047484259802164044376958 8502
60495267716359095802322543086240131433677862052356538795219090 4017
66835057480011518233998370108403941237270982652550624653821794 4990
40374766090602576778475461801546218066022652188413424186232728 0905
21400354501940270124084400867786909865866147531627095727115354 6105
77355224625331658631925638740592753019311360639268171706894397 1013
58538630259436565560203405928592843956387762277976603298857948 7991
23809524425489272778710186211835885440590656342207766004068897 4033
14573741032812058696000445049401733404235977957735801883824905 90000
12458725926260803475886317957281045327028615851139962002098908 5463
82839187152713248277537783473133548252872416262734992468833538 9055
22589825555840182487614862991233820063478554110434620156612978 47156
88920092760113979904083852933483986286458198694943320081772538 952
38775671456065094202752530590785126734331347979026422945233136 5333
69745286926432272075855012734606501573691554545056945021797362 2827
40677422810529523438510075224790398231043683183371413308895641 4401
23785646853485493495069531256610467441878950381844306637843045 9896
24140405368310795536359802766321378493584082004362068150720713 7301
02000874571630058711643193945421959899372571701177925345379683 5862
28065473784104459112468689407222490456887171024903071113648076 1682
84984518300862054868408954418880421303042981771225472102680101 5956
82716963902273991311070472928445698381326808302601102325871866 3182
77491243822599393941507501344274056179242275211778870500820451 0517
14834131295817595988816290601205116093293813031651338401303364 7121
```

```
8462030419016559999268585962229133696564270402112748139916096219890
4470184774697530162379473426250619109937625954927432560617489886673
6305243152222523867209802989972999666857686573527217857708652270836
2009373567007732663385077397371211832903029358027941792144014246430
3125021001265422200780478334524975883111114522249711030498548977730
5829172589633611067929025668998214588786431285765185068926298654640
2155007924213483283852952889034287450255798142838485225375424388410
9339140552184634954477203568684545248277859853389648770983120642580
8385646615947881939113561307306566410028635254813367847603238170500
3339460519914635236802947611426820489113371062241112534345168186130
3073556513062542389209593718022598970241903023934052393428541977070
0242858471669389251163344086664190747805171741054335475693147710050
7036856526778137042880748496552499040839433949566533784409129883690
6261060285546713817289034911808074713033544046943488195938494756770
9704102182110094859292143178714245614466525475875828476374154547460
9298259742814606875993969961587582364958189551869983266068970123560
0989630321447837721189515875420532778570689048855885411760779993070
8565282778953629709086092179830843399995789832565566556556704588570
2690729866217775190982884126353241306367182849622281568707557728940
3637196169855080579124642453374377224570058724260721033275441750790
5912787332821468094346342770861647219562998967818857718075110636510
2643304131679782797672204706404516453952766995541036020850515475500
7944059400958826033742313384938020880106358601145864642711541267180
6658477570703216480240696870476538435374369813422662357336612663584
7222916173077835630773757472183895344035087304568030823208056996535
1436662774970754199013965986513390789815729216251769885080279123940
4181524459954227657468780937159934364940430084593442269746949090190
9637344204886522193698651917486912532394312187489612796173321933540
4027809873147188402145151487160380603036834051083698156991205757579
6887227282444982673879782276487671034019279513599575484633151511550
3008099786425532171706272520843347754027707278997224559183979880020
2946993978975552921260968041233994979749551693412068981841587476050
6756662205882312391633924780434984504249244308455474556140996637560
6301815989436318731012382914566682256843791757244605891301829729000
5644522374891249002957301331985696821572273290542344502864206480290
0598006884537451353513188557662454152000933725004992892433851520260
9782289374036260416860882630840373996653223975775818281040404453300
1954219397263355733069994886145869808209814775290138687027361711290
7807391356876173303871675242631213811032239543060088540763498886900
7719372298991722353259907776632059346522136831330454813455517289670
5998919778442841007126593563055378813147284603645236329100060621580
6274640675540490683983685276055321595518224161560339140492169681980
6939937159981380918624669831774274717897227256309810811144393123552
6352836621033882677867311499336384518954625966382699584402186268670
5011861990784374669397195074948724104827154466913134594450396434310
6801640908235270621179256405696703978251008392041192663107158029370
0182644203489103016041362415517692748216854834676640870091174854560
7574506228886071812861950500627614149747315247789608052134130527770
8944678204745914578656226519287747742956817655707904465011773961080
9810431589344735913573747828844695873269559438846760168647041891420
4260814560019702639376165947986279125341159916252711579311628286080
4284109164300504363795387977110473074842688840993496589010974884660
7768389065612525481705182403235942777040132451245836656632764214860
1064738810067955660932573305726922713879360197740463058227702888030
7637396460074709299304049469149557567426399931101195571778018547320
4400325240138377029990473893976773931658441825947245236391039679920
5695503310017049426524797816199110073550166161693531405317976842270
5328510487499178347872159047742215316584117006576459966573587893320
```

```
50148179784074188803573588142532096215304504741619106443728784377314242184707435737120009555086937466552356889213886489974930381834625423400032720400021848376700669887338095911904373307040872819031035950642791594922773319647217189446324995379780667242706836541329659881570187300319697805653316697045591335101021352389791398297362196573657685559811759487796773297944085633316265594542211021117862299731140837476822583074379080795071076156151090331435098689992905909309980154089775544665591291930742836777460970103056751623637097775611869326903600367674890669159775222439365917452689187362803384581329689500993324384653761994840837173830940128636479332048290264225735677886733560593183206945971352316592598116243901005178426107711233906096254552486314133371036595721002063748191068742049227081604725655120420258504290978363175704547532248001876988775865829658928265586158964548054382030984449569879294364958037615995767807051820021691013746582985811976844596661241916618135544978523069863668426529969034328516974721415260594355215590656289831531844328764145426999273849954005828991065774747419734424117263528222003721650463947239579171250527640855323438811804593128335896035212456335415011982849190226561481841329043062530156693193319494674276363837356019063366861162677046875572925345306131992724635492913788268880145634368439251800866274016107499733747935970400385833851898597143205715465152410769387779883420090078093023317270915068821201834297107340209604578652295950727065401250398340894013387810243400694691193139765644266326189835366918824135796931914512764089804765233511869233539725939699309925729986683815478513607838441760955320031857688420359135678409847644952601745792514486731210628338870728329589364724197510702705578444638066840654454432211683485539213494841545671994011211068007753511590272412773699875247044341566843454373341516783946734608652020892953578203071946782822631266963082595409698765097399940014233171782199361444572854668771198552628507946239286587118266581597068431770333981982876505110868104051787690507752102727555806725537113251801245001611500386026655769511292153177497548192830133750124003276100134564622196346641323787905695779623586516807721801285999129383924717138121188209734619879001317397464313355831223095555156817944015883104793959232813097460426736058728509125834366524039691111211873783677652666511555011428804697174389774831989387204800729044260854114481174192142658592658338847683371049857428626717756548224095790351944103582118987507288996081938145204727330489022554045487388018331350838194709661333460780477358223844363806016016712205358721047596484451701800092205332494083842353461489502817528086543588728854741618376612300819093278093034369424802180645075877702841899596203734213431793343309017836071662599176102380652068407929476765535072682046550486594498083402954663413103250931261289899565540209946114939692218799131738452998673682437330416238774310221676886703044054082613229959091034280663070119737981519360908002686021776252451151646544471679739761518377913366853731745669782171146590625172356933294886981468394524640913603914100416384977628716133969953947450516978700046352334821366572473746650915203926711561836246622404572194126923427038850452740613815711018152332031469681020393037167794877501840033788035027559363116354000956709793650784755744736939126757118857975499311866934880287899640646409031872372620392233455149647678892552847926177765829958592989826651113237429593878898590748248865589493366986562401161004840137437322686502959420227656809461792340646563103580938326124336520435184148898048120807201573294788201529455259801864110989565037603820365457344682823857122578922489340387292171669613683670040335358542494851654672374176053326533899467799886593584873184153045130550797512246061778454482872471159942812253179419920242914695749774933574033489792956488
```

```
142895429984568673829911229739413715013628781845003514766637548505
503753497348674421092838808320577138367026716200749798669543389519
740871442810088842016941493634068203701004936601181318048979245710
239234837029462882721540493905687940260987447391885746982128526667
654496532025326843663382992880755947578680402720822539577251290177
656957840723828462405092426831389796843420152432704771396978712180
438672811643639066536561721704495992006399355724447763502902664522
131923364250818212114618178660640850411732064108108782399058489697
019010152555912554148095942899535812131334339395324341313770516051
034953188531413956393620948838197166705215825964547260296676724927
572108262589322776640067603650959935523150061846386725454879141494
440709622097563431429575690477590066966122338599208573238347632193
308228844336299216153601880713112888816951379845488577640800864250l
806184957322465452453741536483302506440450498364041565909345925467
317793254680682223212570166843742375622402735542812366995822947 08
891114232076831925575555627275235959395523354733106763277921484206
493634195899811858077509489749178338479262108533529463363226092183
864297168410104468523923534573790219974963873992121221080343129488
456429835460476020289761731807680285408718656707401003662996122759
316276589795005844515655844961779627346225689213379620442229385706
204197538282831404229329975348116480378726888591680374990384470 8
378672783389594993773455264644087816483444251929471348669383676806
027248348230590017685907669054838598981975031925284157899840082954
915275731455461258811720764613428280327131985883248413567564617561
338356493425613513454128608397323162778395030412011625530055760757
014554801896845718273810447927826912879532293072310544928077314444
766010555050866597643332470470374511809895354939496944531113652593 5
077443522162196583187390702021790346442771571878883111558664699252
215367980514749285222571272431631112635401342454478992239610379713
388587299230845213439991778947193714819765129413485638558510093927
322217529044510639295622427342063356913892002147936652686254237678
046459591816558267797569682343088907460353749950477933592021054937
236632162686034461047320693776014810316223074177080590257735750698
409513420495160816680645551880051376660955190403172941191545349557
660830794488114821279419677992291784252253530640323505584759787448
728895990223947284544084272702898605690600579529824936683066837398
585063641099554469414948643504134319309555901980999739340858811534
361980376754826246305056223144279902429418479550279857353604729785
593885237179523570803874489623929443133220046788226432259163130403
095783070527014436529083342940767677212628487306173555638620960647
461325458940486847546193267443807642228641529615043412096250540300
595564721475795421638106662571344651051634513619789072419934204693
648947465333367611820634605441427099563412889260845513159612794964
824572950194074520646936426599505970656041406480248406691278610125
818171706427123227942779982790742740334722485387062514649354164155
680829027971722257486497824912171392985090275354310852785198372280
848908572164689215592489510786792060141438084168241133676331527667
906307556744506264133697803008318655234764618002819142993156352334
585378901214581736469543499806062041583954373886296758067176412059
925332826606260913225727445451397734566388159735326781473041243784
733328794365530482999773414560923897691298167159143852182571173151
003850500689599736228992898103564153690669140487202789008767465389
850070179022482084449191576601653243414555145159065537411188878294
518531575712409757090723388561361446785881587772683084559042410104
536688895177785703886869093432017113645722514101291209637641379081
399648747980716262300513750313628898707005609278465558936110670983
774175636485902089443996323475921170238227878056181373562558935092
397510340475977643713013800654262916810838805260849950863771025427
```

Die ersten Millionen Ziffern der Quadratwurzel von 2

```
57878466143287303113030201092415192845444871502306262110956921022 9
49118010171023156147625309618257944995323264353110383257060621437 2
63252441447948320058286845613088709028218348603232024355239862375 9
09981664004282959960322790739609853866515951465240484250752378747 6
40728556728930219436021769248322426434689554958532123793662067191 8
91178292774784160966673387603111087991313533598518802018744764167 6
19345320052503268317311998734823230184257385430979450184757400494 5
12854023269517707052464717795739109555610253670564929926477111617 3
68409233955286212845691938116360741152816023129425926612222465032 0
83645914017861200307203822624847258417734577154185528573780714569 8
14639426664289865320460257418754601169297181265571722712530680835 1
17935498603618917746962286006277668149355706800955881355225846164 8
41480898383980433255585968882333670447492217042660628260663315596 0
81650382949789523088304490612270168193834340465837489315074575072 3
58655023466545486060836956634451052413073197473797238312110877033 2
34134779086831234409103961013480968128671146387529399145400113979 6
57183137020766719555484952815779180608399224581754375851285480265 5
84180684657598420231435581675274776280635799723615641334958114407 9
66632171019718791107857464294929714282261477465006941605089283030 2
95763127206376952857012967562529015207506412300768377166440792028 6
75410670845119981400837622166166070450429989469685875081469828373 2
83723937517331573490034529801005031983926206844497324284933762373 2
84116013905042748025833774442019700829457541824479343257101677169 5
85334387463371471012021511411351199680793782183360285212127246062 4
81331960682545500901845978749281285454558092700086022711220929001 0
09797400263676732283392087563119000355585138203996068762963134992 6
39732445627387231112496344274744872948673223630085155620840445972 5
92418833202369637437323696569064356594849853784267073265693665395 5
07406605963870942424831352012800019017255142298565906671295513220 5
27328769259565640939060929907288006448594599391542893637503265017 1
00126267087870519661691188369890244968120928082011918922563351572 8
76169172747644822103083845403876281556095808239226700395675352817 3
38098148808718802675492962558489668008595620042218060875519287151 5
76600457538158477320222870797122581424038989616024657428375193594 9
37725579188535476809038692351690074350457168191979657239553181399 7
16862684794029129146556725207992226022040100217903444007577569919 3
25525333963228777775317146684527013003232695898553513873833344252 9
08253934736786045041266921578535684853371746884516732902862469616 2
33770751273660796350840065264384259790360362025776799037026433942 2
98406540850498748648333954748778700000546998759344454734557477 74
77856126267769775952484513339710967218605240399265373318921742024 0
07567719661311575732580194660489945695571841928457866357743094462 1
92431414943858385026040115809517907439986304500741208843396776785 2
74804568568020574059548040620123810417259605824954784346270373907 9
50386977728148521301106652906307176771657466956682506528798622874 1
39705800967156460615033855521058230311418733027441244807930571798 4
13393388743436583787912381685692789031633929833540084403843104895 0
54097978407001728699960856943356637424245691534164685706228574550 8
36386543376850899462649891059285980751817506526536362750503329332 0
85445106022082309852179368838849584950075984233148937058584373845
22868245530777743542305244193739861121507067458723640958362347329 1
97532095173194736959854803941311559211008072617344915227562077465 6
87017337220984016299560893719911623142280612349955247502536478803 5
54451856135214380158887961124875212726137044581529197775567328766 8
42264301719008514076409637684390969941298336468449271251085307519 5
99365554841848747373826978213689615846466481027754845520960397433
71176033332860693132862268433351905604311829449418541155931211170 8
41034715728460712457070601657338672379319214575831108318898744735 9
```

7993073203162195921356627904264975810833548500141778430634430557 14
3859856087314028118545748330504893196973208425370378620892390898 94
4369343016560752122109814241102634031503642361669588084037201620 40
3733048787084334791863294309677600267130399348923732267064456687 92
3401269528769288200631022916562960387684528833921347566983086282 35
0787225670196120962374965634447664706132815548871727804075874315 16
7951771173245377513849149256890612021829202319609030575849398789 30
3591181276130339330321049577481293727472000862324197603059223221 67
7278333639642605033979828594086409519497520300713314574980055567 29
7909701568961156354563026065506636653435809226497915026499592124 80
6219625057703074775484970897544529930943519303679140641753648256 70
6334167906020412251173287662999705833810624746048956112854242702 57
9333306289884772187779385445929919922949764461258660311545759977 930
1932800242432168730225479219094678359405697619408977660356913332 62
3283479125252587175350473862412037217514987581247456490523898132 22
0233804673846779095598498430402116058784018611270844718535214071 51
2787202483928567988829732001158710564486057594126536102360559454 38
7269042467552855298309870099642686685358511152607521450611765947 95
0322512532009609736023689091780417414281027248434344122644830327 2
7760499474531017431461599890623420042130568721010175755104530243 26
5660112515112708274096580854210666736006969313223990518840374062 26
3828927375260548056938820937546820358931098385428999595854271673 60
3812391445291311189229596049719872652199532711709979866719468589 35
7137482752170347041229220425997329326087591559394698501341366143 81
5662717040685574451202616196766756975677556073802713756393800334 24
4882808314719534569016023051428430744890509358432054990989095915 23
1047766636648272444602553297513007721561071052798679245442029982 33
1459831185716146415077847124143515433397230653696793844241316245 13
0798850479164700945560373857257449151985117704952534500781172116 73
1594162114151122393371977186955345659801238857805168980373457927 48
5729236838974622220184713642290099653175852383817105780612233243 96
7176097063806849440971744115046989701153425712145297303989496600 91
5038447785463322914648144686209363124743998438200726871485105257 87
0088626986135856836817706927315479022663214741614455332031532276 30
7148546972345428309306475283959785202059214261137021114162635440 41
0424046868917441691195453545899028171073492232347891859459015966 51
0974713463327591140952330343891855067837349743802434864219460352 64
7871718635706260996907443650058503372898776935295081943017095042 51
5594757990653892266251724811572129286990577247230320911499436860 04
6447153360085200521635186319094540788533285888952608162699110192 23
6747740084907895229431782758733408045054006784486958053896350591 60
3819514773813499294169408100896349223401866005322464994230537569 73
7242655704917766517212534837885527669426327815230545792474661916 62
7070380497272935580605173571087472988844999661092849545192323346 23
1639562421957316157180880980298816718734122777719856245284193582 68
7591661601184822625827723167243442618655644999404536229369635606 70
9903018991270773084500554538904140115757274380663316767837121333 07
8904140884094237984228235717816813514687122775648638168291860471 98
0126889936169539507225954823762752749854003992219877025019403967 56
5405074434239731906718051959901204630734142458565548102873125995 71
3966868178165695089907711416851921204260404032920083356689062404 52
2031954587567208275191852616306296028713301089600222405505975528 92
7500896319745884095531983178875430291032180239538892492750911551 58
2044095999508741115316204949772950188785457657567701195378736437 46
2538971593888160040690387627976108836156811450391680185314603189 19
7634069503004461304622237189087754380018464352273983979483007862 77
4064030813832889896098733961791881685859819175510159348599633549 84
2315158945827364620254312145743962876834218130756936423874199879 09

Die ersten Millionen Ziffern der Quadratwurzel von 2

391082701396095342612486316881302741041355509930082351124035230239
276046678338615057428827857794359778419615929406609420436357265995
724205863188875840649938577587076348609012555956373496419398273515
814105003753390935127718312238414695376978465624897917927121663208
075828367474189757336923481877896667272209434021331897724483888644
538932167547617813312855765790431438869426679103709259854700881991
790692449365299695544755131315475854324722646387381202992394373886
025930664207423865074174228011541394504155138712469508842629801141
039411349722071850755583523056516749653783096961535243688722033801
172212557726042858101606529009599620853729938790374069617931944600
606617231052354115867364244083980471447022333164020515544077820397
871705551985281695808879079381222690240843903176583459842788686896
888494451505876585524686573058635880140925013435834022985012583 21
230337669977552757347336744859009708437500260488956808673089356183
617030589738525380213401004113419471418098837606052711010565178497
891085983965099681643782000250218869831925290763401149622924898757
681630821350629830621187023136338066753578289955714935429076994776
392497515600960219218957711966540628503788359934826133720779099209
654212094075633909032006895770774740945835247243921777946307455290
834984363600250329966450592924647795515673918071680015062774244797
043647568238168705933141776946743062013975953591080048095766288373
832187083800225000040813623181113667381741854881326751012612953093
260828400889035765083142763583450773323774379734311170153712100373
326673244512219979333608830063278164644675704724717559420737332921
711897328195325430540194784870401991987546930619161382003361656510
980836361480345478843897301688601619978607009618373263690231292129
264328838837132740633317753084608616898924023521583529886065155313
309366302848439506291769532844670142415803909249615685460034488728
867346452771173737899973608569566955500974293096234640410356668855
329222833148559352293334113369403937171865708862781703750433999728
014665180333388589984983127259023651533271136952111995842499732788
896500842524549305558854649421676627035812747972997571618874972166
790129666780861377454966133199979333692845343588476618994038600721
813236184527528150256975268579997807992986578211235498185169298319
683071011853126006363830759673333848708149186786894011815612594 2350
844389678744304143692295145322910441515254991525064278361778139876
604962600090803180730434823088045576860384526669128626708552190367 2
928937475257742285471143235265214234833016378591643115189933037343
481684082153653126972849089532794167284625813534588808685657995650
392816275279316299285859090909901213101604300069657473633293843578
415371149390175486125865208963645736475802256029620052666793055473
067850541150303842421406399309606883007126246789754264462614919585
987720896401173644836475224128652652219565308402719105021910833988
784623187650700939937726971673046431160036773845696217284777369608
553704362905601414423071547445296053108333740480950705159788788771
126468496947961536987994889816722965857336390820797213011015096988
766879277339434941047159864656618083883980266715929741623033511024
888200513868597485750553974840925441865868560756402584179182516308
948132772012390938307884083709707562142761416566416625601149168359
444049897093676111731896335190303750275247473361112945676646970803
467669829791743077968613541657137108971641688097830189834207404124
681630799966035431356305079904240703010682325482504711776262274952
037348033276312668102598528499667134495108664569408115705650576972
177364694257770799175205779840073567898795033849204649868776632282
930217555904246555661450483155443406554233749558922631548561858560
941877211154154964366217136596348498970616008549575631782904357451
518362829927704874146263310015271662603505756722727544633995157147
115610003276282055377467212851377198081357030798657373497147357653

27340724857166407420942022130791480377360809272535415041338046811 8
756936499199811941002689412730034309844075068837299799409682309282
8612977625073519739457124659284531758824909870712155922500994479 43
793627161198731017571817675387666516229855846021269313288504572273
795949817989442325013516449245544684121262604625518249031981067160
859328629156762086572725209446919477064712024078908325975191575967
875186360629271004083615345223032871294985046101545633827105752256
393350309736364954281224608215627413006585694059625451225984564496
877951067520082183682447563127486263104094222590719252493211833105
070136952015140116302494953499269659366034702040568633763377674053
522739493434652662130736137244021750986284676041857569140527377295
908875459831427746016957227471284131591417179015517671916474795965
774680768825848395278810081099155039012881116365202923704380532565
955966842391334858912745886541708713003797573736928013462247086330
946825629765769657690607300757229386697765150820823933796779784180
785374713805450041186874266932224892545405487069969216812372627243
893083612736166472787124441376681828905890521382672563625189124381
524279434751935553187005035901113432218043793940442034758584486604
746523253620424589750536573122475953609668622440612958644842228999
293688439861352107808087679455172498370075157230223119794267475334
415758804853230152803462507071751817540490324731594063778458881396
316441059887069821206000872948915248026967810716049706853413532996 4
993796866660527624679459945316887987194105647429428587382700112888
416731775223660707128961882585264608764596225629107514348697920507
451839391643924091603253614786351871031901384966258942296629624317
679261239676233722713879174767519022579342893535489619901757819427
817933593161744595360665638332847918392927659955066495641924641441
093907302519384576926654307356251850184875331866110170943318627558
698235413075997723787451461876379861991523921319469302737645796131
131902538970790061114326787943118411465433173122941399914171444069
211255769235155386410860736931599720005933289721089672594870918820
784498976268490001636997503708595166526264717906435880491631963574
761396746980084683339351849619422971681256835435096326011848789480
232032492998090724425651232754775131804537735483747148393467844960
670663959742050559401405116978505143354351297571864505637850605670
594828257352703204372921169282393677893880038489311179880361269267
975794325820437048309783433076724567126394849681198367222750283468
625309169479256013739355858190501186263793894102058012311507411 00
856381949971113216269700627741316417464326504654119742383839946 15
519978581513509145089890491602188152983532939107247663596488857093
183995115015246426189985287506422006388028981905723747804925005396
767479408894855251022203967810710565254719717629379964488192929081
394527868110446577482435519439270750408387096604813314892331516777
642423979397525725333381939527717017164936429467820599828859551076
468306636450267307973300922124472278208289671031033436209170447793
647906845854796002505789440932648047289887511639497799029421754840
107880555939207095629443316909000537632663845173865973553908681399
848999068860340073833326860832636730188972413482306523753846177202
535377407930801061076110586075844156469892409324733017532341832575
663499892399052517016767139851876803691791999632561102921719396739
474049764749194970869989666433612162354356649131158805002583692888
493278034648565214378341232978854151569124473069754197927080182190
606224687794896482595684623819177663672704358438514383120475500099
073849819232104517612816108082534660658707228886863057945546339979
626612693371105637207047878301532343313721688689585307394131820925
496857472082526374324951498085042624871011207681259226553229833431
433870440641859980968616888256284601569219695540703766744240807212
415449110535233627154321006911075188830206090038301832340876173910

144   Die ersten Millionen Ziffern der Quadratwurzel von 2

```
340465572492450679569677202013015271255154843532031976103471121682
463134153185657194557259656281095979691678166249276020174517301621 0
171899080518790938074486615586976854865872634049176316855646895186
224524704448452494462442547739254307863306235368554149243177070148
615302747175121962209233799786020804874696407210659122918909947864
384659594379040059755313885964857275722720566416938427047335498442
642226264638782352890201340490629761599022549027778123680771890806
673284015186359100679251184185241529290862764073570691275197566315
664305284947017637218114598604716331761684059509022549514939834826
213632332612770140600746959879293826382062969078708081619864963059
370145876479459371195955151917159825983722953228733923206659457347
582468256328381216542416160115829329207476150007135358018337732406
522077220741014001415853637643528123923532260692994178353616834742
429945501119004317612062990951152662205911116341700214553410575344
823491043504578875830473592064008848261791512318970295049266757215
779515377620747907317871305028416770948343717593250658517838540960
937042936927319009580929192523972706385220709376283832256831539608
354504523509117804427489392569964055919890683912294044082979339704
157743879243810221539233954058355041136217686560128829922435760952
981212209263729851756570813992122093694690694715052328077459229864
228802826691663732038393091735460239003176018105496752302588882031
353514553890163755138161669782250564807700621959942869416952786829
887478753140212139998473883119786393577874591772486860312671628268
083600027669552432991228440207446373531463385311809602295643152796
469593931153310461126252911808488436452716624901692931313843640555
528055220215938629825067679738446746997160462117301788465036921382
010072482321852304396886407266624343463175549936680725326876465707
431296054649657420147888587246423430684918049908687891262743226830
983449564193022689464187915082860849298593546532013424279174874714
925827478475925183917605261506165976617674102070800222106231073571
455306554016445689334764347519281791798470631383914982038685414204
365746374385926388279117330639041778218904168557232721953604043659
584725034467565938077563496127307805179119531944892597650712879431
631194138505992994323917823527258765690107451538624193759842327481
821986397431559810766094447939438550985715018342750863215981110 7088
894614481063158821943948622105813974976640633464542387856406138832
786046277033452607057425996733921274136364848877618643820395683167
724710909811550720988487009280479082886280724014562943571340699146
780953798412303895325877144722435482447280212115649022645292269273
333505508019364513909123534641768229486581271163414884464871389404
383837963115598489640878724792941967896017048882820468216766183499 8
248072593851853562748543710045361375358075475937360984404829982513
746149857434320496948153908318865262555301372780855322652968254330
610329116915712261880921349298791035451283992973173936168724209013
741053794421961379256273372512851988002560065639065266863278940456
902283648518061542594724961253689548843469558035037758290683977922
534665895505296126402786481442640429141437663771124986133839163750
355519479692496764183860762888540604234449177947266985151630853471
023288898337446012779578241258449183459392834716926530762282560489
169993590442687461014301090026056871037561995809163191668707351331
265555170951651809993839524437888179706960083078503068038846262126
599257807712607758808003439783461330997259005960318347627815053 39
333500886524280041528529854443080395333745013201739893495167635 27
663268951219615973031083195747610274987427625787481248856771095790
059275024912592107834128753027900551374524760746339353860959092224
433102444982052983235321721183797190916628906109390500402623348585
681650527343821854679856425946898029924257891484989803170295732026
503142823893677165131142822540680034288951042652723736343632704397
```

471385999295571914274100417721665147878648062357860951987571 6526435
067359976853181702653627189721606481296543255780841609191199 58610
659837983990682892181563376630041449637951877218149775446065 674151
225906116884169364580731984861745016435349170400376736770328 233981
724278764186375600319900152172612795942237779115115387253474 801989
295807666279509070564251967697452131089086547914473182218421 06945
548177757044294686535160512320364282028853971684293178285051 004175
990737274574029698422171108411971017079511192264384307281702 497527
365115503090566986020287161561791014790215862855974599392879 420817
893450887298117557924732967694268358519930416499672902231861 563778
892964944911573486281447772312720269262118614983893781747062 635469
417322242281601531975714688553348540672121139133621919638585 55944
566943448749283773046074791878827113928349315163552102115461 678292
901198848162559582976161519305447285051033337415114766270687 811981
092458660030776611723726575499690892278010868732435878896409 523666
447518076079508787487845663027117509282913510667204086555391 687380
652799477987270440368568031019057952513247281077426827873708 753885
265274289672489125295960568398308871152650106846755133186400 745915
485529818991417256847293103329715517124461922193758006829174 965569
498041661180060661646418302143481984951543341022857860040755 737222
223826835168724154187261227935339159494984474513253119393888 676383
729951404823014084601714324123409826669960282194266877460203 500444
085612347384899148670537831106303374206323753840181604414950 66857
006860291812455572861669455723104286122741157967685536778128 2069189
672565176417533988355892620004724989783101758684806416106877 031905
385741668962109957899311981363554846235561644895910790621575 065522
409406116580837812249285239344197072202397264214858448508938 33816
948753200110278605597490416883598082127220994889843787903642 123264
009123722136937501324324939748046175717573185561493369696475 715145
010410182211462819304323199487791240635243329783887021469755 885703
587553372304357942154147625948156778134289450079569409217527 505391
004979196022651496789363550417858164887476636288923164506215 792124
477053877485929683659340015264347884565719199324559344747610 76692
380139369118787171697038163803255734548073847310096280476653 80576
419628186164690314989589073451686255412070395565076818033800 321425
322130969146277135177502063249993279869228596784262989222327 312739
923151297440072869082404565837010629559459827454376872837458 732620
549605225854538691970472427955258701056665499276169791230380 289242
527363430837855338799122823178719144500953739114244894206624 650520
462133264029230077291309061331496001964854858526888504090524 545823
858966860742077681633954095970906151333518921728303742664261 210795
353920844976570758800700009559643497729583434296039999871266 00212
409786889627742993416133397607640362804238074079509091130486 128310
858023098994019776603252074629322665285442315231001977222658 146421
952712113684986105160804965079031983230679008630140641956319 437313
687140170325078532782512229846848047680535051533099864144662 568804
210072918746744256304054622179872808787988020705248126287075 325218
586571336844417383971416909759950295615211273951621400280905 167545
359911354060098356566940306072463573745761348680494253754167 081066
376013421075866907782551957701185049149003255238663736728204 218121
293525794245225930456367062961015889676369559976923517527754 074063
922755256893357989991637660062876813242807020019728631639383 924433
321763185274706788353076620560605539272186088879269801941553 804432
711303298399480093321999193500953970120540039922117809068015 163195
389729693029426651105154647184540835766013532320692289475260 075795
387140018858011500687134563140672772635818204108662034486505 928356
907221571891696817838753508998068188407745418158483287497494 526177
425323272656716880224358488667383090000909541417642746174414 0188159

146   Die ersten Millionen Ziffern der Quadratwurzel von 2

```
98332606569228122485360534061213678218950382088334369645668205121
145698217426186910849161114350096594956692502453172870459602279819
265883558577765785086290641087193231516740508848329337157551362299
303394342722254843015604988685579132690160687214381544840897729720
860250262870174727697428368564902870589797296670124027844589867971
066409559035794352621345873184171463855295800426263099146910825344
782060932262151622735645133093730606265917997528142656750416176284
387777106000359860447614824102146700651903709097383892418097894779
461757188017987790284840595432602930190803132976336394556332258558
770351367923434782799263460182262438370102967548913435809360623380
902755114498389478002427010165183332957961091843734524486807631302
188286788843341271074049726514005617854916224579379741839098791108
130123850566489421629280175527794355887808000386601631852093081783
082274078138572116470482132066006921750489241752776322641184837413
419129597916244498637897439894016470738203095489630576708782990809
401246189862394193080258971036787409195732090329992909314232739957
535697486049779146232868572559810702106869581617992390082726158482
849283957362159297333847526015440800373743988763791120663127552602
092181720397891422937879315489160642267221512029110069862081935008
363686334565576071736599725219738489354261513607795970706514904731
982703838692779734358733380432587338628275322504303466841489618448
932121985294953211274128520690952131318086924570579281027302615871
732515191519471733322350739193894503969786652754905855576129264689
991099049843426164548229398062136925784305825712134946988100956747
091236149854217578024724627853880746576420884272849742808541946620
112434603058955936156263633871923949560350505775933110211578025898 8
105423394810420976173620332215330746048986906569049968263991201122
582419527512826930139512055387016777719827080791185197916197707609
703114942545924758511271024341987507926156400969050821382267456354
989971785342193038446118944406929121494425613793617275975990032600
676914795063425471654159792500736762870796854315265259790347625207
073168634843918593836663606040637241663490554890170418743591571307
184427914253679593195656331372454807172215308405775780446422338287
344842205862633049666472793057332730659243630131581099000422326477
290422370486743909228529218262136320001001840637174797608036093879
980499491507473068621082555628422277803675819073548027422471692419
723592375923146544819585527602375980384666369570929250941793871867
286191114353127649697923373002877570185544188682535850699517644792
776807683681428714172373583022830558557116393991200688647080771849
062678483975885046049219895478016442622654673710993630273145011669
046843793757263898085131003495724944050302455168768584797126682003
810537665528479347783666581357206216433346853797800852904302040576
808988727016807068496860145118610901835855313273010050047682399552
936429749124650249875505931108681457883241349093768096656245279187
269467237272846400437259880412198881623554128799004363309510287963 4
331407334004753000179701254601483650493008494901200969865165240028
819632296926630584158784085479024428264032337281544885248335283818
743466204081089610341604115401265677552729048583277509799530992879
174990120449267690732709694378652036193733452896920831021696598061
392499563015838939492372724701023034043089877400363483390828284790
160818481379696288247127175166090710164991692088020637383390591354 8
025528539005356957388598543379474743535628727807608531200665844173 7
541521686044599886117586432989965034184430301870334938203136191107
893466791446327152738154649707736426281792653268174678306140819431
470398738665659843155587653041072188965429664806683085327935403287
780657764375056472374828496301651859633457313973324239035162619758
179556237486947156334795625940342228337756781257397894335701955353
51651441271935661800877869761177688375257134992259171428658580651 0
```

59005383267015471253028405459791509776690398941857432529010869862
66982510705188761502699701341135973063751967458532533164843552568
92650195562587963145489013929249863288704729088818257158482530557 4
16185823507098440952114566724064114816698665146833520544979217790 3
27640671672868504454216372917657889460299023071368112907566264652 1
99909281492079920807312301803707405533232358635502721650196591519 2
17802729773386816211460846764385355770686205506782006758174821422 3
24893026420567107557488677620715503502239198106990193054319560998 6
69101098227233634759362936235840800647808165376021900225027354549 6
39130069700150023782163906086244349733611710484583729397115541575 7
70861125878253183425719225400091382360224611746895432426076056752 8
30157798269352962204191872414250464432416597986587672613334434985 8
21024850813319299695162529951581654852709642841370128994569144414 9
62044008016660489640567587899080732800176041149296058718101665410 4
54524903598638874820740553353164649796630765503922627313456771546 4
84600526554374833059965898011997233692788191902333129871935023833 4
57125575312525409602678780851890719326863008332753406113674180199 5
20700940462658897838935021757920286007633661094554212734780646417 4
26381681630833344331042514773445622555256144639360200478639272096 8
65500478785025786898471315116448531105967786869425898874680804942 4
96173657461559550439944946381276474294791667692175499588922969493 4
22132787305587090917959882098151914406382037955918608625387577261 1
01700765423921244283192314571055232886960117631439273699977324386 2
07420643073327539794545173579030142894785553199135021422991982856 22
75198285065111161287382218616531225288793952233051488054149456463 2
22187894543988939390381307700087959825792143108023745646017468115 7
92358748205234734474686102525852265695725665778062213000602144581 7
70428991769484184396246967115600476223593394760880632921448035538 2
28710084533380776324120208522743619657154171935295257357191051774 0
63182096405579138460868824339111464086077912901837980559848676684 8
35546133327133863532136964710194237460337299823466189799232943471 9
31416929943430743559231496454102320575850734768809793842855931138 4
84197446806328488290759704281963057303575922495127602968783967338
25715323292151374961877386404455508115485957573102901081844909930 1
83264405496434267123468762300735764666207111490105183645211787539 4
38309832432676930517976051879436760598930195785242452797452795681 4
18960119890643321783058835087967723237295892026373319773450941749 6
87214267523407582386387768029461056471664649915152548766610503112 3
22750995060157292642294147855136838872615113143344063898462237254 4
91421240486221836012030346150461461587879208351822117430681101712 3
33262846777123571125829460873819278164584781941479554810155497985 2
83427459268100095620021214480643914102290444795478058036645670781 2
11640796918523194565125098239694942762607148125756718120833161602 09
90113583520737073135289779341810319953603068392690561022097585385 9
99252548341494977785927129604110468486015003634064162402063484298 4
25854080219471132156831838966973698627826218013928376431630481985 5
13450569096031258337359726711160565935756560316813755203550470730 3
42252063888999601330295519985594838526466219552186693485276514349 0
68779823011091934039190913761659144906512091607789757699244449190 1
18979259582423453835653808985434414709329754243014700239125882649 7
36265973911712363586168823262256588446997017685847014720347822149 3
92956324483168044464223721866743396681028148546264331976698039113 1
07286354232427548683414515086453307676900691306626485755396891842 5
25319361025433593884678624790866746844008485371610939752803778290 2
70940977606739781265510390326033224104125368606036864495017827303 7
78352749731920499599173381644650860804849161114368569302142133802 7
12826509606993149076410650518286331501355415857687187281311665220 5
49586716259933074318230520070935220373189289759691203281389970003 2

7531408383020499700794043461745771341028771830864939025670480566 09
1833011820395852793798284904220677767676531345390715837073520876 97
2849557764871683949940404310108517885008703402729570183083968537 75
0519146503333884356607259124010661840359401404608813695234903537 774
3629174460787742543770024544526636624745864605215219326398476506 19
9488192692578668507522372670378209214088684013293628940118970904 73
1733590858398244633492906655168232068477450851227916530119164041 26
6009020427025033517457965398249947992819754885789202080571821982 76
9707168447845444036806712949549061097159858550186808320601351114 28
6440635030181034956650385428062919501241290834462644940504569365 16
6609556256477592684857374758060600045835476011741644759039886003 97
4617716145905140920696988905962384379868694894789010544332885920 38
2610390048957554694065194391064136354225579156178945337060499054 33
7224745324493487810243773925575045310017605609484890306826170471 94
6523799401222250807322091324784415250284988098059372065655040985 7
3173406830131589718069963560358721339439115956062962073040168750 51
8028259047816120688746467603373828041532946077234648746351221637 32
1302709895034899909304100515016296589995500470144136327390957261 93
9748099814261056401324497926937614148865753989371942681621343609 97
8174297165216480357233044015960662180926451918307231207864945255 97
8093277890329665036973498741760326451690437114693233144778766626 862
7645076535866819990254146120334621054577053255258736107170449994 24
6508444811897094359428728168581832097170629841154012788029784063 74
3671713762078738331939954130687023236322196360859157862813666868 58
2967976989313636458631659596833484545666317164298377085115000377 23
8609590323319033956228203319221246745252447109390308073336228314 07
3093603902940799274199316079266390158547202742629950730641663334 11
7512952718895042181144088935467546037212125300288337722982815446 22
8945442810166849599895536252636679173906802736254740965403857656 29
6724738752603833463902167565953550511535872552514517314380534776 97
5025070331128081737632119325474334076036381065206863217481975386 17
1583705854534667856734113514823777677753458769667513289471002917 38
0866072169294685531145827051359838688162644380600181419262635420 47
1903104558938953430701977913013380207429371121155464013046062053 65
8655533182826646578076561225847461956357417658310686255948012867 7
5290182436173971209744450927330923915752077585758163623767147438 08
2137791747466050014700553310287838847593012386340591863760340469 65
6867209701512919026035514856297693378850993408045314332624166203 41
4013820428152794938645075484887646327294128667171717807175243224 85
5628077764318683830596675419179996868079612473587864189860683038 64
1952296314380248900073339704798582062532889281113154902621011771 03
0766042208793487164322810163762940686142770708401236669672270301 20
0442265165842628303833786123581474560686749041945657757220434593 53
4980703165221058415521232077811425478821878184933729394396789647 33
4893378705292369188199880477223442149867426212892590262128094242 67
4704084932479621723999675952311825375465182170059399039694565854 66
3783234479518525649884119761687598871470614880369594180951481298 5
8408255143792526552856284266228737298825856268116393610221772782 30
9294496191054935576245809356136886197636638284930911282945191624 57
0248264516442792185648736001686848379525725682896657133667318550 51
3732908418553667017771523949574240605083837825193664682193110985 52
0263923894735355481048784071767856510629864905218781319385521045 45
9263398631787343026467916073804951057013887832370926337811643093 6
8725714886993606622896170870217910089075094433158909846982263535 58
3482614953277119374514201759525373471222532914991616663313750255 61
8247895311585688552639299604647550504090581574408695919188263160 02
6233203934671997837055906176525992067150711798165431976525476136 14
2353974112972903946791092627881874839024882613657952503348893634 82

```
4804359541630346892260401400066451223624731005813745168090699780730
1713002073675923225803189298606134537925890696407975649874874596860
3468784774334568899602160615840212500644114454288718785269643849440
1031653457828902343441925863346504782020080745081568451565991522480
2692900533292923953496734110158429734578064721022192170880852163800
1855589329810425948761599076268531814223224241976793712595171364600
1050516449306728705146417591244542908913400133651449368475423167650
9707447178333865054522545897054335109699775163895999794743176651430
2708568304191302498695212808539663493189820649790888430492650068560
4860346959175766088427759679871076571726668797457472136062785081190
0450641754276783132237143357131340672459995636188462984220564877340
1462284602521472643335540948728044749719014128648121378370381731220
4587873095599885548934623230681663692250503312981881892877502000640
4962540213297455708835421119801865166571013095350107296003060944380
5988219821250578189703314091081707575413346194572567201345659000490
4633233510425550867452355894144728550532212547662551608579046708560
1006656099135283091614234027994069863000017853382840416919318216440
1720124063527263799030013107846632009951468762482106786639482750010
8502533977757171355184847392743941369320063898006173548553752839020
5119663428020615391110611047850089912461355419588821321551647141190
7911288091767466936391563956642577836005220429840115725168180045740
9531870320251535713668913299468716898619399879384053600907730983000
5996642817075588550985796959285753094574501442604818483627742876060
1230098425165229836968644565425520453557156663739299168424487304100
0772406394383998131524101619025017703334520861029743340883017727940
7529812737485624241851439694041939370434956122646678736560809978650
0367287085407339872420489636671467424180274042250813946757005551440
3754705732586140736270081341784887956798847061916256345299106399090
9301967352549850314582781790737902477584579034936425621462955323980
6217045867586053401356856708424925099456721343890893474338161422360
8401956302389415092932393981119784797479229334800551007935807637400
7384064431674564671205721848390691118459393431994334062207340779570
6923547061798389570630990435417761938595655652294163419610840371530
2065235902634471936512287915039483128392342767524425381744032160470
7970114387459763809753640498418678317275734788161132389255772938900
3891942543974334698534099894408245813623260578534552357517007833820
8432294294789166904049093022912852548491045182556561712259097095630
5639780629949418520144746522434181295595359500827692606159129638150
6254602487346905435987189266417721064407330613056501959627748650770
1759957272646154812356402917657152003422459607019274420762235160190
6430953739717984166435845756142801556112704494837349949264826557450
8603648522245698978932760710458821066668460470617230422234424268390
7253097798236367161558014977857905845069692077484218936035924634800
1334824676237491153598681974521486102787652536041121844938203719090
8599317758804350858767732430728582539453001437209547616826282223020
9743031236179554639584373404605888260656229786096198695359473482630
3869577316400021140990321652533756138490797478066856702584241803270
7547652305151856671962569166679138568921322757012141435995653586210
2351168023205317426093522280194418408248553987067067405760496691480
2640248464551309870773217462146007328659983400665816325247673878930
2400060515066012663320440652211950784147841714305049856970966496400
9184470948005279137260269233828701198656516847865427700062453136140
3954414422113983801170597979851901314845437624646811231765273689530
1620131259920410938521481998814890978995643369947781372601481267790
5650499933508915978064010191236373344129659753132648828603502585440
3444474174989499701086552420124155686372268410018852261183695489370
4576057202935955493841498029168149044978844566500379953672046475040
6287189384191235597835943670119360524510058143073555659292253545470
```

Die ersten Millionen Ziffern der Quadratwurzel von 2

```
56980986881988244627585273310700439881987553469990977723760533 3849
89448342423687486309375738685082862230367192130462356654779770 3053
14219779426462825642248887271506643859395299243357020698046539 5810
22506689031574146606991437601950334194657317013007086286472878 4929
14925463624909416021722197330512565076554055525324619021321775 1926
13820980310085784322538763070870000542204003583659249922707424 85859
80007949776497821601774966828801895797192178827318640622339798 8823
92016211940176807176505147747826880912826761274191735751985667 1858
94922701238372806503228904879528690192151907269046841860086482 0678
08930262868568039663990216108571514469587466306945386538526681 4197
52156516231215740071245571224971512127848519799078543959778415 8250
65549649429147089451786953549573696381692772983947871847371989 8657
17540857129767016965917750109467591238443152399614106237875640 0203
71121281773682090436017914269664426585248585716464503939306429 0315
67296195788171482637145716451024043300586685580518820993526993 8937
93803076455777292181125462903931497755571598880740001490734562 6384
18041766961616455932411465562144602230788340534822814890333329 649
08071943785388515762428135902889902836827483834403454432661312 5109
37507318802181519958832564800775503889302598231880179838923992 1623
89689122263446639928499727225801598192649546476291906273017152 1079
15728140549941354640052731624461332490216406205876399507882908 8498
02890777976908136840151330002029581489405003953870784952922942 1204
87065085051156817518864693727584040917763036469020976475709067 3646
10018518382098608605243527160741148726171244859732523793755405 2332
28473825741606306466926811923354590731599496152304068033662307 6563
60180272476243832911433685584759340952924454953745400121404747 9670
49012455859928707940523626357176415693707657017356987564510179 8764
07886562088554625273699540630354256957251745540501901227270108 502
82583036545774919638509612675417699158240084416192943509739105 018
59234934508740134037643993687393656528058038372530314827538661 4525
14113072865276092981486978323463193908496070085689146207204338 5592
60038117026791555464756324509625364918863894806948599862110069 8990
95761073115777100309249995511347555486636475892689952926632753 0919
53932934693165445052752985478158814128691349275868260494612243 4467
62036909781850337242145109040596743978115140296853326987147545 9599
47334952751461632794481120847241688139205876042226992360070027 8837
33631982359964657487607641065684550127095961229614687430956367 8138
29363024999375153580690030290550775654307462868311777081821264 105
28856519658279342358922904478201903066047068139046837196375041 2420
78392391757831874143335190980059498982505295818014918380908633 1737
61546983916002304043286953634639362675939558170129333430787581 7746
11095523715474997915563366123894550479702274862910753795238910 9575
27497415259251676134040832355266944969298497579696964604702243 1652
81335324286227480146287980114036967578609273192071433179784592 5143
51173246808302839043136850381412245192294996942905509500522122 1208
45285208275745191150686745600798036725250231736456801296716362 9937
16561854034625133417727686028888009419005428700851982879247524 4256
53443913882176217347218781946792891182697334363303064178650375 4863
58585341552588633158529682265956724908593721692350750577356544 3667
37970980466654238436018544197204740532119258765262307897389045 4045
62583128820234607103211199866145149536619078176180590990797962 0531
04538008614372904160690506593781582267438889148227171462415563 0551
09825784734273973293386496295777698360742288297550262403966613 2197
29370433835295893186608538903496258893024020933683302126275662 5539
58826315234929169063640456363281733406268079315615281702611982 1453
43747049152594796015540104459379582360808975374300190122189519 1252
51415689444568373404018783224122472650024246856328932028449614 3639
58948334950464576978023443409998203602199672319808822067023517 9130
```

78060003951072861535413950804650160124365077933144715095913649731
2
12004140364308306553385696128160769225624181967053484993863023160
1
20843714880738444300287007698108982148213512376605893165125013074
2
34204753532683485275147300902828376583888568853915782985883722717
69473339491785132480720520661084574214709852702881526838224338091
83
17979446161191356481192077605323901610083559897985923576302690812
4
99979474604787042719585252957953874938005194430528610728548700286
4
07021569984600504130428886520172859385283718965774057306701237936
7
57214155873238197416517353977876611842025868691536893963486026346
2
53224181001950090429852263498549169664185109985831161239849860424
2
01729759298690562492648181299369177317548622536585512393889556776
8
63117714777099344634976395911028256188884828004614779015730658269
5
48695011356233543978785294946501896831326657950179293910790703931
6
18881045194062455452624030283873046048367833347991028947890753596
8
81743780748564232459984895639534295797993825441246081506557292251
2
49416912127460547496115658207006457575063622072663798578474900862
0
03120618859199048758109048534941942504761858263706563499499311940
7
05405503027752057587579037493384530150708663498564404225786232235
6
19256009395258374049197705694098300183976540800500845502235336807
3
77175724459533007286283862190506474117849959930944764121087350565
7
38979001861273901310552238718631444153906350396938058869265811096
87997916559723466608547359584458929594664438234470115090246445983
7
73097586248191783014534035452924083872574742027192251389976589649
7
63095739771131723634095132872601102194105690404768831928050455610
84
73674855214501439050642169206460408617832517113692750167860672756
7
77394199403539106884558384343470112675437956904278286366257018348
5
92866846388412930746185093919569342008920143810576214530425256701
6
58356268789790211455075599318275702152573412812763467179100229913
3
70326839378752466920818948786630433289744694059072422447480782948
81360116011200988019706601454198269258765246471873750328903351305
6
08089910853774729713909933106911744350117707022307877714764847428
6
50908661419993639249611796605251989257927746311579647821951623720
77
00515951878696943809669217909640140807883598844355826611830560938
3
55014771187451602240918456462506837308485967473354147638796718626
1
40244898935439231107194695780599265738108745007343754001629599471
7
03411209716488441694521300205588122000121408845085093171134246366
8
21337951761321851322291507770066164632089352889459472533833394782
0
03851728118280290528829093441409886825334334855154367232691354507
4
28144201782499337948317417480921966581629465704144647893675270667
7
33802973163859730983862167170596738667499268058859231863189945954
0
00466042010405078850267352719867378958124048404939915141412247246
0
07814879009178458915733637367517407233461848794318007002323597187
43496506452367321407195102079183494123825910788260159816249634467
3
59843170352453631408211929823239830547969910374124387884336957917
3
48927436603487312279936545659259794880444320515424675113912904582
2
19052984384971729561108398228508909924002712603297650224515435185
5
71584446888852721404724078620299568754874684211469798691170313773
0
44091522198931996412640684213840825925304088210417358551113981122
3
50845865396195953878461603605867025248370972513215934641799402016
2
53419562364509365076495711665231639992421310301248473912376365501
5
22935406394450555047630417768509994264607603381868641633889654664
5
53021568393062327178086361040658089746183965986913162470259326258
7
16356404901089372375955780754831719284971802611198046394118421806
8
99691268117943004450563193810414211575414709648429689523287621450
5
72584514899104206496946532779102664214771009244637794588756620279
7
78118848391851393495828037808182115228305306590970884586488046720
0
72541741623142005065127875859417224945577515621776149400102783947
1
64176864346056160078160375789411645253648808546073721836650734140
6

152   Die ersten Millionen Ziffern der Quadratwurzel von 2

```
9106936423446354137561514804361758575670587606104380212888081122 57
5976505453082421272111664317031538613957579524722536982783999785 27
3044080645562203370896759402981324672920993526030605826769946042 60
8810206069796099401682605545653693401361960057276968379419536031 65
3317518218727171727103063774358645451235531341024968370726497428 76
8742732175747446322386112448686118714781789592516862625845189096 75
5674924753598534085760624407534227786371244436828059005968043193 18
5213497578390196601993323442480949903878450810075641894869573180 98
2346791267204068035959698264226344063680716848710373915053397973 86
8947502423327036034864260430464396024465541905125802108178687337 32
0096840483744822074669211538360923877652631337533874451248119307 72
2940680305157108097223453117844905169073170238863513155208504737 67
5269304118622822090174402725368178234397535825927269520443746473 32
6395199434797160252674768155900638026620083393524381511763502477 59
7737309844101987728237249818845821897715934814200985910859791655 06
1198855084449145011284955548829519282710380747539009529749412986 43
1965666508788855550539533335651848275101333968972778976780061392 46
9534473897707791149540257273407498772067634471598713251678140507 94
2498264366081402730150666774503924254631076833190846925096733331 59
4695747603387038344008120645930766014058587746794394518516112135 7
8710000309263328483985497610065571969012434689022097005669182909 02
7219847090309160070291018062297275769009639179359881511408154779 73
9508151481765785564321803800113478559084016549283618131705626752 187
4872669745068868139510643743697801737247624030613051660659457750 26
3645672864352759075526795097375215749363190739092985627175991319 97
6798873349538225856541330108783044596146897331324597465760088093 81
1373889510456801967340133408115421317495732048321216497654566022 85
4183027108410822782232625180468417861192242937109560743559137186 34
4501373669644193719410295178890756125796242729719415044891227478 15
3922886481930591849155573711784999413602497195797295312231348890 04
4086959241552825495055914368025431719206373165276243960353390376 94
3091651267376103382799441777769616783899385378865438380008355884 99
2806871779200718440763291175663152422254703269855821710255780641 36
6609134689675504730031565503047495649119680710337865117870697409 18
4733936602772756554680481769626758506496889691708735153493786111 61
0528634353756758749467652753710657848360877345906470985628052075 72
3177949480520242780141118407282043428213467380690429601065132742 54
3152847532380980050120906255438813860772056183185753051649280726 3
8070221097135385726383328012987353093427650500319193903518256399 65
3002494047894915597045970463894590885754283951407354954463453329 01
4840343423705742564297241139418937287835423451902285128791409335 44
1307362976479123359616617862153594829504113863255582100172656790 42
5776296148657364841040770475926134545014166516541153924646415725 47
6270434049343706679117669183482922828494275037720915420927539257 44
7454285530221608231369493449549051263408958951654319807165472607 21
2708071319144818369193305156382006060442980956228954266721287159 32
6188706868103946244691205296668557826317989206384629311808625896 72
6320223796798811064971980948311077477567919627916987661771226338 31
2361734129593887518287460377071895334587462719950910040024576896 90
5565186968016402036135007562669962567742166489796492872142665962 43
8042091306671303836495226517242775021975721039724373380845252079 23
8100558704723380063648283254308332634696875606268747900001664615 25
1561623375085381016768889905267466036516441097744336958157918515 2
9281129666851828511787089663339753123071652911357434476701920760 56
0387357100098927119755980651623231845680822694203906660547899777 71
1269842687199786264586605571288495871185996938493390575736568290 078
3732853847796832214845109248150109063568044554682566382850659717 56
7991503448935237850473575559596244099620411341074622086312443464 42
```

```
15194892901282582109420917283300659508859594887962135632338095388
51671166949415778896210112080489336478153619409861901252942021235
51629529643888744422643258272315359711981998098953443810796238311
91650228902466929638440892222673454251774709646918866121906930250
12134573388508305670909065217669635553849610626393322277007560868
63503567940759061202757782256552523260779956128315530666836458219
40661036131534886810154715453847525107451097323411519633519206818
27866593378413448502964088154591272993196113091339902038456132483
54671405098140790450816349324220534487689723830587344827658825198
66103093710935113360450871862543020917471816567852053336765659184
93264105380173533759356298276755762456320538621930163835534657987
93043335903137070861426576516024482844412929036482993067495757132
25449060676285469793646648898606915938840418740966984502835984673
92578413067682024530058763395742992072105873225031381760286739825
98421200455161192992078922044876398215197762111867177180360228425
71612291180976092999627576524629026113391381093291856807808286888
34752921721958762030424838329799703693833959554051723014233006190
90076043198521462328766001211983978394565311867410093478255950524
68894568233957496174582200226696786129335259063515417546332946595
72299287548175201997574873563623029657862121402121096512378012440
58011112021309226898265631523630312511724514445847819415093390936
44516758735149222709723380567945358364442844937025933107620914650
37458365833111899727544151511595663860622457261601815097262801451
41325058577617599689232997616084599898646994078879986717906266522
64618646775611964224212602525715838936432166738767358523508629233
45835841145257919359477443535502038831127989928783752659679297252
97029732829147549354488017336805492042054041741521736130036742479
25641392444606520508419004800311344567829777398024270368813138294
80053016865108970981955029822759116006348761216048579113481274492
90480018983591015473801481158352918837483408614535092980667843264
72080672184161612202326033048545949762048571065873162226704583739
40316486070476295855614579869478022840191851293461725167764263896
79839131479801297010888756149628533392290663277996413748354979767
42302013625460036072522645273288403065779375855262501366167223580
98023676726886843243819685578748565403756367473606303515377215722
66608274542506212942235206224627455447212014646825390465900624378
38620315997659359271874186304688549569543760657121461618511513877
30962610241963723858470863282904475310436653518643666916083848319
08229573170060394299943157699782805328138395990470257919853818710
46390917443036107072496693162060004073667307004778378952034628001
00980791086637994261660213176177509793132403674131987396997664694
54149221001085869151483317903723585357588668959069277656028103490
83072343682125022380757404957571429840540416503630994410489343928
36819083691958728186358034882037789281036305170094169253541818819
06742737432923450502447638087128723996307481527190224224030718067
67378569796306138848023472309246127342527909826678665443652928124
21217954405844282271663526249578268433741823845638299096162400557
46116352972246107523675874167159781452343682999274143742226024093
43124195131439127191269409146684442225261525961704090631477387902
82221564237631127553452640697802698719804761248849281633596742704
24458809773932499180802969081443437947468222205426710579209701036
77018239016228329676408918804203352683484344131312253308975781993
08672630371241301443585082249151317367209396723280626281341028117
21134283708079728770311367357561134676928325897764813073792793986
02351556135280769545931765566451422765304482812000052639378891853
50235891043510383375009126829813169916393023864568439278261019730
72801293184152499836961749154590528900431285980978621102821806283
36527151415959762198394807419105799191438100026438290807571099416
18000408035200770429821881805289097635380063129903013338454755
```

```
5365632645746353744873274181157999400260610613237140308720000117994
5613540186619689849897244846297110949549533535488217085588617443684
6809232815015956488190199838495001526886329316872720613423208855557
6090093728812161008107272527729005826704310788254292389706905541714
3389707027738397352370968745020620189838382353687316966416432532903
9946106204392189217846220121027898614154623287977966463069483576905
5399905236958607319997363811058083393553266383152782586361861651254
6226011264840833400724841255033387867394842367978513230810810535083
4458267604886680586672799069254463942227063878063483857350231705852
6828187048190634521843019386098878644543141534523352873620554664615
7406730151855734219750468397807287574621738883454720195979212567896
0958615153433778898545416897990260390387893950807427757090701982322
6866751168502971475214073787502742078350967528276531388084501837822
4499169384390748277637029823325324951489178470260150569243810165979
3004180044786789446993716017411114414229839340501370398629385001191
8867690634525558585729823110214745896121135719988325844787417227822
0195533857853337625552165310116029096254784935194858591049987556090
0394306965600309131655073060356619312182859514224595541406261563492
3347406949692765663995297354942871703485253269390198573056238353463
5137190067729020484112131030705142687076823793265417544606645801201
8835858929766670075996302761515830714230197327048123745609667220705
5011044971120205574127163555303072019454679673017435298519581606361
2168672854508853905912263558008130791451999047873347112423464836972
9229450982619145620767548122590564348059717438934526627639178299885
0158025337029381829535945376108806882895076982133901366918234132407
4794490751617727121047523752283302411652344454280479221977895386755
5345717642875443653143973573303187043356781752033031443117426671045
1273839649505414269960230422846000840607399173126586304411124323983
0317193881643610554644583807555274640984794525409361673991081677283
3380935630826052887419673149480059064660929215743650542132227175295
5143424093637895792525670904030214961520285205512136099228872175592
3443589506657980375240193965941018710128853824459972990716892954322
7886095391131432289976586663545842306896764160751572297461493510957
8621193609761133821907660837887136343450187239444715738035644778322
3148480877010487839552306792617061403184110943085594242184353727203
3963324311406995621147261601060404853553878079113536947601535742641
0833674663758880247170393657544484420297963513518509904996063222013
8156012374836722611679072821001651437882943121800461834478335475322
9045360954220025937902164626910173997094380399232365602132508807845
8099772061169939369514755936401431398793895584237539627862259405966
6848444834363867275431732447195608539246933921547654842329235268144
7605646124840072822259984431245134630809003713182965889816368421649
6714371371196701225523797905175304673919597933301582944701931884872
2627602865828121275832716737519155244998344548641174503686994615833
3248382482173527456145996223875513596512659192824132824055537355669
6291081803311811668612376188976382919219601662023386598669663033812
1232336653956673458956218269340801043884590584852637518733555850822
7964200835337788725574783228368513684848040775334331273021735102466
7063371727471064870897499700086854987090421831072054441097596017435
5650434542990424353487171733865727195420023505261038340276689889456
6153867195477459490109814311565745443304958280920870605582085256166
5665589252703951122028075064316226079416296121400791318102016166097
1414771057270787697863590046662394977111900713144616938930009201466
6413185082982835640381849726893792660656555983483380567167953169536
8451910535973307995535364802185109557386009308729258158686747991740
8561737798178893649713611907108982259367035379823031447732091228909
7781506064882342209646740988738345868483993149990118353889458461498
0587936035134622628495093796826801641685633966783958155163466
```

09181213105733289116390355274700074280377299684062315964016884 6455
94219354615814483206677146354050262039738566607691632257261141 4188
46155717263973213169229322296684334249899744515520413676402537 5974
53918010855007021383790621517543594845094334840609108519621357 0634
86786808934315482364832209968920693130183730394203213584648694 7095
81074130020854418820159211688293543453918885804218114897745352 369
73926851175314484877615262768446358982708641100750230912668399 5309
23873281446645030928915673992842166796927841396872266340576538 6301
46915577001180908748633830845570827236814288440101879079564506 2197
71882181624258719307727971214702084062926482586880472675363748 7667
64084357118286088563889447494985810865647883998918661481043882 0049
94827350782915992735932568615347842423395534769079544765533791 9244
38324443355052055878028781200298368698501582294114809156546781 9564
09043483973552856057864668942490226512027598443811489679681800 6959
27470857446448127663428430633413718082400163885176535479308198 7707
79185366238284548888674319378567260835962545343349947731853585 608
25690321505953851477605739068052387609123151635598980509216865 9574
75725142874781144950593878660968770054371419634630633420797449 6096
37329614853390681242874001932652317313836633601183569295183979 6060
96586997705382803096491303059328686119776979665183128478513502 3071
33173169507405101579952438646016179337462631000414274020505448 7682
27814242367484781558666516909925451455200067402204085539034864 248
82752872198629285466332815875857560773394765024709440389509022 4123
16079724125400827175728753222229145232500050812730014293299816 1948
23677644711368862998052364092206905304060732076942992729618391 9405
16520043237870710487687587547149937992679199788219079345684674 9566
74937418207681256353688250527615683617311825133368904911841153 9624
57656798765281685185210807242853132359519810259147608700632598 8030
73522113329199788274290621475271182540719669815154261722793897 8707
31822623065176535814479724125474446083974087850024411468956887 3076
40475960135507114350565996022127925256785399747480297963187168 5912
06870257850679546264821585276177673041501033186097896374135474 6220
80330769585053763861922243109123118734491279748679070674185321 7292
68374093283085226316116829760837354178708168506338263422966511 3468
88451063598998575449480795250010033335860068459407677014639680 414
46410701336057338594858619826312042799254096506755227963520185 0128
19238545071523466392932641355885523452134934601316206709306272 9076
96529777010895746208303266633148273910915509687922479448857982 5828
20573218256578191528132495675316770984265427182477611510186682 0959
01123051767465142178190808444763081602083619088091198344952884 3763
28083114350258369559882026565702419828410822088927224084197434 7401
39975835903186345667160898291171083152695055434741331628586294 540
50291233303706648185500720333866973363798107697425389444107616 8732
39464879226889558663194316926779875584855873828687326954247945 6397
17470345125322200184568447322523260153887119880246141906233399 7496
89061707433113896001634344110728018753011444016883277742497595 8379
40394777883515664675127085716260187700565941349770941554288883 0093
55130382818736683877546312748222330031305232676466842719507033 147
98562212080097044697265502377976961365047375349993948307745692 6542
10184567626706742130421677216696384422471563689346167627109100 1529
16326428341355381766394965469561955045920222429232282787811358 2315
67292547361020732884205085457055776724459044881757264648649601 031
70384918409381922026835462847797449686529804536047922867016205 2747
56152943552110080950084519857846440751719330137414077309425847 4998
68489299543684515515291927605225028402570997437851206249119228 0459
26260703324979929537966572621524071598827844655346331582666626 19267
79108102033200932866227357837815590136521918808060138527917624 0781
58275518653627119146582748023308775982638604616145221400168322 9574

```
33877424083355954945295089868540972454175910702729326488823428 3358
46934835043519820689839991382511015461333447325339269362253163 7836
94488461092989998466852125783657932758939096285939402124476121 64988
80550495869811180338712906425671911700829271320316957027650966 2814
54656027243062596099673499441832886446139030429617925348016095 8273
17810940134544183074042327238305278327408745884058682607612335 9704
54812528659367390722763235355863894770271850895755676210474496 8158
80762736281419070234182798019042753873229979058203254279095241 4526
39734324568284665201322189801488401070076980731847247144749499 2460
09235151781266798729283659094172005480174908280008409941935650 6044
33355539544898073172140059088032099352459821232153010783175635 2891
94029863228894002390832731218305575187709457834448127454237182 8581
18598404404105722120999205546490438551019108306942477514299336 3572
82237767906598409804651576311377168098085344818932946340512862 5625
81091518663136780406553578897799441754429046170765590919617233 5281
28064386231862795365939957542743851530765330401360736692936455 2434
33939914857134820013503344570982623211160697734556027476088303 8723
03050658143763283087368273159417539372000713005636421539135316 6291
50371354396781627627749131997677530836124389179703253932546793 8313
77698914161715835294391935179011508169462727330561504756126999 0774
65806202502304135855231068022307424842691521281658559553741938 7271
59483559932204904477466655758194579048872514480873180770692394 4747
43193104136045905064530630174811141545650694532483601026629621 2454
77614208574005609652746437689949840716052432513650278778911135 5381
94229800554295932178283905320875508976732123708745028312591486 9083
50448500932061288649025132349179992031059027922511683727689990 8422
44978301693555912274930828126564344482349876885375333075617030 21964
33287571007338059495517892866190132377393133060903571074498183 4871
33250545309960413231771998467266919081298093735176285133317806 8879
89757225552663279533302563543820177083272883385053003676721598 5502
55106066802472260953804420168957881186861015620788220210194796 4047
76808108087111725092256360487951048717533894938161711112811030 8773
97849684279061504943135778697201039357680097614421029532741587 7434
86449459607604283487804752699371929467363894281842301458190473 2174
20135425993924523071465444794078374323701449226809458152558928 3434
41394205308328443529536304556315248022873548013172822423247608 3122
02414770961757014903686771052718313671330809638595109206320485 0957
26058359051748397812512113792044824316001678107117346853630804 5746
35931843096996983881962310424061587296759535743949286483308779 1207
01728725750580257872495270636152772744713743912897923218495304 5628
63211026986327602302957821289379539504989758562962556628997405 8061
43228763685962179946546909782276882966952078205710395906872746 2190
43420949429709911113411895266929679437599622587097188146417269 8031
02880047598790844592309194459286640658326122178216887774707166 9226
54843497013146988087005662048776592774612441087169461367949900 2490
81388652890738287414831880643743475791628629972220206918494470 560
25949929898307319761477818955156694159199596644297543749795383 8348
73135139164528724251025351850639919915730755058931316228751323 3617
80380697176683309182575668570820278948591639435154251331502802 2030
59029910560593018637205118445883378829902725653531268616051457 1532
10589501414527280378871220594944619909771305048401595434401596 4940
74990529726006071781155180986358936937575457419051652626618158 3666
77319309061885278262913626908406850436978181182890616795341099 9527
61156931811693935952251357610830276142326352796455075971048536 566
17220182680025943904934450333140573043530451437796084149344930 2697
81849921240142524943323003995989794164067153388611976196817225 2856
46503256228327421800527188462318376303518593696049418690781597 7121
57193941631957770968018564554935445201366780266281139539341040 8069
```

8998669876353241580969525703787311936124986750326757359836258984318988959883905628692118593336254409937416172401954277655813167088043704320114522899317547747531446823722273131591473092574710433383864114097079826290838527885228563908719392049030113994659573127460515907989578332107453167427099485411407187333974522118875342686005992986508504878794691090779434720077784430283066110423887448846100826538280298402160683317092593579856802588016139930951068122797072755584999812967113165426304136471072504527535805753066071120130582548217257007651929243744400593256781106173556636215856102999234911659879516786088053162812875555203208650161816990237289572812977421264736618081167223292554737507025667986765700748478727015286578552847016984826859595550484090446073001966648497006526588566008707679363446922000266955536810408781018677036100786131540398749986825878813583150829481319593876049866291302151303141647717475427757967435763424183780069415715533806374316557128823714059287152078039464309252975298825239242625833216646495035164128008015881668852368122215238625867591608878935076590089551615927415712099115671995679696022070664403751954933351231614842804643536756179311324930634961484107073313554368153642466042222033848758900275184254683081141860834096856625495591462228810235282768977537225446871284696620205298269642528232825345360253401757892761692429742488252145751426032773396050285179984334096873469144697618993564058875611984751091099885253467305505962701163191414672305251513961885516405509122518270898743513445994276447540953654831976262128660761077983060238280656646418461150612168125550355225127019545225630364232773265800151624759925565223825468812594053636115733955867513471094952688370321149411929279840098626662559422613517276101668037600652467752018168584011722206267422696624162009073409818083514337088152193550715127494263395586913729268589718148543314431380200490368329992810315438015037481772617714975223108645848331495946348937774573003575100975300565785192514763259409273231261526397537239687588921855950795082691335046460863504645594901059795875269059910660746673812494993069695277162485991927426000800884497897697839664654163778476423136923277269680533796523457659629499427639681103170275784244839838773490305546758288210487350331797818928107459280297461914869367841131976222136403672022155683558262105804393150620009396508098033432017107654030590514054734483208336433194077793553777401764699644749720205501450361848080652798200638905549878034736766576507115337389380406967357528542194428773984766045729059184299770025028986552743194449345545731052126582982224890314531701065207889344726245792439228832917767100440619554467023879181119250738163812463973864924364660130194161498636451754980215969623726702910720283082862752124885894079680077513629707626733075983462245792429132922216516634673207061617233063314124178827977176012684838609693713548890247764868177098835307117852126650202768334835730490202215025726430593923243712589915304377862970610098389068638971637634728675978418549092892378252752854631360894187760447519499657885307092795065768078767925278192990853428608231837664759259581639111575310204761517250530127760403801439172669490501610056285708405384267784912273555160354710757366807521898155274152664412345933036586709870416868802463441109631320190281992706807424414279699487580890618168249371289969099221903938981827726274991955281812302338253597699633007137024366961832562319716723911788559200336693899012942279966989617379190554031673279026535062412956067175527159587745858527002304635694171412136996999379048038178645689765633859027537748113342722867808033134878138993484520661511701976189265809704792991927904490750740082257432351849018918250555436226353773187247046405106562858457198973018048989280022316053128688369888476640923945344037239944556861975065488963746581290965386986530

50985530696420607927286548254413658215048024185336593664608915948
52943027925079857669958232306849920779496030401988618842359818228
76454108231207389067989649922208720134723337126856892713353155872
97435618196126943893823983075797032924165210025091554308889780310
19346323234819083940820087024978173555058695292200638511536797556
17707967323543806741251441849448893284983592585965244993428222048
67011223932486678452129493752574683947471336030751042776082341948
21089936453395038480279275458762168194334562169605953981110125625
19275118693545827944472586296772215281012230912607231538338475195
02627216082757878429532307870527376635991215875280431648568300813
45134896309878808335085356085308273996470413644082041360271719405
74194789300417277706336176104158122419652691221831640829418277823
18634621967871487681904687203614623403346355259462490149174380612
73558124175627275625678527010128173912252678374313186943708598391
43197114426873216695476814343599478280909464356389067013529051769
80265283965409340178730381995200911890369404489090737406102817330
07270451655127295965845861395892350552025495617431141679056591144
54004061821704919451693290487382816148919290700158530667779592531
93145499053268566175309678543346099113649269291799195187806132904
07074429830007674067498750302123522329526398784331570692880413578
18141403594979931953799417469561813231382835535127376338927942423
99187095567829967064621160283433870627353611613772851093957046950
31669914492003026203070111573346022161181114096211023261279450797
29525067240489642059949998185311922352067098764890474448320358479
37977708988170558055185659003575710913010838303952048489536753897
93959109145685212442674634660683255988301885500728844945773429753
48290146730607296862195995001507798043187412868741972667232468038
29266467873120513398044987160407483093066116695344063770258648572
19042978161674213884629047722645510179062199010106472399116624517
99630684137674761429077361391059989051647913140299012987400185115
66732900905959816848642302428138855182045092494134942564516176443
02483198164478244175369590408926254089671329313767241797118449788
88664120850053850129665807358591144556023497239411040114561552427
08141803700692528220816832764110514364015357497299489374223160729
93284668859689077952947904962277418493140746824553091002480754611
71120749784056212325845673606805459868092665267572942288140645099
46835892819855097300999103562631046194073035606100978658935948629
48333389085234903522601611626731144614488582485436993547525535468
97097001200598105616749503023719460307988490571347966652618352431
32960534866055427644450468786949853193445306217976859198919052725
91397508730494722532882639286133813124308163361004498914035715160
10875999599620327623997375600668932621663204127156441471855399216
74513257178756992004533179373421539255495730142218914444514881765
00348808494681144676451877069600972118126011319360798837610875061
58329806750534386643856034227914921047808567087121268611049947551
36419686215900535518920896045491180183708735121330211392794794949
15716068925443928393506623195425830222599390464610841912697728391
62532970089999360498354420558925076368516120522687379283601045386
70516939683346470226816210804770431758891665090969079784621512115
40585016752743304895783172831955091125491395996743480430749372423
09356341595162852429650014363137549355326320064273381945403603501
47129209510062030029103591692387711534164025713090332374801182964
15304886091152539519958227420111528817863718246154591014153507322
79890810258520791312326183378366397308672534895588082656639590469
49458664532794365135304132962335382646259810337236185291934874208
08740553167426121263373188293768722163680349235635200545038156089
38440479691803365202335140297675574686143333305020838783811154126
92515116611693027429600042611367105759300753033986321195030803392

935794087416870532450153670572923374346617729991193485193153195573
999537691263697163367331179764771187970106981594852818917269069689
185229060502882341966125844911596623504305364360140344435869935105
208842215655791117254130937404161069889431686316515578886847425711
435293078457378268381913669237471873765036114019931274788955613142
720362250679969666727376373195224645165671555403406941284959423784
512097673759017436858546715560385708069006797916099574890855980086
291652161786679405219875252687974230877054749630423028293035258427
612765298373725206252502198535700584024882472881571439333319693786
895013767534951472748248357170591103305164106549341448296256259053
053650440190380040202119684943642618549571897538200290157298536474
141922268166590819374268930277118424017749134844691016489250387237
200483465001201970901451290948959111337775558325485971778735550736
760415422782088532065005677332973421264736659144908426144499208939
625766086675034809435890690348945624497298523623631671179811318218
118983491109144324354709971575748761833386808392758242188258317972
873376426584738419959429063460865025641920729018922939376884454225
160114951712985769514509191963635889005402162681622563351387321791
540055706200344549047466943494357183394855708615827904260730245673
126120480774370352283823459959560169822740070222158536792396109460
875597226270351571618216645216224885958641204904458419056864801654
356011243206126652245916123841780807997824843552246179405853478344
642156931094236963465846509937007349026356989916371199938940366672
127024866305173877943713902426423067540464969108152829509788010760
020123834314450135676197593563459012391159337527682865287858924 4
329251305094989943506488296096665835247177063141529760216668828967
756246178265376697131371999006207021132131686344793232850535267949
560065946849113093180985273308269830327604880888179661619217295908
933911350111207115745768701357561706784912286958407024018892419839
846947947860186294518004580798730670629794017057189300439386598222
495120441908470074696024781553050534193985289199261201900910415634
141099894704243969202866161029973321609245078347796930747826978070
544462747588271314769239671441937496052936427546980077418005218458
000279654650300024060631688305185076640080718047432203703900405826
446593775380817147553802600796494462382105663523215733007367142525
984817682367350210890862904036149138364274503328574834156406432066
891944967482789403633474104111297404488698772176551031480762487063
506781546650445641661223866587296779391288085009272305309637101886
532162105697180469696605342353799445360633686950691477088621314741
058272595343658851396459192769106881967867859266898054464225705203
824870126220348504870506630110619566228812194698648369471955375533
963602112120030669781670677096472357811461251891701323982107997284
379513643686561171373758443007614371228676780003570086020576201376
889630494146996947408379791173586156581516385421636279068010 2258661
871360391970173114338593129274967143614467978019951391482206318260
221186890760108969565291299868757462140499840714047540567790568868
864781724528326661825981822520147316264032891928511282389812055422
159799371904862143756372884552099468334373378417669478051400007976
422511720201857316905897392150123813358811836227753481027371036493
208492059417838731839457812208684728227756599800821735175967119939
959266440743943861132541162237267684977016981507948315745510965331
072870062552234413876852298368265419587063430817574543916402757124
975942593995882390956706984473099930595517436159115400931591949224
956471791893225398295963264919322186577298676773041578017952093141
384696530034320727054200059566684677091373807093343502310221607655
845430848729513104722871099633863509699483084956053298714565656409
231823813321878808500847147047359852126560582850894450924764761709
110612383756326890158168998080615548013958602451075000122381573684

Die ersten Millionen Ziffern der Quadratwurzel von 2

66567152911442874911742506294132126303656049544904557092778 6158816
15668302099056258476911368027652260606490409134675299970331 8556047
65827513122924021916965187859077190738293006235986798266744 8203827
05340629601026097181086850897613679624080024505538177234291 7013518
80426389261714612890720102590760421166092922287019966075188 5072021
92487218937162291933192717123531809249959229011922950964196 1153790
05918800450090414502557094671717525809365458569362245856635 4661915
22005939376186862182146602389800418405283481475116055290537 9158133
42230543743333883189960419679081119392198891347151801832111 77478047
44698092576953907403875358960590991079429935275665412376629 3200336
24012886186572176411148614710928703561099867922619713934920 5798702
66661185237530091959236153546524607046867492021247646752375 9951715
61815218544376399845606352889083661392298630705036852971258 5169863
31442385980621275692344988529172596300772508654188499298386 8379245
11737795226066877430922591250291437918565287691241105713655 3285527
92653328350731609735879459481256348199351469187008885214318 6336574
07874409562713903481807177941295408148322774702712456013713 2498014
90169161162967363763421079348217777934743825904799583197158 8026201
39937881200061591076306502008382680044043366263042465838894 8479810
47086088166318448901898087115495005334664654828434918409044 7566792
98136111504752642423929686318136169801325888194399932108425 7991617
30699429030399715260431669479858677053524358781682644296534 0469094
51594538884599209756255160388159169316566468194318952235653 7860034
25886548387822242530161648312123485631626045745744799194125 89992523
14994103400282037557235851183385681775101953078269804845441 1403701
32411875899878064183237927374138272928000431842170701713686 3406461
10327457473967999314353635135939771359471462109072191210558 9030822
44705087968192714399413322756685729668311188854483475867783 2323475
37554741753400810503523635715400480002760553821741030745589 0299872
94721707719511659677626716491035056707379982339809375848608 0852578
53805887161800137632608401514200166591975915598551611564322 4963697
16102320154392457784109308401424876667047722411205320755977 9054495
58825759578157058765443333417296636931183880866916418365896 2800382
30651731720272566578873067305477145901049630129164838818327 1635142
28998304124806438605708732777976367949844480561066881290055 0132788
60474994659921789676865322463786920743009274664119565132865 52741068
92645352879704322906089808993461858122905429750630087543548 5175622
18518563900519845019496667708665946001877167658962247844279 685579
29241785458089062505636334856870633046840571325251540583008 2050636
41501517225663663873522436362759746817997462742917119601862 1618742
27463336951018514797202935195913110262466129663366583360431 1567980
75002041073983569416436387890146643118991629070271835247883 2299447
48082880821420122093287384574580218272570924456568738159896 5693481
97150656111058523407176620054631338716343581755785485151712 6935579
01875298144448778183865101961475379513131738548552418561415 5503648
34334675546277354313416416375271013520577352836210062905270 0717857
05016011759093420794239780435788161100113390353283542327987 6848098
67697921429563985425703748708851349036535102651626238982673 4690486
25377091027171886874803990382161130641534097200242044478624 8248796
93462816890642574243014279274711966751437093655065437546469 559285
36717843615163308216745890868489738340119292182700349793749 6826566
26359969393236290420059701346477824818216741757146622452106 14369279
02230543647485227782531189775482555777002829599906552360865 5632879
21750747052160247642572884466002455901586529304198810498516 8044986
61030347127883727572417900207745959383036011127450035496446 3237540
29793126391415962092815633490757155624637655255637522335634 5900278
36155889386798401187621107746505862837307161502393261924593 304121
79022169592274268755243594292617802444248981269404432769137 5581366

4686624281946944181357322024090773078187959524816908038323709 48334
3046164569627705508644267061164306103156214215165708154243512 07196
5173547455618755482137247149869554903457085895053511432394021 58246
2373179918552318749680683707121469217975229527765496855904282 48768
0820504383454436761380315223777505023893408898888176380547193 91891
7368390549117035241713907428198953496019307209748054434747336 41489
8546993266910483005198534414859328350139417445761472321193035 67351
6795279651808809124472775373202252053254796399536025967996464 2299
8460643275461300472320428319136575898090629884651088063978772 13628
1586946906446637709059991166556720577545205312655215945252856 09305
0834200984975785933726471757737222554577493056737322675994547 42309
2454280531965388848263111006601970480143683358607977270427143 24410
1918596247937428199108107646741156645852669096974672371970082 21147
8899498225050495065962096324623162602588340771283899196083119 80139
8252927316814808346717602224727913127914975549582470411000628 07251
5848247625179837368358886765101313189469685489077951472474164 53245
9020729886518696550927776924292199661353104048077394395637563 8717
7300689058980462020283427661504434311928581884257353550708037 92286
7781520000347001739755791472630932078727070832281626781492610 37627
7650037037939641990477124122525343068517075691123610546586921 44845
7862637590609807988652926828464980090413512656417860018872927 01503
8174283187137586592654274730054724720857382664639920533749403 99635
5445028721624010184184325452614504979432962002087201782575427 76900
0056668128331687727441937700516295116386048758381823754913164 140398
1246864700943821876443121389237939296349015970042250369644899 20575
5834348198896493977398056279976728299816707061439856639145113 34523
9761167205780188989534450690953850517607639437966600185732608 91171
2837055912519200832211049553238652831066348481108278056662596 06195
9186542470162512017013181749677241815842906240116076747509223 16594
0884273500977129685035860543207495195758116118555389127067860 36392
8285636957219434773389466127632991488961139409524522733965166 44439
9561764463800359924230737648590182772338070147910565712633827 27070
2618103745988957619840029870168680163746592595880895765706208 11808
0157882452354705123194934030108978607786035580162564749636689 52266
6442970347509737572936552159572050183800113006424836952749789 80488
6699463126483707126201758352889834706456329879625278124238149 72340
2699238622455537994852275661641820942972849381526615531003824 76458
9410106310667915593880787315542251480993563470400838525633387 13734
0057896651182826484175222043033506885676734567034955537832912 84572
1408743418446629661934532393401021866025172258202443696982868 92594
4822925695805014738420322345527491624205369915318642518351323 93123
2499261711020906792087770812973318787032543589458192991579228 05909
6293136158045475250826346599879582928214039606717154918415797 32776
6696040067614321613729799628796942955864709623896999846152883 945119
3998666805294785625200479266480255311043344821822253753554131 43198
7898424440809372626409718663225963964514091086382683649122833 33873
2042389245855659612314671573236645761664078569258157301770641 63262
7734084913656080125741384318295152503156881916143121016380476 68216
2371403175562710058297676559739934984565116427125479068844684 23062
6170547284444763299637106512941354276501422637674697422126766 31934
5148201174517293668195123484548101848280703897997661643326259 67071
5576412034853575450673922520780786084588530993043907568223099 41363
7222188106574474344077183657470787294973062888484686858855098 92782
6986686731931150493823775320580981943158354269830403750688991 37050
1669889268405355192456474082926792465855802189263999436331691 56591
9909684854443539972009927698107047373664218690257121269608457 86029
2458927142634405548617343956352245226657966744084913628165235 83507
5836931646828954041678369725524738575238764987591524330562429 07916

```
16169792374726027775682096758183376068214876888988735590065981780885865273246991126824657894049784342360588991079287768049425971336858203196861986850475004051347300679322343292683795498464233350524726346008269006825615058058741649763664556090169703835446489857897137817634297476694383639324220425723837965235893783326599373294442533854443113685210514583218508534422749750737552158547988649652704675097856963437998592856695760623790825537406599391873348890068370774615548972661693039174195803852542023631627994908136340065277424862613894455067359038836204943542741531975112634057559220811289224517943587806094090891224087721460026451657573488635184049363641456285141207658702119861641472222554111923217447479889917491239628296922990403862854170180846747565637549728835264193916835226509191171638796569697552940161757087412898188041654497442443265079768621916525320678123267769483742966427442287719857062531778900916381262514926859883568339780586885289960757261232405908210103276846852828916389288696229121961583021952214059095220522897237762687813959740538095121989595272750230049510205912137751749736554073040759188740053998478076158513421880719275860238360147110984356113696183137326863757274420718950954963564073690599226024940902015146349561406429022146565612089468052170825582975185809618103370925785860080783872405348563799782432050947660933757635178108177172192038839176847753865692930995368282838771699625669367249658363716439784207416054970996066433222174282998509965505666749459460191386867265444317339791838335949026648105910234034359979031044221890422636468606751080822690254667519844745895906856663699415684673384584758509563687077963593123076594043749822189424475028151809395981987465573186903240979489158744691381998038868158191867123044837756858082949122095282474151394767071566273098982365410801446919541823312281970466955596115585555583158068261025452643097732306275839220032377860264538472802598780241198322862035809168753881154448274895472700159573345864009591764576898444177005799123317881265216251965974942027912802071502198068826648210630301901682411919582490155134119691791823951450524667457930173463247036283584809990854643293434708610295462057849932747968065560381526658424155241402010032805931242353800978681945970487230878368863096170206515197106435999492099936650766984587409878204980640092746745834314104223160821853440623459815908708177850488886188076935347619189602143388378631740462974922741162798239194917698736236162054797635694462437600831699566411895725532404025593363255256840140231223146417761662232610746582277194030504753182900525678286119800467786361796944009774017135330450635087932262008743082216996466586769129528166291852371612532422635252769247084179519780977668153327334285229232165810202648568179844654769401370024774368463834953838136747214167428043136468815243707106704500704876499277719360884026245748325443296305533491774675512357508435857365050276037637499339477411802348296551573732414321115277551759957194569248002812142576522240949051239537058982754192861620644976900800516728105520434855226955027595354140108032576077947552173829991639441883871609437994545693681521187688944537789582106064276906041299935917059133742640188431275188329348106633293922679093949994775888072444790297925359054631740103814939707976348412661573835667093452579242745789607624721422283235091970540004462507764849278513898835718835098201305534259037919353631522354888586632476676428807777930888797723034343640361006875164277412202261396683280778931927828318080173077350607481524842491867242661649204922918225971382402245955232481491157686077707454695192967937878911557468450119742629166667933784946411560382743455589007005502225605159027581616487653295831957181357694357203992998082214737783062018460892617210744728286221985909857169389336098290224282424396896211744287452783331326237688664358206
```

8565266253860676996670809752449142942726545975506609267703156 49639
6440114683251688606998784998410765252727812852158979590895659 78155
8399737551505117178519055843111580072980498674333934540991169 02870
6843467741833774298176302122081622769219744810758297363321854 36139
2455932652347179070581047468735482455297776985689207956294522 04538
2866274192045745535975378339953045482259204351819726714926484 76022
0484397369483369223026390200315947117057405739637380512700441 99045
1123150637458810266134857876200902286540992824128377236767233 58777
5864494869852072486051205986066681372363597790058054266407840 46475
1704853414818275913624943526353490294608819765906001658713759 61754
0519796900885572069372361348139424720811740904386265683640389 65745
1270587491244995424086329427955168660651286636889570569502220 40105
7030796855422370247032343864425953187284742972214717252399699 92359
5580824067868172440365832231967271030072370018847512832685338 46058
3427851027264740562482364063347667750828300683362955179358138 1740
5505469328324261603421653933374784223629619312482017836444254 9652
1313316188261300663745974991373785763287414079784479345887958 94649
8945527419728749102956363247304795669308578964807907631368804 34588
7578116171733473231499580443388225316886242930729934855137932 73497
3718510025779679832167829101049315421662936139214099388525320 32510
8327629732608404138570629413113301333209712223667560721383267 69687
5933712143628493247254061399143739001790965561695052452366439 99228
9157564829869235815373723256517362932697234236700843616179673 87854
1233833660562547331853181529470025922764281748071868612483282 93644
5120486288214768184751400687476326953459144613694264270032683 1223
6192614479106380589640772243020615082642593745303371721746377 3503
1242914801975239095719744748944715330799740130349506827920981 08358
6398634299734639304689609244725738517399368720682149804265531 24365
0717309186122252320562716004026557002787277438174192435155205 51967
1172809285051412070345909500698421395679969363264515972383351 62410
9218153159708642847364817952599105095547188042776921947045917 61767
5037164381908669723395194354140886807622930254239458832279656 76774
3630406787929441276066812125352220231185486206504439539450833 17510
3658367032803394835881218453132651779502565182899807604331144 86012
0506527501540045683704621915406679880424209957604993192548547 89084
9653505348540038430317566882610555495951848785734176553929482 0411
3753751597281622266633434816940236848023124933566086092419883 99182
1661758925301057140166068131269430603496736283029156823755781 92779
4432895691980245949745194643123273619495747664883413246254399 72015
0759828434723393195794482068089060589113398531227108018656772 78159
4119854048977546054891976387285609663804954008611147084442647 89236
5883163783566392487897695070202662703057940230514022240971920 328906
1898221928097857263451648563000766202421282034855630908521788 8747
7117783462160461605514307637870592264690086715875974449437834 84827
1611487428699148321647846746304361522565393829797467078118373 07823
0311824234083865215765347520354241375279124239825175624825448 30046
6535940083123454052896778741051361501236402590045655313310247 75186
8615909953062022150366769185682203834701129318581560872733295 26603
5265501123249926593256900325152931753166959614662238114574247 45620
7283034325534870275769877110872911354959347219583833563282658 35481
1844963977592237887880044369846851536747513650489625629311270 22799
5428849899696375904623678882643167426310063017945254606332681 22579
2017818304966353345160316773670174468426526716737165258229639 34774
8433205952363026627220687702437203077632734951998156829182790 50247
3704817352186873667824857650606668950715894495623227418565601 96805
7543651454521634996021744129171054220929178018615245622450723 50571
4414671304030393589522073463519978648849013641460994707131941 73872
7855807641019167308535615166197245465452756848874489773850727 60144

```
28708114938324971885335401586125485642860943456010165009 0159934047
88762709630398110242252039676657399265439920379671109491733084464
55807434034349782575542771003734773935340022527843803197 3240162990
81604351321157773545428348123214910963071254659426910055 8783295870
88894690246363266305833672598691227243130374580523776692 442176024
61473544109723669598080211324536318322294375562731168218 7443627167
15686590240179593292832033078534081437656749140858860369 7367284457
94345813589865015967905882753879537231369650073356384647 560701395
23497003811083281051092852569969885229199115846194565350 7960480232
66663068860863398722083599188993123787894994525263971843 8218462630
38806708103221148931893646089799623357918658262048904237 2626132345
67054286538678238194926812289610452338739878810489315027 6916978748
29278797548288026222797741735202538719874817121221558965 948797112
62632466281900340288320655475681131737608024989178872442 5138822908
63760549701234863602048510962352788936018317083394355622 8447900858
65865752430453023665277458314451397463341174279985867541 9182932860
71397475418290309318288160077681341065573711653229177055 9810560144
55829108039258537954184315118100458489902826101896187353 8902625164
89433474345425411051909808825844379750160614581898377507 7927239640
20771463359458926436962146209482092574281590456026920569 3498774464
95566802957565063634502667112303664053713637921468253905 4306930004
84241489982948550537979741889209218747397160936460563377 9444175212
42717732268677829514875455730110253920155091648218454830 1513687443
99874561010323693261734825836121129624573517277967744624 7706082603
26944708335640980871306498911061971877169031312164039670 0014314465
69976556871940038135907748198345848806954826394348215678 2359633050
69488974072392523827676064298876086777819957219847372279 78604150425
08847141789436625691408065834826907194407427499841510891 2281119130
51921248519779604700512055673188776606559225818143178499 5010340698
24226993383036307258992809336341329081507735767554427542 7292178784
56766310453681820132627582430723942730885784466671185314 8570372638
76145044348610469304575822631580971170407984117565544101 3242991082
10963724984197149968002661122224116276547846529152125615 7524919064
17181227853263841666063789634548139137325074333349329552 0879255060
08166301047291111732174134344707817208507691606498536416 8194690932
94115562580636748311490050345521695704033767928104814918 6780494952
28553682243152738419076533074725564798419465386919987607 6229865675
35375501126911294187359741098240305101962773791078584852 8830286786
57739657260218052770073631746703273419143890887257693034 1727435167
58712205623050407749700059854013830122824158309450482704 5811370576
20834361663568035253035916790963646357374498920930795946 6470643437
87051197111354766510471962487199765221802120324363605528 2677508656
72255024961276291567264934036030088613779303839298467164 1648957948
83180654783625852243711846074358965945328508440250070631 5231943932
25705708438384808608476386660831290449219427015515572020 4743876552
28125210672580288723783535167907375048204216469688483852 7397033244
84866142000670309698669312732739408701914957907335607884 4375931681
09271044733761905171679941942724348999918580079771701921 471451672
83254216937062382920237848310183121803683923853002720939 2938004636
78452195537444373359181952935103392341883634671820122757 4951760590
25868579375814696843280527339871451394200831464747386634 1701331961
63102260352642602769971301537998108931664411523844853447 4895229162
26906572490696982535740600809893745542545777901549834686 5358370136
05710825408447562389183138007954204692066252708982193170 0916909072
74859698257546175754991495183723664245352637577161246618 1597524071
67003940127640526541962076535795681984641217127172134967 8005069572
42422704234613557376120511305000286006233196589763440200 7941809250
55660135946106796547638826716938409176379867480688816723 0165122403
```

```
53268703412968385880304316367971416977646908849649251863266192685 9
11808229554821475629352965741612450319295124944870742751481673360 2
30320000445505716659184745606641573543431006596681553814708142884 2
62552514452659423875661885099383598247235460026678975482913490344 9
29648798530038256252456561224034580735191932410492568855301985199 3
65874602512920756047155278042499736438536251238375051399620667239 8
27250499427356516433109215781947082117354659844463638501838442173 8
53189681732507074989412864466456278330188588668467228915533573717 8
68346655408059795091235508393917706277656752904146648139911114559 0
85053746710186032531388423157761388220739615535244028504588072953
64382074641334919453391071750265410724143917715585564377028700900 9
60551905695512383438600865428964304995241872454221370292337893358 5
01247507546363220551839803915800187565497484603405468295375432105 2
74634670250649887574784638462598126240293036660217290823346682202 1
68633004629284310120015488863899565103054581512648851717040420263 5
49464576852375401987445876646044392670673630267426838352382815478 6
69600187032861098032037143092968526021233888418932413143901788651 4
89729485100538261033990724922256972671550221311971501579605760588 2
24285327508134953438025295565240124896216439388061576337648027036 4
40203103189938135032922713157822280528844900754720561331928888288 0
30142793399893268036003866353417212413909255572588513977467393916 2
82161021644506295903695247453028223554769310549148197018902393095 2
07132481536487234304393424356310994330198401005025507585300412440 2
64244042388522229615998808563774310525055617930505791510582200988 5
59715040545124795607605260652396256264033207839767063269717667519 3
91832200876285030052813703363040473469348632873701206440400247061 1
57575636334646234208538857425086831245159216622539066503581399740 3
09636126155945510422785590455309730395154909360815147123838307923 6
91233987531582741128331011900302451409997046534650992438331645455 5
35074703926046054208916790588963722028956899384696603781166526049 1
04792159741038393357468613566014844968008549237677073894056337064 8
52666408350530350975003000023234807526849362973274290559050740465 4
86211412419930971143439238250866386837738844466498891533906774221 0
34425008582911955556741369596642471338570887177364206681056564606 8
34404568913418976830428203786725953297902109328788842302944786051 5
03486156546509708371143579765225430120084514526571913014063239477 5
11587899492770349963448181274622339139449857998438202165130747651 2
32551581610585653891112752416533918017175170140336510965087615977 6
36426683276811385209466778322076001599097316409491426785710434291 1
42836726571332511162033559689577122547949580015825171986432445077 8
68343589999521566560895963241705461238602956978680793633944069287 20
37688639492943009346719423711299942671582806269716022031595650199 3
55045614346198036240489901929791683861761269984848386282521983462 5
62752743907741691311524350818381548499134998849118908671335723414
82151351870975343332933411786412547718342884361119236111860157253 4
77730377179042014505244250026530453374674727424724130754368682735 2
16957778236636228572221257426140646971690702363185526525331394884 4
69444113221359210257591744257644416261008918581959093289683124125 0
22816568723047497055854826999428504534260588643646774320774038557 5
61602192648178418934868496675584658842683105644305233022205918232 2
15206455554169235607026502162831242346438992897804860096908269905 3
27981884383516293118952621096576152691726148331851807964854787837 7
32954102845463534462410496825604736551110321189526170757893407583 9
54234450218986240558013552387539236962997429568002245915668586673 5
11657793718665313688459875717265205847501236731631371403920827351 9
86411122275040177968718925841572247853702656943497594460932199064 4
90919376115756130215211191948502234714906313907930352869681136780
55516818746122816640287796134363982503528205482423629695128256487 1
```

```
51480876227095471646622209018002847935183271929146952211324751 6803
45535365551680330553541520534226850985023907903625596146012534 1186
62002317568911140415868806228010006545767271865130730553396687 1734
02527455738237718429917353229100401836430440310553993580730099 6129
19873879017367696103900687582247366205297329505126622164551516 0507
86839880396855118743567290135433973508126009291688893936099435 2719
26346997756137342431395993956820254284403719302459124565887041 0995
18624948127878832000064051967512865258714483235342991715917348 9812
94433297661990230201582966310684840511563460961042960966395788 7706
30273818946409029266877774873077418701883603794233960123717713 7111
08962020769447016603764812036888511837305250793187127360742983 4890
65910024616598744240677398538512304580564936714608774183069576 5359
37606007014056353996511297732792814304719240852528408305514905 2762
39090238760730580908341436284100547336903291137118591096172006 2140
51536203228339272241156316156631214914057099078167314088656211 2309
13379359315256135411201660385406853769420992928200727964908687 1907
70933361075919414435780543364874494830401573306482144279331204 3041
40254549334981395108409310158118717813319030535159121515187166 0170
82858999044287749912479918376970995681994070184873754417975478 9456
77499586311230121865669158603344768821966207551962008289955989 1646
65087957368800497261238307930823380029988239211285409209653262 4688
57386737166737725040311753336571281982530565990980506311202687 190
51392687035884499452201549940557342357801066085622077180479554 0756
36482616745462004027263562547340430940960008924695912129158873 00034
68845943474806712984456480090149558593334909837171445054056694 1246
16161344425164365004122738538711334284315241111090476715736345 8840
39451155318121999928790945172159547311348994382737030138001564 9485
19634449886818065643097202277281936575990189119567028682565224 2981
80793856322687365867531564918257070750515014129159782088334538 0244
36427001651147759148280528633808839727402291341419616988143712 8915
06210565441251198211908344211950892688064532635361894887938071 6965
98292781470587341418125558911555004784215459381632609011409319 0107
69849475096478691051382195253349212291843440859319425657446878 2605
04020304003092223401654734820358793961119859739556805962258985 0874
05557423242825346713567740831941533177039588112300721198433454 2176
02600976042003787288004597138059669016795458576396611275503853 5284
53165140676540130384076170962564855059858916191467617573245724 6920
10410410658512004742876841617596575477152650949767524556125555 4505
12358218069403630640657474402733958236454275979543523772712505 9712
76838484459605941828089474581501219972618375288512672323851858 6324
99634734381035108000831885206497330498174707767754123853341309 9593
58842884158759301409904329111282284402531794184958737226228367 4842
86312801891043155009326100661131291972043349509996238041880915 8536
82269451760001222912677589466480875983750096145889654075710167 0549
37355223194045123857071599610006465208624342713307017068059637 1184
23425240298212123129049458596666846080197699727752723924388830 5200
77078459840921701208177590724761984088671467785999693121631409 4403
31446915978710391025848602728110717215792663175304211484943413 3601
93099343072568418254419589075318594419456687812906953999683557 3984
13584055755338971476265456903909987976781496532249580798652578 8540
48117787085058753085267064347261559861379917846177558551999538 8906
64859386931227543146846372143445027438485470453710715704298445 8938
97957749252121055291297996601691708730353870330537394715804505 0988
92248858961565747703272032212526012458343793061065293662304001 1924
30316577214637086453573049339475405739186914223181927915902732 5661
15554775097904905831037789385772121252821064091828372520736709 3091
81280935203670310108936787114289516589303861228075086945512602 2447
77652410151295431497534952478554567991757265926371941974684972 3222
```

484065541461996243624631930090296883283940251295227197643189632825
832679100856562469897630248236853381536263941588075777852325518521
850618298443170949011001215405451868446267030515744329445962627652
781083233306790025354991317664762735857591116443733540215524720790
808459654257852461811964709576204891001076068977961606606780887827
384645952229465823856796791467952836532220887277276500236474623946
677743236002587481274582860779878367159969330963275120864464931041
198909259283935691517015642821830071447114063087538464214549077973
992837457541847282682922121584625875291926143281157409288386443443
742806386059927532849573400968132883950660844781489897150671978759
863953521616374976696116842268700537352962066504377941617001954514
357264848917499396528605555064501263805791084966502179096324487105
933598588889209499441399911184260524047840824001504172082594439649
630405042243233442341223189836625907165741132211902491733987369897
908719190669258792918436837503776870813499008459637462309580356259
531065155123109334992194654707069174726151117624969784041643149634
714915681388166240560909823490164550486583482132210677693478079746
668739810515089723757146094738177518467385161922909604867099272150
513574201471346541680802557037843824213153608131704973294543101812
416306709152305309474315302409130507879977368667097204670298946534
781438192571666402154608067457973338544781305655662386139896641858
486650556767859380595264255522168926969252517695647230007600239645
161809663235926092583895177938403990526765175046776855866893072337
676228872658228941535011769697959615624181358009071892244217723287
200387517171060361464829833033053722495645744798162292303589962916
731409047518400658041704030819834394381654891068288206327462119824
833333898566989529290283506745773869455592449308447108296011158850
439402580695039895469399507596706033103880720646856096321009032981
369433711906635316827971131126381557398474363341054424592149284481
660789722422256922393677698710577504311870518304084133003933643728
108299653373441184354405480561881531519079117790059472071373225655
689017631713690530039449867117867765760616135419482026995648769679
190253527415105180531804790483322995247073871058366916252351497379
588381290782244171818481419201402111512366257572973301524423958128
638699398656659672257084747162982259672706700530278389166151345353
868004947749187295661141402382896495192767314552141041907587280580
965454273881844851016467216484128608181188485554281256531960416884
664117760046961927984695385084891010095957760848958110087780931833
420011471107536645178249540123127645253167685989110136138709825550
577904482823184614801238679941464979419983198656430124212242200975
925843299654436840013292175343954831853021121004716189080692564921
648315239461646650153757818763628572114196376063459038080448514444
826889630148554736356717763611266552043045803286150878319507988100
647065610690592092569655108470085543421756824262446773998395864395
309621857601668502351345733969619291660067712130459392789808851074
647837067643944600943229024046728376468774706720898422415579793182
085269904220508528714136579411897819785504587389757252874600365 22
703236252764484177650608117983950895275753870667305846428105172244
237983592543648898675919011084890853125856525684909345913787341096
700755907871721694150571595207443420654773078572014949096550591123
071560836353551744113823009822881481060121759548284240742826046369 7
064340557627118067418788488630588195405009462335493159835079495123
344121357282592678031545232905166014398114290282465449402952371057
522041040871985263998564256263787905489320938473810927731274576167
351483930693276505665621651027188503924062119973238449174489819845
167183697449802157801453791884141920366926886584125176010877742186
145774040901699490718053971086702189654901377106473451411310618515
349059531454745136755735414168347216633211254224150718469598954501

168   Die ersten Millionen Ziffern der Quadratwurzel von 2

```
3350691631304662536485450402893329655830311197227044692712768445 18
7936986647962370897083791325104578842326704877073426002470128939 97
3636738197291834119862214376692896693353279645140506039664013467 40
6763717866287393048276432252090231302914147559423934871769568963 0
3242017126782671993250398151667836940800966020396142600876263161 77
1576560678605542088477315621474647508369308685473326069773361088 07
0161145554162831138340683635597954777594929953511691429683515415 90
6531174851453049638023821127319513900885682425770076130904374910 97
0801102693328707280843897428148571623498332863755675513226515384 94
0228560697895043137447601216535598183368946742757422540139789594 92
1292535499754244350393113660773385319495920506535804086623698886 83
5741773118120204487114491206080091414041788550040626005142389809 9
8588060625998593878167626604123664222145716687870393861741585904 24
6386451079530432107075752610454004327624195871577617842744430767 39
0248190189460719058147553505810236668628209881050861453317981521 03
6092562555849947227097303806193235909114715979964546453672331695 86
1621557701291316057096724507580632948897000336017320031496339670 3
1283239940699152200059759581699408488928790287870957148779104899 68
7207013326691020490833378624454127436386003821688457435357348569 54
2376006133559198136987649211296354545802945038845082300601904759 16
9844999749285356787888774055789934978442999037941842816192291664 88
1251892815947864416565586115774593040323582606542663128269069150 64
6614399822782040111367023605190530930620673903027388120691661208 67
7753446257292041912970076265450746077531288318832530961783961997
6095544128713730709131929297474923988857945269066393153737183766 05
8626386851040743922546146929987675748887570048359865472133548351 94
2068203056630757241848187405753097137190801667442371350489590528 68
9763169365100418441841929310641217624349642807246220795077792707 77
5940850184783641036810814303717300047893228768691588740232752954 81
2243787785994434661532103076203193244832730028661543436125006078 98
0064933067770551723849745218389985563254644198317277638544589402 03
6258928886700741919812629633704564459022096778867130780728851177 95
6255457236175317918344958866223470113919646489934196257032419095 54
5535429631166351171922664204771691513008825332423423185330638239 30
7999728026830156448174462806677078649241502501406976087151060958 02
6576018636858767595225548486795930916027719056171831102100078722 86
0230717868791671907153620932990534336850969225074549573359857226 91
1277559013741008525376269032264904762459823903709196087975491852 30
6887396856358873495848827637613568436402782134965320221620253900 15
6466223865132120426626370651407902029875583269543604100466557213 39
2831449323695411323766206922383077364896405814413329795519439965 06
0432690833736648864366002864911095590720327738217854893016167919 13
5899344426128202254439754822577753902878012390065881804375509744 77
6027130929007956101760871082136862656685640334033271152619979995 46
0671735858910215594898711891888924143102785122441590804005135088 11
6050053100241201927779768668676639278036208219213653789055314989 2
6604922873241925739059632046527108073528121647193134510770658201 26
1462023871186147015002970740207146696289440809668154630119720058 92
1390934865749865579420051455738231945060464183498439163441493368 74
9740838434704098434929055163356365173643739763721825334215539774 13
6727654626382608507455804671030765485756172456207511354887197956 2
1157128164594677972405198473402944351218101861013460103771345179 19
6670298539150512262354271241001366659627482565857238177581726177 43
5766961985599318320681732839544831205545925380257061533048083416 58
3394803910214389979264690473919294374301016779488224785099582481 81
0328094072185262294280994856309650414603144450487814732747892072 4
9662717102041050985926397189440193288255513012341798744376168136 5
1218235312557312339589492030054020126719851574127561201530177429 12
```

```
72077427394359650409395419936454014123409960213942022448408518484833219842590842539098798521029590029407724414101665465487346927355975461543410764238163920654036601530093850251111556264893199975344890654761481581252251256056258869908270644740972711173729163076062238517370821486598005549224177554370389411830065420887679225177388970187322559349319620454054330175774721396575940541729048130402712416113868054808500288178694109203772033798131606791074343319157700465667879459280017165923570715264139809265346482790616623690765356970621511150430382678543998350202313113673906982067031660684473530739480480879652451535334848843527830302339147515162927940803799833463146666061406549045945938860782654745729323608710225838358362448764009637034530209586416730479705107018842882029081967837459465304151241877713770193571342594355853873660159568448850668155242104530982154867327327896924013093342460233579959077312089399363626965230491165403230353079329459408649199643868556285541112279303331079870171369617856863576791729550548977940033113813861729521200719928367767161215201262303280594280558175717047213413998182678404810293633317344294956929032560881174570576923381881684558345754760544855033866992256666030241323616268507495127539653560103617787890324550679135737480709431597114195070892253942084861077989788021436933817394013370290140994335034242567762844973564330040291235858712203253099170338139082829310339353860183015681977760764022303760880097990360924997905914029315543602947279716856747777830882078017271694280076658142315674819228533091885293974666658959310851845302819689261620173954458676532104676267414386071802478312355733768033017154053154804284034047879603214845492502954675674812273494408034755889424311433730437061424614024112120995161790531576878731406257166110350896957258720122629621683957084095176567350523480544561687284754089577331052318588565405291005588540462025126911784006632288793749383867544469118840857199337253848843996592334820266290036698948489954080133447490623648157719074786194252730307421495908643106646525619323942196591424236663501663499869359412686636922222248277254693542520103875490766604580566568973499503521762204659129061980265826833408795243894982851749490340016046934035833681585987763873021995804821542566159065621793587090408057996058684462614714270584171904679785225128723488036599520401364685223114545112053620337855856086489935246436432293712760567439127983143405520561040010550143005415337574897073737800585269801877715233326720170060641423809904271748347764883745378691657876751845694950290396086545313165155679087563077959999737028184455226482416600072979441770406434599022260691812524310428293450141199544163025400161281473057365883587695419292295958159351911722997962391975904165948070010694763332446838704459630291449558688659017978876578369534736392020429099733527944193390219058090938230728817571730510449795238457516547152902878590989492350826570047594685585776831196683082084898262667912673895713134632533405290352954886756334910804989312530995468457008121091521646941486149015399507724337810057418990060669332583504738104680936941445330142394737751821317980689305155196289326153050974695812741720840240971945899952774966838237256344414821905804499714355082953248822571612258301567208276154066828713005032714184391353500477972251553735924472873257415375303499176415880996430391597731536317001466662638829385329668115926030707437834949317257293818071506235732753721826269936382718667610171747285949546957198454383780428839987315134740578175847778892982848591345339501523226980493414434242297079150195523663085503289274416664674526523174475908283124835771439544289045324319873328509870711007567931050406620045234887696209836027257153048922236434118494277320558432615828460215727004191183454600008218158927595560313867474320763757021191989063352261090593819353869627872
```

```
40589464309931093167229259420930320154512012076356350573942440093099667117522794924801161819887145671569513566405420877679762062469264149950308173022047826326451646778769027989393577518073066203256638131002463926570385617762052327895680297674766851344447517644724525831297091001541952162260403795564248553537640219663319130337681399442671003317574306699965938323921016799610813663328515907024322475475829085764839376517836099112334395946833796009897136822806594529774644543449164317374908998613436568257248875151321496123820216663499672465433628522948332500788306379552135520085985142024630987119361177609501181723380054596240716366588687757980187604328192040205025385264351849202915796892266300456858176618796139302354559908467421690656606519400567522298519590870389566539130599409912238758684925153510932200958676551153961492694534945355311148741870306707307376282323874025810706791187038965499404838317890299742024746749850399181995446060857487833586652470646232084845489897145502032116146595518984435742887791953170998961864514327290018603312065287886333925650337388883580908582450564394667171263112736522276517941483414316839449458264482505622806950137216787057880253188500505896087429567312742538289341411351410983632798854150514967900248572423867267369180587556153203979556726354317025302535663066373977620874196867061993175367159881222112144208823703810707677137595628290593806216583216869007668154133453036117384683393955177937753994627960160229296331274113950352838281635891327772556109315981976442552798787255896456766197096323782305337594542008207705562909044237725283757350811040400563118321948547578610950563135070147196145871051697618529586393575770924541150199343094888484589573879586316249741785278593149275065171741859749511251911713290255344624004965947812113348354003061893047922430015246938352141367278458266513849129033205031357201256181400673754004396882899439694542042456550896555230524867478530941819467440938190146280420074981220322183741005297862394021234827490958027699427779805237492113595524682188963910586447766346582065405519641259771066818954786286963098095141727384635092862021001792923470894491824574568846622850013826861774685766300597276710809819178413466898307819657268133250223501281526644637465367163315097704977903901822917557745073795576006464472213912092042930350652273596118082236730584599004846823045812492169295795979120402568657598537278951193786709755763040094704613335373137328107644115322695237231053757431339894280068109412834869385111700642631717926249166481519887437530404753051229303412313771533780044996881132502543423829769257101712805310629329135477605614556555577295296310833587113574218521962546305790097450301791395338537202838383239650271982402202288468517193912359389657353434444381967986881918972138002808432436590397989829975525526561510022079156130661456215446217121405715900416129044386222070834131027060420750035293758690769606005329577899367673728352978889697573739041630058105147429656809544658487087137074480362957494162260852486757487100790064659847606622146508678555374818321236732417247373329848121452761814170596425955597559476960699592115368769202494720893020565877061353444124480966317534898025693544146711068665531040388573894269915815875676331381941686952683752803986798414652450466479137287890468870262125867132601601273638285809239568452360453788167728212773393903593984551162405878601597276248532048166905332479550176615643982969584422851540720035355848017027253600062735079725626303442469530778041400123293088106075610698012462715867510892239757787460800745960633967273353183291189837443157016649303149662672749261751953151603875524586891897488598734362869409520294764043715208622720763505066119447488826420181246030048771669584623398837341306176101609748786682829611382330297295156338924745092073603521322416520944787761417122440642423615464237072
```

8787346624263238291525034318139611011640149504263829812912083488800
7080898160219911242102083886913441318977669108314228197116843172560
0029147442335823692708228226441230143076369957577321323149456341250
7717628391775306728219315023160600472427232495923109165879629004040
2071368467893678744027995128777860096099553589405852963624069249777
5105866433317119466476759638552563890943048830563537376716578857870
2376017771989073566254571257054044195671563789772606987996106478820
5378409303860362878750442154237100961631662476536285416108089051680
7240655080319023004041780394339632294478524922990073359457166388030
6626307332191843047872276556374767829101404228930769658922062714370
8003491561931389434970664224087193804649874424878175789870896791650
2343317003235628777376975706758135541692528005966660700815499179030
3682455036523926503690661600004986430557101489075862233709869771890
5352604209693805434690860945572718222974201056209631212417998433250
3350080773335081340648685064098501060892082205312991847033564337140
8517720316980516328993232563778793701866982776152767001899517083350
7432247113589095736559676296809395970792556532255367128056912943930
9710104057585778405302147451695743656825236320427654521423489767290
9743982141147065413668457518406114593883468727776916338368364828240
0034819634333502303350046385346467526391622863105308737828765942280
1496885544264047469196867736230995635346116572085424716682164848740
1548106463624328493592931657145192505675393803047424649123510906071
8032012356841145802495111551262196379701247539056255132556069173860
5682381435018941142407329934343965756983382046406331037604619219590
1893449081342746353965239126349900379072770134602061600022669578910
0549648524589985673668794992427520299821069918586796858165445669280
4858571728584172109200878562346976593793839257070201992647539089280
8901373334521995646215057532608904384637947067313914954978288329377
7800278576800295280766355761114227588057075015484340897867264522290
7823407917124141938176376292868676308080994446543993936036998748243
4626360594639685575686610337241933114415320210853696113220147564440
7306956442374670724536707391218310819511667862204081085179478020070
3509370776344733603387594617572630152694297931636302255271423148310
8674817097358513629470928612074788386196934879666475838996247720010
0299513214602715854602444896641221018009046327711407983308806796300
7204994129204586274300375204667245809480032505254733601602697521230
0248708108428171234958001887283233002236597348199466333151408428540
4130554434756724048620219546746071304971853183940581503015385795000
9029557344010535925696786274225651902435862432074342640231303747300
2913193487648680219135750436641789006441962851665656899233969294650
5206618605565845313366827293081192203679011994219867227166438690600
0985862034605435084156335138798660338115486903250365554303719380470
7383770220733230765373343773873356071527674857806445737711389082090
7525291149930162467204701789860207371167831290200044227456594766900
2017046969029500364987713448055465696869395668298466171507861005590
2900542686643343204806863885124220675615695633769387324768692583650
5840753230208909274264608296049774016146530032642966339538180134960
2267897617063146133237625710559307841486679579074422353520639688860
7937028420174426959438993171348591863892348172891718376473363067300
0961420906240501478672201875275544363616876468477223289955163246140
8375550362657162296929866899419803072111472606042899396713844360740
7315916122197862786574976093570006292302062583040956452003508273740
8226525114998759644480637103807014763988945616061465792350588366290
2205543479800932405650821044536668528041491173634601390768614554440
8015585671291054418545528712548816633470323576142354242551589488410
4132463366926015050045315473100817938420558068464966794526369229970
1497574147314660860381134587775316145025815724692065260439977565380
6381208251150119156996007401783340239615365791870306225346216236770

666513569180516618806185209794381939551344511871679838890491678456
442524552098708732706857021700801012690868335988645219184634464539
049847955330848243058938352614476828425651580728355669264395253387
653158262894027909424281644970524954180434443049006834103449671525
569685550727726396371947489206805129670738915922925190625023792390
330929405022019802451877382785757728141177087398479161242352064213
926895550030818349444917337044646648361575408141183983208664587485
584169866892140065726422524263371881531147350462527731475478172419
080052883345742258553535491720487554976161881639677682753443929971
622248959238756324358467968655906708485847211082811143570220789931
647453837578804972906278470827739701293344175907211281271380262 31
110134007498068507977995452707625076676871362024925948324637401083
308804610646582907595260287909238299512660960923443023537155330975
369143962895898711282192258834313464608318396184427412051348374597
798745050240324695245618248711586129536910288332266058550658223684
726660683196143341222287656201303248152467799790473637822125551141
920149315914011962412900594986871352880757101649329503964901491057
853680560731538508988899125808625042521448412359067303414686236103
733875770827521242945402403388481955149178622091898818788392381480
553670614711672744989591577560809064620351553918770306381683405886
753234285525147285582741701451041464867893332311953805781313414629
298965262433924995148248838859394721119807356633432469280062287326
624457116575868462665997365196591686303434463009490919235072764719
181717424844239821739371755498134065027664099943123583958714374188
936723242732535650663798463729963407370936814096554668352 70863
037647563267754199633755924056647656687116148227431983833263250792
991185356723511845246918929924122039723848232726360503310495784215
149999531283729032383267322884904558291845377210095000474998089712 3
679564363564450539586101213751565047978642944290710941455437545283
324237066600731812312828395050102732442217382179654466048813419731
016530925772808623211259444466512796427306062575657305288443269861
622690932554499260183022704281026665059891570254874092353210248723
732789019750565585188991162406180784117402033958140081460975697619
314068446208368954803705057872965964919158787126738447006572378628
484942023143435313726751926397407470772585287010883097690743342787
882958690586559181159796336266106935486361744527956794025357337601
455183208664980332746473812496988688119834414706744024799880270116
097404307187970123147710549147816621857710725994163354194292226178
718350424423524897048860411504214280306999396380483860367510111602
121833037793564129513713573590325846137938106089024554095781860563
987619015391166705445231359729957658311708526671516771639791628714
980011090897141686215952639352041557400026538139818416785894832424
370904512904942160135886437056027262897483397014565922728868530825
357552498466718136524793660447895972995912071772157800180128146189
197029144120886366049562124914312893425853809207412931549041463859
048006279315038804538605878026831842359367666322499009108022269382
676217301873969077756574807327726105134263123098110046572517469381
725583111692120885082463855349702666537895616322567911454955890903
017291530202579379517109365744351542280040226809321576395990670341
190098926724347954611770270324231615470843394077354449825296589785
695485742399322978546705344392747410454133606896185771937998998890
174734791727023454008272737127621773240395214143826984596013652897
818500310033147075626121080881289491937233419639203862303084435925
900399127716579019038054975970509461242715536116454505299654069850
204144659198125388186287971490985350214913584284311836955033647352
942005678788489698798507164626052538205482973184516412301020 13272
258827202153745791855671111620365177439116897976288532124544398778 9
052834587442212357927404373251260178150205303999493994666637047731

```
5471860612717098673036047044170127261223148121307198164238 75768758
4504162192888238867404361199366388654956979459889735051549 40532222
4217932626503162461307507736600436988720066955459644811967 60629082
2504338443298426986372616108849150888008588509491411690824 08392033
0532908292398653975696128627160482372190718955984823619728 71195859
2920774925427716297668175663712197817462176472430278202671 30982284
8729710185715888167866441382607011577139526182556778558619 82551624
6546570064679941562509615324107055704348803133654166343650 04196400
4134265062508572198088539724165046397901420210763658317164 62144629
0645114590485322504749277513529768710252255802118064846582 59376401
9823094270380049966098820343485662091196392078139850672907 31084507
7432026600097472629025370711717982074271492611792257438268 6669915
5144539523972247634905602678584998472907965729070571140378 38312785
4312513671374084851499337495650363118482188429922632299835 99960566
2327903795413470460437236985084740547649623585344559856772 99638431
4206492312493455847626920201565308902507724690688305411156 23193746
8182785208535157236397467910236021075907702991903188932543 78628612
5837290523394070243669604208790087678604205689890110859736 30058702
4970506829607779442949104614135516969020390240827117100716 24866823
7515431510131705413491198414340834761877636137913793615527 72295744
1928704303996042268861899787460231077219717087851121279441 30612305
7253857971766898607158168098742585425969911649339223403310 60480458
8073733933954809392918411327756135501686207373776427247274 58998241
1260075336154536144605140583894260733337565224450066772360 71285663
6223808248771997324916054463113233025323881342786713072988 54954061
4461613375930777960833976521737072427141829448723064154151 34195710
8308183038318870918555152141467392700923619546593034587310 61732460
3077245382786501051225434532995059370994530292190918046046 26838884
5992868820968165078952545464950719978663372560907680552351 09540046
8250560850948846986705133904256396784653388242591111706167 7713833
6896687541449842880235854273391316685543529425185488572689 33870723
5659637204663885865993264051592229461484171484109679720752 88306285
4205137113784560362778347533579167961730042943035383086450 19822087
7062642225807935392633461244326924074350914140304338565644 05098872
8721287288403097025999363740176640352644234524392713486524 92711982
6491893029759790975329366568284393558207006486066209725977 92666950
3237653324116304800737841111144452455339015712695780517202 92878370
2357177196796465080045004132782370015919250107469992015332 66504069
2431649419398982826767959706347143004422309608982632612173 34018327
8004633781585119956558588764428184350435951084388524685313 78181110
8180486951972274038302451080121850342799993774077727280865 72184142
2787296771531330741239057242640642161363228162050382193853 94336378
7604787458076214222584812334666452635352973896988279459843 55531433
9934024525495575194748082158317081766252784833804069738823 63075864
2896145303040415528854016186911441547658712893000558002304 13095620
6541768032533324729345917000653300455668469690982465259775 93850182
0485312323360715464364092991036544117380563730926372566020 77111961
0680213821967281620180891166299417668432796474231211963264 42252201
7915447768149764603573060947005195720960958698119801245809 81771718
1159531714048405539359251053725735229480624268469970758886 96209665
9936956977359181008606451993513696012324388647424166800259 76775194
4088684136799395738327629658662303396724024854099257389780 71657214
6554689631634489297194590941004767999829230773029995823268 45566827
6169904188864241947666437205355799534656956077114107279285 50104418
6277488779158632676818878087514618388934985879371875150286 76675012
8489423187941030022577566030863558783334224944832197225700 20138080
4675407216417419169738055789875545422600954986910767510975 65231958
4528549512545331379715934239218162807392832398726881069108 36116058
```

Die ersten Millionen Ziffern der Quadratwurzel von 2

```
8423794030554315815847424663043827765680695354273870974401237 27633
9997585657026193680195313365582446641407250129126124826246951593 5717
6318029509069787372901058225147285182748872051998234883207466760 10
6498498803649947973770952737380291924841902589398596010430179098 419
8511648502709307065162838786248293782141175812916057837090459645 02
7976306803955865158121535637729511927668696009789677912173027539 50
8825403318384445907418437587201397711138965019524407839778050299 15
0489412868624879372646856577321639369300638029428289279151456897 95
1815299154710578008783740522496260747632278544519638393540662814 09
5762888380200924418536377382784395693086931493772915482639028747 087
3056997232884757315585722375707191709456420381577566930535443912 87
5082219938010524502985917530998926154594251797285860548829180195 60
4957689426840661731618615504587189580059872360802356235521335203 43
0600689034889159015266976281545776193661908967858606593842454365 13
3602026886389162768606445493940734015411333962458207824064085818 84
4320257814103358947309926667282419283288842425364450357097268944 92
2750404509417268870899182723504312730520788276232411878447241182 60
1333232288421229405962297362187453476703410017065600666043788759 17
8221869153571046489615822580449401054309008872004604184588051159 92
8910734989947036209771520832027700262818048051741841999061387810 488
0648872430853692127443733802242065889850656980679455639256732622 44
1119524073018436558218186256264658065663796238009033845412060058 00
1399808632357525444119337804003992674563942102720869588152306688 02
4267428813295082032224777172177852759269287069438612207401915478 6
5243029598103841211549048550598297485974912475762194090426439903
2764023591608836084715204511008517876039466429078830591442475381 8
7777136611237022815195019535809044347790381411473276148049760417 85
2192502624108918079471331187469866769175207320205388526090297527 81
3486247787085534448656403467290229444472816674651876313398809142 47
1526342484140000488049439118301129950156392168913906759471783952 9
2364208623617806459085909544466009380271459433817040697404442452 83
8648012863629193652810222431504475900468208817765517111242985822 10
7313261019653017707872891690931952338927147613045235293628069049 61
1659261993486881805523424633187998291727833947159953512695217922 38
0786953036489405890313149558633596990411500660949498310215968183 66
7963910678073626110874524854547834609770123473251814273636610498 62
9086924561976345489390880033147694682115427033828273904950789487 87
4767376255345831047545596351585102929267416345704987022346669152 53
0432753737696533218072209325127225198880004317718239621993725376 55
5033992576206346327237261339082659126868338243452898522515377241 98
8803786775317105977968106657265880789874157418414712279538767060 55
8011775846184172069301403986338505157874018079268474554664290122 90
4407392178965553015594950186295216910484359722737043471213678771 80
9073374030392067708935305120403257527000459896120274065921494820 49
6775169083040860707879055299451698442436197922876917515934501147 93
2499288390973138396382880263017921579534208201088199105223205096 03
8333545050401415427637138838522610114572626700438679066343473600 840
0633810977044514424099382961409265978372716831829502560992023572 90
0109033191612048014958451798862479046760728939394048287104820665 80
7169379792356685259227862260511032216859152465789733600637335182 77
3686645059739078047772573000659984341524332045485162843777754020 28
4570232396468579187983763384866546155760956692484840214405416273 30
9812341755074353044344164299793452875343936205493801402907235024 58
2977011362652358338910066166899846009607126390358935292720015827 21
5743120651915979773748146653140158520527088640124612262246251527 05
0752520922264219715388037965703948697624810925865962396536737302 87
8629948384289904767279718774339113368341916711775676896276026071 64
8439116077390902617788823037949599070881064762767535397592252525 47
```

```
836475967085792134991697459918210006078774742493697683929661580345
110583155127074087021453313619281954261003354047948206175846149144
903123437005426137511247843785784656078405455351992118581112555428
149552355941601404745366596869911078431620395331286053098306503674
850737600011073486217027069695024761709297607613648476984066685133
413704571022710774482739565272643596179170684103429856495885089893
411687256384043525423915716086632482593374670883675076507020873414
549944539909332127130089064201493609522129993285559239704106725418
502623683532314592732150208408334593571010145301308910008818947148
081292693719998159843188184680376283315576442271665517215719079953
468178920745427552014965012139208898515829833451578094052507629669
897294456789910698272634805436531001225005240124461415755130292741
378627966346247046720054505089322435061296323030622051847523885698
470892744953223596150329209185266065451422514892298143381882742108
722165726695675538240306467582640444707618139759581612486638343303
573945773390934021097162892151464887823407472956291190731051118315
761535218564780036671749188561626932385625313887962238348863649910
996541877382398407803132404563460628731584952108853135076222875028
381678761318066803706815790233366791073776254145311595711277560695
192094329438264596608738690884732919831248301460011795531820254845
968638790622921244201880229117836672746072288730734454277811557131
388038718879991319179572304119050383094159772043614231955761263291
008956911487970665836233806282982128185598738916288345573000906246
332683080151465298906235656272280367266796327839293887319711153838
937776906454860305784726421802849276950349350902668487977115320 1402
076348413817343233959783375248424674365421477367813565495902226568
005501856161853555367569483449051372522760941101351732950743410745
969395070998830008037435289498112760970424305685560821078485209280 4
291459491718819060062047266076340025729180541286165037101023494179
521707807582435121154437713297130153879228377783519620170212378193
718652208956160647346992797830836330618207123068927659891064542060
433132712788549873875291180243977945042320080778541505642932480485
509670110527383250128411097708755930136705900739271613797972949317
549228986254066407436600166230704610322302353691760892423722438401
623019736959313458986351903667490000828054807477853401842971730 8732
376019514312262483936030442197351244364097053667346466566611713702
674268317227728642452715904723587393178765697322305301709335718289
620161342908492566152180670434650304367530821891272344745739944376
937669272200868839076560932705061600975053808776045674346952108078
016226164554061140614965530584371079589321112947501097888109505182
017859332996354888136787173090214403979206021744187284467359238345
263313111390667956747312017695279049305984195992099117796525505105
119490278487890856381225527489966749563111199762690727424847817308
805228918285982347468102198903389175986769300314537460809982812853
264102786855371524165674861076773783110347138623313486747333124552
565121364660265711983764617830087665576137546153143762438616931098
642768250970619571377743454903718795882065191945146128438727872904
788596040899890656935987486008835923496291822286584276212376289467
183907799935901564986920437561050411806444293307846180659302341499
099425526544801738433187758186969174369082400477384237652031190677
061204138065435002199155284622326374696813486427452533005015175444
182047470187959854825330263285524874201699778396850912386170113840
901863179144774059397035947256273457800169123941250452545220231811
183233484528106029927622886582632592508463096363771277121844360840
664934732856774593608146428979960808599445266728967343926941188425
912133674832735151428279873343374199956613588582544717987349462371
459703232560132926587159730253787951814512003419232079209935776701
648177616619431583730418911306886266008495622396283036401185920803
```

9012952302005079550373678281466137467599972543874339034814129143 30
4875831827953070685108229553346856031519648714156336620518073027 3
6820213825873991739268910972571917238826128506089061751110458289 34
3930729021036957526388146737099681744170766510235978700449218349 69
3944487699204758828886421395540302170444117236594070747346881460 57
4921351572021926791595835436373417810110089870276312058077417553 87
5145972326446735485020908012320432815238329826538254259694450172 57
2051342243236919994086010555741556662160239949854631873757187767 60
5589673612236110815516111958972696364757692306063283451337937823 9
6905564593576948839226012469503481491979962405698063240526421224 99
7618346864612894519177112888778597424989104516223396389343893101 05
3370991531351778836400075588080867262499805782073524300149360541 096
9774043227861211403881149796871476185343277375319755084090953754 2
3528561982800945167399782102364730346236012261150015413851935181 48
5712855101809568220443585355123256961428682162663279778083963407 42
0464378429093020446810170703146038602341655545847069460697822128 80
2168675021117889311328502144563530416603785837802906787768162863 51
9006302516196143755945696370052007340591063439103958150488780806 73
7813632943377715808520909663240810776807876772325328599783801889 29
1156160283335039168176007142027790930640081037307608727878870329 60
9732736992016893647484064225484619709699251690375538603445610455 86
3106066289572471042350570053191787068475885126355787121599738027 31
5610510571025254826080003466945572756338802458826440739111145401 82
4452274568961670888448357255398595757907709069237467784369245538 88
3005139989126224564334840572814743160204175956205975090606411585 9
7864752201620433718804095329078653989033900094479298089625426102 15
8271133939469836272763946882951106889683043105360959985146007110 03
9699251101727311512113832701595930925553911396926226684889684586 07
7183867224612806429846599499131992277790300780557956805255831318 80
8337943666489561938428217367157836561278403116508856090638422434 27
3857340831960561003039564349723147706660328376257908708668005628 7
8589986948531899089064390557906027292442874166220878811134324117 50
7757698623698694809438280473538367478576072554177760818930312280 45
6370188456948833016225690994577190981072321371622357677196095490 00
7603379409317647453417545774768667579544394280666771591211660599 82
7949865361678359482788970773349838223420316726980011060586606821 50
9561881907209510388915617030344962780511630433244752671048522847 06
9333170399994841473686126770712282134712195296535479055402081133 44
8467692910784909588995047144498686449324443691784165445531390759 31
3700634600065111694993553942027315218487180961736235428201288124 87
7130381805786995924604366154102191361279231661572522261315032318 45
2932032652029985889040051342031155604924251212196492477997283188 53
2532865276205310085919409616715329707656271682966480653692505530 4
3095762684962420421369066620728688365993459795467766821236276975 72
2298268858251683997335753187665447972538701606335514437296484439 8
7333020281453698055618357991184354452392060178295184186415704672 53
3198012560815448841893814029291658786534991370106405079644348420 13
3718991034668286856736394145899136748611981883553476610123016911 62
1381959826259688262089224235714620889839375284148128130301404628 88
4641235263571044262892648958683858798358892674002246954575331254 92
3639745757797695015926123909599917784008491014551210272499752196 87
5448626794621915821761487900970468193609226071031618969250204788 98
3950155232195366177682496065448424612131844328895099262925692310 60
1719816302517866846403937439308614009221555827090182535864423818 70
2265297054147744639478094764705379667626248463598803110192584723 39
5453670305717959425302460715416632894952399236440482910853683226 43
0921718092271107330615516940686935316926028642984111214746758016 98
6992063851386020602351446661019550639467083092095553266537942634 59

```
25524850549828489377377534463184183692823362979014937153703605 8379
15441240228758175515602340308207490662260210265322601991708403 3575
64397322162129062298748613474308819785829194679489864536026455 1769
25157684844804995586865257578097835270321180459811953300213486 3644
76163231541947983377802326227887116623269835650811840640180633 6611
80550490095592250835419217246441467752367506371553289405371497 8126
18346032343819434388577987706053784741214770728332642348622232 8817
27172647975032125041827588531395419658360005184922243675340454 4516
57849662065375381847681599180674346501791600584090789977433112 6083
34927914552640431498557511366372043132679292200133970862302730 1707
88617425906713212058068373625920991268053485566712701472325861 7967
04179230568181194029480152974904032424861187470696726860207166 2692
75275624341555314792357184232674766457885434697825882672658020 0597
08212511824521122142491697550940988254649281532278268982218418 8930
48284866989067220412122545798734835046741234037195814025743352 7479
95824507615778553347911331600796559108789239228321000013145839 6003
57493113121015653695115318824831864451172339653021161746019077 8683
10887080135718473688670677085747767276945983427192441735845792 7461
90346953712788919244290815136585371428117301594378595687367265 3774
33359587026999220628496998134601843954635529935132720285992023 5864
29896577026301117056915061777318781809882801379722403850878949 6364
52193722352794773496513047711713808443577108270154832869115193 2660
26644188929233214127360618352162561251916469260855231954161522 30
07207055337354413479037702294773304586973441985832027556093898 278
05520725804673168906664815101716991504237768607503904540776076 6483
84516033488016046683178795820510799560872555161286598732152268 125
38196575425412793261699587801488129180690808748862559823560594 9409
84691666868981108108444119843718408700001812469809200471177439 27440
56160338439508818359596587401706641262071676720875830261823486 3863
04269423523427023510404245014230412514039765010499828657826209 8088
67732672290714652092656616902191677657228424603045848427670219 9164
84425580786060434963656510616119506988502094707239691070106772 5857
99396718982558381581186921199361824565656675868710622475433693 6377
29663598545950506851972934183094867665500812283389457884195978 4445
65932097050243358369212644221602353730895860930765485710709923 0009
34312046628849131741437316286045682952897888298563316678738144 4246
91862447855105244979535571956504620464435347135019983631671733 9586
59517106199757556670865465242043433864536169891381959990505079 6135
04655702072761309442941866672304828388117312926038311216743785 5787
70456432574428884921080252242281616033040834182662781307471060 5995
18575795820465519225919621248976147162092866770430617890808929 5949
59203371975429756241785464012749797750181718023604349208256588 5576
82272453004509194097268125942496134379899626075188415978727473 5475
24629243181677401469261166573054896493629602842278305623702131 590
92173166885566299838102003654625507313767544300020146916815514 2149
41584000579689977240279868811151000327164360420477230492759974 1936
49614368092578467588824409191355332548671866073425935222828834 8413
86054936736650777193972253229442387182881762406071482742998615 8510
84935201344772429162207772366382037941319772263530535892391162 9998
03854190712458974429643828494277673723776974633043745974624306 3808
68239958509397717038152546405631866825859625212077851210409766 9202
18407488329665439912959783075607417231277648135942353363873073 8775
07504684042677261220292855715701255455650390827018585711847170 9323
03559747941865626179787991619853580009647071784495329575506804 4250
29835405034558529144064146612538394699415107495294214775656077 6490
93940281704261941186200176383173710678554217096585333827108816 66128
01824225613799028402620421699141652463355746284266252203710090 1318
19377329930171087925637673365529967373383958728237703102994154 3534
```

Die ersten Millionen Ziffern der Quadratwurzel von 2

```
93478520261940042328301881689076939766616135141619558212687315 5708
29858981183265712229989270356318113146906221595290416425130442 9569
66805679343562667962122738700050746328394575169826154737579164 3223
98344998134315105380025522161908080032310314125233584699530123 7206
41281011832987243095622482531483074970059933199519403205342294 2944
02134150043595063661572241204795288238363747347746937413560515 4695
61893823599075978000612170170121396802277389144261460774785123 7775
89699217309707895677369746399045151300202992836211154168705062 8275
34540271611859066626332284476147805917942102643175261857210847 0227
70140008281847550114757956687892674110907827557515260474785647 2626
00821355088101037149026149731704737657076281889252373685194204 0363
64963069305465235500620543958164322366124905929489463140614555 4522
47047299757646882571593909886015759792403736687947305302192067 6581
93110899619710640519605518931865540291940586299557782909145311 982
74816896515011820530769277040103454322909709700874143685904895 7581
20756403941282181603712662788882436933177323359717307266222724 8374
13580987999102155533732740370475314896868654004303224325573163 8028
00182371087556090375336171382208777005808546321377296476279333 0328
28492645049030628014982769273259482864530308551057366421349620 8625
50954745236486172290999313144495706852364107399785046753423846 7801
06440033663882930213340390190959295250992119539875406686156599 9410
46319964283311232446508070242120494795721214225706777994037947 9019
81687655919656285503116136268771889103575833924025234350457209 1669
03433683014049174667077571457418115337810163228831686576746348 8440
75372733401449031729760726078833069439593691094139499725051466 3325
11816492743274478893022984169962626925651902712093608952198391 4148
16380245193556280810664609942708895193768715930574130785775508 0348
92265398215558216140971921848906979349952502961673430129594338 4883
38336444690990468604500155481634579835569957258283193960954692 8589
94799651040950938039853178178760285990099502702585832290895708 0407
15669454601849374554343636062883617731685007754430554329185037 8783
75161730620940644361202519446026384608243065395678407389634375 6663
99164558145563078031835747697411401772864992691953923448295863 9551
37950368134102541781763523002696105507791088023395452870898123 7328
70685640931897644351274986508581186923075931585033084690486221 1791
87265909361487091256384844225341087726962519470551275789850452 94752
15543102514323763174515790938051570191254735880033468394737454 4918
18402853401372178007768625999087379052145704413380219768744265 7764
62232402377667237698587505984822092866933754052043234405926061 6258
13809735352902787261666642586300221364208753864582153267692839 9185
72200833292836375116230034129556887143392411423055258256496716 0636
13225173163407259838754999239727725964472265735959166333994070 0829
48843323788580101363697171343697728093401096899658116885004041 5346
39147911073132665884241635539848216463315970755309481246764298 8269
49897021950152491966731270921614035729584314714527416500046363 1659
85511615871044671840706891809004967023761445708726992810086995 265
27894870698963909096965722258245202338115141164128639469495738 0763
55127145562937523834938114725752723237396774954201606401482393 8883
33457336660436883348695026156078611409912111171327493659906917 7466
39684598794337624878792120904612142411240584672400910929372250 2076
15565763544484989027811925181307395329719679982472278408645963 1267
55324624256457716455779349095071594466376882023735736940274101 9381
24109256317470192528814579963034603766854264195060766828369900 3694
81413558486867041796491513272645401406141738176195171185254947 9781
00220128174378358147886417344227929860816582686331431468786042 4409
91668768173497954577644361260184891345860177712690689474589994 0550
58264236556645803564582675570293581269571135414514927955555042 3345
40794187383642326388718967497754451365506601247802506200026946 8651
```

```
03603907795200683509324945264565875626884529946861845815275975417406431963910466560521059720118626800094413183276396096225660959098460906398351263277768908246333064554959622317686871170338661889477014553584057924990418021181097681388533114384252125080023528862564902804297527347676192679827658622696495477451612262148153796564164810266255020748223484612555426840295809697011460376612461383292845837172664690058918864484476148169254487926439095526836272654671064752530236607875269276038970438734122702629887567280449295620661520989596229589456344531245455098769161080287531588258797229798558345586328376179214878506257519191825967943368893028799099300571817550964983509456707117964499397525033365848490155275875933443362486423865255613877224934169843720827444696894828685582010803364174420274791730682064712410436692418677416832197947451556581900436875458583168492438101534248056565467753151522155033992668526381221091335912691238862225565929828911888895591618791961848510498814147254899364292153901525766709447697958315103165772334669190323332613067351097067934858602395975150744975686284550048060377305000677496127700157247517430752509922304889676074999632513919576294619226637062016434524932758077196788858055277297081246480989917418883956727454669982688683253804762045136303358753848717299121980533531195095053621032231738105565201056361260390363544531155703433695290514679609408295794274645409493452181366140905155336093746071316624803571798739659978022085656181903148666284877735656176277522870246588124688888533572739471093791954304833454138209484750630911443462115499343659222181979220144561738298914065493272542967567159815530123127039946086746631406401287051959466875471549910424718642854989782226644647958002890971612789266958512756483085705755765970057559904245119192641327077990826823614269156788512651380812825507483400676694048240728554503402743953651682733907561629085435308995266130080192188247507829903300179789320267048262311488714442237768882741669156066289284243357786624386203411191563909392550339541651535209498075403313819494842869786369238278063800225856880677653521006227993488474003596493269110412673284595003376024881220770227728840864964294366876610986604062204097940678653282917265142641371669882379663966695924931526082540806953065700542367309837458936000561072697616785656297270276922229574476306571657457792753070532352842347647095215165300828298448413578468089906611586513730647388460155638375957056632851577550370784359909748592909813324500144080545220349530865417130877259880734689736880654166300131371994917117908542692503017734325033672073605147109615259133836568000388671803272663289056625371258692834262023275229550981572969547705797767187391559591281744529860114295739457970800088483573475889575092628174515513337829293841451370800913445109843148986709800021760531123860367847455962997953494242855236476539826083973725417016865117310836013700690240507199397885157587630083604569277209441191006446175159550604398507333132962363797988516900809249368238337166540747599637438684503783804080217564767563813135030029785695144165494955402720000670807890781503595110485797931305264573268881456146375419158226603190117866590462215718360193314396700652785128764933920898308417408584644434377814944746526252380159770941858225541893944845480349611729832901837919871997468782816864006666321567516952371732676628139172135930475968578228690868979379038286713040041820399253674064832399192481484571056434068845483572394765374157085355427109570147101034820849465071932994933118658277641981823825342021207145307443846907338185935852456932546990992097151374748746299607265122721141650014501161952243825521658188087027168083863996524502991531623457030308822680483248205944285407128477214161662732206425049023189306884179310277059014103690104314480816085514809123871485965303879980809713045925159872738926929407570
```

Die ersten Millionen Ziffern der Quadratwurzel von 2

710915163666846679687502320864054116512620600192179184894152694057
404668294825171313279035626189420832244910263696431110690120579290
300965312886050501001322283938914928530080636500849034875232168266
200619739877933167096765091103214277905307259410237188483284773937
973967584017406784300172449669783282282433534884544777853146514506
7762935533874370084317108098999539273695729697337643835881875731111
112322537280495143394052607832436492083232744429587004072294736280
374892982493606609796670266658120030236882573174884479156310472813
429892408189357598768067534813934987584243567034034645401598922591
266038880215911298577890852594046588809718489214456008475111418933
329968282544573902485243014925005507392908367470833900043064263403
683193834849588606483214369360524285729114372573707686210130101518
781077267922775805179191196411274845017676867112631901492060135914
089329830294152212033875823134338476536464301742631745434711690321
500754723281121425982146596732444242757154296043663736685916052925
087583853667843849363352242792198567915805739894644982476651824764
953668690524179074343006166223201356131047440390133106755988806298
818361294975322444251389340785470268022577045299524241123728508050
025904509460067689134481310662793079124923341763911644738442693010
503475791805009267511444016611451415952498286537442712132581123377
994862975271469879858071619946900299095406517010163146359955927101
901452536929254266571889042229418712795479845849153856437837156288
092930332828168377719554382927541067039958983682092554130193701730
684202292551977368284176405055361795757738271181675844779363877012
4430869946301444104002336031932625621687384422965304478155058678790
81827253159817159805101747861444812196875156883236213400627461126
924019521172893488327052956476416466563180011832327466601038020583
363209864491703426097626189962362806368928420387259971156912394347
944973764572973611396172132908433478958082485672479643864751481153
945399493898684723190778222980305982851051399539884737152197820044
622108858330954052060250205228798463544692056385081822630619482393
878749500756013320880678309430323336481293836761896063684971246687
630132720612109976515416803117269417225539177194229306077457056791
698002659513872576519834467504931479514651508868860973516281381097
473718870204287182061837349324833866578518934329639600642337056824
2741740009139381246095981484506665996289436854363858635882200684815
408975870381916546477690783442584376542509032221427367181825316482
966057195816588891339254602661420495576184065594509426863038746259
378026076704429856167186059411922449546916415509728602885972551288
433076862556403883195694263722403041822713957474113416684641757463
790860062649491986768755071215473640580685871848035943004995660420
870606744897612387489247156909748109822837746238382275716976054278
383475461354665576721654929291877287766079192308481873009550591352
654666299844363710373401893567110644680361069796969786714950707044
159076019741235192552927935848660485608957486149428352453372450289
310428110007039863256713318526780261896056678259862766309083101050
715124962068330814463707231297692692588354514503500793233828118543
693737262281563111189970061746998803327352855979378087951258012777
861007248481272360573196267001910997134100943409214076603220381132
478041326089480194403488588440836270098490573644404997223208165352
664823324385231620849021259773776794691374674516705642940967609377
060633450897977010132545433604350550349338531212518189402981735056
518484910818120527345029594047822237474726976564140154076634054968
154758665217346135457573640733199169429161225891516213594596192562
184133604180354261498822630165813139476895597205657665419097275402
112945519603334757279134575343162516742434704156801384818082126198
581652673163161471813236289239297247412389896503794178684460220938
074430000462800189971980813018873793798117108767099648633955512033

0754130656817138843792139073041007666015172127971855685401967282633589710572214434926668151937564657597890939467894685035216177032450319596436905122231666498416659285285638761102239016985421641280674475841625977944178358242606241741233168404499588368510779769158346465461615710958938838309329158466774254821291151597774990412606250923784552962393176477479623255021577607662271595746627366820933519794984232812506346258047235919551680279513043296735326757546246934850503735436594222900633126063139339351469911938016739123211486545125671671184890559119449187796879793023761050177353789179753970549387153378765595782165359986730834160520826934258098257166427813921192818777143359869737069054797612276680768091086819681500795883892674733294866292859538591959872041693540750485427074519684308626846390202740819471538737762368732099403973379116651232134459425423254639539093946301756337000727312412341977952378119648331503469285781237548328588952230089523785769916926969395702002460071030846840540786523268102071833211435842102674952179730152448119699808375116351351948483804752682291380520265600039157808440902029571404934495883664884219203748980865649954206108232916947411287904038235427177269882330694258169931560889365290035470057064339139315905695775578714766426296552628439276692014160409763796683016799224192656271028598149102369528404375225278138413334073241471616040660672940744159868793564088933339044248710553645460393377957064934633595778669004294053154750285782577029166652205543962387036502887084883222429584206312497323448043686449680140572131210124723401985197242784817097714459701276587444318537212412250840909913393374495535852528164717970651593717762931696671156804001930290232135909749123553393456025383190644282939627049649134774840268507192263805720913262213548278011979376069726471624403858758523489072875180438201881750824914773295175389898300778189289267435275748976161660490374787354629714312870101439922870650144075960969903291724392972881207988387422268145793722804944649102189161295127254473598330552581019535842207621796652041418184368166024451833369128363594672801825950600516603868033622724325159621215343796124671569565640498354301193198629002403458418518384392257989368724652764091014903116231646696751942148025211055937498347200694623127384343472253860713828671424422402256584618022177261305484493396004047783655005640181708755577841359278201812220670003806609103567360408174861976084928301194933631941637421817881291547538583769275717764118364725934309026307546518085182409059854047454822911987922572128140457249050285691948246665097790415996698847137143012716673179206568517920655557364212320422303478492915169599438105973430714834283037921571755006702643184434700364213751487898334446379393152028715680014892615756665973505879766596700874854251679582632582439346609872036300476421700287013810785438852199178394632058822155374425325487374708922809957410724239634080154889031049056721367774502280951489139599825985287649226708817481259044338044507406387874472403020122942509279917410996269640655656359424258284614530604025515819062079326015106431748242224084806939203115491947634845816903302351956458041549948641226304093534071601715063372605553408951624281038089946906959618493098529950122743744964232775118738562931990241458433534136871361061503303398503503927932873511817698114815878049411370850368114304436937399061385147487897533655585610490822998256893107042692380423543650430711459654287702603150597871471429171692029445298526968880920525788165257234072179663124925710554714486720848068563545697175965982030649380338897576464228628626308741661929787557396848123901985644052610113566040900178124266724419197713153292246361231660294031784405601830163314936355442432277247736526883696593755503693927804263845608925566510134512205523490855075524066435756875173849002986012107963599311684576980975

371079297879461624860981631454400189910609527258012249159440860860
649379181322470985939268142994154793759065137997312608796329278228
464385826829829543945779728678747585815726955675607794497100584083
146722230645732752602753704950126751005234528625939270197726586526
674999150101468548464277728900393826780975793055207248331398354100
367440835741012858645105645720631933628739319094458249591555293174
225752886848976739751390491442440246203409198116919728746323150237
164997230957234747762325911700680987059285202362652450232280047807
105158132556001651240043051091097382834332168030501196629809003965
845914223822602933033735898661259601930113552269240188133165322860
147733828619489002087958587477515535862501757614016705128166656818
122426656119811124674598529259571106512064927256007482583380241122
036228587358028179799073078618676680789281118619039902362089560527
933526980934479029413968921357816930448552370431830286232263459819
253977090944277829940280976717380789628216036931190384423112787374
636490254240793531425322196346989523433928816631555474988634454837
719837559447869559560177187759090880055632436906694909022682939284
206088286093586000318603298124612429675358684277662118468996409076
188893912917771313887715308976278334355639359387511016041134409872
290132611441729497789796896581550626048823161772404776075518114324
659458423284348580976006917620684031831789646307767314470892908467
746240942896933833733902210720589246882672017576083234168320781862
846702896712189362835027743808999410780344011360160391581386512205
597877189496037481567291636728983511512123465872415845916263840092
992449819325370795776625380560419342599713903739258326852104897992
475575247703508430304793415195775325429215222723723267982944143850
611283446649243075848602978087846522872801219129348938537722791596
855795400293956935230592632115923438041769286999425024783310627075
945198121135449558985963165647278224344946677621826946548938975012
741969253230045551560649276120366986707177629842090599382428025133
126254779716710063875263158946176577256310292902669275806472942551
272749265766471925483149153207170006791937941676951649438908464717
333890116637155412050416084545719264834888785608424839951665773227
479213592119700228890220076597682361569263570876072021417580059188
884215782680657684970604918616792587029128476751340406954049741303
316204269388651668130715030775577729508591472795888568594989083999
900520311999134159990760516727963047443265457583837995379855375771
933019893206974497329823983755521123577466635879163895125261700365
502448697369211897300469755261538836263173810798557601549271345511
727897482104364192060738576493230342916200071414616819694735799988
844165033012110264556322266376882127386253526824194646484846625219
522831997925746250740978213637929340316845148076176400123184301969
763775705824370924660987627833473794630225923628403481924095614901
081154162857467481678746514239563905290987577841865558109367448848
469016630387882828777999747901032540832798690997038324604759227544
096854395691547526343778662202222960886147062778284691159579061245
809116745389441690367953338702506471319273878485328388360052218418
124926645520989426138052865218992736528468986639542300831713970507
715736869140762806671489728578879549962312693976155347040912604292
861151974047272139628256851422009044901093029409167190893259060206
159503165894334095607128050764296409366667976458023039664045275360
529403620806446984985462208792634729248089518759906947398789032992
771047038272471648517224224608872549644875295977652586751914045817
921127544905032180453213190790793431039101582804910890838649859682
233706260752979353548978663455446141513267832044984890265778346060
797061684264136041971495676729394796439173144293052133525577990645
534740470289841278194537280749135704415976626616741722004400213677
443438113641223274705885200554518711226439337940461647941229677113

```
93214685871633779191651442041025368679577708244231600407191924 42266
48835103607346673857725795858006599601676113520469801440140 8608689
07582394176809099738249353046693513483160919750764668245528 8652916
82429387067217489205366311602613697603894360885362255322812 4054261
65391500572877274322041439781892982828250097071977081117584 6446331
32897983667938121447900015105102108553476598976576045891241 0668715
70895883205727246439835318714896028978143265588967509504079 2134211
37083267092066011545202794697338488980759092795295760058094 7761681
30142059558274452962985979450563977052325406581889767499939 1452106
77995891181388836355993895407740532801310286625458421066609 8540487
38410664471007299389358622146346598382761625242804239770118 4191937
79515682284567722968848762412420060078250337005486172829520 6372105
89841847902092551017202699904243499353210653548167852307825 0104721
31206489223760890078778082603545910571640734378462055831432 2475419
10685475631553714376353320080217695226682903585520012421834 2853257
36522052757732059833188202984811105878633081013399277370110 7080706
67019105557609303127885905593197519473628255860957781347923 5507887
16399744680807702990267844828143443026873004227965667917075 7692837
95620775470813791112117619047302346134708489290904796118855 6250695
77262060797217304126785374058898746065423233172703423104050 6610930
51326945471465761371957550230283958746929987432138325265557 9673203
51741009437134234995198420208029326881192063901787510636910 0343772
37923729961086495653685365553654897238909730764318630724533 1672783
17310919198217095743722650734484142757192681839421400050816 1601263
25447740335390504858931935974294844835317064436242145768496 2494131
43672335351631916566439466992528738568814640753146788136037 1245235
08803179688649012831319872100116225876376312335792382291559 6402839
21552020291873472249582761260674687369114563373251184126205 8434496
59865243913312929655459334542819850117271388577020957987213 0950931
43620182712915553683527577171826142637071560104492458661293 2232259
92098213976326791145598662314935466674857162331039966753071 6726802
27396851629629130124998737123913987484039501224676723966167 5385094
60358340226935162272978181067648679210166756593554735065783 3389601
42250061454698073309347814204575795895806947184287382560785 5292100
57113497570794301144963920003556494156566094045360396457662 9251314
00510644882236043184860224370962796004944573238235102332590 2510998
46843539936389655204266097652535223156356747663953621870016 8016890
40564379664765455696799204251879436938989270130046063118209 588448
62056710933996331692262219865518578223118694408926947360824 0347322
14163818569070245596012065608502219881990053431004871123357 6268044
93824669612727945035620651236684987620487571785799269086684 3042504
14874675836417956140494650321595638391507902895519530844573 8558920
83796252872131590952777595935317017394922512528413072894575 61034113
80851726927312413733985341658581924700139375016291503826518 7459871
96899962868284018700108325366122739282529150962598408515596 7464651
59970481755848657064747078605203439162774164879385675173896 4855781
82204428493771800617608505259789912770753995374077642403037 2912157
18261630249329424469843494904027768586907006872577582846789 2095760
67216577733618106970650743793209119934022258413330343675993 6085992
75530049680128861202630106418436160096343311730542288799593 3183049
84250308465164655997928368646569190478988967652982193204867 5446829
66711659620168743757985271521258185184612112857799216815336 0997805
82075355450705881192745186617965438864816492247796362868564 8052424
22043205826263528917474713009082494820626367469882411372602 7008584
11772127090411520826009594119942784965565213445618403343424 8073598
28765858644813905495511954532655997405086959873795285486312 7577394
49244435518394913999361369296926852868515083840406383271939 9917839
47184487340076467428737983931721816527176532231342103842019 2849901
```

399128047651899939576402177670353492344523232159443560014202426223
278942607144078638648230673465940460331278300513394168696986264242
552459735057306599770199741220884419568244531122741357204944691521
761531881943107155823207236764657718575850876905230912448451053854
343829561983811197816912922018588973074906800925505607372612043474
768394346091092302418386616805609127720169169670955758273626800157
055379592116435557826942625903224437837246621986398095856398260097
551717617642040094972096018097250908478605199893629298481483105867
730855292626785050823184819027209383845019242652459914940399103029
492779203266250723085567959088165195645868541750304134111564132297
775247963586686902866078613116440649266061209049050128518508275358
684252833500091587363265338930232730367166767224763776227184756690
550328916302079193788271775939689959047913691889864787389953589395
374622084052940706859165476553649050062211931423274386899056590688
956869046763521893598544629514740219837272782014587152010228289 11
760252178214637640615003823709322982992781294063291696827973541484
026331342986050467454051135884374123625318114172518382277445508526
311946083472593209010919847939691698020382156870269163025526643838
279313181221133352562201585077564611045565577359193209213068824521
795628916214063875060112054851422357659852211800876988391164151070
567587771875192404065006396490405912429000553103682075186271638979
556810258276094858826781112625147923033720633522545402047992729567
163724089436541806447763274345077449986830874584041062265673210383
454784107993961395370855947679031088262562445028013713446609219016
129922832329077133447652060105223799719852695675483781711664262424
752311951115860998579420309359563250659668613461920669593594262447
535045069091204184456350399270960594687568176730583208078145472600
975677277797832155117146662976561409990498983032371796325992006248
965521096958931408080823924569325726261445588846927112774717791254
271736037931885337412632275480632189742394419019755750515442222034
352538001297506708223024216933888802341938889395554966949854144521
172363606308749485134819359288338938458429555770614320029396398653
626275482166092543738606827365255873134388215394146866817741456705
573774651788948158211891701941818561136346201003867176864969521481
862539060400863218729909047605662826905883793801580751504403879007
316720803996321627514966546104014792004040478420038235976163530863
793018766636759857320551484634747560708998811491036875154989768158
441583172696596302940471880188170465406426548232118780989600519322
209647305068473968272373540988819215510862744326457277805505064205
516389370349295180575920470005618472223831436406869573849539748532
192548319968299250297749082442486692223670879815692653364290848548
569342680596880708628329083228050617120808475122663205246150072868
284289949147452877548570877600313754983504633711763019958072434252
994761738607467282020171043017681616817737281651542984888460649962
713878567783309873705577586920229741052251524217792536567185988658
432348176980365616763066718231962383309380240278325412829845666756
449514537551016721882426235745279003617058051845641251016082907795
651414651169751512463439519600274048624111179823710214586638546979
003490758969375342251324012839555391063929504719894727519438315849
950088706540481262337569936340713833629596753765348339649869456980
173777033194337312282448919970387395047304013444018247496875358506
006613692120003627940195347192264238868172685891020394289680016062
738633812343971114144582344818799908421075021191973083678294680515
354188195921659398690691178232250801474276095536259766577896342047
881385716559012960961505867146723406707910274927399834993738552756
880017680778349795601283701168566325920838283223405830508938097263
188137703942467504915170369464073830295048004605759269764597933077
607654906475533167842812250481142501783080907365089020959967267115

579362446130319054416880083803047181321694955038189072408006308379
191271956436600686665314241267302744610093331087013620316400362741
507995361124424691294928647973016962472817999973400906370551596735
689198250146112985422094585128511992898600035947400898612210819131
032464274852455546279911627807320207564836138317111972563815791182
912310552051064206750020531839362464898034158647950277348922663380
601669833089647980960102620162099896703172300255430666088070122547
382146690975157802320767319004286933254198942711721429011111626611
291884971034677961335815648327578995212490734802430649941942371925
440806583103340508013480110830365447897057521666846404625444118220
806715388767571553511814099198595810403111766138271247100585036383
588195977633044922443965910173762215578069635028170482226823370811
786335187744074772287878028686597731214990750275871821955006049919
822071806641003348943263908272017295187159751768097350769651194023
573614883257870519635450053110247355044079177844062869077131987781
210312477304798932136048228109680606071741181782995787589271784648
574486023188463225048543123681086914056986878356050787040806772359
607957457883175240455997804690776255654905442897335599476385906596
231179064574304373902753790091537853737317022784056908378812085309
738338755056275750920483181958769339114401983238294090382129726944
586796502585567467233786297623868798384754433767655161105975072384
524827249024444177496566299041395735936435853754980455100335274067
918350569481039133701521874574260684150713230009520034850226384511
212113589524085560223915495363511622300857890536245690042077221780
675422827364447220601405528866588485629576033440103815599861247281
961550022981647600334970167657611682539508835525792634203486127111
838929071566190396466848729075564120816018804904699126720058994193
809756522965110536605746550458397815442490898657700719760977915878
096158789978518522069645550325669985256415467455502148315939826176
094860589481173272993740044523564213354459834368877182228361042584
876798582230727546612830208670924237158053067859684003420589967719
154011621749872264042056460920937575762807237463604733761333217490
036589392770705970992359892353743745011569174611886273754500480070
409264087561618295958078037681369139655426528358825271450046538221
767040904799329046924979455000281846898354737008921999341789695665
225003336997499799362347727099349209913657823237112733070037805695
937564446310515632769571972613273245240454878364608072611070809691
494846136820290509537355088987554857580167684522922403951505676179
600447100300534362937124945852438385187268656514648239149028844458
860045354407746807053948031533236021283192314786427432029702227529
042550106159462106457129277558010987495349313176263790124594804396
734215504890117059626333648098719377448519937687965322968959692049
501277273359484611456291429757337811487069445931298779391309267594
912252521801219478534608709736242836546895947369305591337148769573
726198883497876894168191384023429811250608071105175424537103965868
246693265769006694722400601172748654381709441015355969792805702440
504972188408721057148912549308735882875283637579474091379196712170
607584463939714397321097436190855714832015224021306315322819502364
143285081526152582710575402428573431822356733456084486686436024027
993415898817855020873443920540744181280291090027241266731022443313
296443043123222475812010656733008041840441289073773042251373554035
154182360471315013311491924710538351488409576591144392451053639245
210253377557147807031153225325624825434082559714221130451039230969
224403100195348358544175711788253848947655583562585363524855437406
845632986116536796131227409522533109852409354003193040895675448043
744573898073259535606572066722460973500318193539950473247791192938
769577029441504526152886279198003230615286656706957586261186057860
896026400889698180342162471292649026863721394945203879363810029042

Die ersten Millionen Ziffern der Quadratwurzel von 2

```
8103610643599193917084607295295662138193562520328667691915269 83091
8789933022233122717946207848991738661869356518079733228003286 06338
4251142819687008650889067750993714844740091968041826808468507 2596
7829666727514210676982880476533031730012818162882618369260142 7685
0939805864957170258867888153305038252364594933002754391849728 59731
7816385177181705728254311432402718991932577861393705348116162 06789
1378250707948094833898213041271055914948123145545252986172966 44020
1361893068588155922573860289962589923894269381511391424091808 87263
8631598047005993169840261989397263967689779036596785458795274 71414
7416396999849664078970187176400123058245903792557037510931706 689544
1394243511487683602714141003840609675558690733075079557935210 00610
9477825877149356715054071057428746760638012604850318489738878 91490
6249088237094526737632554596105720344742743804290649836625084 63340
9982142828069418737479514859604127778995422631506461504878657 80669
8661068367175005890531056335062820018226509596897567910419837 63313
8867927006195981993691441313445150127794716754629557008954878 26993
2813923819916132687420357181104966920367674601894696472848328 40667
3160268220897870537444259794579337549977929426186336737392154 247202
9893486170790201809817299079945379570917521421887054236713032 91723
7085094850997203659413661312385777421174945904101375133174048 75420
4163314252955595831321849300500953845549848373776737282947432 88527
7995736110426882674890448553505888392889254055399646831165300 93108
8673407061467487700134304538733346028833545628490879354479045 92502
9235044144318496621550694416958545292257919735082992948451682 92890
8476331516832168021744815598059850870316856224702360960673989 0610
3112876558787607230730230455196968432227229106623950763197118 41392
4963651468216877095682771489190885380802144638697066540143976 06462
6580203859095477026672852485275768440832568206813507562325911 44731
5356082471135168013372469723154502220264419833390020519450148 565325
6628112973628478440506675837063584008498497354138826702234367 45525
1953921867263581398669587211992841992992445341421205845260561 48482
3761377691186102335854824745881864255696913323151498808482746 78246
8661422031776279909672435796041834297217032290605568657106005 03745
5752376991420663302465790393623610824147802618522538009012177 85237
9594751647227245023517475396274420732180752163305622319719237 8732
4542781615591900272939087363072204928758847978862049029101426 51011
6073617040142888488986537745870852025733672696027197207297301 35602
2152569443298640758906950673852612841083556535521106113518744 64711
1644268887493916490207175420648334131923527897755099301734000 78132
0138654514219325386017601495544507770992620203063582308646978 32553
7205205595314088938913233651024609143829889551249781908729681 89432
3698382181257192817574174679260979925352461459163589588570564 87727
2499532449055934362125654555077892478102442867225171988244067 08079
8441279054038099925992672706317492739884128211342899139986635 98199
5885032002641830205764569725381518906292774342584675244092605 36560
5814815316332648696131942318245720919539956449546064727493350 1838
2901879950858987352879980827901992577781109810568139517250782 26312
7960800023332658246405878213027969780180629664045189225340730 68412
8159161261928044721517088547595757445292336506500243682213163 89765
3758061983696051713850974185977162094136834060673767209746990 35163
5899262880393716026990348903336374302688408225901784281988989 95944
2821172556141144934247898495396161443424125597966865994654786 13233
9703534197673854560182586898194983313552678667166352766254646 93496
9365258311468565392852456930132040516119230353408185912183406 80689
5580759387596018774076094733172876361253831038103037133142095 49548
8225235122334490986345074519272852136888496089024505119290948 68293
3409943546199568522856736640532959848722793147737838903183230 68322
0413255998725167075082506059619426570291213434005997466175700 68820
```

383667775403293992560125911210624332715497494939242445636202722829
037768805780037775638549455931330504581941664207260137059778167835
698416280224341251489705769990919577037327752558694120023566227903
654645867594135502055971830156693721527288271879005091395031029656
485911566736290297866171408805683191483203071544929743916717769954
462270819027059796089585885969185709587528937832516069367948336534
628562937166850912531938071613416852767561164349736455829948714433
537472979017059383543811153180270964182801438922405425683732526360
119664457738768937247355431983187263217330730046635731833934425355
571262352261855914884454433554778087164645124643063483532325166922
527947493351391437139219653010532075248440793397498652621644098097
080631498758227554898925848947047807176188765279871800794785291198
771926952948002088075938037728931847670693299163856306762094708309
502942990844584805657508972432555583568517052088794149609513568586
275895601559753256690156857835889096793880870105000312446003484985
439274124655068136436662462548772045010330581710996618745759935437
952951488230117902632682405695749783271928513863942821453975404456
009123567064957962103330767676262679639129021062462847492007368504
080745435329554151756473443146523500720501181190434751432324642605
111345379951427487083782000755273114199860782127313777661245654137
531066922781032444226021766969698316052353186048386791939220147759
809949603267882025322156248083574993759259429575013071758057139849
566436391092284571332773046727557581337572038355257257382242558537
488738072029239480622183997511444247334949316169975367308805311648
070053917103684644690156160073740273872807372567507219608249534823
411049047763915475136079912707182120372072657553546689561052979435
936210791188545866096002470006221265701028319096089124193232736493
514263780097201616020810019537855578791967266842782990480147875469
449789061379858497947424612116945734651375480060946645949072073727
082430081358414274425930314616986842708075581344020910057970753010
960612421965221406326570914081121001304227430029946680735783702921
527418497604782466354314804070525792337468323783313237587753194790
802250500933200422938233385411300980285224803521448835371526173384
795350747585747800249089505272961042940171473548979944090831312520
465403418141542692617041488644600256291891492303027582337330119128
452502519314493419194592893247382621272310613633443056908013408732
539193900154143958937161233480579246804937015164106986297289899069
055763657148093883481954063727438153418937445508067739209782372489
195739669206895678055588974006407295921768911317711710660731674700
601570449552151696268168013225590523912939835150518749881660378239
509190512359449567249533886421750187152954664247116891972636888136
948895020755769676802957677245676611469863506514427783980036269867
729015701781218743852656661871110140270550672513176400912846296071
749878871527219631111923101272606906806627567479629603123184966105
149467674249000533683376788993606919888441758076759747079623880805
468590242374423977433431043872249478023550490596527020192744709187
839583844073170944709817860309258775250327142196743967024713838620
908663140939577206982425158668214757209727477568302840169999880730
173842893356486827004534193028254469743611595207716073097677113778
331759801804418309804014309298078407363419492718529368273722730492
937417185200723806612394818567690830605311771457771240008932138021
060862027766466926900982793995030110844064606701940380484226115618
755163944564765731289257140482000804032291127379141064199300791092
322401545520442712216786969691158447321066318482572211465922762874
762608857433050252807785651368432075228363224503682255363615121225
341455153321280265050479656491462464849471490555819336105574457995
179464963819539595233376876853605202520838259847391660850454262951
937194777417556706976880880176317601455996760432222620102449420505

718727672236238142025385008315441110658333785745523415154754207340
597385830193478599300678863466395461273335629702197958258049140592
405369519397270577715847053579897915480260319356515960262915568029
321751183716456438687036897211386604649809613014563743950449056238
224520808617847576240671629798908334296672749993697075113067093948
327724326851258898196056551295110871116091513630236407314934807847
620354310073101541180743224469301613886887053711336397571717493472
910562751636153965739768309837128376292229951679813043641819789279
299160635334590939880249593622195102878083919716509997568520145088
149618928345059950944347841320379702701907289567689830030169093677
305023598330015141228276402531684889844144786761798171890381598573
249004077246695276304855126223194835136916100601359640210141199430
525652012864244650922164575105850593815497894455728115453448314415
009752386171750494718835466508638511328793157089105851364442990928
883453312447673420003543388629944703928709241122183599016256341144
011205453914094553466814002504173287163092623334557548847146980356
455146481847994294121274079966041321344290228313600338313753773133
150732037253486294420473160705697929565064178874888168876528635903
597387557618072813239337686361726655528881950997359375461062200539
151742384776449957335695832931920400182093784934899794320602412786
838502244494643884304863807345252801927333774537787764973220235413
248016835369145121985960725070800712398435070017368050658604659413
036302852567362032140999628006137388157561172160874531393046378420
596296892956663553466306475396622079127007674758060019468560398068
310939805795089840850979038853811060631919831132233769276534712690
756170244554696866877825318121606096729640465038267975854804092587
603841821273247450630614847756791683900354326516031740337043958052
420591334889127850600441293222749192675036470835396529778964913104
205517698840955133081508140221551531973481651698970454248474856897
221075442149463132066432520064504428898795990421509224616012331466
515012114122658867055315951717690244293188455840803881388424494879
578680423642585404996461880713748453102585198616002124209797885361
906554552722096788230686238999043429961320010628776791449116218789
178246358789652700595822052521174956710285514161907887684587236173
723171827374881510450984705627060378001635944216961342586051631092
251470705662826726083619540347938270056450599432347589076494573220
685166615914054230037384189744365534389495186971631617180720454167
543581001145943175342568965194986643064562712541228387496723469335
631947053928991902863585881563630498798538184076601591427827693193
350283561828113273132450479855177688872797241480555565729058049182
931300884884259650950370298096746176549289900417197673032818192366
526415861705880834308839322490069861703073663516387365192726085086
365488868811102173368430952799182487498854900132149612639139960907
977894856718192669885866972240522896782490012484874455386598823302
170800488282953466152947209947485466728497638434486607498963490574
435597795850451725116160518098296628910445054770059345936307042680
645749301267987649000752537726185963635650733813081500126949597537
505768889482605603560954395176860973667526590156805920648893206423
903865126040789351871590998379442031217110850981630909953700475828
924801280772495220897003728737103269509188386542935134418931908773
088599672724154248903501408310875221946290133034700435110341867312
185247325024035133254799613920299700551645554704919663310314633309
077239079544820542875692858157305886906391267273132368472101389255
324729848940836070752387994878244581129437915046582202347592585003
287512641819102463426391594679443876282831654861021409282951819176
116643297562878066065328322593490695129304473449686308413376193828
386995778259653261774138122889841655646886819922734680490659179871
879805515678826371348673236917947421803493924274544866313312238124

```
22671552062940689953505298311518702648961736192496140041466 8757542
94495033143613748133404014874115433362741897339874181371440 9137211
85849223846927197344197959536793811539123469864160781236272 6023201
72961358302619349142168679793594416807715870603029047887107 8872914
29413227948629899465958145349168987812392229966702248791726 9912286
30159567604511512017259517255989967959560012940220926209928 9712958
46382022888202509337717997762294109060220071023208482987302 1386521
52701172016082469091685612359461781944508892193187305006740 0253729
99525794456819589529567564147718534184185292204351600716187 7079729
59063752917238060446788480379325490932787045256305877479275 7039504
44771401277941367334181914101532641382976120884570750153515 8533936
57524748509996873047724076929292693304858760731813553885849 8624647
24845649480697684885067603847008713262360890204070346866511 3277291
91727923067178277089871616240188451736468807273378484584789 8865390
55609081998100731983255884326226225663811885218043481022258 732038
13050226376939872389879293912342664622122603649516371354411 4802170
54049920736819541648761479102163059064849434086986506151881 8405403
23675812835079433775766435863856771833513192538715988741265 0949256
26301943586335774499224419727097699665274308968807592414108 6244909
72286492674490345774781077796944528006667051633248463823244 4803596
18959601231172948005744548039921726582838340571826446469225 4797595
77259102079460659662028794648265570096056847641769767678759 8442411
19197501607207643492473991189478217942347080388322744757885 0484598
41474676779867661848566715606509384128367103835425340983040 7068871
97090151891788242369045415631765117745226126566149696461261 5888444
60458365582277578204043526702861266572839119737013733967739 2862444
03114094153381300146521058311847396174152101578246907617667 1743268
85601560649852354073216812006249741096925856062307666541406 4738136
84361286708953577857642209047407946916063437103683127665230 6212850
92996615325651101970915853352887597409694477769822743881770 302403
12966173346775881029818431293947238900152905277290948913290 2881381
82521439949280367206715445205648523342198875575782024306919 9369369
17361186808442378217519834193843917207747080743103013495503 8169304
26542943156976283335218166281430943334537934147928443145326 2848682
61748408591772567220876791629153623848232951858189082360199 3315149
91723179486550768117593795786899680711264113695819418291595 2826296
34891342856404145287318218459447364814547464842298820568685 0540005
51940244514802690631536196183931210392226412174111000292305 1104278
96005116599491126897824671423912872037923393123541338807708 2014882
90605987704082633091672962524321668048694814709594418579566 1575901
58008740866832021458081267978135685953551844655682865201490 6483062
34662417226999853622482839124669231827768443105776300661312 26179667
99898843053061759227383310948981563294798873411438175311616 1172173
45391534822351878007320272880852508215847696925362578712135 0813618
76817847485428297203469348471385456960742723433559772979765 5263961
62206077631053705327229840605109727360336781952566358892629 0927554
02084366052544857169793749450603783073489256024967849619390 3548360
95051967936238823844218609802862019406521167241911489736264 1563766
68937886434051080948321428519900911014751679582972686456444 7212695
74377694427768152467654441525066179920458087033431166037674 7290880
19414575385246041102134409443895656094215676748118607687418 6163910
93928614804315959588172226543637319678355012897914205261797 5845340
42434529704755208501933068516720459305713853673080796023618 7433220
33539989517148790315388997265320347569438820686859540389272 9686318
60781157708897407589562988064729614755698717189506628775483 517763
00054717220525555884229739415915301890451842807150094455663 3667635
01641505650041986878022548274479372649996005287289080785087 0885160
32906118267207360521059576446959689294172268986661830779235 2664110
```

916844257132601455834622437206855005256141499859384847685097967796
943659998339395588586887137854923443655700914768929502674274484034
271685660971462970303732098204725720977674112530240538122612492013
755738713067160838580776938701935503294108963124263774750046437600
581723195945054018512965163430134855530389140690272214140641628802
186661613580545799722082403953383012554515560745428236641488706500
206951614455289038787526820745204789503435309411339518841692055989
143122224033200366136250873814650441207326187589588969598400699224
325114561747760081565783618440764755331910726832424243868382741032
537644364383202816890605822429976234263681460129587027497826994395
984972022857871465507569398115789390306108030822074109782592686664
365355571284085386035082248311977007390762105954494140465893629335
845030596896420010581741345045919258692132652550692744972173875634
303531422594568858276350216776395990289680913281213648138000328724
611452087524689696478388720914843707165509638324415487061256548498
039223672213812117088803416987132776735316483498108702164536513210
748897843251307696544784124719056393201910952390678209595629318237
601212753917340035721301969604154583755393316546698874204401743672
082473645942900079431784294012873402026256717499223606948999759074
819145895213265285434950608375523928331587368398048599136257159 43
459760624708636924937058166353060311552567345953961081957976849490
775185048980023745165523246790668182903282904599422872236262727348
431908142647343369799156867466283765350885964835349550650587287853
271150291850325115270185922481845169931668240248137199327682258 56
839115503181926709261644384223559559895069559214730545806565278080
964684969252714443578597248428903484097405420149036998714486699664
888979651062031296623097275669461209275558053048245440104203348519
711313066489418291606366131985050905371074921858365114816424925865
139282068508199619486239451341556756312210251811995354285494412707
521699030987550046244698249546142788402725045249657986993977867778
908606336550348465289948651482322627066431208460719185421796384904
728220018931882424001380496459535464769879061388460769928166173489
660569794285218507209597265714905109745220831654816977895354644722
356814482942209342161589077356226401332499873619920583307976429791
413247840293351512033091266725632218998637352336375438531808758196
445089950401019702697952480916131829935492599078976227284038333 6047
599615043864476807691293664997471113963052085438677080203272450621
789906352489155999395984456472182613906121489173196418561574091 02
602486940621838160018814813289500648833189330226410654455489160 645
562766911573591987099132250350833606342350139311924882489839051742
284554535348600897736837977242247860250377444100187617248714675030
942433518065343819819200703921949071160273190653232945568673962960
290799032948040647012810773338196135641624116183665740332063968818
689377096529421334521713728094180803240437416712735909256927449833
150707003509300889589424048396872898580140960145145468933764739586
937645736009207282222997520512227276122617412100382867314641696497
289892035337627004837498006481604788133967963810120882501451174372
126425831690684034270998089046152418834947390285322986033308765946
084516740727875114782835734380237932592385704332986336603161331540
604459152215131859619734046010662912135834364122745530323188486648
789102009603952541695567741800011446196697052372799068338666490399
962805109899043382570559927890299613515195051369301133279868054148
610498178785421136189492218605707992983384372251363130505502529497
206164803406163409383081702964367498313713318857730716600439494 24
073354723274292640421218943074245105937561647923959680851594834713
287807330630214763969161160115214972092942936078237724628364892341
045427275597743045552196835491985831493325340498507121801544419106
493277294438033495192106188105735717183542203254571718334763090399

```
51778028757819312400381691940158851350634922620926468170098686862258
36951469368259486474639998978443831389349682739633038929987752639 3
11217832134675204775405511885126832203508201135399275087184202862 9
05400613087633674574019105785582578031122278289918407237516244176 9
63678731283093307390602919320792009895687102312345538907181690172 6
37686787012999666767743686187470029251717015881538589837799481718 6
39151766333692090293222885607745605288300525525215698248646654712 8
41747042902263828181333152855343653422804972826385052444593430053 5
43308919703006356877296128044173361792451774592048413926698513319 0
69166775493402213371751018653795110322042416249889190192529896543 5
85061254040678059199656466150101724109727485323734347492351590084 32
79236577405763107256589636566091660555781757207046031680448694552 1
59559183042179392685654925165177390236807109521817538770506292765 4
57747271515118465220415277020123315057136483890604160633149457877 3
97573954386292931037104101418441895967970323521089608728674379303 0
71849385833485833782286174361566884715289091803944805764713657981 7
24372902488935638718017128693851688052731098761693305696497988594 8
52388126366352280962762501198228965466612234510217403138849285950 8
22359450038266171802387960793656634842473147222943151882316578647 9
93602300313138596120708256949737518222618249471002609075297406943 0
74876990210040537822773168713640335802292675137162282171764558928 8
80718607531336087112014987178188256749544387520694583049449360592 8
62548722366951819436463425342373296024616814707089322020352019538 6
65184454380905257995365981482822528550284862473079891941995808812 8
73093690486313548261353583873175775325814857502547188634609864059 3
64358957178427853153272204010652642484943659567547603149176990750
57418274656948903734538665869615202684129304665970423533073739013 8
15674768266130707312920050197402896491444768279276648183172588662 0
00612868335024937905754099565266081305377598023516250829161467014 5
39593935332808634204847972811919054926818765199055112631501129747 2
18204875229018889148003445086843347186591251220191729830662425786
47541173542629812675377014430896412208393045372516502309674647339 3
72298986237119517804376791721139891468223807948816999132611375190 1
35670006802240974489602865082318586906144937479796866717957765610 0
11192302698135427149084816692978956222351410069408071383113831024 5
11116405480078909084253490837870047684591609824304810335204754516 1
81639597772862841830006792001750693438515274656179739429323131095 7
68949505841221760486555052819972517356654387984657111355031465848 1
43367985646620190496771330565327509868706559776026760974108666004 2
53918500298581415414832724182296235217059564836084602854745511263 8
81535758031199718274137037858038895760593217216469132625101266884 2
60875013453223893440239377567221171082517322620302244578367287787 0
98480785706283470184226674208041649447312431168329085602371605144 4
65313915579810896713177766821112567179288699392644047380105329037 8
99565377648417735349465980532110854401788498211447960605854472900 0
13444808199376113094518952967637470219843983013031155093364902692 4
67223038622403823099085356220778607955200027596640052677273385252 4
73359539925797855312139903725010698032564185421440961077231249368 7
31658036406146393896731090480127092467047629274668608479887384913 1
57055831963019811378448093431912829383825537207399607804932399707 2
90118243764401781434750916435434869927892834205097586188622320872 4
89831954521822047008065618872723883830813791825144538131114548503 48
04252499457420554010989401080144963771016892311115516607472092297 4
39514202939259877068322397416230021526300174196417408708203854991 4
40146632566061968008343479271012089489613895699277878271100922789 8
93612427503490099533115443473905370753730763556734025596895414291 5
60409259676179778137535070070543388300455546729425674392560971487 0
71465191073431255395551150438851133127520679490064776664197425590 6
```

Die ersten Millionen Ziffern der Quadratwurzel von 2

234275256808526299188533336630373823578669769502248672019985194733
223155654833649586210450424419990085893652223783200119557268138518
767759239579694661352287264519588929419515589134604099172884068795
884128007182105075651624402177830275551953680630472404811755432724
141757830154780572285337909674789952819388397231784097198534570856
817181011645973330875050929030735330501224421434446161580995463065
566867688976429250947106190423256182736267799660334938636860887159
551812785979464371988253992556820375389881822786109768105409699829
238754622077877908817018118288426235328861395422394395079239543355
485036363488183007237496321249315492006624534467933172643899063667
065792595814926518226200499891718418123274965373657729618913559567
199530442307792895862273262425548659581692560711569147014573161348
439198648796809563203374574820182276195404133194141818700964498325
106722614503497945026888980780740709166650524582656525289181830596
701317194537499857098918713805353544030875437446661421563264198757
038000240545364092485626041008467330141573879679041883451648969638
613094732693547054243346262983969785566564393319929108202663567320
802400556685369489437655668795053988358005338994726956022499160719
923803711694294001067232844762662902994967880028653039756586602677
484872495086342182521840289688038469321664915612804651830949080730
244455525112714360145998825759744899898599856268786195065491682462
885241155660743439629118550498450985967184291028464082438053632879
290770099538936108920775623746738175599262338155980367785371320760
533825993650941225840165904359174456729101749333182293895248512253
998116029061724072697855700163629276975200130381060757543838063760
484872772157283017886754835033636760061446180769151928834053213016
360529220072830994331871316703851284444231460410008127826092412456
199570452812364260421984285347910209446616068369461622503463534932
561178794557103509823145333227717040990715761583544396005158547561
689874800593843834954764589489117410008612277354549686598904543903
084980373577743490873655335423360273536901468715924649997966861343
984892258849863847841228737164696082503760145368038423405437091959
227111866834493644252244960196035523801269593448016455194626309320
501009590822037746829510835920511491256997930242012858838602936694
396426085801788277051045802089662286812486934233216147132229925870
584931077744941898114234275475990438218463088731156977041314925189
610756665967997555036730710012290063888032440871546746968118231821
356014623089237967514944689268234257391101004504820965193374642197
410580575677213790709700318223830201499776113873358237603559137136
631600180039270986225718050590752999102440274481182049321303625212
791465802024571522101998135612852921241345423176007302669204874140
847876434862792396889144928751603494609640396263822353589295831453
484740642542158011167639493856343054142643318947755097427608728927
813759992116021491346641955428348033088105726531141987378625628351
973124471032083564356106529736710642890821811468084753367845658460
237964029540856926310948205860669975983252522484674088789242409045
273703590758481240828924334394755371556634692297326465274789169792
674927125930878450542356300298772054994648857563082418482173382810
161869848421670658140607263170575634932157535728693137523201842943
653429566328366896522414619681626670353447475345238514564251435532
062350217785060612491811915818621214213599712651493874498134876220
559695185191720034126150204676187641039359288669954512765066501965
680195988026602338117800967296819798072273522478036370023172358442
450604716015143993211607957491943529081315773564771593151768934933
444382388462495376353514650959332284372249042234185071259237725796
634235945622059172033204945485977572408338159716007309690411046453
219334666606334666958078940148813563568283844497023492072882937219 8
077416803870776220475145531699018263217926759901959410773090425131

```
49264863209411837919216051845151250437702895739700827313641862831 6
33464996169333734486855820575924882172285178510999102331271621516 9
89431231126899791988469541514222160116574539791041489018906365355 9
30636735779189120953538046738762974044861213880293200074436164485 0
46381587840802904817387289133064107535408826758559886605875311903 5
31007031136574683316618244256608845055659693189147347398741718521 0
71345519268127724857458365173410392489681412376464457652755229787 8
96569650297744541943979020732874560224041002825572913042747352780 1
48598259914318184217004830670038366040788310644659962312372980816 3
77798005589977401647026524284715144591951532503736866158770636709 0
48468280950659560970842125312226297967926766067968437076256078844 0
61830769061015293056003152324509144141017268964940865387494587144 8
38577455683548335784945719687427061319149670814698482195379709457 1
95956363347932739594162253120273407294603171848630210997838088984 4
13656604920313231932536182511822203857970537464022393036096188840 1
65874943161670291983117828834449560742574052149177734946485956463 9
13269323911000488280596616673917797170094902595122923316502934316 8
31980993638633305360311206426551594021448993784919664739036730870 3
10898747693925568362859777450140537529567717241477574808703740980 4
39868708720262146869432697138392172891159423079812685953813757430 0
99281544364924479011175468427687825439711034857845585967090753916 7
76581248090877707950747333931550942836471986924023112468690413712 4
00004205661885017682231764698943613600877179762077197732179959907
88718652435328288242030402486026790096476851135749719444686806954
88606996227658851108468160506202766597805766169644893777299680718
24766246919219562414728615208396533867231662876737763321107634173 7
93902831322105509396585061423986064424188092511804920106070105776 1
79342537194688809049144650550446267047115607849233708737567158133 5
96174757848324501039814018876814035694318359624018391659632261275 6
76352813292159103873253168856575269511031843536119087841965241156 5
78788901221991010061024839422903616797413312925727338896935795264 5
47485647706388098827565899652580363952792752523728654606222946681 6
79428986847741528825113413740485472827151364504596524660676271764 8
75017230945776837552461458842184690062021149520578518732659957288 5
48739872588955571597891141577908560598290942141621992391539782641 8
63828133813818515628676024447004673897543383157881217560992585753 3
55197464760915983613529082703708593957218297616799225132816652426
85525234506197570912895208852222940383631493258575398893416595460 3
40921308565548907250165247769229480626242578389515819953595252844 8
23568350412736846117247421085666882371408010856693763931453999010 4
58289616814722281296528779242781711807586860431889537416196909774 7
57941920937702216723784080278500220896268400925876568846805149638 1
25082491111293336458361553479671438556364939028495352891505383125 9
01049516640575286460063464342173498092499478193300404777615021563 8
23244427747066322211093142354776356107333456023545046417899876155 6
26112454851175346862592698631361451863384567872067166980105182357 6
89560236780122843743856931870089534785885552870082621204775717543 6
75849359607505089379208361989259326622523534077935370554158082868 8
33410471937357688435543886954921985381067988935910102382196219100 1
61648236527225479465755173461674029127438754610958191737538505272 7
21997122492958697923547277750635749620739612625671867114237562731 1
20990608174452053141412210705837985338595533696964532535998113170 3
82028845533966031963961774573294006921561241477725868432519255046 2
90845588092610067126011916713771640753781878782955378170262168441 6
10058592514945618444169327505045132973840883397255842534445334902 3
83604740343212692139537104617048213072274156876035343742879546933 7
88695873070583260106104183863779277896724507008917421077308219450 6
86108073491734649306453074884435053217876454957922040187387101170 4
```

Die ersten Millionen Ziffern der Quadratwurzel von 2

3840728758810327066207466489153477721503275352244782369257874441488
4862207470795216859122498005198640826514425297187291991438633133072
8964544818893982180556028229825071331137332474971174828079480017558
8651455389373894721568402124716115288390502295239609958860060843303
8360872506335262741406233382817043129932184038989141510798542235690
5565782750905897080256007864523172854881669085506801029663090222655
7968172140979683178223854195473855855443381103068227307261431622723
6517319919919865644329941344011910145770399365787744532219766441048
5133922186032215989319749551511509871891663658464849786428622211323
6016710546787031002293675623202442024011020062203490414707011224825
7820569340904927081909221671016859033086248545250307542702693391478
2820972012234531181039395311293675445174249317242319180166677960604
4450726417544884838078544701334412460352569908040180018344339084383
7347035140051456114482799809977744732296660967511697069451692249642
2929555296608511247947907285357737091417466222498301429786577243320
7342646064408187027869629245928324614184529648720851757409139223203
1603030232735714623630833181997984545534726618690963497403842201676
0105625987133190279194110863213018004270699188035506471211495593864
9841875965302270307727467754840787543969463869332725631090209550973
4524711495621860285983403503464315489137394848115205349918287870655
1080730742537271250423647794733898516646153356489518818998768330330
2953487854677376639640339839646469196822759807786011333212958377533
7320555998923816705553155142434563074796472016150432487310432111692
9746032613429844274353991264113521955450565308998415392863002062817
1337847951607070371361267167976113438621731112916647966158051650888
6115671415535135285746363026170225701363205410110797906040136836006
7979394266157581136835572433395249402122397837115478631323874904747
6637276544105584485946444996952202005176629681674436687861689935898
6692854477478788472353601024219028059456087242999690437846612228755
3020004000696092323855074164489044896034647409253291876939394496401
8331124027287732051280616634453842173804929760980035283401253284728
1506289619506827517626369541047785930085969873456355487734360055714
8363621875083034172093793083576511205803902080860358592115328977889
6940726574802673430744611080417982354356907692060963046260853620877
7559444132690354877695487537820901018901521674253215030420622448624
5026611889618931251289395438437944658191636830689768496960440441314
4053718658678943990389384956018346582199768933119985552514602030288
1480341580757216232871286009309778665169456612237312449010683127955
2044231999938293140848160981455614721283102851687511807577027380911
5162482772926083569838312262549985994616580167544681037633006977100
4459989859156134678907926041252882377142005855243070226703663792988
3548109274362727034152341546958645304501582484905588919600157408077
6628517765645512630654763836517787555905587608770253817125027065322
1301644300553889166963945869407871595902497838435425224487784828122
1319870038791868195091486554888826153284362578290067639560933622055
7621466352075964704204722208392169125097868627816546074162412810544
7755561704332734946365929912085114732951852771682331387279863539900
7304385587209380652279237160161781573386837104207092148631928018455
1056094091054587018479083094798788352646075165527904640702365628266
6684649349609911044037013159098097490912395396975452057151953083866
9982707223452087152726662431936195855381066288828051950956183502299
6598783064887857259615001398776891570664373703295558139300832972600
7965619805497440038323864546264316731893269501318463197825917141666
0923811973073573458785382841217603904492521457136522893329858823288
4235616729576020451523309732519687220530808143625936896277599039822
8946728684109688400123794520072980481063268507381347581741907778599
2283027449245157175846776022085800534389661176703442963735016254099
2668663743072857310014283259092470348809938759432753979973492994822

```
02806407398476300736191596163460816580186059970840582689677949553 3
39368186997899298355995986838694708705568416285899665988405856373
44984289657513261032873372940778205018868594600675339816665389638 4
55862380287623044503870297228654763671629171434934973782582998590 2
90389089149861294746553243416093960539690095464447761839913653493 8
19018466499265509007732215136514758984891508571570526930252521093 5
01569928089365976424063941276599710354186642823438472879712575495 5
56610973106985540168124162233803681783478622900445605320489601388 9
90729283504938883485547839223710659279997539210148022440836789912 6
06876987696050911622778422783157309340119750431255879577200060444 8
75826914549818618926125292734990113497133297667366624711352714404 0
39451438790922881148940671028850967928034238339414048019775395057 3
71425784923741991293360678961184317084465063998664209289535297357 8
14464065732838366684006458868462171577419043180417435938842314368 9
64038605967524507709850954829158067468885472205620423310121902115 0
41329684758418813653755770068020207718295541987482330222355799266 4
93966889760690538774354069336618541287160323584409569355809465246 0
05989661426645941281918695140236244800536074791773914474987126086 0
91599219759456197614988538426811649583460321006584573464774329793 1
87174891484449969599417738034756606828110615184837921196389750010 3
06191090348566224177866659075695835470184072669812111440431756498
94331111827403489876283725457499121317425761894299804065121525951 7
22518674991805508385841134263346517462896758981554439815484333662 4
25225303716292693208505100592971047569138475486085111803488778698 1
61765334694498354863970146205594976840638823812403499143709005491 6
58396128578054469669856754473686390568626312136607134945791037005 1
53517642805726066634170733536813834168358200640917550734713561033 5
42309663478954100976574968465185330950261394628530961778462950912 0
26638220395392653610618646215406237353026436957512510645109389037 9
71392252603629363457290671484818668561452490867426521705297747084 1
65846405533887922060706891321832543549917505741912760524353388044
92549176466076917929671904235955258002192641737674870033655127144 5
19057416556634071290612428497190892836991975649722859532975503497 1
40145444493971133856558324852246727838200448026986814518620980709 6
00283586444029846594656861677388253793460687177463079208710125627 2
34948036617204637674444475342298450306495716680407078995723185078 7
98204426829387068774865140184320162245713441423189535115887903641 2
42445885509761694825265732247142255430302405700539459349185228349 3
87845643471727902462388690860521429585654366167575810388785380288 6
45968330618601065986689849486077940033143802444090039799086088014 7
73205248330635895407053814695634878613002968779725922809119157309 9
39055659890377965443747243629342787139135427886169762398920206128 5
44607076009641787575310011107270430278202361522255317905146401703 9
58687625136935769485497993846950503212635748660704550285252842155 7
13688789985736228833414807095742024387626038921469302134081210653 6
81238729831368040148381746600737634841903686263846665408088803870 2
63230137319959120934305833569262385551581272676894274526962113563 6
27551454565593589471049731722249705944840483271450919207119615129 2
17726858204612972842585343343328251905972280054516675275000157914 1
16435732340865689295679662052476584491368238600309875331962289977 3
91315519012268430202330255614191224810532648032073387426288973328 5
83607692489300700618919193559310010222993691354682581948970895733 1
02991278856898227409844865213389413821382297881198177764657913113 9
60837214308689963065649468585363166508489658833917265947469959170 2
89503719600537722623817921245716626086750723058700513739086008067 0
01419400387419267554068874109082290462408888075029338579838870095
34059714797425968867685206953796478921135843791618744136975336025 1
13475930051800003350149542471812662054747579887403442722593845966 2
```

Die ersten Millionen Ziffern der Quadratwurzel von 2

```
5641786350113669001015260910660791502114548471872494623108092059 94
8547847818448900411720691575797717664639803260016321383633386655 978
3248953804616720031309475575855702854655059879215168884698207433 74
7266046239286111135514959616641783922107135014260646703583167615 26
0592172183258978333880214074701388213101935894717563465029438480 312
6934542648386498489302280437684100541717126987019617998677037492 95
5332176155752439328226886446826388685535745527128681430929028559 03
4500754782664193059395754898597184706636235930434625244969171312 40
8071587142651548279947148696599327063864701126441599789502910264 11
6341853187281310400848921647642138373485342789581802200204024874 98
5376387262937865677690510741004639418822832077852901157441132611 66
9960706039595496370820685986150281617092238465053909444972655841 01
4771348213986835056518986649768799647368147481126328647528695257 18
8971720100874908038906576182916212106291908316793289867903926491 94
5073767204512496728287380843375847412291445264689767462537978149 99
2739486409580193926865134228438635970887802969341331168402923614 24
4157402954543204438763847067436241250215093292384420619746478070 51
3947557485399131097732847017133862227193119855056873891610963672 19
8826964044443628478772916043519930741370262722941245893151339195 24
9945323434649755219041644448381928172214228979366970603740932505 47
3546808067470333609622664423224402201548916761241594849111436938 63
7303599439906547227020432302591163739085144299826294938598380031 42
5738202182446868575397856125584323723712487785093872667704738822 44
9279234055330524097584296881647254531909150231499166744003692081 45
7292970049700250402565264053395247845241534795642108829799123342 97
6119963832366750519709931671075997203537625236925025193827717795 32
9508719821858332695941522862456504952964927834977685149199501283 22
7169134386645055156929541969925456045044975829630793852428376622 21
1832309823329379114974296185045363954065300782505114849278981462 07
1663929432118357561284136119307332072917529558203923281509872322 98
5109014807137299651898572397448292533900552030429073034537164505 38
2322882929695645294820748386174021851918798854352199646281846233 887
9728201150519875850699170406891253994856679654076713734300929501 31
2407064963542343495873399736907321628416249060364727886450123085 79
5096719993793545572324999967272831405829798282971663586745749342 21
1648189599705231736308426945650788333400344073530169841632883886 50
9166331675801386287294645114399523931815826071127554120164858099 55
0263281466930793633456971381049910386751395775753731735127990448 21
7384284669140913289786436550015452430611938840631603123255510682 17
4467298136205936895631495940346650827404780883958543475606552769 84
3788996977563301628039581899432654861997023199504494977265628737 80
1704649852475214626046700192086047645287921888411943944642043698 77
7917534683238952334411236680917557057492523074506456231232522154 18
0668593433734998759691943214665755659710806350351890727177127572 21
6833279917709362173370355580752731573380193358155174479659491904 64
3118716189903210294388300355410390123629018034915967121995888436 29
9308841303159775031739587319798154513785042717348443467979301473 95
9946800572317446827063856242369879967539398833604250078995208603 26
4790746576688063100072339062013708530714846774515441447775312057 48
3623535699895004590018568754345847189049290732647513559297699545 526
6867715517212712303825131413155432480462900630110707942495757663 68
3827127331885968222915792868787869470588285270046787955362932325 66
8849811661507984630677862615131321122183044028246110693453482787 67
5116224387214881296677870776989890576517050782769046662150087366 09
1052272879980373249048689065765481881742223491719074850307041792 22
9241642271498765339307404822275115767793487756407052076171676641 31
9439567193560696994590362198900655301314178116245942448414979786 01
4291736539949858422804377968044830290615343351363930973397779356 36
```

```
5576511862599835931772280961287147153178916465350444999496315791112
5159758674419759184373356020134878663421661384929811303362437821882
0434108441523193654819749874050752082883684686906736197160001887244
1726462871755753595827970917494903536470474878821839093261425618366
2549259866320592747160254699405859526992424611660457901924900634299
5312960842928106246700727516570089778480669503376211207159590090555
7008469462321646215893211191508332922136247761602237656745475853122
7030013412067565710804847054855169108520324515431348998925588303755
6619223943089390175695836208588474208166187215640120793689069521655
8887553844535462201140119273549908602746369150197765318849626951644
4293669360172603427247540272813361026130324918093147073001633291933
4041913247796362108675757584639192642532796150464275721566306794599
0189882361981870800915603853042319909588484745786251285443910782122
5199629938886074456802876926062815995502285220437364935176216522088
1276927825141379471133047752121569168218276297310238476226495340100
9466665572676352732140204298444256927001091729450278633661806838044
7293396079412423811952971573952261579264629405333310397402992795833
5147943485836011473393558647636006015729652033884326628640616405044
3297683922576630415084830151731165458636801885918918920882103987266
7480936637902304432839723498832466538396026501550819523933574226655
5398942382364124529463156397545987676318667365833534528190608035600
5621423716403596593709935228073354865008216214519268552738244972511
8460544699281325820419449238757281707402737267506480945683716857011
2935896742601717983953371143427242435899087403689703234871012145755
6080262449965305408180214426866085437321220312340343135360244762622
1450833089407007284581455512272017784757246011878293093874618144999
0377708623151228840270731077583094225380242542259776869290034378311
8730289584468598110350762264714648357066659156374366751681340942822
3629299300623412204414502064424655329332124590132364164042967635555
3073989801114937541687862568314979376493862430879048592842983931488
1967104378200110035599681321939783123535737864794440458936501099100
8859606914146067074911463221961577352594535242809979751795791330500
6050721812691067736118882828188542646249431430394101174531493605255
4645053445378089306607085925127175122941037833554489707933039727666
2165526760057911177397969120069806274858880754143411432792920743499
4122031986872503323345835940869383842796678617022146925815645166622
5216632792299173769682047175580712927136843739035505988402905550566
1986658774411263410669633976449457041695946973874425161560475806599
4804862684463763895469652021425905359983137210659199897502626351000
6816708362740465591454045946971935138540058458887509886495445425600
4335227609872339101989401156538465679657377460156777211838042056111
1671702721233523952871987477622965513143146374164355570182137695988
4777636319906327519639113532219170174221741692030796969394445170703
8603163622647929419345293440802958289564752972695573033449455118055
9083530537755996098952893848462814990903797808270632400843901719299
2229275679954759820875262447015885268471434889512263030773193050299
0875692296107935564096580851856426713744157104611896331000047218044
1831405243399793760888611718895433470715840243161875709482911951077
0195920095960331800678218616908355168673069284014075605648553811099
2227103296655812882087856460848060176317468312120880544754788183477
6225213788294458760639947424825122756800623937936834232963652154177
2785640434793793375289766123851571455347095403730155311537356234366
0071243585495937390720186621811364768365206954495681677757178758777
2971703005656320946719312368647152355228468948987883000904738430411
9866755459436243683550340149878662448148707499730059129054380557688
1767685875665534170422731497903682381331581974729327211743005439199
9144971330213975606649611136925125402963077476761430757094000220644
0242969638567233024444246184380987196191324130310276978429321912411
```

Die ersten Millionen Ziffern der Quadratwurzel von 2

```
4323879103777244854228494149384070395151517443282593813111610345 10
1038993341520994154535542152023053086302790409407457279344011173 76
0306599517139677606283288218488913495028143598689060692530042187 79
1362025502880759640051762613908444766291413577541559270396378340 08
2989808322139632728814610185198200311620563766612389091409151025 90
7596174539092484357659966866714950684318786048778361586751722869 13
9206036353007511132780551166568763166409784820857767845658718040 05
5128524885855710694909086189073684534353328183325129600730223363 63
2375074731356994615796227139353957412035481273266690448912931737 700
1630641020000678720008103382763262824742218904370009851874283472 439
5241107012895460827323461125683769495130947712570998211902205675 49
6281346613664839557494543018135771715596862396144571307932593543 95
4356370500084391069010373610055434545585350289857576238465343345 7431
0473852406327338171592474733291232838109042681508315276107861716 29
3736307042565434812107669713270704534818755844924767222594952318 02
2398553770498594120310426214371804350091560093797118297404449236 56
5310323153189924737112497393193673545129844220944306503687770485 27
9044267763927301803207523160392336560698865627376647572801958827 51
6092060832944517234250021002421498734923161711862770769161569592 85
5510860185840819397611773534171247535865271982046158822305202907 00
7729198672594624791829354756270505983893883914314986069254105507 76
1633191359742768724343700050855299733732888806502842536603488131 22
6625149314444830894885296392167782788369376909054640152157920461 87
8204313178403966630284719365503677857548528233558618847399540078 25
9536787936511220746389425699673888156294505067078393872200253359 67
6586052299630228551062650848995378916516729325517548036849869587 85
6219868979264381570860924959005886346663562763226350759274805797 22
9799890433243219925736146104011464504048785892983884140359403075 00
7436628991783137953183954370534751223417454220818619134790199514 16
4858509474543904235214770473020275127390123003302153662239182900 58
4270582740606154099361253912813330249986686205463598326769215297 37
4409733852396661224042521562533723549805440952249838752643250442 49
2774783147123404330358826469672126823373016067009309427925693181 66
2686840414916756850180631799264684768308557421552026374984874366 85
2966460279257272551167430365471117339992240464656246373385797744 0849
6274123595958531420309180804465890171210016774716493785389040256 48
6326851026536670454107946253478335782420434551148407966006837484 09
7851793048667768258039328331869957215801776549245573087128482913 19
2859382520817451995500238497028541598757630787736805377170275160 48
2379821173343971036277099360494166410464618549952306962521567154 65
8598313375107796173285048738937209390819353513271579563134326679 94
8835731405964911983630400702517971706172194392428954817859371649 94
5741988795813394493316592790425462349506970546473710619830427552 96
7101477107082109700349376121631236920704554545551704183295579966 744
0333664525896884549750136907025492209999542937043139248085869508 97
0122266237666935946709949221175917411105217719818573539507732234 95
2224525469204117157311958247342612067849698811956381969778624989 29
6681826807146582020130664780519631824072559718184504022722433019 36
5695834736185932277829960728584913671493612944897460810270821581 02
2462576945082709104431458400731201425274058357589835870732290623 32
8462617653989925999887305846787479050830248102805896323437820068 4
8270032212634479865172132722908876170771700163941786585235411550 33
1464776965703901128207378762440643653846922703373592081959895664 37
0649462638323997579875130864793314448903768641623408792805390296 74
2852193608630233453885397668233261169744681080689275900454599160 24
7912497809160120022371129729939595343906669887785448636071177750 32
3715213175380193944326207873958400513964844119861008278725635178 74
9302066706194898005576149571225583141655330836190291801923098622 43
```

925774625236491506286727733483038626926724305731395404495388628540
939479655749070719350924155604670950644829022571089602981829826884
794530905452458956279008660241496006860932119100619348771413721912
076883383418674418431989812959263659576644879577051096015823041446
633028323720322964898142745840494711167925676591239185443302024772
947709460819446728318696495324447798361734416865674450012533598065
257942420247008239006567873405881389429082355432876545223085786996
907606718240226104582730849299758955124348030482275512833938037989
492779546977436843810178239853159525821380676220402535498685280364
440468864651985684591255644821238240236569999649755346546673537697
049287677250918801582282621104157472372852215247520353120632319710
298237218953584803558854114562715773829763515121486662732351991316
819375664128825964895960967102405137757184722657995693743833290188
400300365225451594351597761626523656710089672032807727609610936120
904838154425490529178248494493303654057418518029534980270007471960
601679121311627123626832533210948473730392773470176451146885799475
366553634767612325055951553989964284627889670145960517892476000182
182242315564153314985610290001968397513951565770939082917167816180
682153175039705775487812592963829516554011371927765011687347750299
174237836471567739755878679719731699499632845611834958215356462349
609727295745624940866550194181284842083690080262212669955123604425
010287536748801227190924356201750119811810766070795208092139458187
979073619709403761210303798979183596329087343750404303063305692423
740047974694563723389969493717658582416152705483381410648050322425
905677603638113103660591076692263774444416518871098572572277263147
242574054763036772742704686123685922721790227592776912074829694166
240735882335983911543528752093765100340096064822213081756637678142
608057301007545106287181310689889093782977657540319020732535231002
529624246176242558899227575734251609581386366527795512744883436297
335736492382259130069906510712067281011468196362352065026420439795
896147860402196217358956230234580830548591712768673973144258904788
829543016598314804125755382565914069933867204663548132921360181625
178307091032920408770843458729944087716499852443301532455479904202
308549762844457004808425350488044794810125089324868646890078019080
138578820080701202122755362099724584707134747717578878515352524280
429812565633485349834345221135333559824302678625105945805336749798
679779176419163553560509974533444415594236335654295506901826129568
450192313764182436199704946853288128802873277300922930430241992767
852119302620873447848254521669530126357043168869532610951149506513
999947573260574599438165859763786262794654944191152306455441278042
021255558485231982270306940253206156392713053345787226722076941231
264517093485431577465879473868675877050978434966207400163228129512
239050946168391371401840995196883353908015144019490669122299569313
564996315242512024788238730072109696775369931397668886121615375723
564192780662812551006451664198812233703317827864680774362900668671
711479777730820236814199605696615122041721627642068881102243213647
067848499801916335818992268413143430196627040560355897481031111965
144852915335739778619676595961792044679783746035244878752133865 7576
213833545044255160293923509364563230173390854122446090806053364838
100886666508928925771034698948090435288289047623997204146715786161
286743437747507578077272769585068871423803414956860021808751822 5367
269915712343160494269284432634384365278037270577774863158824705198
633851823586981545987165440709120339806391947009022569745580796688
325549928449955470597471743127959469004652620967019546411114 51631
718631132424155156325673449468552527755669438589181724762150313162
752379414000321546259276098329784018963983630064000898741689219358
524528502279912725978852919296611647962557209144099066795320906435
919691029714184958431139639610661119047324084831696204890107434213

08327177777671266988965828747002800354850842819582324414452330037
03383425538372103321492811881763051760453133565007281496504884456 33
86724529638535022872000290615581912457989506795568728244710867640 8
29022173719308694252218563541022021374372724631515972508310542332 7
87004181309588768978285283408548062338484114705204115616357905576 8
22962452372999508731375059441382591037212848963859605490099288845 1
37970514453514276966596514641556177843700096097086716789712985982 8
73596182497369484334860842423303673182110474460525632076843320105 2
26180737276185388493027113454421264932690148858887269638048513341 8
62840461421670403282555976084167278098274456895346446018832050415 4
93112114580415731266005734949860718553892097215389074040168040786 8
85651485701350335870439154059193574797598850096183865031441863634 4
83866318089242507840192780716366421218329184643420272901249048802 5
44372144241930274956612360305912048881852093143130965557824912496 0
19758773646287313130859594719128317076984929427971137660223028495 1
64178997096748901797191316228379691566217377604028439917206001128 5
55073750444073979625734907665673485718000567426677914143374266847 0
77082090704927977053613154606439108785711668495022331157414579735 2
71746737874220640495913137459080167098348746044416874689977269309 1
89742265075885839350202579776598576622595490574587380212202489352 5
22980802536796124929717764481653437466705459505596097837656954998 9
64520923404941949789033249683412396844655533000585687700427710395 9
25522128556914491688372456215053542221624413977299156488007807869 5
57464269282496260980967448317708165922083215082757212233392182207 3
06308089069996596448870998620305631626415143449452196052311687408 8
24754906621081929212991918148917625789640904300026514854732327020 5
52924043277180196335143819849966827890394056290785875624615192874 3
12369153993581790142613204710793889170431622124933315135208009800 8
54812439835816669481410646436244161234208051125001944858333342859 4
62075884684590068872978591801341984893042897587837658013513336093 8
91414443467529268016529222787877746199327368012519928627581033916 4
03576366866499500932762633257408596834316618109233639544591224797 9
88670093487315513619897332127459061356915192811741301260529634699 1
02115650765144955020111684210363139694557689442824852503739075407 5
49206007059741185357320909511177747651414294204422753967385738794 0
61421278808024294836678961239850609875022234175739390068439641530 1
90582431325209728261953804821999759100572820626929999205482641723 4
11448689611305014022539845453163134593328932440342828554036646519 3
02929156665087176364805238253478518242281724617039542090717105660 1
01921789120040000227728084242812614091928016764097969997814718421 2
64296665800470783290442688957423940969867249052519039491297870464 6
96742076116917444771968526453365825157299841235453708488908837951 2
27698024682815243620594102210997152409818154349176465196664805637 1
56380453691465344370548421388599282544772859188361906328886979718 3
67583832836979898817421437687361798363039624005916737970903248773 5
25769026060628755927586064438912628023317906906913827043966272836787
28016103264493956630517349014611779444751887434750767485294897266 0
14541105291006766165784563130988517122033102676575331160696597278 9
36720264419495163929749025283771155676601940004339824762079249317 1
05380534721245227803694799844324029934419207670927004596703408560 2
91465144811640123609991147867367370095248140421441095434269337989 4
21044576723963782195054473328552859178698120214623221161088357367 5
83418909720685328056905143551482015257082268209260365375973645172 9
41157505010646510962821078689529843399391906524294757805619482076 1
01925036304885401373060006468224038577081923139553718195048561212
85552656237504417005367285041499883781453760423746554118008676038 3
44422485867604972110435991253546876612728446412165304830002150819 0
24062416511643559870271001146841357374136758170784101233300729183 0

```
6811379637218660293841942648753184758725998579781731831792819267 77
0119419898583566171762963164625934287383552481616987823687457749 29
1282730801013109981579539185901835507234416931080416952579699739 66
5916432364546751948279075384879391364191677254776975716582185353 98
3646077377300537746014872273128061410769820946545232606778157545 80
2097248312303243631467873269197638291433131978633522077710145300 91
5446195307538248362467769552079557471880240122021090175102500339 92
1392433825091904275795031745226416207035001924652528122237045770 76
8654878286278760325072361191904921408408000946144463889850644596 20
4175976049941876449788461713925428875968537576195361002225061268 79
7338139220458822041623546758921548969001326060352951208076339185 61
4125389579387253027191349238313158385703647873010132395362684313 96
4516564709646144500529720845194320439256151530366714747752215956 12
5852990159434270814509570821069007681125432757172198685609786598 30
2451871361702423399520972885649272594237669497179421500544317558 76
6023434997764862172107335843131573211639471887088517401717372729 63
8552279997468704838666889586563616444690547202274389288867636090 17
9544231480752562653472784545846244426008393940256739861393989074 49
3895279774782365681638900694957542299176585515287857394569506542 30
9356655368567762790760168404043946031118910744150965421682884007 05
7148086764249760506542843055543997084922814888586472620231454957 27
0656790775159294259661298683905388813096079246835639448295093422 23
5486089524188493682142896971058429476833786344676180659570071930 73
3109300357300426726809046976216414561022911231171256427205308737 1
5274698395451581575727364738703434910422297110377988861170487221 15
1555324014983973907617823468768959433305825640626892126459782622 79
0373428947812505100030315038390338219658936077871789054659293606 95
0861736801237151402364529590281545937772366173204376455738772041 84
7647332930070240150396006898258699091433050023898372623200942992 74
7892114874123394993826876050209996074777476931241178564375468413 59
3003874960799196148829336866234433986178229325295014508362539094 94
0736016945964293770987446672233865529064930171861521024756289368 9
5959065384058790975921404048078286807149823778775439389348758295 5
5718238114985891369554616149842445473843261940111768384400797330 58
4292718445090372920131397729573811022740346966555872138186779401 53
6960728087343763325876478459645617135122734773850603915939218002 12
4102598741860175380318237923304590632664927901972873919411203839 06
1085360339056254545779941863034518148118972731871278607986194199 82
2220272534417640929177904994880536946904802061748154151235724005 51
2586243037772975130097129753817132795488810898900550564885956149 73
2614470467847613419993953952378274624393961527741402303057698030 36
0358019287404966081776625341741784632198313538206804482134573435 24
2110929399021679639545902364658831503814634204240512362100301352 12
4586476238585407499745833817337208693217309015732437058474208743 10
4068514323098721718223941406815559383956228010685905093290977066 87
1446485527971858610334721117006622414047051377040215450192493942 50
4876195389509795782872782175917907117998344913777697957393252490 605
5606105840516856921381763681664393846009943833929623758954510476 23
8741876836129148019260186092806730653246407941502667479289564940 19
0537144735388604462177297744083537357698433883345571408568873874 95
0308633023530715018550269020224188751555810797602891074852266545 488
5868144473387319529841588238484768964838971831862638338814886550 54
4396991440971220698398695671762715983347646888832274162256669098 17
9891387735169674179148383083382688226194963989571785110012550182 77
7400409567820784372487008614603082077213272836813187357616045172 91
3281488727823591920126674940922387667798411953536290032893319427 97
8763869517868509978126964063942531764353821989795182703256650497 01
3335767366693026975885835797807324350126863032218678435021237956 96
```

9505854280441269802418136074929890434786406405348795776925423 05580
9845734503317749084785230352313683155080846053741152726087072 69217
1888401224159124143340269043302289314709379006500744619818065 96437
8564262548777260500729067679857062054925618063572652497221506 31237
8908938422187656419564130731807654721922861094590300766653744 93367
0100001957878272492837542731048287015270112929271619784105026 82239
6286107364128170191763065745528874995528779505022494309166778 63064
4855415297615391501237917322427467826234030299498520519201569 82236
5464241580515479653778458798137984801925284514115497545198765 62403
9827794279541066521143667334665965405551356636745324735193931 58057
8715498852895840622099292216746579179922498098827927163250558 42264
7117071201726841051469798686549528037402507233619012793251825 82698
0660697172533306024804410635406592714419259545581028258358989 52477
3139649877970889434441096472268149673423406677540269305399254 77829
0136759573961745057505790303267923371512844950081205989768059 45004
4074427276382218276045167002008852506986637536018751404985159 88753
6929023282483654988388594069097665390168599377021789557586649 29307
5257077918055759757982446445591512840388061513606151341321992 80192
7243754986831902547515831331039084483938295277876814271031186 29876
6967836779425728398109821281449583206370451379843087607896014 91950
6632203681767836731592064676647003658194779554524936038332356 51083
0633686928579564149994560045849649788232610200773188011536961 95535
7218742560242932287765049665515357838659430607934596698293487 66434
6300536914363289274140966384306433964379687246849552327709314 609563
0763316565707291730369185221947518261153332268508483431050715 69116
1956237716057336989497506891991430162273501318666187236985842 64683
7523483254311886606597288869036713452736713972505347601220110 47776
8170753201302324341924030568056119531842550451349934089311416 36088
0099610399758942973424152032173141161653968717623431581028917 08639
9351545687002567955879375054787385983275438048203814503038652 65867
5417470577036189508387844638950623956880299662427820431776715 60113
8630090308138767043070590781194405948668502321638549263629604 79470
0607029147144373810498615598957260210154340016898180391263383 86355
6916875432807007431399102129933971836691198402798495399497927 42268
5034989754766060759816514523496298157147325685908467880680467 56918
9511630392491227693065452453843584091062940758336763354143957 87273
5127457640696835966868017302922908035923233831021016388918865 88476
9309244896041274160840532027912818043446823748770147393821542 33733
7330915357470763887332666738774983034037728292942150725563406 07645
4102118294404242338924681600416626377037483937714390006162566 346103
6836264245670152293253560140742036104038690911044082060884923 09604
4018095888715725387984546296195969856235887553308747787782693 29042
6641824692612274851783430407801823202447371999628104119068162 26660
6317503952574233894448855904667205289136020471538614514636381 45966
4447598919672098545711930185072172823583632851862805522720129 01333
2597421183510861106374498259612364364351949347396765850373366 24422
4692633775519358748599145758743632003629550730898826386458993 70769
5927193234951809230145757694005094593630115120594307948493763 20155
8012290484956075799899842908566217618293969627865246294630599 62401
2967362739166553846204880373564815581346087002056269988668607 70640
4667153754153767935093392224212152891758705585800130496361142 40945
6931493604148958897738497359441698676711828654969621744069201 49998
2229188576183208531187241693657690133684212353756611682146519 0901
7955695881060775888459860392814155180306048912323480588010559 42640
9031137229393269893911950019257440238476238656746654237298037 41191
7912920796615137407755696818600006036968255554914459921660520 527905
4326096339822685299085999905224559667702489166406110010640126 3543
5204131529202916663269291465645417906000228978135344333561949 18573

6930104588600852164622000500076131004811617922757898713493872880 07
3902122405056222671321378714343400345870353255617947124710595083 75
3279857877450822347040739558594585477029997109005594682671696462 88
5427920699447031827366851234997951940081325510456888591653390844 31
0410220490210402024486619732808507435160073497022032091292151066 71
4584257674816131365934667828069431170245198603131458792353951043 52
9182139389436120765306574713624130928742119115123814328351949211 59
8353542163329861338109779377562695997137049531528299834611051931 17
8855715934506868649959819738568752706900167880828113770408120213 16
1306948783121774107693334136820054264001315987857402360936296636 15
4785768714928060068334511945913474703033857452290279954196952052 88
6577225614200537180678489846383535222235798124585379808525767272 95
4159906418083599804825992130659622466153830429789582094671316800 70
5093100424158222793310440830584856936861842513847887868686462765 85
8277273874303072125799188503874205332408972756967316186507703622 11
7185565190161561726276408215371618286651928659611881096814013964 45
6665705249198158129623159136382081046661818360144116817082618956 92
1220263159736148894600955988114851477475725152011415856987432021 63
3074813590092848920789954066110359624210797621057837189358036630 18
7767407843890133105241148317340743268210535004857512532213663884 26
9880367187070681217508372681035570026584903799534964730422738013 500
5346253003651929502930732330136966737349016329872567278241871585 36
8870456623754357129719902921142017972963579045124521620983888120 11
2107302437747512119164071921428245382912155751038077084695673179 03
7418628300058454077410080707473645924996983464139001351166936721 588
1652692864492616712025109940475486194270935256906909377526368303 471
9878922944319465074076418297311377065587964179975942056917102331 06
0593854436137423258627891639348030681890596954057305699343229170 08
1377440733129235077087661741220516040759224400319528821980188931 89
6338925520892977721266296290130143289963573688356446479852300696 35
3522804064508761667811568712029372225260239919353251073698483307 2
9845072533251878068274403464535109071864996933871491204960806075 87
4914757990251844754758018640227446996801227061920422958116624229 91
8748092500390518770187620399102644116658476988725668420187675070 06
3340329073183387941888631231606353899035668575112715279841944185 31
5749582908293240550549685582760403362809220495094744811939034002 13
5551752823912826757854097726785923321337871029898289263854516985 42
0843612310693806826751530392041892142006941288833452186577151000 19
9363714562581004696008481766326898472259944431371830184221443746 32
2422791663165261528532577058436351854640076371193716132791700099 84
7644293330864157678907005676255752009383877657376918168913331099 27
8085102549100862212612111955712249273469074015772897637659151932 3
6038877432281396764797639809612164623707390214713147915777242740 42
1065402954733079325118875848590005992877468915815369745763459065 40
4730368627574656132098939951652097925535510951442119265151591106 86
8200340803718673672393847585188056210767305366675964682898920803 44
4876134582824237462343744757609385366150835297249604446575963011 00
1504937330355620176905692603891816268400793683953291888480662891 13
0055559781665071301228018889452290667911009251100265255194370931 68
2948118560009206092173002678857826856130294929801663897045130297 90
3922905554368445454394939721483286549752447959649252044040731398 88
6569194467506635264335984056279848956732176737608997407396279318 11
6948798017885745236435805413409922867142887172453256525028064776 86
1182192238122809202592584731759372667407336423813392593926078887 48
6029446050507442928416113188034245883889200435920086418177249915 61
8802892439070445169580135779943847363563845306623169524387425293 81
0357275725764300484112412693311184948431623224604649158711655258 25
3105084158868412086120373683024024954169861367249297547909976296 24

Die ersten Millionen Ziffern der Quadratwurzel von 2

```
67777958262248926818474803714409703854208799219358075898164687 64167
44328146187588010178929655979679354166001269443942839444074768025
43875909913612855682566546878559062377833831206398279562853905 9019
03336949611794659294626165903597397489345001162032591833316362 0517
27721752181315407253971994286008327024509222258665601617910149 7321
26956073459796937911742235684081812219807249759982965399752078 1339
26483965982063984569552257081135207481162363103425159253674359 4113
91813715398508008770294079878583827806296054323676046998132470 2227
84095550379283700670872175084795330872894030541800003882502398 4385
21515054522979634873892157226848809563519315233480071956411018 1178
38319965395082794286837109262538319575625968066038427204187998 8694
44726033665895355202543971901689436334892559334635646600081393 6158
49546920957372950682679857761459137134654746240975260378182375 0271
13037632097829749773953474381601480992246817661561402350415556 7746
69775219357595882269702118070914580544004138977090305759443660 2370
56862866060353211943682006066991074327700532837843354725610666 6549
08692156158717372982762487478846292584071787047350450116450690 0511
58157112051865827802095128853973712329938434724858675640089031 8181
41788020651120533565497428107900303197295455155767229460704884 6619
69053419980998476095472726053897885630632658647747873241656768 7014
48912938235736477109244629958454845619288751573457110208648658 944
52786344377771146082368025969935788958973728752204235206867377 9345
65921703605439388163624502597886900331082000674863237425397598 9700
69238764189068140198729465520803805613783397095330407554526867 838
52668254339124481424573732595349549746141919278758697241379209 3718
18788789297604476573739297968452698904343764690236380122013446 088
30011666972511808862130015887448648195016007144141485356438403 3592
76238022212599878502374577139915176290754766920050563443065042 5742
30477108256918229711112360921161881921500478250364107218356071 3375
11367102042789559445237490265847632204396581015806655306182674 7703
28816293092244856295486169296773767064103435099874962888011027 3679
72511570377039793766551117897483097026911537458942677744429584 4590
74995854250784604146487910959876373388594347693623329553869162 0976
32013504073613512356715625528426628040505870971068446900174210 4605
66484833130099743111398838676922545999739111470598361647509988 1371
93254603881689498135553744542141316724271222029077735582998386 4096
03513930895835664639631705906163652017704265274723194007282337 1379
44929674158589930246368956600518025611825606205369828569511077 4131
46825258528685195679442935360327995607561268361918743440529716 6832
50309578449986061502512607116582509777843675492645069663983712 7426
43743707122487371612787075912007004562487136835733233140388679 1493
28736858712388127630709935894998263786780058547760949425527186 2736
88855661472996287089851698184549713687912712795136803349067911 9501
43084109085793258025291860328986280276699713003645989010662419 6309
96711805012214099453409267073514458980933855956859738206557384 6815
32970461027540724677551255380971817128093830340487723527069047 2513
96819305763754773770617702165156682662176528102913213970616485 6532
96598279956562266365249079396446690052003765454792492043949968 7930
53557001562520082828738091969694777860257958955989835079528696 6342
64573128961433533592830502009986386015821291975009005817071397 0219
62997752132214543492159277835973795197933377449963534765528497 5171
97023382590320857466923111954631103267059098602422117439407331 8258
15773988244767975843911063844357862084687707057812125707339250 5182
02466896873241821929583628616525312774765382552998966812899761 2409
35180522725504874385530561652467379605999436234680498177135692 0042
88541698467820783922496918375152431022319385625197773435031451 7554
03353292727023119439907928848306011066419111986564256494298362 5497
33742287803535916239359207264610989333393286195457317502998674 6129
```

840961205789082693070483292543414197315571404283068141521475517302
072847243512237423999172982690911645398209618655278860727228029348
734708997754451856464275861520766448247168149964915728346334907757
576015782153979313648116156226667369781149362438112402653614602646
822966455376523900987573857594265450639134197027211875924571097309
203789021904700094106234499294862382300534431964927220781768961419
411044022955319886703213897413963228802514356678152733107661514204
237778446047932688076038362390128890787245152865934436210522230231
400899467333520691745274097995319175231418164151248626987273328105
555343050457631517053106455985972014442977554842662286074781680123
466139304659216786582790518968786713046249956449061736860947615827
180403072314343457835067104517947315314987640648554971884070686139
689652458510351965020075757427654780040843215999274680094585881912
529442386282291999553226710197849599814744239192215104405345506430
002342213757878286890774281995328633682822060668132576957554967629
251583274705401523291473497008712546384014429411754349030426038052
472982122125079334468593522643467594047392328861885536071499127045
036020502515105237501706003695896266751700501475529105970915058633
543204631199721976135136291304516649266013122582419355202021940413
560088928614419335475152377813420706659213169985169573765819946638
137349832644256919839682824368854260337155320946912321363940501288
815748356885017135913228160936504566615923366497395181038926551384
457934043560467311633026004855177630799362285160637565999744752764
485216463417377329217226454788573777183560402977323655740952362517
980912083434049796620537848162435177479644552838990041386722816623
683087879476244813917086738826434262088888072617549180955714761184
310837955324097741103989190101916108465704423401971998756994497209
715272784832904523563719240055243554892495893804506002359164053150
698609724523077420026467171522661903150875701999065682612237475075
583922111357069755680727348187615141951013439271039976641315094589
720975222507317929435753197255016411549103167492726575128248485711
648261903212439723097291775147656627636105600940882668530979102038
425528758776059287832924836432355305375740442266595028933569482036
083265612964765631228333770912985168464209981164398449090121982130
453360978685271654453564844019706443842451787619515918217961253187
010968048542613789923787846288378435262323907363803572273583926185
309315526777184033951131654260951563598049135500627471174603371231
118475807536570493825182034388466881180472200836910861965902617384
716071694793808108240464979371217149080737880860665527194019446399
689436529241885129509690416257275955868573003187112210902259407862
183122236463576569189258653127462169948651521700314326666172644511
728673094350044832345565392522755539224029045824560530252445097056
407511565552033550876269244478112695310881854222525506787046079 36
996078859213529666700918066123274681382563686323301564399270096663
997386075988614119308616380684616042832654926436910147070419919029
890946519927633893141019895571290210230498772670003874799365706030
048829820680593096738527488474124938161883716539391920958972029873
382726498279570999346731048075864762177531258599962425193218839603
698622656506697824439850698141524008430679774182160883638277631379
497064800991061028480656988526140810012662269892739671744254542693
328327178030038709058449441110185868457953795321107778009337613398
239350523142332267861502793852184684948831363305572831716959746572
512004944916128962662255931610790451487589086901316649842734692231
686820584021466060643340831848033285125319121720665690283104752 15
082752187287589985929017584281310592632390896288403586364671646816
276669421643357185452316835448248181692446918456609209383585455535
880344566375620166802386688037750245067726804163341057897231823622
162307842426248741566204438674435192582586729177981642985382425859

```
03937247473886580764788348421749763038809240818752398112126801654 2
10922655086464063198102659510404666644988282522729620731741063124 8
38375782211476709991418072862076168339147629703848661705336572789 1
73718211152349651224048677120793897278439458291382364131252636508 6
35438589589608607019571993794077712851647773156136970548810806110 3
90743802485181354242483468673350643938541484717286266025964612925 8
48420286426841066984606673691232603444277650336887066393984343053 2
80599883509473552732068665480933446408811484026469020394469940469 6
77888479699489681622526061759936557794837514394499130024889162443 3
75492540487535185330472764043029636809327016367146900086661377473 3
86178962285739242218584931206610209511071922594584590062705705835 4
54285274293940779289483687887053734282968999270172582158076433299 8
41878711763496274050450323898092152333988626370361175090034823256 3
47167605022955225829077501281302816929179080390354811949041196236 4
54145521108425228111733209165882140303675853769913344663733130217 7
90772434221881137284849781998025130952472599137901019230657304213 2
20927183294009222192488519297326517111165955700080929910110825305 1
41816703880373943053916672649408336474410496921352358467299551655 5
86712409860214148600969832872697824966115084300705426748517189874 0
36630184923346715183429027747250668160207752543728829786635767112 9
11709645743945965226950172730487640782502534423975068727203633433 1
17474323546734800528358206414066787833413074387622705969488104837 3
66023084157620574555271904760868439780974144443523891943255469585
54842479118259280752485062543784466652882594461233362664281292494 58
11370477996098707978251890893534663212988196176618786830042381760 7
04495080578355893160705043722952163270936636318188074765491478610 6
56396864591342451950016633007816087543139450300865439619082646496 1
60775590987241081218966141408675380664178561844699482889731396359 9
74285215265236570685828598647268920134056224603038960346919617410 6
67997017624614931089511640826989696405349392620980312880358782304 8
51671171644144283194848771070606433130898948265916184982575925193 1
91590900217867673760980896832780112635662858269471828055211601816 9
40518538236072371383642366689949108314961456414688911614633123463 8
36916437858225003696197390228896596951926511079799920229330697601 5
69772560578900933608090748364885873919439079467898280848968205955 9
73286707441424647091799878452046520727047077771698586111692751410 5
14972643427433333326209657689037519047072852122761739027140770621 7
33563224517576836838269638738256033466345747505154887378403135620 9
50242103610511589388134325075383218398410802561740247049766623516 5
06944365548918039620590357352299359816653811798438838318357581491 2
68685165108415718087842705913203564627312017013427768343092341530 8
51710872950594603346783511464141352253394641253837017831082524345 3
33728238941792701123739059330650787182117068219678639913267215843 3
87405573428209290965711951342328354137104722624583343219184030564 1
17452302849547276759762679440711133790430593995296297076887700803 9
47869149720320866679687440105917419774053597464011349543917968108 8
92070610669070733005574937545775917209114674256340524359759051982 4
41474165301782638343359199171697118585701737068715684478929275705 2
00967840804422415982545660361725438866881186725872186147587066074 4
79295456668526480787305285243354622850535267664949007300093086965 6
58115852741699613124657129517583480749737440023702332834401115091 2
64078078259866029804128220853157414573436090546128279268130622299 4
56153425337633840614253544043838652166880684065587900904950366071 9
65250718985338541012671824711348098677793934252858642990610907170 0
96177947082721133366739099673928314350586171203920265955588724292 3
05714329527750750311823208037985724133140167353048659465155784376 7
67161402606384667294634579165821190397713447898427153628278711049 2
81674670189361510885333549594787847395773750146750733853897748157 4
```

```
1369856256676704092588872120702339804512141197040767102841419071531
9162700769929154139033706557185811382581580804765877513500177230951
3341856540995559046108162973319957758399635065554975940965952514921
6064438945834344676335145045741009442384261697515827105518667960551
5744020982216602635985321467508685688014104037702019797912103886991
9368178114726773288626999205133078979248489350072116960681691936061
4290353117922305178736698714217608218767155637323587786877352798321
3223594682007954138403045576174881845405676239163882398422175962981
5114066554999510560499595639102438029353874016383455704057695566701
1358410380861950471065738444578330256453518450825242447404380785311
3849690794792660198422683526899607082200153347537515607523280705511
1497431105890780211440069318000349937094512206586038642388865648571
7806844235459657785861311493731661132900571287446412238279408793511
9943659096794345095792655026734560500995483703519968302034076962961
0890166203033294605781734521962054309778415075979198140124660622172
3445435408259230425572178695511829962250166322460692769666243570291
4898425742375900256475266778713849386085423117422302215863558446141
9999086249875943733814481800432261913133817555592945390083309913631
4810149162797199830259730814148490000860022108674807603460105182315
8156776618225879893162821901036928122639962003686833030583443363141
2827104566148833448751605985673274151957965885639365825277284339771
0568215852504093995941298376728135962487653698402662837031667365951
8112014191606098479019058684876971623002080186189355375001599841311
7771305866811235408341765353494145366509953360724735824756022200621
7800639370265982870603780156309118168796505779164410664658634806701
8243501122537658670245346732250619580155621819936160796305522715641
9496955632180720171330110063478032805788268303808358276145084112771
5949289767339652772762432386894680826557008163670921597026348247951
9208497570753573752745068986829975829718250735297706287575875333861
2145282105021190864691020103406499472703411026320496671168182032601
7044045246376884234205049291594581540006844797538917139064366067641
3312992815064967380453847615413046638636029514707624386031740162611
5460127235106453909777091886240155855870267734919403695790951138491
5991435992739228041543186294301242498578771702468611394199291998241
6121453999931903143387775845492652352835153497790727889525063406661
8811166638862160853589305330877204021756649323488119233149556135261
4921372384635841884474376849088433946503431468230786958900497240101
4841948629171620361173287976404319980384112665925933188996032631971
2707548362116780123891039035406890165351020389843919789511023774651
2307917429420865168773306057297410775491424139287520913668622171781
9663684822058348444352408292473266463455881523946107421298983953327
9809704638303883609918110608089509716460394928308046669450500650401
3944995203731369376828386188898929619528210438961379506519427730411
7292598850724362785967222012920211173458210483676696313177096228741
3221451658118810793762070809402547330611520154267603239259518136141
5027501232188962988417831851356036419868226041615115790122416889961
1519088822600529154454149176500857314562777631123998788240272600711
4411776230307487292585489345827704021902197507647450338097880923801
6342031458659830252614793168572310609292141770066770999203012519901
2216123517138484974744116744853069968644181283647203696595619561741
3005761834232444179878864552744110639042308406528863311555023777761
2536311584945348894173610626298048963744218963445301947950287325901
7226856547340547500756782124995243804648538782789642968653279845871
2450579724026814245579853483792974248251709702131855747264731905581
9540574276010650270236341614890368092994571740608924394066666978601
3881539254563305749989282525804877233283640819861905135888101371905
4488073333611977323360415393225127655077597863781826189204256723521
7779846459820769579617124948692441977940942964436177356284689456522
```

48324892312988737726529570730168306879988020002300754800769221 7710
45028672424372990377943045051410621958379716616586319383054921 1937
43068458807090256516608468925001548655659587144157073187926146 0992
15180736793006303428119063995740405388388692421659422724910461 5117
66096452811476488642117141272336255248962807570246173065468874 7687
56096351220379328587811232568767682540976667649730376737241073 020
83504378353269298019885570387261101097065415649748632064421037 1494
23368326576683548067589727647052028617777585285206453841301398 9520
97486634495622217994747637328482342143857233675718410543026921 7756
80029663121599484955862177286888229804784285591265833288067735 7589
30031444701769864563870959934459467292274966202717718034180674 4942
10825840094007114289963732250879261210348374295525047672020812 0700
61487779304925793404853331264500757546167493347016874146836132 82906
83985612456530966558263550999007959716304897096691929082824640 4175
45451646106456970721510664721864849304884059509713918302246490 9630
72803073835724941206271444988821044653752471297471327657681546 8096
96910757651606971750098612592262550119465471685831967131649845 3180
64877188401459899910756396204831971182355301943699187888938850 133
91663676961850757864551395000416995647489336024494709551207019 8250
51530826759041072598503913170226597501088815920543860051505993 9810
08485637382557223992670253711148437183579625735056027482210980 2746
18220792961465454024006866359601793223813846614336075875739281 3347
23066827047745190931627629261321420286849315473446420001719956 5881
63207110432291148058689626915128751724065156014633096801716030 2350
97940468732708195068006551236183347169127522061638150170816784 0690
73652419713146456709133685104702413536639533454531796046524622 1713
88247632133077761003249512280019438797673040055996940698902470 0313
60587865613676351530794783111708790893239758460933209909962957 1333
18858503452753516979381170539388605840035046836335285346296242 4363
94839369535759056589990361553442833663492334732163883222736613 6264
58028487009946339053806601490250856376133223918104049889346179 8148
58298357211495864557938259421430348236220156455242842262302169 9667
90902457482797996284170634749673479176441191399946893415943761 6612
18996820140481020112120886006173659278544279519015092900501365 3184
21896677871361056571548698719222074011365067153376715651084600 0004
88355568602278127523196611735707564497906356052141917568480475 4456
49386369660737525701242359108811659934505042029701068164805132 5282
22234894798901829465694428861470219499827912939216421875065937 4759
72579481022216371475923244373242713472190500765327069743437038 7763
84787037579902480987670159339511174696737432102158527388542860 1910
21127830121756268513273918680276372160765720517711332496924504 7746
03387572735184536421254084783431880641626377014082082513452642 4414
36690799456844042044303233210707902552139661061901987307827158 6801
19545870944913305332067519676310664648059142701337254219100513 5124
42704140621450718992405034885045331404377764330633365726780940 260
26207767674443441811958025807009658875574694422997625465497117 93310
24990908892608819367550581207153160022085637917628939918607774 2554
29730213268412276765991962106617364535272508583891758602360833 3183
07921361866869745723183073131651017200990850710999667706175465 0632
40233517519666402193759050142459316993571789052329792568625225 2828
34336308791917010473017442557296784761993245452756277036314921 4467
53530225394529167340185142475704183985734277203684310353482401 8021
56215366402833620725277268604531669690485815350686696194526931 9929
89256652824504064816149472392717422134278330654324644774310894 0769
71836872578061704962795850575713187902720675846674786519146088 4246
73847261445417963681958226466857891446853837857172035232405230 9257
51649758996177578239046508704588246897536048736820062807942668 8746
11881647642281317209537271745324991800504604341920726570335086 5763

```
7748586685971478043312597370026896295329681019211904211657324484291
2916239146051118809493466536775055352181567236000174172431920783 50
3990573274215876107266358345028468328269538846519762091470890771 13
1308525205028413196010217666886437639631651401907991845379864896 83
5150416358059776949909292605048958925816931622052482118761125211 75
8217024767777102527754297843121626533080295088173069296734987480 82
3103638647417375072482018724942890648736474848128240032904298884 750
6267107127540647680240569384962791696000990969206142804358549990 84
6947303356284823701684688115887194973425780602681784114339921037 94
6269337982040445198089201112778626066923605564041786498803422086 62
7757143132016616016457809153994 3
2317259055081906602921589620429336676390504831513419312629946630 80
1356058019194412811102944407457013139154065363744232306176141753 95
1559557525054167930894595033308414249707294360608473003540682568 69
6989308737358323078916189378715400254792281911136408742845297185 529
3043822189148480363133395967676630810488942798193977541231096063 63
8561927041826360597318999421676277017630683864157746749006174452 32
4401127237237009681444279501624037529612343197947019862123733500 06
3761098352554396018675582380781757937777889482439604867219521890 89
8806036139722266703845037513205350438234186118718162251423521494 11
5554310306198175614048290879902349571922201012084551071134654062 66
4602967491868205002506502619159227882903014628485083673235256278 25
5865409259393979640550481951992147686059217360939971826456382974 78
7236454449049728557732919716668097012420180273571233417169636411 60
6225827428065771630747912144265195632798079910369349257129148503 21
2168067493010436354442884139816783648789176267363603030151711114 95
7500483335952380491284539483331935795015032455073657394544188517 31
0184902401087014701729631574440659724046663689166704928976810535 85
7072669220158823214001529483530570947102758361118921384407319903 96
6124422001191116384416708470917428835672824782106875593928180438 131
4355962139014401825656595497527621678270207147170955014166693006 2
7048331446640529204277744479961214892734397303233858104208981734 83
4240204868784712228137630624595711738887660900030458535116416185 30
4937118935221507271908990252232214165310163395317312309991527343 84
5044859642724706782299937873544067735352579014264098017490449388 33
5009195914325725626255142056921198763201918899939446327447205187 91
4036304668618135178649576848356987133063815436017269068659721450 19
3814653032820556636849567489840744987589601709197660635630290658 77
9638737385404634252951470005808049506582321271125702191895387695 186
2706825880891594719607852126095359754474818451181138214438071189 11
5162641386204780980176417930774615604427169117605825055916211333 09
0525821308992150505904338129027044098523409464691321188895829037 27
9768287495402074376206282636751095540417603497651600920559988957 32
3041384892252743476108676565469996710454431967045557609667812448 34
1307249424578230661027921577310983579953578039565299892574833258 69
2947622431613332435274575904566816266143512143732120741434226977 28
7207982591008361503558580296671444965237287080981571142723112547 66
9629145574853276288861248999865503699648626185569765223100624906 43
8243969665719764870919833865261838224036291767000634657838347143 49
8275167664450821448793286590346129357114731799670307036092015526 64
2380233328399866558695994638602488400319572488236385283958397585 30
0503626171696961956502894653506264036126212053987307670592168975 61
0466320925529812833813150974237860951282717906316471394644464593 86
8073078814261661434891122652686165957338956025126076824145905448 35
4359637773328950943933638801382883891639720798430246923251966208 77
3060379183140485427611831581540447449895092414756623704846280855 89
3843256884400466578672910292827380785420443528427100258220325089 39
6223396015458391524826109565117332296387256511877553078152820098 07
```

Die ersten Millionen Ziffern der Quadratwurzel von 2

```
7270341744855373433008708445777757020243814956247372553558745276774
0584699449926118902782810522004718089447006884655999628152568 57754
4639176669233805027558727618052598678442987313633152927114617 58060
9558619586250083679223795005601698774899580022049826926125123 91541
6703226041995002933800204714018036033344926341595300925581189 38741
0821506332116030529045191773516952247737362128337035827537532 62949
6537273214533534554805898832666437173682553125422923709459839 02004
5062864144988907329054532236226798170595710117571409175628866 44625
9646821594770787593195076519300164152286187587826528592879050 93945
3428878032200732125546798324884603167157339350856904972902939 39286
3829259106195057894911936046610759368585662641071308989408385 37277
3266496895226981292832421667395153796256198388725438883996658 57188
9273662053870161013546418915429929570541763100510680673963285 45946
7988746752777804666947715324522688445118437275203451931935639 91434
0260561484782997090595248021192159080877390141784961496428931 20282
2925027270386994157666780899761576274294047301624165848128927 87356
3638428616474319843297131374420003152585351231219430953953726 42652
7882356485148713412600089896350744056115237023403061628303717 57697
4862176087677877002505767489949916292026493446617417520849192 760807
8779807870256033715214037127037272830798131220431794811083189 84447
0541776867649831805647326061452407564690319820736114058287645 70545
5419400602577432696444622483902019034102603561899400619553213 52782
7653970469519763703899858451875863596340659420516530144894040 44237
3385301366615312152766515068199004841241754963620466692611800 75808
1507688616378516491943851150926045233120997739545467719052975 36802
9560910201993546598430430035119434335114094898444160698732279 42819
5370242876500806321957278026587904250796319581042240802001654 96950
1266166942468197572297410325727514783599243898244381494714081 51924
7394074882890806773827903413656853335730070899137294416069474 95727
9810447462917787369998266496189020206694854820275302908447235 57965
7611906170698551563456567552120802007691228697799693389486131 38625
3329206077957727398859236435601189309824253557254420324262338 20415
1093148515954529935917378549085267898076980392927828018487960 89997
5611889235390848509277533324827157146621970014034753305795477 90214
4289067064167961381738653666419851280330096296345479580207959 80891
0118503020615988084343013991403588211011804406749236592767012 05132
2708220191744987167262127467398921893258359764004484358551351 85049
8745555873428583160636946881747575748644547847382131483501994 68504
9684522643260787738402489268987176366245546093623004611058338 28769
9976906999711424833720815913907326594333069366113072587425893 38879
3634721690105053838431930340153540733259054191051939202131327 88699
7788046868382270971862025296635334976008327139364874984890726 96266
1986001177842523007531728755630259539022259238377295290924199 53161
7527232435207730162796444866867383123311067928056191905974888 16421
2754736094738763761549877609459933018665413972228059913104870 7915
5559810766167225167659959690772083980477537579752676086071027 89023
9123197072470224287209171063025057762592265638691815768935425 03762
7646493813976538928017029211114655769231601688067980741486798 26756
5876610047863205617258577509843891092558539805647391296019287 94316
8978330511429810401960498856475210491169057467913576428079112 83211
2854640686401597634023632206710099000584535295749366378072577 81775
2779572081667403452978391302926848521816430181188670112594776 06105
6632405345137055048475343121817379239794125558891103206925626 79191
8949043703120431016873243939855086660279543711885367220426149 06071
5274551892491458855839521468475267894589323520744517566606350 05675
1094721737082291389888964787178477168982005062731317551320403 50213
1737921893975877823439592536831784160351505866851602096530506 46215
7098455757697463135908540160036503895606480846780335121842329 43656
```

```
93925674435231734936486072120067202178520898318351440293469584
83658350270940882465854321532349920536645102379291678111741224
39919009805069704579997052407351086509401361862326518773191598
03240879471223147766307211523455352696904981878717144333741391
62196421318358393781530905965179319213464912321835561857554960
09940843287516363060764364281390410673756213678802421216432414
46737499030045529683449751253698120920251554131827134713235681
59227961113862025766035791390776132606993817319250665733325394
67361427550502438302970160292186967454080303336454937712140941
88328525554346140927939030135861321982102360020379062435720746
21155467284754872378649069359141969128203353313311954076154893
46504865863485613869103318726655615721475418220679934656792492
38119279300117573436436858164541542646853440434134826573826355
45328473350740723946157683914483183517925420964849950100922450
54332325641795485409244474310948643017998845832225322796072331
77101103597785038067671854168197597678238458777753995191347807
43032708807689183033001622800378018063219197627797876510691110
16814975736699883015372894639939879481184828765196791179373864
97340832071811712390543743999928670497944689365579085020879516
46387898221609310204415451889734262738707494094688499733506311
82880254582533513581676202293105969469543509083001469503524561
99647081240620080224297332388713143520981222970907684329039286
36962559012564353528311399623318157913301244446565208914591884
94237841814607476398189902762740542758550054571428596117588378
87559332722470244340364299103482301851748166020630600451676113
72006786792833591577586923376895892055851844847107708051937723
59380486869129957660253901234188902132331919340737603657736360
77920616707636780371676934833646987952103527274291225892596697
30889254360047049351846783856605604700909851250461976987672705
52897998300045242967938013296957529453316138284723379162581383
69783796302912313472578399792260462085485378355716200099582346
69239793783492866897429006135426906860993079636354944991572103
72639764968405946773626452195105130520358974284341978544754011
09459173037513709622719737364327639879220199772922471246501400
64654573650037692618009772861858522038435500070709921222949597
56512927065875210896257005045006355714562076714358250512438370
65407530768851639290841726269476824410668037277213228612752862
45363859463668003565886841781179520219330432891778743324166261
88024925023284702884890245114043940024390212900363419663757405
41976188020691745650171231450603562500683383986438348127345760
36427040252477414962964406360159560575138107533336401039391043
80445086748508635406824780264535886683126022395819375849764142
74516138547853141311914013620675043756853176477978572134885856
59656595303744729496176248605230183207034201450570843103246207
03634119345760499413593218961862372178725237491147623736670799
81843329429840004570471163932072408969351460953963868593956608
20877091263926086755844725473915272942438800473236371315552540
23776956047642561387382030494675712824658182406077137497394392
85930813757145810356223057978971891263298190939211512887161410
53368299986236084221823642797679344665411415374482463679995024
23152584999508750888985216655688474663449396763178902308022781
41180397499145165278346619451833147552456314217328884028785425
58128629269827427929578542691065434592037920607891813956911088
09890778243953949668999654097252603405198309385674651603119488
54585240412990207865443221003476672748829027191986577795720134
93209404430750248789715649430286899077316104068006706098753634
94345227160669937359665618043797783902530809084996169991037562
49207865560448542077604594558114174019007236777023093946757935
```

212   Die ersten Millionen Ziffern der Quadratwurzel von 2

```
3323526298244468386604987329294605484985269070382465787111659123 32
2487777070860245089967669790165312431705495660672788203713397352 57
5361440790637839313227069810941814034079972839951167998098707227 22
2481320937831755011737887158437821155800107121834710190945396477 70
2883378282778579271572142855288612754841544958273824626571247090 96
1477510515372621622508861772108682383571851431491479261821472178 56
2758045660514940912601754051053431712224750025012648125348670090 9
6865383799044687832764110233610043264474345479422725897524819131 37
5138213009025432964163774298295997625333304501752664535647809536 71
4639099172684654473794069311553464320113090797258717856049058603 64
6331858968193406459359565796266030537157349317087190208530235069 43
2927124492484634798754818838716750441944824768607749935011971883 31
2406840954560837553361327986863855138490935048548856685973271036 40
8530785317016729153480121272387843993085642582839235520861204063 80
7886313766647666748901127268668124769081013308742688202607440480 70
2012985458392847807580545959565652287530120180720046607207702815 16
9695890402119696218521962666438867875258203774454065469211895280 40
4905804074753958283994890607770955811130491903395027515480235701 477
8684849392057503863101931513367650194150042854357007664597636522 57
3134298314796005933975296052923511789144198796043467451307504817 35
6440142588552118151336365698610939285522388093753284369066914632 23
2724917609095213563467268500301702972059631676024592156521610237 89
1395988329404368863326246062688060041792228282089364164713604713 65
5059884673441672522668295384910843510209690845289521265699614322 72
9293631201506812487564399110898134701278085161114208634546620053 0
5292949679585278126649020011597061232187652555161573137208887718 93
9628244918164446951626568051793234050543674831757991109423614666 10
5336808008829714786307831561097902407630482231876573368504155100 49
6479736509864973645307299616334395354948996442726629826556069062 82
4233467947911852552943436536247368928961677703956870442034459156 00
1505529848937545880602314633052680689278164939886807934318018656 71
6428317944250337221324529488642536836133397236603217151309078807 41
8880229123956141534719700230657537215243705526543118000452967255 49
2570148348786773300340445565204837540378735971179160861928711017 23
9962448311419344030872624960523313184682526709828556664693261500 64
8484294827411730149638151989929847716962378028316569089511522762 24
3066375118087024030296002703983832784641172549449610110764671579 7
3573229578826434875364603160834297198446558569727361013436142081 82
2763818309883310333795484311239325309560062951645381939277039520 28
2550823828963567512349347804788533231142661747442793997566400354 48
1277322937665220503137132528669502744548182985159115851650093351 42
0982077932914601102379421083899526600461944880546633944713189242 88
3977496600263870216869504395616552281059644923463424285321788838 67
5812048305672615567767006813659982712271968346782433104135515840 29
6992545540991917060186792265896532888078659219170244910102184271 22
9788399954298170895895554083648374086733052783093398740594239712 70
6987667010476907698565566587855520732304233572031076868640128654 48
0063175235300231210384911504653557959464800523718947106279076314 72
9432510200034681033566198021576420397705140340845500712762009395 13
5919751825872783562298427975142405820134958367456298500711232318 10
1504997427673348945497469199291296797948905351891258439903782046 17
5885904900747966149896628744292225484816692018955456590566308041 43
2023909590984126260869473448287312645131683314605527613945222096 79
8867846246386007525533283131222641375263552564734464888375709915 09
1312358916402054878907807379336762856780612586423443185731768298 23
8513143057430593853508382604206789348794822891994121134457428234 52
9060296788172965899286667900357395093497271433445244791341337297 06
8768737191118469420173635901668659310576941044542761529916361934 61
```

```
16115467052400087169750670404490976118784399382678546838629255649
75487777738571311485334821026242652753451901995258360856719606595 7
18177579369926148856184539779708479939109177562658770323252147875 9
48898883554818940058128207218430358259405171483911673459966813300 8
29657806131104871889311814661753237040891720748589025821013594770
90541765364411319625449737824400886814294190360415960953400117920 6
54598455836924777364021760366071236873406013153580581994763826981 4
30433583415069254620325155889072917582111468264778947380297338894 2
15911882930937348031982714520941311899673005688995788281747151606 4
82606668031099113819896532298287728731992544029819171314367979245 8
45774010170779660382314998649663201239842593203153948259136742927 2
60254442061222800572901689707823942786583213655430740470985505461 0
43496817754172946548859148095773151312833305609043352212083482384 9
54811472148334146379770277201926142702416944896282731499216223221 0
99805941213627924403709931182695149014001502125567064633694360381 5
82821007161213062027918649099293273622040830831118643014427593023 2
55476004242473321307067979730325642693330742633127744608115065642 651
03089988917209882189682696451430030023681424424075296003216806187 2
62008075636770847041204912774758007743784078753012360942269739348 6
77930828118479949153716439719788775985896016953877893449940762556 6
81798596481827218914448002971226029079180345568762034903393541399 3
91045528106334628385629149957238306756273625509504076236716712148
10712824019804554454678654408248615045399632832834409540095543259 8
95220779141172819376650378594059270096084845969115878432099789537 1
59480534730583598226558408445170479654184673186396442096296637654 1
81254507418033222739148180332009594181371000089489096326204498766 3
49791043338466193462453091696757833099681801705044533763669583679 8
01653898884876899402298373424091742680021532185518694764133712770 3
96299330274149263616270456717183644656793428012962070606858052084 6
40045921464678329418784466215514776069751201938224276163988675941 5
20057309432282716894380971048947714461330980816540346575212055799 6
57781636566763334682821743815583518891590260317651933937149015149 2
98508220599796457427973261606094542124418599992173460567744600338 2
70693163704673459481751971784017241015214476346372966543451381454 3
88629825268289051131869119355982784827309875500043116171928667620 0
94923060218490261663147453815276869787754678734954803299219867019 2
41701988128428236947694684427730701479964175217248840529914375959 2
01295106677395333998530682903897952792895456910189482858027708890 1
88774046349009366610513897774945424919440122056769502432604505980 2
13159895156294271607043653460331035336746634917268292247465950097 9
30402986711563670344008444936731707688305912066550461939371915558 0
62938639407884457056429286649866441300432907321650997838646947472 5
71247137341169629567660669944601143797558742722444496583860219080 4
86380765777778581211826127217047349337648382544331091082902810929 7
63619778599925092937087969724086151773359157576253390224924125481 2
42952875647462450599850814284345986185641931676233014267098238946 8
26679685260025961037418093162143484886303154572448977481031231387 9
04751235282526610204147778348612281256970548481111433172084150843 6
12285568168024527768986731540937356747036718821100324906034749568 9
97738223693780154943680733095472658248692468992644431410705642859 6
21789736310708560301394622037883181732851826434915423814756516828 0
48804002476838213048490751443023225992421590661618065549776713890 5
32538123887824919150179666150018074431543820296727782885555904460 8
29006456686457460016411431293377550590833784845900530410101345805 8
37087770623051305510767757405554022008223889139661738743852347229 73
63916298088061235023291072278918402737252205395794787030071895470 9
04060197343360145647145489883317025061480560915771486014914757670 3
34981886920115776868392579755790434401540210569205417374926909390 8
```

Die ersten Millionen Ziffern der Quadratwurzel von 2

54324654976936741131845409456865114948742344052299059140625724 5119
51845396443890989014363101758679882783319468888186241370787991 8345
11288144001726376783547097496313214567343651997996260825473104 8766
94382652732308352201642299987109110755664350156135606585295632 0974
28454246003883054972372531891626238330784364343186479892344264 3200
78706290911374349399021195159326355252822201431760445014788678 7315
47309126588974133987553001385760566107026014551699537478517835 6172
67099623491432622488413113407625070061586816266121109164640223 1540
57599759122063022710308445893972193195568424244483455007814907 7729
30562806128251429807369790036245253363036009601674090049832188 2823
17510439320312807621725058041069061720413735524029672475278754 8845
75142449523378710287470659116598780071926467442439602027779772 8831
16472321717320225962137273694333434501299335387542911189531575 60097
42978743462652067295934633367339350046271741957535613382197298 0759
75120214037659136266406849173564138592889248005941782071832724 2456
85227124388034384816648111258833255736135164379600656103699358 9355
10626665175225701912670316085822726243626562997237621276437586 7115
69025095993240773897380315800648089005088739679102002575298203 3121
23345751500863043390765701463184501391238682832596400681762636 1276
11807141299166821406499348879439819615915259528648499106204063 0011
61706995891255866676952696718949806509485500085472729773101740 9503
33551745024720968731691352180024561570222612376679426934695830 8755
49747816050073019535375868784888273331633769281418090149197585 81043
18203143264618947945343565080401399960519408951896407998620928 3203
39183788320593873725806578423147462436250911241755838923344518 4355
39696795245439714455868646233892468012610361292942351832002289 7687
84755641205124761026208614373782837789228555327123190368774344 1635
90182645117482072092944778409973426750526984041199888766359534 5742
70273521467211480602655373157834394909511138584530405795616279 3563
19113201803560805929081479772985253322764309892115064646378190 3862
87532103112379467495619929143622846643441658122828140472261830 7697
36459491715909108149862021307069323762414364247088524224556787 0299
33097271932959762619444642689322602450099287921864791307437673 2672
70797805868822129759105866782345710162431582614132732370733309 9998
89837195006540029222599267944699072852805661783419896625628107 0152
55072974420090073778878236353369530121552180060694940328316122 5598
92077031078175991116961719860560425333120570533309265361275739 8655
85963003848675492226660488079981653830613425762810672757318590 4991
75999077286866888081307109522614006522967398391291779372376930 3102
23535491416126957024453850000852438373196809547282152754985770 312
58195487359610621073194820667398423839366593718394219653503990 1046
60461436200463113778067846145132276122173866668439097721911591 5278
20846916437222560930536579735236502933220405372764105378424759 9347
20225075027711475409637293888867556602341873442607421016870109 8610
00866132271900340572598800682205308297116953739325433361682622 6200
41584956758778768739632046672776770231058545777088428897537938 5284
13443007553725399882198843877623302293589438754350985192880099 4326
38885918819534424191169454171547617594045879347380519941341254 6141
24021728999880948566357385168316325762726390055552390249802846 28731
84652901154730806398023115222727546916507592487244366827488147 5446
05405354707200859583576673203038594844789114307045886056056919 0802
36781545447987359851752318035258973092942612425339880375209401 708
25859064082558633535741574578227555002961234208841815380245303 0347
82253230112353180095883616030675227222978204267169249959935713 3633
58720925595822867017418074266565433468561544177138462549862041 8030
11241978144692351686924704716210167239269798344962495073855506 9905
09327133920362184253223709619876740109879191498168337479715349 5654
61944783313400480818375096662547365588213081922582765914531702 6973

```
48592552561030988659316576964140351169743849677935425521246447367528445400878129131581211211965384228856944939781600265855898982251097688975038377639901250233954824527150647473071388795643133389562471187240305919943953773679246190619348472403593330117762524143945834026906078406536371832936577373024418951372761724113592659631721439292970857234175729402916048041686507706536322794149656418738242668815741539074739886112020054508895919328661436080935048324035957804343845578340820388327817216531868054875607242323278787208385081122377857348393746272580410370277729618192380636804873229164666575922400043521127429333164442581010956104633834612397024163053073600719556161476822186731602452495029855281919624964543136045495129962912013878251252750663610747054510815617449880050764930484308768815723309622115912367555656997962864580415518189331193845932005439251340906940757632241339993486169242699656301671358319086699578519827912530090917056209758360526510517653935382309434346091230907105320443054533489200082905354767119566935602404215373354424109198582514779697400529382107450753883021395410119202374343549688056973152436378827383904393378840733567881908749528728233323681382044616925790779285983119321513300040175010522054203039480461502881328683440988089687005572121929390653980868554235989396016197710447242955371833265176555238196666333933070303773894563345383843467864938436020049472793306548870490681904360676936455143389861219439103392686779447843843780388071692478541440872855549668297746658300965184122172852115736310118625447027207626374929658379201462748949906323885823350140081917931937784584203825696034706944766569532599597415952683206737456567997532200757859243512264941954364826555530462765802203015110130510384896526671533083759663767910754589540876742719053158481299934502097090816735458753196764701327055166065781466216195798548846150474738026504257219000536127914688281182537680659658975697183538184718606495312356589376946599973712281293917392535719241964425867048828543241652731137206816736703570583730497026353035021528182369767267953461690640750591634626760304805112101658283107769849463095938379428244827568691843027635256272621533637314890322209245182918258478415637457416878463898321436936632543741300804055614687097757425366723047454682368775506685019359590977545537689901383031112058238455965918120561586685036095204851818221576794711897658869371992237211658100759737344172239616773772709794791547334204322903244425389634582076766767196560922413665086850044280197108644379874126659418079583518409680596703961874915034665584320587976838094230748345386664526087880538704979674742592562218840821926013623951205435296521299146258552924980035624149853533721170571703750390367858186184907181442585297770287691832002844336087279223986766493732611763292809087552737650115317560900314599297933646182274238116191529500473536197195253974172049896393237479858432624144103378879328300674273412301643270601450796475362331385490509045873678664045074627858196258189476667457058295843294865029419930375406023012331944394081833658312046018578805799174842982779481760063348048499240878343836501375251913277657086000096913968844579211034502372729595394447800627842437702815794091556765601915131479930009625652204760387686699582839586298784459304701402369593940875762652839035938488581394344616178580667161204600141088350841466845732061829621301363574471069802409202354014921052467944656094453958967877208294918090430090452978171425633830357302250487310770493378415368506469831234038187649266812349214041914526662863946919404467571213705021918983543732005365175744269421634442836225853497350522800650513364202449631355771728033542301003988618983828470852815108952304866986096686567148271305823544948777588490152569331148972752793189449014247746410132346097794040067586012399996831496655943717743096112277760250432328962
```

259198684599020336791582353887598108795814444488200879242423042190
299696336525795875980034878647271242365175018661980551334285103636
213477379410701739195520753540306687125146659368452309423054523271
954175176600157962342674057586077291648593263618027739050636398315
949264471326925724345210986288355953031143138471578084168593134434
366222074444721102453013737557404128541669152813245405632115879496
076073618946995742276501027304322658728412587410621634615438217996
572102185144259338694510725939644295444667813602272242384147673621
323815616957064790706926704921190001807923647133652294081491169440
146512629074149735243518739878508198559976717150368718246080748365
285829847538897534747208845310859613586490540648119641860795010173 2
299730780038242966880541550774545328512593137289396369202934073267
550052529230502835283550456977790472971705113529819122283181048349
333892047553219911420131453203154849037569229787391703208830935550
035165278495437564520581763900043048629493902307971403039200503953
439667270661064211619780316817216738996309439672896622458660131649
481643911317380543642116013523608193902897215299131811748944333428
323796416075154958398439717531260969286560263451447903779467717463
151511756829678304516622133531593181530479979309027971593842705728
879892791276997461371024279326834739249863235480265747468101891894
860690727509485032413684630341830714217308096148892443970285472395
969352937726191666851403842181586184898941917170413706827026244732
141606382857948147506788893527165552671898058329251710860890262777
066326137148120023322089088672552653983626523615646160179520107214
460514638505396366660584243047701597027005296382238593294385860336
485769033067803023552228789920887679797041073611642666012070225356
424748392343093181491720858941236382394822054013065431002119392727
809272932339090662017775023986600898182488632006529169368838104830790
033632135021266572456712124434080192692964426610647542379707006271
878446312682652801356366529898593345830709114651252444451296459808
983258345988081035527741766930284710355152001205051494806760233914
125677089186326628526894772080345618541629987509768358674878317531
271067315233389806287183543145701285569226526224546728530500257177
704930268240678962134244044694373439058930033204778974576514451539
331142067068347785097777069753697128523805236738530437221372533204
427097139148088082861291321794559942658531082808832360197770654656
824741124827454108333928550519952191401148993673063422121289899976
264072002082552962198526673439329535243107676724948425388816260701
065530576280658946602025435981594257134303695271644500714348638756
971200025776949438111330098478032110101129467408044467990665993846
627345733758248053634398814045725403812959258208524244530480159540
408481907367930686397110773743175149149638415669520198938804290 25
116844538256137479939051033737767944949472642279865836582967730 98
030954245907956074862112162352461362273896500169178582967947891268
162556499320611347986264591252908310430600518278827433361536174825
637723891501925180496054453533209563019817458658649606861905708019
392836349682840969994767341176536863928350589721434652073497635052
605400474756810639419247798302664799113738159155274942423327797 33
516493747600302771509980148288902844762332975333143142579868956286
688680321133314232357992692239221888679562434030665947684862653907
577906922746695988420410610941359716075881596959849456359535737188
164766382091115551284877309689186951826446104883588852262261003010
431601477431563508123572655457192040182860175361179492564126126607
189874274481117445325732548176391928838202042281273187133883533674
985232367937819292886827003444638276791076522813179171082062804070
856599243412189972717101700326192428860056555814643513054797637952
499739920145810133725392449704753503690769260067050707895093906519
729581689025510450923453262589930488734711669328882837191005648136

```
060834034409814304040258456693055643640321644019435604134673852575
871486555203620010818544788573965489474367975217733407220445779169
173970655309170147205017449716586414449956652610984104395250421294
682580908298638240142797995167010816242807591719109625747086801472
311921102900317350697254030801291418966020886494949039704877601013
895622271401998221703833862128471586024568405196342703982507579533
833764101607902567898419395073061876480625290576429108095789334587
769148596543487265956567667005264607729517897277554977087289075005
0424835325363871462202099941643971057219945601111352779930835277205
768922746650379921337287634703763779688947296805980957451143909572
375949444367051243808548617693456128120293807080898677204536716977
636114446835837965997869245039695801007428291944435949929524004386
377512747896818668608423659334320039987034296279448203184545450798
639626194326259956237780909796081031211634529005236789178268974550
868068774640496151828232259197381407508143920280965444247302422176
573866230378132106691289155043161449884447740373916738049790034562
612370463784223623160796555070776618752882750309918420223365032532
271403009597942234211733817581662784299179411106192137620944038647
251360518195870124262550666452042273875180350317534456568169304298
388402727098803042579861760642704769692990290870420344285219683293
299177669118613011754009626982145574453924912000748987370595343007
015912622626192831696478687119443346811774532965875687773869083754
16376526806802565019520095174503030941569027940819861076900318016
55125152774786419917019372999776022801746413159033745408226933158
391149619802702282598374427410283780201245198049248781647003582080
182875241771565946828905709653888450384500295607196172635155126067
516666122078961689522134626598801400656374478883833836647546922565
042593712713359180060872253584608631374197932134485080880664652010
920001020672845190469127943141553385794788003099592179748578229616
574799261063634490115461477421627038543259787698207582719442215966
213186235012090265379325623806146568166270548001140593572972270176
767414101453243230591382575562537397296995352321120294689520474137
744138311909542959245250373515837658179953167981704689479856268173
931825199147826010267277358788609190690004992406283139392122835339
182344076294391883843323152484069160473433010843551663181753650696
110541815653728460878715624301788702751120506129112477162531342862
720557373868778707152749850917244610699223433336818623964227606008
578642979091688902839125438592521510459953632877282320991687509571
710201889757386603350103619986752993932887587224068843622801685379
984634229295554247795327143277666115090652944666828485544871892639
841069882855194496390971285207373899499630428324859834528827027005
772660262451646277305612693169747040098093841553039172039691407594
333384599737829238164681559651812683263649911903111611050922899922
769072449212461199092410073601839329266655711582235247666855720205
694244097271339652922420464292202796678397596603296452496500875548
109860628030008944237647116804056309148432260278911156167505953402
321139175245931636532028655657885741544012259314648023545332158381
866193432723748790539171305708329995335702326110725186873951250332
27963955687873597664388082825232025561664692073287904072683990784
454976760770998371521548927434885668422128052466916594287458866443
079694369016614324418636448485204054445710331787135758538220652720
712303199725205723837156932412990101439703753743639762390091431037
513829422231822214534527172447181838395406659137336958959454909229
441508331113916411153630738280347379630621874528927041828314901679
634474277721845701889840554144201955219821324925261808212243009421
578486410324628748396850478077880154872595720284470824203286079793
295157259501322691619560744923677678913061805649821354931408682828
760703066647427630856614834758808504680359516176969625214914136520
```

Die ersten Millionen Ziffern der Quadratwurzel von 2

```
60318970221368392658911269073111732624589507208681682309007277680 4
02991592738011531075688589935774472447000685673549290646773899797
24060030425907893649822992030792899935849094239340577725720917416 7
10243108663722198297672238087371186707607182128007889211491602815 6
03253124940555153659160474996080742356016473417815013206197544569 1
95577376269993643939393543527573911515038327594895717433688475355 7
74747109068105501505318269153845359450668931243929926424160812659 8
28955827119726285629056922748490815672945243336967669344524371571 85
12585148772520077919164006264937721940022056000130030659100675461 3
13372957691609046381452804907693911073555251055167356006276441334 6
08086143893774426897346412974517969490982802790447423777397970060 0
08191134742728823392827045455225160099019251410925560857348847833 4
97397643768933421515440760172543557436755420075239949280322112076 7
50287872980304660339271584927980896665776332196145753134971651251 3
56038878625518641585030528077292398338942556349265624101289799231 8
40734893644791590714245417969614041210283417450514654259529800905 7
35716289966839739729374623292703407134932639361737606368874621146 1
47703322244338730780669726539832597009074183374371713880316131280 93
76672375666826258999459780900895446787263872734037954228484815010 2
06986770966769668039561527214358658722066413052362681532211976324 2
79326083255643214380483359918081141607805648953672954159470511798 3
24107692500875038466535956476416404921481924138009876947943995588 8
96839349956688781008859566844980464836416042396982372176172977997 6
46171276691273169765126415383581144023768254482070551189900872764 2
25631075793948250785771836970174066313727765177355788154557923448 6
42271513361259184158937112308523636873900883814169786573112526793
18689499047515101781392065426404435975766547282935874310659078063
60962012038841615015275395365865437968808171111519616648267214647 7
54886303353095175581023689850716930069223019374053545690903106183 9
69918569138248359953855554959073641071938327353376040340918242080 6
25721359086529906799856040909286883453985075473677088078842506241 67
45808453349038605133438162000476400376183293421114487510336755769 6
16366872627544009743080491034745388043049857908012384385116432477 4
33345274079080360092312242602229509484261842709420761001785761034 1
60127572178718327331683420077783538581677057467672418521673773769 5
14187272275276541201887001575331936698407749211027392715343391341 8
66051988591723638118091980530761284754099544511656790671180229415 8
47524496008377724381912176881931842419387657604704563675001782527 6
83839056155634823274297777335099544352130573606823372556934004830 0
44508461250949932943450491839242624760395360495372847939479247856 6
75554702070080292609184310500103527495486577555211517441565608150 5
16892882387766585662856106191849456228383022790452263080802443700 0
11894595372114620990738287400497728649828827614409795036617614549 9
25691483466858365934041728616053690662989816493928521537428559712 9
63889362332583933009636543414179142758064122733856276441488390906 8
98088262752182544218955651922578833382148459675133787928510905158 9
39228271581670333810299493803153239515067251941742683865144140576 1
40188357958217499113545790171488500354927197692953976973631573546 0
60892533084866950396358355697588715235737995621894370521141177545 3
13637035399820046688637611942932572461838621603023753380892945433 8
64039269900601481662071531984287437419950198358595861069258544928 1
27967426141379595579015556579699841108749818510544685114080020952 8
47097403255362229578733188167181985343616212206715859791082012815 0
24302573630542713645480484047677747680523204425674527945923568742 5
06232433349988711978921529807182254159471411814054831641021018025 8
50478755482474902891800561240286927094638401609705368029047477901 0
97415234870107497487157000510451330374888719306055176040693644669 8
77633884685334179994728966138322938000688723580118527522918479029 5
```

```
93511588671080232909549696282815390408153689094298181499 2402747732
34696878229251924099381733881979999454178919652186386982 0114881746
43627951798631501750679312158502592350509233589768370386 9694479707
00738229012235760671088713766817100169500729605626493086 8581649982
48908447374183630040216121132688449257698315488101449121 8543868852
95032727597295712871602897278642141496231201575111121381 8324549492
25099603489315704175494057816646513473683992052842857345 8177877120
45580431420154517161187297581903301827086427288862731829 4891885842
91850675898890717196834169367938621397706654407526873777 4344176146
80277866480968453476548699725211843754887968124478762560 9348480781
70168974333617709693025556656916443784226152142719763309 9387276712
39088122794785845643354023806489833634664579821132027488 0863745236
65861514910350083056451700380989985648678874836509261634 56616615482
31363438575137302553113791847786049191090766637758940836 4605119218
17509993397203244232129749059433924217258575306727488241 2795518327
35349421155611672056707316130639429531303467085757519015 9169666667
99678388439045692572132962575668208621122772560964686138 7662914353
28936732258211611175075414821532521097681130388073216535 1202862740
21808289279349839545269732306990856143270496372291749340 1785590954
60388283897492440599140230548981465735472493877078758496 6659569255
74290839147855845985325306186520880040735463498018382937 3995882370
34975971827627159247054948057096293587751497697718756102 8946014424
49041982190858550014598126290164303185186606267528764778 0911207899
86197456044376668422649556644981880577427659694935767874 3947363524
37947494193125887812321097765945411613433243898457184926 4575923225
95552996612402876669125033059213072654165659743565851724 7796625915
27836818574127144719256552001710717333249627178731020891 7444692744
35297112449301209455517027325716048205598270587984362438 1998771160
74940492077738342251655753394050047187706191643252859527 0642710342
79204172809242647268276505981157857617366859076708896213 7606461806
03024741575286047201255207104407472934665766042539711007 4360890673
40144946921065692930691470851763315137791973674551505119 0564396850
98777700844055035014107849693695650238308084737821568324 4483371351
34457120560122834354745224481727343105271697950971539427 7038860983
07957558325846531205222497310408596311554122370656197404 310751072
47997677813993177129573136346789464338682383894784414497 283333932
14141091170023374237157970210107188862922711102526140513 8407508750
39608326338378006923579266950522102341577919885748409262 5562219012
30237440939145999671958755593903612219407597988887304689 6399492284
25487981177338753330365424175662531773479476489879829133 75785074112
66917775917518145771816572012987733520275619965819652952 7044955891
30928926778409577853750607161585830389070908372855748378 2413036428
26595032728057641099933141000198321978601954359124180465 9019364330
22079146757078065657070705305239042788420584066123283497 9139750972
53462333658538412922022542567077489512152990962819438102 9912368687
08792771152468977616424939835248862092656503863787357546 3522467728
05762299915610010960918732954645696744134096920978190540 8920236226
72771557384858758630729443953397741232637212331970233795 1058497999
68435355837894250920210384812772035272006394814260128845 4386964395
04521382424003539978721891829408010468610796943887748982 2531345783
48562278182765430514046735207405177647182538983600908982 5480570331
41663934558741128617744659223692767164604767488610716096 5726183703
26357141527981736917974199076865198052045330545338352535 942229908
89645466539936412056323146244281676905067617441291723670 6233915137
19372530100530376566623102522311695596196455894029888594 6270695901
05284152439222539465258198632275428825153869546071350602 3908986647
77874869084022658046231346229702880661289993681727517434 2620660723
16290321491747694574034719402339401891954379749524714166 6924156064
```

Die ersten Millionen Ziffern der Quadratwurzel von 2

188123669942538264846963296523076449778563741565552538112585582828
165832548910447381502450629580322530348825429105213832557482582978
029364262710339779527525274252194698586888643444114481792786569165
806585970772358105794160308990955154787446317788720931525947629048
042317002905616533681838275867215581005772017115532442276125876909
827707611658418104870260879064881493160202893560218147681308330460
476462827318586680855582306495281638725161964906609863371186423762l
778834064409878097227739268479330225190678803879069005503676649251
949496228513730250241853019580861844238881924782879940609920032129
624923666917678433827546542145555686003836653062420138464784977979
832089673403487482480613656194366855548711678844788329005922203 65
111289332867569688563768080020127776313639792252705478579503186060
453258173967206307389118649906186398942280081730555181554223125948
805066313926710668647119560631323143099933112317992239078805769238
306999357250446952735281423644222765033537446789382694583960323356
957041084745586026270642610638696339474952703929698743183166806344
607355001013601956882818070328513639747755063150128392751876084426
840989148389110958358254762817628970789184664156686400170060721822
126574526631709480634920036091177577966180340717692252477060902l9
736779932246330613203002595390578528904325058440758468161865410833
640780012074095604137945619390554597134459368689673386080181388373
727757834481063025506847508936067670191833305585852793338146802493
613876340759186827107681919877253472860757487621571001776578852781
756663855317705481262121247558264650866624826411558173860727803639
292100814138867490736011650909046141782854904109950439754633975 08
753950565248844536604715329623565262699063394950060807063203l9030
791686584549651499755552477730495258562361492928793637857819534339
662051276879058912919351005527574572490956212933827844230221078992
505847971299115668799668146619506017009786980211686432332928670307
400139762982780975192767051473357658447129195485662938185722305084
927223089795654196465985627186985058888475107158377866921004868738
672286297562236894686338612223326460813852452945648933208953889013
542081961287316540121093860238810919334882471720752996473016275076
532858466035405409137631458150561539921222545239367090382631687187
541291348350966270461223705122038947151718572267074069617760560409
236931203701898034019779041624275993250825032232374131575001822469
019258100226722750804151728875224905963249825027590474055749113398
447704251226083735583011731252791954972522794103299513500044469377
261365598079283919764307866851543215792360772685287235072904072926
002415947696108684880155362655580370889097942570295681342399675629
135596143305453638185645830734318334792823621681728732128166453127
722844183416840338914901341254627978905977009337338876269476067179
263427980941802019539397661847908232800870201772166337566896249960
153884350532595107050276151322871792919157816642645557478847428601
787463665092532995702160946195367570979961549724972662504958138560
236871749391232613777156178279744514370150592351665965080393413501
807740495938306363469670630360310428355690507555580061050777865678
349642652599982599711238037331424715575590542885657343822992715490
412891245956984743933397843723840867611706460326792399180105933479
710553460544484406841153094514656054503148570742286910136682178984
540883545856847294533745431412258092021555599533266304061326458005
009244739454671358062625285529864602824771341672746489273164524224
881537591316539697109720897092830760671733539064126877888604529479
891317036645716993541951235356343636132592292716820746080537675451
959917820121402762026618082581489696754166812326997766248550744322
743055697538492810465525055417589249848115660280469015396633152749
725970670371955981128513260624384396119388586713932050792848010043
567582328595859262319136584298965289036073941513598448940858562339

0228148375353995001024011476407488514069468904849500969462401052 46
6476732761564244665162734707470395127439085986458470690663855555 66
6048249638200452725496313131889927164468206791614662344190168985 26
5145070699044151138949529511710004300706396303569119746897903927 51
6111767723534054856099684945045758464956500478661114456365329116 35
9606388014282535581568175861851157879136743441340673335428366900 31
2485414261064740171818666572117629115386031509814342613707154662 97
7252916113005893914883649740690317016378854280551859963685841513 28
2185856753209985776672321969184622456882899513236297874435846047 38
4469156783575263286883343408198243425328016209926490900015898632 66
0092002341342669658323864788937525916102192875391017246009640176 56
8863103703130072318712474138533455578210877083869771576068570810 7
6061629107643909218916518574528594913827772517678212857214250494 52
4215323960212880909580671484565441767463042022235330374261026237 68
1765196674358973374784081727220177714535070013335977845621613485 15
1920157206884630354280739222168818113348353816898250645955753027 93
3493043104519088189419800525216958174113429896141015644112793674 28
9746747951715988179172717616672260609227905231894693533715516901 505
1990833782026022268787813706274245630806561820715863027148614725 96
1756884654739818326770868292714839022159734626261384062626084430 40
7383472497474137235998903957773885865773532667534342444366906119 833
4887547091265586007244766683560586473302436850461540155489232053 27
6042235366665466745535009291954713921436709909910237027862022721 16
5815898817905011957925730379424855683999408194044159774282285164 93
1892252463182181162924801551799226273246289017078022234888617100 62
0973154615004545979698979055834944142762643609918791962358591182 29
5276134957941240046739892352671962292954664067482328913455243625 54
1767145256932085661188962065011050941237993546846798980969690166 82
8084395245336629704825273162437530029246083170662146257483814114 71
6167472943597496107660975202018119144863816083134305684173067246 8
4948632444213587646090327776629781268083701981331833821427299301 95
6422127337715941520122189839174701462846772973616814841042392820 07
0089941857017815979719587553208618822952912737882396264541168456 47
4196822215470173255351029859873200666436946162513669672111374107 25
9233871289399517817271324594344470358391718954106617961969164949 91
7718743695391797316675077127054289003841324738174197370155402744 83
5894900026943105860017852377261818967064250080000725209328666247 01
2560151362144945286252008443862696754256051302822803586746610260 82
5148753999560261964372367692692664220145021250837078886601609269 50
9232514498397593166530635557944713639811755985467408170857140987 65
2521121885739785501588335078116332837661864879869890495706039333 78
7416353651665851001558013180692641942632611828343011278008103184 9
8206601254231452474202599666013166179545052687500253085363398215 88
7598655787075326127095802617192660914906586131786302477507892286 31
2064108315943312003968443645913246282970899100580828921125962582 49
2994251126369052156458700144013718177456303197754707988563164417 97
6585738593965922917959829989610531530771174800860457189869728059 51
7674776119773215800450015851656819395788240436943593627977264832 14
3400157428823450923854402661395963771249100592822935544246124340 18
6690236872543563739654936819965611953988175417472058180586517764 30
7344357635993219869075801906251670892591733904861076640125256812 06
1198950710265101240129991791603201214187321983898566840693439289 39
7231729936790159665053467707931039820066977856830844997649522766 86
7407299929837637385438617144369730260193632454317890366679488194 10
1183075521352965468108435672070697127636377153418283035893678141 95
1912032575147639902304368397029313905066723971948369204889971230 39
2141776165837034460034085400570638123216088975077351163237027974 66
4517314421950478674536774092607809236458906888529632092342729654 59

```
6623333842598448681160730811200153940509108933556472603899223821 06
8441036858633628517237147621873741647175011939792330920457827907 03
7360921692468026520998397826538831503839561894570569521794363275 04
7384326419974857326706367029429897338270349682369318424983518412 63
3169833836205165709581828201223456886495595182755397779870311666 91
2163748216053464866633748776649206366762244649286528837600042002 58
2962770006109944226706051836093617546192139053882148296750581558 45
2792209544940039998401379958952707668174437167511084610835831519 9
2409785424204248397191974982117651475997512952930238109572486327 34
6349070146013915157125138800233530863613632015956792319173549910 870
4633534858591910379326254059806556644757011146662032627185659664 720
1643214494399500460697606189304742502582762033992375282747784402 51
8491909992915675855969921289199314335617564922456672329562376894 96
4711988526492693977804094813722918491870703375084163879290444585 06
3897873356014625582282808399053514275671692252238546138804669129 71
1680645946514012224058743785570392137189842692112777532463297356 62
8708465442307238941331711426219140089279664951242378912794742026 98
2822174117826984389590240307718204268226765842980487621206556237 93
1476946333668759015362209739287191704003623633658711409375755137 40
6092965982516793470741123359535868760772537633145073205326992491 99
9155941864800577478424565402405155991132004660404245007812078947 89
3268196809441212280826365172562970099764501442639746566888743734 45
6136072563086482343728091221536766183687572967744778475069508674 84
4133415424214312017217494517637589402014503043555010896967799930 61
8642227941010144945128868302026512623357959285230879884664398855 85
8919097125050787011094645235658041056085371830276453619982845605 5
7602323724977090704294924901513379189816077518872779382151477199 86
3304985163311225099552202138278046061483471957143658983331379196 33
2110852293317414696353664290697739473140329228669274024424781403 52
6528712645735617506620985332783444538645241121696776186919426584 23
2538035510349667008582544240990402852421689571295543258573250860 70
1776251417638211878436803386199366933977378588719017305715101965 4
9111224619519673697904511314383818366788581859047343970513940535 98
0816094899115283724422005428837406147713090664439648600570322641 02
5458753754787017021005970294264124385049552321132441528792599820 51
8318801250260155889711099473330104817123861804701127536055359601 99
7704723576900074454013295943284785480401637778835493539688181835 02
8955273245096158155348948884266172254051437732179171037506842111 75
4957365566576361357174037198081724029495851918729415947447569363 48
9424648342219205726254051223075698588712641847685778961107615952 62
1361444008868914863968244508224213069492816374797749473936340454 30
9497171584831459516689001960476955158867286068536744053723426369 71
0476184756426836416042278286120205103657860149309292060244658298 46
2050446168850026457625652432496448934564582881871801479748428385 28
3187547132115725382320962811836209079812663943161733097666559671 14
3257735862401451137705926854873288340530347813798654415103402569 53
0667457622496636055676620331453300601917453201024597893614100999 85
3592003729954250300240705827287651367777550990358302450206568873 66
3514466815450215636167595464830080195826812998825604605023233677 49
9814183822943713187580897651126035295781133897883695254341238872 84
0518474645629690348325319706356264514573810070071998813053982148 25
7896050525138645357757770572226036563828443335720631282213240970 64
9735272608570800570673206082709489460734533999654926015919959942 04
4386263944621248192685627616525275223265793769131398350930285768 38
2649499005326916262256495482065330988837044970846930067036412372 23
3561562464468182963089467516469400459020911576752077346877555942 40
6607473756432423935147050168498550985415937616180549371318904781 67
8581648698128936639307013029837727041490479030626412592348683816 87
```

47249703024760033225825323454110780258074864425079801508029179425 8
94824003335116394897301425840905742876359824494045701461599914212 3
67028271167156564450888420576534675447420568079303305209831672151 4
15548479304959144628937205992520970375271581718303130051722219801 8
06509842358120698054993059070032685607084708658129901031301488941 5
92816402909591411673263574465185872169838421703038172549326017747 0
06569947581133248319153908595600050816820765245447893138641491633 6
84727224528047165769255889940975428052711106952249271743708678809 8
58244055060900033855348944629798784910885850453630618765754157269 1
29417727632613794179357281131264845122523510732076439093971092048 6
03137468286368084582964345854798027956507538250551933887352324975 1
54096206531310875105212306422615986598016701949982109931428782015 5
69968505852731282699535249377490312265675535857721293439799567470 9
09014642821024587068309859509532970517661817932934530417911243446 2
14883335533223003038938851949806675671236597380188410156517685964 5
85290237042394300863534216067818198827861966463280066378980536127 3
74050360387810707052929603074063673190211573179456834743924836120 7
86882565551375119960349844834866384984881503183522307055579951348 8
78982976899159408552038943646287934291477318895687656388147690241 1
21940452523306887582336074731067064030708814474169892688332109681 7
32972997536709608988853118873787862986256404734582048810433249187 8
67310909594472174236918530976839971134374658439690473767431746070 8
09436769914537187074282375434061754956069180819390145313401259102 0
55105089643259694012237075803917631652263886968107159807773449955 4
97135411682989863078050569258966423675811777569333754572784631016 1
15772836116259934345516217143123665278292850967145521971145756094 9
18460864349570488863375057522930224504373374825321960215355017675 3
89630007929250617326503294968303677778804599913147898577904517451 1
30723178360077427769775093577780396533217997842945194957736463633 2
57329073725929135626975370563610818716496830178732617813222527059 1
81567585859438410773198076966587963223245783515636291753277140235 7
11755272053698422752562925796538726866327730823121994345234880624 2
40870760128418876956392910294181233540589136395245726263688542819 3
02759750983179870190690087450431896020392094020215793941507359192 5
06842610366271703764160919299158424249393687388401786722477161101 6
42355346866310943019859014790050823536232729310314512110031780355 3
68344747282772605668843209465311037329480327157113959208818515108
65944220998460699512030816211801365088320771116871051458773699164 8
48552621489839047925851600891842718168967409457042242032737852896 9
51293711874997015112497151086305869146259957178137507692872388976 5
48378822826936362410420733655951762427654046990943877613351246696 9
15112814080517996390094661690327471226095113315219153984851762534 3
87113988574756227014069484599454245165531026613498249835462302063 2
28987480606383023391136527159824370259782463197646252150861700169 5
11402703953059813750851067594167952757674652790840120779214974277 6
09314389638550531608616645345890304712439132472667203675968484616 0
36204254254180017746618178186649208794528220026448027817724672128 9
53448851496926933693065295417931168293087579460559197460003671360 8
08609007844677961882769304756295640903722765058696083865214496347 6
70848014819321461391940589432928420978944056973844505818468374584 3
93449662189801265740523065882685110171888832656335145941591106180
05103740501326556462727059157097741996342614442066574335302640850 0
67351562002522984176733043972820650061175883890853798991817828551 2
45728006927214096576533291135336683619561000118028422614280313436 5
75163016145684704796564002841719991613565315077655104699412285268 1
45231160614765786649278276148294198337051551397323715029950592381
34452843707260510192514756565964937097174479786232544332827336959
91674530567583081753418827550229218298041379760544210250973817161

Die ersten Millionen Ziffern der Quadratwurzel von 2

```
75789720885141155418646487468930366452026427375662955477443037 1836
13601187365765360096661557065991037892041287980347993806326688 3220
20980264391783841292591068158822554637643369808590836616209692 3477
30837599906943902067622330134894094740755368315791934581958272 7102
78371661356842495752275842810879696216062401196475066737023369 0876
12627287863951893431030807678100969237686778645748407476868804 9462
55804410101853928910702057942411705871920705328889047332337816 6307
61917950201289669393190304767435981948011933426065482201663246 8869
32427265004004429575975291340618797565201672450821587164589010 0064
40527437893967709717432990948656423140552383693982991659132863 4324
73083102850081608197069481870550503813440781792559970917119775 5860
29139480166538909382179442884052893548983655601209451514602021 7006
10252864447427685438294562386609798064005890362298113460944041 8054
78026396002568926354454852813980322768352495342678253023742432 7661
14518390252734838803243746364464385469256790365009121267427483 8911
47729574005999952628849346328699086591176447999263295868710267 62673
11812361899807949796622684159472688021356513046035821698146846 7641
92179681386111284908020846341460191816226607207840284853665568 0198
24968836101239879426604956200003570721521649283662487285864468 9788
06083752241233535370573131898010082205407575224593243733049199 4519
04174846594175786983707916533003125923329827511833538771597316 2196
55099072950362559861122855102964209692423401126208413089363664 7116
22225843638104997932249777733762667209525333591153195939132665 5684
10205265654061202836015706601856147557639304876064972507200678 4458
78138191384962302186423414360703057565645524839416854237383799 6422
03117914555265927594544012668641567710058876272714536811191397 3110
61116733417063849025453384360813888682753030457216268591156934 6656
30488469775604812973727180811664196353939447630809306011858886 5220
27490429069557133147523941945661778317420823945105116109406320 551
38770390567042196091157445798779011562338961283451537787287944 818
99859034032897853394102314776646928266208336516249575867451835 9106
06983270188656562782980916349818450644055552914068712669022579 5635
29498767377915041639980842957184839139886802330094996822577031 3086
19885191407505297111659998086063805151449695253420910170666538 9027
16760765751971032281104068390381029035189484514757324707086407 2366
31012650426709239232540165031559749210487441315193391247765913 2735
79109136104500587179341581580030713338097184967269676033072854 0291
36562320369899993021456806413435914958970898056601875136761150 2063
04520909921712252843900668632768790831746208711065652889999853 7625
94532478612496325346670983679781155710259714592578173679775596 3205
28453006639794034248896273326702675315618952809265710830915891 0092
88697773340579892237571232051731383805161188571747402140990862 9538
49498134149613905830064848283662516416988788868616224738750435 4129
67159246807929663857086214555835642126277154010697046936534187 515
61385207349125446385789669797289597962469051103747155903601589 2072
91971027081403129658478864894400686638677155494463865327605248 9243
08349728594987182763353672394211706074729957935660728222980865 2170
96157297308921995054948369256589290844746315675303241686417421 9105
53406632560487711089317550463025771947326526656119473522469297 3173
62216046666980419711338732866985964467946508898014232837277900 83775
13467931998173235071210980782204768502588416730770317029075055 1887
27405618875508001498671287672102590428241958307718093403513958 6477
92823820000247452477232289914094153217771285226347958336850180 3441
95029095541124432055182272573887041605669101528407710931291644 2440
42857049143514156125721528219748775409553884205908743227701841 7922
45597979548579470902237753613723954744450788796050708703975922 3130
61045832655391182610512283733361938730229335824134682552838358 3743
28984042722745807761055930965560167327286897567782860963843121 2269
```

```
329599242748290218181256330121039472411287480231625956124679408691
401962186762501182857878136943150363302991684297830519583681682158
437359738526988401154359197555709929104517039835411234188696131908
484379495244585000813360279899307757854212656941308293320161946515
070222153163984083789473365400831787710180008423610957869547171158
025703860519097307823982439040330827528314736872618387074747501303
206189310076041974465104217177113360765273964905015638173675248987
598186243099035998369635073180498410538083866964241295092463963297
977567479394522282803384702986448017876093948929218653317918769509
759125781201766560210597745160556243473419758459385128286377571261
955267903747032494183054746386064553046174262935996520858054707283
314836285263632331891239281768963361627130170130073309782305919995
806527489323996940173927174121904917817231456189127514959816392404
055814277907952418061136237974013661616438574923448835757183775194
970529182498497761456643515643101907418971440543009963274503888885
439861696652397823514819486560017210121777126114757887841794807236
030871076085553106019879269022912321313177753465317326329496772405
435567975486584351520181375536913924164482643374376289470773718303
519839585281575004111328747394257445767364284364219936709217881285
445503176665952694999605259070502419404235049614303982055510540114 3
496816570395938186567359762330469634842808305203688353696189807015
306273179769341415899690770041334737053104170090587393611567974442
158155231855977850317900433935833306854908624344938789411442766488
639376317787564639918401394402680467715210368573407518925594523422
959459026454749060120257876414573376697849334757456673342793929803
616176119114758652329562246815479346185347181510020268277071045461
195447372858742059575486950653218053093702798049295238878471093359
653798080021071253429638049741737516595876000575612466357201640130
281309468114066588094883932139100073680088743461486697361870457534
383919325201084628069041695351822619126599626784427398115999104595
424855303967378200027726483266725339678759110386869138279202766293
904645143998420995521298310261580695506414815496050311064990000432
983640719589890717295700246072217719434318437724669971605332 74640
172136218426262639870295110749053517590843976043015350657615327 5650
761284729845163107636300559548060857136115085007483935332777521465
249606527351835669000076931858873506441134303559139190083331541129
332775927464281104823584420607876896335669166884917700088024450381
850983696600283734068673956124844106345463217028990433297516044005
251058573599376458358831232970589251650312800081300735225384756399
304747075537897816216493024489478042071671673858931962574041904593
267722509835711763590187411987546747719349784872584812431052907974
570503712687586176997180018995241457634760505133794964900067991897
342927648992642624385231716833791266701864564242254135130741009631
400968922426311546034367882234310192905911948290166593114775711157
197094858422394267378710267968371368476339361085810526077409824962
935484004978589584976384277333099949629111828108445595923574940615
568076071358401708495279460428153363372480084752164972497838531891
307146234608518920854380237611121255831482175938539857935693843416
447767864927455122663372239200821208069115406547695525473 69494646
891699897614637499017787076852022196072357176838862774251972575257
541545980692042299685470170314517005764838780865985438979037665340
751370434209814963264968387089830798664134900133753022410404252328
372567722095242335860311994634265704825336502489161426350821988457
488619823541714465224493819207128651720448788423219005807217593192
958385963435054058785240090849757793163712965813543753574946586011
434219489682866277739672030662764704533626186572721994901448098448
191883902594849516319598999314623216108824274009936069880781123283
062795615616703880490748432998737643448305590869125508186016485969
```

Die ersten Millionen Ziffern der Quadratwurzel von 2

```
295857661726925883440087288747365944607690383475314169802047380249
184203567701516941149212813136758698787240596064977481636628030711
603823942993258311530411897815962985605075644882406993989765846520
793514411529244431077513909851503625368853818331557779400186661038
419859419358813451308755526943523483845833328212798635032310341408
745626246149487480630603790622259442815783585843806095490630598327
963479167228451856939323250995914132443838428178710148697571825808
396995774673672028895718196564714785715291102350264431190003268213
501303325103810463076541573530562530972771770023147117199713708676
671053841983174154137023718193443366358243316378706018727988278332
069312627040773674213200422113615103228284033084954949472891312600
341055619836505674161783344990459855934728006565954582729328138950
939236410922778314481262238588531657856346148604910422007533807569
998384391553624258532065769202343956590022504362464554044229284752
633571826902486599348948371828270089380783372469217584372025691008
199930780531120921533529264381945843463855946080336801572697905527
784981924081008022280051166954371803656708830499777161017637003816
013471989704697419569597549878393631610520154123670224547549731523
349397039616596326136265422792972994410953830908038345926725657271
535751657422432693575106056672403123173068334261049429778130077702
355601503997849786425908683878874103590277441563350754072684622587
318528129941857301708683205617894121961389190830115521498293680418
263042322499405093710908212028890105556385331409605162794365337543
641743602086266243018534848048476492355660795350738708041240772928
658912755609099619626864937628466041622165108445666845470227041797
211976737921967082368757242539117848312186380445219220413687982484
525396064528997155565782548413178143185173074186871132550717434354
882248471537392340884407226929470905299387299922159134616306978467
416036968524836660779764054162333318020169941989769324261072681338
863337328334836661180591972227798300326448819899920085792311476578
995665250603494911442718047635896435209527033109454397211726072922
402842474191768611363714462599109365583665179804526897756187975395
201109982599045106750956914720559270907595376540158484003806024968
635597551682435320002217686055414091947142593313597995962006312940
980181334688177929027476004409993194144200679959393409744064614402 0
330494784948733636587771867908222481551057616643555154475690365164
766732104312305405396928858066668844944209041536415591837256189101
482721775592563107452127034166867917701341563579920506955923132121
965889458885578970787575403941132222024608878438653401263631346644
665335286022409659947149354888173009331497527893146274925765269142
620323941645714268687022936535770234733462621127615394245356540741
418283091451402314688942415701584537640245477552089116948510286260
807847636472448065173108922385862149549249027705316477904540133797
993568861050601879971462584136744171107882042524691292122168317841
632254325882367883690762415777526007818579650369647912042146143173
021863181168193060811521828548510977032526613923594566969011313558
329210695243160353581114692247742987395870234024764157659887810789
347852436895297327629900042381187601268818461521237386731981025547
033011509156486429867215162845190976418220538465516893694237505 18
974650795351621679489596996348892491442207565916187743871438188574
715291678573005330822183995241288032597582851081928809556616259613
857553120150044554074681144453765013577784956954088525741790300118
918555358020509623156385215938339806717497228329679343849401013039
346715458353340863229328893179348475806031186202274555752259978784 7
829048272433827422039684387305097481283754184071244967643563992612
623493478772584941414965748892425426299548890567694598147233645485
965366039035545569759251299113747559293974209911833021060617020 98
399211686146111465787801702118089216085692400601614489891915754866
```

65450752324860187818784292750897316584106947295340447325312193986
02353528520127382294842847475347906337505801748874374986789892393
12548597513803560488715443744244407688211941835547079518324453485
38607505736659637523070226904023707682329671714178393240071186642
78806246399365298083997443465964327161065880576311552969408904362
10127921192865394508543302775363566164740360281031081631836109932
74484901011301047623963427993137500309452654941642548290461557473
68122424632873343356342740857774734270650186545336150375731102140
76819998151078193602865441267290877593224727277428499395716316387
31555390368737077423045037310402025949985580727596385718832773759
53635623026931660536171079680323809496221639258159850327657588290
51874847062226774518620471920327399104018357195589099846909241134
03985875826131552723471412078220994964575261876976826643513499390
75913809151951448803007971534185606582985320544897255246965612381
63898505414138024114814398811536099586115793726669737115234115336
80390775139643049004341502492042567073921449643330770184840358143
71249943788138180667183295438197041558090684967902424802235031388
22445179054236309853503433519588519927445740614352612416831951001
66414987924994660993357609567985913759034801679151176510247758688
68912460705445352580299106368621063722300482310594104517596544311
29214035972470742950800786971159602998855277229731926567362777262
85206911775333663587332123720633132395220375490716306396982247649
45656332163353430041332950214679967647440625041314839591259107124
58469079595365393057792187689849465103426148665930169289561910823
67435389865506295676823236091517523111096417004664465575668507770
25492791295164359316982629882006109826116891414599770874735202464
14022421276020036428325311863271208988176787192768944152338938647
63403782258550451856438874980756202449712427883773360684927297124
55211308215022662621762752532830215187230139166578273926248496511
67823249687891633157073245042638211294729596057322776465580965548
52727113273265391648702885799459548666549641801350565821225273052
50807550208314685567566664508082000355605931983395836006206642441
00968553052416321344350488163912035902142608674967710835757310394
46092917436312400812588353391967170574900058276065458186539406429
97370311843862787428805477274811897721936920987062281885807522735
92162363575838554636460790847076858025458731170539901230173903369
77622864538756290892026673539845488003394949080619817743375756903
55950179407834116423533847105378834896332824671236064144087810413
84899899232540693698429516133028099313037301176069858394269854194
63731799974226057705575065843541786408085791052808960145257938525
43988735082224907908832511933385566471121342990182016898866487932
95439181148529637527316833741349433939073757377741031337857993557
11644513996078632552171725208547824611713641087756194760868178365
63675330261107375368054953977397751095735224481930765697164465611
23697004281202006620365626130839409554025453503375418414730860200
16856770823463165323681615109365147625109413509807824404864738979
23428522343795409213430111909678518545094978471015976570184169066
56108121682421281984245083869667275175539008467068991004164435805
85673216287595994863914379248150451619948108143919027734193608307
77337499797706234523664776120569820506227997589951211961043624454
59748972367164510754667255561314106886136455973063090244874663740
47226798965839585696737042165305374289065842319579994107241245091
69309472841708565434986699921535414364100973830369621451400357482
09587777444233857334712177204711871550937968551667287310566592988
31952751023750713261017923921670974881562690506495032904155812804
45071238605448398082310537936440130861400683525514000899988693585
66563753347518918120757909980105089286300017166988294066607035927
39684510240350494483642105388477970807674144989356908216146644079

```
52697738615276549683271825069066251832713505601017164742831 4292342
16919070067820403928473922095213174895368303516146350387988 204949
66594409580917554827341540490401429072673600958805753030566 0956769
64550343955378708179020408416965708402237585897229584328282 5725805
81383620140002913540440989750497353146843419224244581984353 5850613
59618026765769375478567442286115325693289897837060170324040 5017712
56329407987572642287643564724693578012095210099816174770029 7243873
70070996886547838095141092308583239184581427837504913556197 9594974
69003697628214587168999802740328867881973253777737969452752 5070292
15315767993843652575872373605777945127904184144902122897411 6067045
14623231028999105414296232154232653819435457660099858820740 0811878
89061805799506259491779811865010478437457041495845611267191 8702904
30097826416114469689127855743605123571535826514673193572489 6101306
91368744534766139360287578993325576761003619501175600846400 6723668
52000818690952829341645383969725087159820541117575214439834 8553337
29937524027651819633970673361062201672127942421002916099224 8693366
44972269877653080877770780266688335605980699963518550188254 84223907
93671566370159522035737109229619942815339609801692749961301 5600436
29768488462085489276780921121442185043669033787695541521273 7282018
65727150119096373904932731269821442368217129888023416330752 1460775
01888810349933427967385563016480510608770985336017160161118 0286291
02885064437473153752318274477641749670955453419451567060002 8297060
48053463223607522545663594391590254409256289982720452366934 2923137
67870332795168382754123203690259106815755875308359886615001 7312353
30878727240425548189492345980265064548408209880257860258151 6824741
81820733024490056635730013783365178900147230764497500534011 8162447
76761846666241563932417454718760580695709287970543534417352 24332859
68314579539563062408283748357606188416414726315376584304968 1313919
91401677852115205934662034852500324302403408234580767820903 6342921628
61368299069260868222446358544661930112991806396143007795334 6856403
99690136868558146372035500549776808978785720774001021358958 6145337
98117101237493387671347967946919399746959324087382571426073 5498641
07845960358851792629840695560557104965837888822777009640118 3744369
69716699225035112792659829601212893138484401172184680008953 2389763
05063802031184229140658222010489897809297310371917118519332 2515220
15665073909226640707931014297121243145531178595508494709242 7616379
52605992576801413322395639562867917517156291164602921789454 2409281
88561860141322895341098148872054642498381696341456720175714 0396274
06444594737161950622653889759635123932303802114369833701767 3352983
98891246638855959644128587386300294543228934341207198008058 2017506
80413614297363673792571604864500030520638202794283116377916 6375957
63735076794375197596442116648086551199636799113177342560783 0892961
12105655634523952234638739930319886432706822829889310992390 2314114
62608003821517491199573429998414720441045678237912530925329 9969108
69120765456398543625627002481824532246571416805474673471119 8703549
74251904501182591254512545553685346340015106021982526352489 1078423
38164714578722493974119095764689074842865327441028973351487 5543768
97717511425832494741649872446789517004595388121915905124273 8511689
08940686036220338748687761342562492627356948782643905805126 8218930
87509976665876206212873399819582235909717767623038283008068 616145
31423163808003244134783663375646991677633831812038278173401 2381008
95852510840271129526174194820251160244891633672412028975146 0759311
75757815147288482635593298241169791757665414022889828077503 769697
39043943037157032307736493847053933919470123122828797346146 3537753
83094772211728354667884857548231853866275344129110289033507 4596800
44468874026823235406943774233137744585530602045132443164578 6466062
14078764275385606863395864168530566893437089069917170501927 8708782
01778145798692676348046036348340407723593646526295228890209 0843070
```

925083028155197865777484762908377795728812210901485278640119560483
553986478802024827856511754108068399038236493808218020152051603850
949036872173665542949745557747454602496829999830203583681866638233
271322348822955626077455458849936515015466728538154977414113587875
309980691156715461968506333389203343854330972379403911638562518636
168550779031696784788371613674051747581406875004098593227675237007
354751966923387431930646520780749637634775296052844443315533299479
043046913307362676272008381001419056743797498007776176094862370013
065366158008285068973758132976505470248353133401765382775033063624
971486148051505486386086885320576488451440063258837662285802702213
869874557811829409161097289598704742799890062350257111955784695352
185433320690967725505807998711151458902271219559342875020486240780
170976482774198703346674108292045596673607815667284861596461933462
118580996647063454913068068102894047758882933504574347967527402561
742010289272473150741967767414678422059193356722938929205273580984
424215327863996289914367780898457064771120127660206692338317577145
248356174733788035320274087196764874303216274194270839290228046957
503686789879042905964799117208489129443150056679737956123876221634
727984770657975809742262956411958950532320160007218142205018788768
844146041653459109667899104568630101461405442738716309629649198063
486131963386255198466715271791471637984454355116643854829377160212
253512804838197322803194660732744514828202173690709074524542841210
888091102535692840243676537724586701242953742582640450070352401661
467456810969780456506645430176859379546386109814066461640895686507
781720241583903918057330515527475762333463072594481798752055458048
892822416725948110969586447977927738652854562312960039812647288338
259684066900229838881526091144712031822657928913107689349715338542
688003735198672547875366584474647351348856641209797157376412306204
683041596532006680523766087314387596487922778932973810516950995096
198592313503021669793782071363623119978188346933713920618298899823
732447699351319618262851433666523086981630442766245573902461323411
293573556434105106523282411430177513427528878116212207957041481626
987953059295776490608080156003772043256393730427184954111357752369
836967428887256613089405810190587256008125095152880421152301772765
285349770211880740700533319909734819188636167047780547083344887822
594059293107402663545833729223911092748142635001709857478780994258
698757566235493743237444655673965276483882082104550549852983853413
275395404744261255330521964708411293524340829486735872152675700779
248465997790926428591538689947326851639175133163936798301967914974
429844586902086410510848889070963507665707591037666735539450968931
839099052089565913011157612197765501978358789146919004586231875276
303708805993477974959085893835594544138323794871319367363700673837
473159360202455487932230794308231033666747527516698221934055262968
076143253368113158721572445679501020074279834415099927732232884531
897162284830244873042932232548731692239194172748932674062736905434
183715722744234359899809163719564491297100327925628039609471573514
604351887528361202655241238817639322618846223018667693939222496648
080856187327277099090214617710771251700332670253153754546110548892
597821029716351462111867568396696127089426188971919866665389636114
445657279313838715728612244182257270900215897684060730671400915612
809717336392297893958525131768077028103965254349052178236963982886
316623125277029956494404945435915279494307977703592488639402533983
184604199047059821693322393293957554075758479802267157667495494301
479873706904915002757582992304485511270670193490451375139213115821
733644089067053816967019369993613436814704386680544285704066483 0736
909518082358216874259701778083054204578280348795973870860654536133
015793945527197472482095499437536794277222152448008833744408287038
481512326541239794392981110334573227559870419303384689710273858224

Die ersten Millionen Ziffern der Quadratwurzel von 2

072971167908298071803295297678739368555426862888699145411327118817
733429244083429981845368097803884052423798340136493257916805688654
826093101226982023689885397746274470454802433203057337563177975018
595006789053920534002993448361795460149560637888005341227927455367
202293679550550223403124304134458399460618069302100201897203066365
344167033225852056797462786298438728744075587589984024769401494955
488523381668148615032285320070977866585528388370359030092011706763
751721468293589690062694586441255735981579493506919981541707 99036
854142948126303916680172968624747850899063563835539258803611250311
991532605537810556663676838557244617216933053487814876377639236622
465057760314246724512704204944552444646332893795873868558749447751
538511134557401863594427188025659967761022232415882591345267424871
179883642642845421959503270617968299280208577381390552984068945656
089573668084153657519752471671552229332621329263131399028106995530
658919527957320022740963799162774386391944460944826462799018504251
610943893982930912307208674361265258727431030521161761305522094923
795511066856344220146506747029686345885572677125505496052273962799
764630918895458389848538327835744300956148204708147167278929819184
128113010179051486836549747352955247450604185374678359644352305212
723278486993766200243743657850506789377824296351474790625382134049
073502971328847643084628175418479288369317641609869083028734765999
629709628679704907790463369437379839033753006846289185019957852247
317840478740485788669246016663048026376736863947717251432473568781
312132442129652102110448100010410728931536897602154823628452504075
023618071412245220398768099840198878565994771023304714297020408118
251606199195182533422367412458105690392008372405012262892678778472
919838594114356064777448417016289511960447939761868800266021999498
388117764887919767282979880115558677213525441428815928810759008866
620076104977602589586797663865429934492441274406095066941910532857
834270730891241912741166616525671222091700585441562353846492121886
575151994897277037448644587217962689484611355914006918475815015113
927473899417086477063802568778162921902543958050279885885920573845
668005177399838176678030209322785659375007313265996214447139332185
213578146772093620878914347765790000691133424936229487869522722074
213555341863139983622740624975799258525398495400309209094216770829
617926403764990884723946705249622552303374494883799525417768243759
125077356166168679199127888543592361827308842056896890909353836830
210731931386759919815583396980311188976978179097473417578983890756
144857678364760578269820814594785708575542858119984210571388997098
404470350710488108181004335029472824128386762602896989748935853770
457003603858716323643198015434746231160647328695299117766617225582
563238799346572007959085890454466705246253800879486003894767535970
837507781060854863195635225745966386614640189642872017425042283157
411081905638169928580379023353574337594033279474733324336020292638
012402433193105399081903578200054458189504769254095397224864382480
452029535305161557439954173092414143451164424267419295202973573145
590620402095677357896072890230778573318563006204714392491036474650
771684138524071133869285722537622528419068391992890132381157874576
923857270696179378627185742124233702621655914774695900788792484602
304935635224037229093932173201925970867524744113290478471706530839
415896634620348926324188841229587999898627876244261596152269928053
702132822226307136840554565764599616821875895003378118494205734167
865838484819195474222754963624973891038023745896641812187038 60946391
906215138834196314393535929888784221611150534456234098699 6692326176
618920953717954776345082969399641408390685691337135643079448829262
292829881523751599716857070696619709925132181673510109450393634025
420003665408616172724734450844621278062511786322097219428798626321
659729244058170212836483062305670129613229885084858300666676879009

```
9760535386446548727471793576405416323815631891810241347595026380490
70590003756496783809807605261476205319775049705080917287088757504357703620020989718318622052352784813315245269300058078617294022015868910502905362783762076074570971360224525607485891939399114839255233261873929691056831125115720833305676116046352542700668430295650983908273009781272413458822045356929436704571091384986438226953626992638203213424281379375822131006644431116767766420674300477677579555511423919511834316028144754395250967474556123954869083166244211240524588221743374368790860825020036254045014208186744167185753788767552068397082386471252779005560127238443704832184987140395674570509385792641522429573776063194187934198111983341047340059526812346676529797690173209494493102731898997840133549338482057336227917899508329939842191029954457420235169128431427303396281405552982052719658252249491513955065615855343396863041273185180975850696236532352951209028975288108501775025637165383535658065443359092292995250108455696167636903342683248855006362526026250292529457710241807967470098211200930893667412831142943681012793105515947015157174340509139966073434050125020404112593824601442767212121040986745359890331661855334326979875257712632966731980581007704029298324374819591569640425410170128262357591051281338172701675956879841341878850325088899641212176636566461693266459404535774599476052319078678111842379615205341886756746428540758129377178383575706642683004720590316775579208708266446759641796594974128385515732764192368053756456572774270900899518408923093395694789810615966449761661787039845286617500120743135629056852914794175869770077697047185296193808826303575698172659206749904674559604584575381790345183716415638215449345025059830985229564798644712533483962671087031556064036637355921343498082632212460702256558211643179066672287522952225749329657069748855408879623116435545854922395110985699936712630825658503640976294441502069712129899223518110336623883085504015793292008567046608457445091714320331062806437175680896619155070473967978198621362052133140338140873157333097375575684478824596790285466717269943574859926785220104082156459621011123255049709138456514762975190891340791913580213835081015324371854644684348495181610719445633354513165873470949041207746481920557990497320823051467725532042569195897888864923751471093668228007716300924234528463199435987208514038180489578360572482002726077954195158134335966809477187252042737845630864311722305447383148211339015677872658676324995652448468596344832277559262643201160880630400938922750562499410353785543163966508404852980981035302862353617085039799639241435812009523827837231739942677748065003380810323441936578633348489333758647645687705101885491871819263558165400905003704902419963139636583864121570999861938578735988032210502321454183480749266996735424438811180291683915738023875153181522820492268488802706956262076619786855550137987218042866155368118644083443162970059564000130432086703140289425591678406771198876721703213251268617589345439176872421212369136513996906726138462792264773603825200349006040505162481815978564924733146751407443883474642666612413721132484371606549483495072234928045419837979740146693010835084802320701512962045243097997493208919543667957174367836116123519985021884461775945767664524154299472953178471896593332080124237400183124718250945389086367516074224517342586335335101918877913292502258791515128464222671610483240336122004571640616745825991951711756239695748915511991701121249048481437349327727876363183512975180095411690214886596449774667476661258588262278270325301488258762919983256708161996292232221363055372103712178594951844873107022706797090420403297892230945585491888014933619911814237284584527369819104000859018298539026188428319662581421313041033164440609768340442275644377797225466807723049090801643394204643211423381728449662301902414283873701274
```

```
94656639240128655995056868204104231587741634186147609732373000040510
70890226117586211107084806836481443430516156464727930045928986332 7
09259063495669386889569078102588674502683909800641562866322210455 7
17360242861019896727017056807750088447854445461236039764657334257 4
64370668206219742847555603444790846518940911437107973373146457113
94107088855987989307216369109962440930768610526956679047813661475 3
87375998565811620825758401210962658029626133733824794921798291167 5
06768269111949560007747217965249864862889007887592469948907736604 6
03676235909634944828630395742707392067371924666303617577981929638 3
32125832110441951284978931079373945297214357010578199522005226636 5
78960235468732435680135228001366780197739130694642615264388571812 9
98092014663968556590515218701969790727562327130794703671668611973 0
09579299490090314995008675150924478503868338793479660732151684943 3
29217577009511653535074632805674183406491024724541131618251874260 1
24849457273534746624399485947312595949668205550134946833026521695 9
63750136161826737174416676466630979411373772934943635263620211396 4
09946079288598255583148725323542823022527030748635399002617870294 5
84063452467347406009494706038618289810693386030791153553433942471 9
50605446540037684244132937338816876612148891496208167324676824452 0
60368380250954575255236836918544100388449166924563381162315854970 6
66537052400102769227186344839090053565670193496736598581012550756 4
70775049868757680195790866011077650220883047976386944883290950759 7
72440081637540372978930795935417948993295888673751322906906688462 1
66799708366169205235249015656108877541990724671243504367705250717 3
65739860640953731967706615655275206316568124311962318506285585299 0
98009041993476921776666390341032495216251004167006225906115387169 8
35852272873976272500585910667294953326009056981910893734743337129 2
38917388152407861745052233951898711600684817875266557705783583795 3
07167946529795064217131720864118833350725832208583959399923929646 7
58247308831738991439347811024191901333217714935067327789452552047 0
00609613500413077247461427385659243989410055728397663868490248018 4
66502901701632958773355829701939897321000184241118461607899102436 6
68381005039989579423834525598246235382265840491656619776267256935 4
51604128545563401499426679352777553374307455958969946612467920969 3
54771673951606126240213932176183236659016158126299541934792692363 2
06224186946645785169271213282553160389889898188469185594638180665 2 3
32510652895741612139569052106656422412400336845646626056490781406 8
11942083074273963641660781033913048089599355762180178392025062801 4
68046650745125760174208289138958666304683137795855064588478925945 4
63525219262965794408335520289252769314896338747922561445659064201 1
43115045523150610443025765854700505484599994792080180869058838771
70114733363981576371234755643740146365248157411444681623818590940
97484174964306286130242735570458014610270118610913034564071261294 6
67559353390818605869050229896218177923211739595688131877064188832 7 7
05462697155719700854636142669359228697321634830145184358189908663 2
72137344034389735972439398615220923536227123834722376178829387209 9
77321479659889946471031472333143171417642877852047682778925630085 2
29765861401214598448988819138640938351740878418817609132097473165 9
97073474688447699055593215802978025530317358760425494773969444007 8
12694572124660230846992279673751545653320138680798005537242779242 2
13974775457034833091093439503229099154565400829408393685806552729 5
59915261947956903679229754891923067296320356764088389428626689867 1
59192435461210881999281475620036527958964308403873120031492066789 4
41885446508391037304908117940675015202411183046974242278649288435 9
45019605991704811442818933154381118088105732604238054351724713897 2
47661696992424896946086274426036106589442003069762602551223633826 3
92334168197268259985392258454242032722868150990242632830344177050 9
60907446526501806540478519605694854589935114154619020963051669962
```

378914560520729432601423704593272750223942921022359877616980157169
336330011904027197860291503182443891282920477818483434567038741459
540360372754428061858584404762512353882757442328634342127832715555
717104105942513819613662279446328727041993026550154983687857378351
911854467342213619076065405784272542708901551571023208769007560739
734635526069600267427216474939334225670387867472996542026215208615
619685726967931862596803569951514484539046645626471715637544018215
552621867430143539746336258466041919861675885057138173085611545870
654763503507479131030105629806609721327873638277018155238000617373
980911776096536631195266708561698312078916659622840700531707343503
344700810572951591591612806907881824004862314834428082515140548593
143541146776461624115714532488543924046088376412989280091774975633
406166870196755565754339371535817213295312734182594821757828484816
454094053443338874052934439748091410626895037265203612394195124969
316387806997537822388806451650771748670925296714078296927902975711
231390520401383760206435397813022268482776559391038662953053285185
716510132833556638677625218166777549287842956992677627055802753988
402422797642438588192162175407097598054797724878165965524964123504
856904233121002792061778163127431958355224331288331814511588868297
805603531066310500174462382288171903574570382560578089195204104393
024083406306085280620149834121884276238711136522869869273695978729
306399702613417573556116580917108041483216314001380199537460249500
354322098208345249771071010439786053100433627587465451141425984662
499522347158050707755596293583213719492317391871706252936965670386
702562577206777655423739565285103867918770229403934999023294137699
944514995426987938482164726328292526071055201524410964827262553419
948304393243935584510613987663127568004353303859239182721385040618
579822788344848589638036890571304667334694224939131088838567116800
327569926332013157697627054135566962568886359327287484565139164015
912633873884158947034141637088787636440156040630153939655263849690
103566821385775209383227518025545761207583846364828965173083144741
675617704187649224442428940485190971994840234158788053931524958606
241041974750214151612433505535433753989785149759926496471944721644
419473059621289912999187213708688195080900832194311374497595953268
603434456424224113548602792440202642885926028057511718943784378634 9
653061715642610724722608215432586928200736305090831038867296022733
926275922510967260225604866086047231411150834636397824323646233780
678957911888720982246007425576147461644220333109429313322525745905
505991531813586587364045050790200984976922300291793985989967285319
504182817651833396818433477283861432663955651698699283423844435873
995486160106345333736097465267031665386804969296261837165206373459
825862504363375980264751135529771094896053347599448968570501089726
633225619694566490264988190867384310652739081975037306320407242801
162455380574058142931327264029312489784887293694340531609657626497
985149811134539138951804021540458014613657259157467580469458825846
510386890697187093091433018968069652376122038654287895200248131142
043816237591539926680830922865538959004111696269719324340087152972
268706705798480976772582290957277973777655014844736100159241236645
486709053963173614006883233243325853445103734707009682469073837389
050476106028761772887293088298103937922295264948536896216558046791
244529593368570306722774742854911509128358491128548575954854235068
256924276842586710392327801386009539415595849014752104963545810902
149057980390467796776696658228692671736683243684871925561924133616
076262652604684478923551452654680400682002911475929928118091240602
544360619142028271687408365596900430207281036612012689537590430564
626215715302723775840244474636152202461572349712542350660588850417
559032688747075395633380102687320789371308120202854774099177789459
000431961679700733798749384176474029713056084757627003779877589427

Die ersten Millionen Ziffern der Quadratwurzel von 2

```
50951550234914317340735064365730926443159919028371988860313749 2642
63364281977176246068119979968778667718263705945147184692954739409
34257095734351200047624755788863397101213296106745199934090261 4567
43626426131402388783057910905891097310681487988555289376150648 7131
06297115658780766737749661083856962548432022456132684191548924 9364
35208804679677741881636344149062735158060230313435240158694633 0052
32745904974955110495016281794800875648009677070893157187525469 7700
36197432590214457737448929422029713283521350714230556878075595 3715
68933763481553485215949426120906579076520158081147657173066921 3049
78897895009415535885758988625910703257299228354966815633759445 6096
35171954727248635988436757659627212025020578915566353076085383 1835
35518184892287985014549861527631506448013028719863876162190248 1906
11218583803610052566802781341565553089154097322332177407892218 9063
61074467132539785073913068164260330673042810818964784819124306 694
76397978065356438636935274953801251195714206531875724714777732 8284
83109764022320566654324672715268247689241090492243101635508231 8941
64348671291459244243239053074240421714704371269469215853972069 9516
85553946635555787943966823896704389868784729071443797450946484 5180
57607091197148731713309682734286931988886868493679255218748555 5691
13217499296641329188610168617558006163682254399261469985988354 4995
32892858985258569331239554444565318707502823639997310410641432 211
30386807870526258704877176700238112453387367854931598808035628 7645
68513840398682502438803883432518888523141026605822338533362388 7099
89497821004828214822071110499222390420965097797369052725257839 6319
92249285457307596766139855546871511519783919382885888427730803 7234
11622776916440826843584525846918957314451207459776970876620641 168
51992450578103667398874259349056132395075081507901006802545994 2932
86970833315220436059781182803378153954206193617391007798595217 0222
78397637355458259412699887963544455183370997340974266765511167 2463
06416964394650125335850680942444141289679019268401955530935442 321
14277799121999371538718019244210892236065992201242386432725277 8212
83242194147568278211192767965790200466573166665295928099984908 3771
38000558357841402156402328134511528154359350936515700244709913 1269
27480065568807784166802953771106505057901167476446746400075190 7887
93455349849176022141169567011651870355971895853101229810817909 2764
19779934867830385798901932546572803518509712712130156677574907 3395
12074160136558292676943845175541757444768071401175613574824066 6239
25987820507304418338703012736896410105676845299027740614598818 2840
27997271520568635288210790464224327049337095098826941329155970 297
33373746659031683090131446963631823108788462518970805451007683 0430
31200428117735253593414673388959249687183708543784982394070089 5085
98694412621733285776914124434661058029466963026485043902300308 1776
50207375027285955719611095476238086993588140998647354718953284 9856
07810886003195875402385018764796948180300092018821941816698920 5540
66373787863552473744067328274075160321578878841986181977510964 0737
87008897297809148904552975831890102164989652728285727696398969 8048
24907221452323345358167705066715096640474535370391104839018348 6066
17183134035647073445015212732087624977928849283856613786910675 3375
21591898245243115630504978064268797664181671102890666411013803 8325
39031186909681365648033264976721162286514414037881822313164870 4500
16018737681263104566490601041519340622957275340519935219152089 7507
38185093537413193050702605501450163607350840258992321031195932 6533
54075863526108100626600479999770738258496503895622885481046580 0447
01536640740319120313893074982655935843945974004613750946542163 6061
83769433316178689301791875827650481044847291233859546438915369 4798
84029379030966747793025835330740808871118523146617128368429532 2382
16579506731709329853669660306942656132312404762120337556715561 5317
13334707711510960605522712187695406697486667976969674207383749 9636
```

```
9350472845640382892238150832841177149336209581222130929861010003058
6358056584021431237530870860264705533253899618351669463564104382776
6337489901372348107925726589047097946450136651789870616820662907644
3358968845158514295229428659362700443000498886713345479549282555539
1654591221772566232064597001482614476416518112495517284095266063668
2866567316874483797582314659807073189998068225907688498817925588326
7600149697683625896902625254239963553796614679779914712144850083
9776333872861092375017302381457742617009870346393521200466000402544
1275840475138790767352817673833251996987586781470461086212667448926
0106824904920431135604581058169960349824904314893043463176118043877
2053968926348671221630317817475229961168920675227811393121567301644
6191336529084271324004265613627623320768606023981667328869228766677
9798480917937864354304795845390208548157660047372254759405800009688
8232430801178764501308674614635779293022904818563898420384570190555
1008277495425282789697207319466833142641869126383028159313017245334
7799497733459651072980664991102735299735903149259939931787807877477
1465907215270235040308457560747446212613297378942856101360693696666
5214621553368565371456043717942152084800556109553428199297648195366
0421329647068039639775765807998917961805064281908392922532519867744
9721253146301395246722286308252189708489361245162929594644000371933
6501140941437006974071843188782681278156752399640440667368682795636
9176771148108330886373909786200106121812879324221400296838889407622
9828639953313676015909365218453133461337682760543612004036925468486
4535104554550543430311920865082641804528654489778492749285764523244
1297875665403679544077768869907405974750188272964927980671772721218
7745816486232621950330539859868831795416039005618583471084568518556
2105648131905924582075041972173494216951004402030645901262835463
9560781621651727566553968605199569157568465699177670045881293138477
0480375346252750026385142451074229012355282049946216522863473520035
0672072857006495589895999090710771105203322043639480431487701150399
9874468318067500479236485304409267111764459731972028947490652144433
6481282694424289626621534617614733334845711119069815756000373817386
6348287142007222518451284099388775314644941233708262676464443957292
3478542484753294859927686081683180766379073896756463243384767043355
4192466781646625853968303017862444097452523132598625204120469981617
1941538136630971756415720118968014617381188065214230725884937648055
1166150936031002719904672609560735824631352279258541551165442096817
0176804156569458168319114386540580634485233703899712402316335072000
9095782958548126075439710392766309132394828158698932909335525018777
9551084438133197731570219460453148558690387610324669761336752022199
6479685948711380305753734358247751362099937929352403390318511760666
9125282765535259211307760471013535517201524554574482126595029700177
2737111961386898402665144802311727464370820732062147096720553163388
1129532590998243853049117001096883362387963645271277494224347221644
9073291234121332245503584245651934376528253329355662850362456169499
1316413086368694326058114382558764115440287776412461499572110474762
5070652894464782295480516976924494367725347461276181360646648841854
3915334931576724179789268004816508542140081731489485273401904547611
7397979441798709109005230545999295470729952967540432044951340873366
5376714839651802482933763189974066842476313799496867392292905830844
1818205898194494293211779538205318588553514924447861657826613552877
8470754209344253232994859378037735946742681008040237851917602539988
5383195222781459515648226986223224719397843347010711592368889441844
0088250319264709255646261324919554906763087100291651914616715637488
5811700864363793757571620884896828800888402286078053066060372655555
8427651105266491602145043133392743262727671055139598457981147499022
9633682741430913598915601651443553586288193858755751672601467212400
4733269588869192803241303268224252280679877318295201315459338882825
```

```
4407345821343266993876939289210817667808874453659665716578077886 14
2730588110531347911470300823289665469622861411238332185522492479 58
0576213086766772996842611316507348375677429060367242899214718893 41
1458272960860701414366787924601838798502831066471872411546761691 85
2641133209620286309789488988553377709985647296310669656932736676 66
7005038874419442189556839500747218171818066386396012594498666572 47
5467305401706752960030626942539037847362495837732986984958013071 54
9391767936090806194756477769996762926536703256591176313989378375 5
5642538687464123000212018610168208991839031129547775449746549254 28
9742511805521714380589310731830621724155447725446200023324251102 54
2458241773365392316016336924494653715850863827773030009184942067 21
7549304093370559945314420205946874952859353222703220854513577910 82
7132086454683868190487579961073431493062978515704064369004827027 03
6695767123583015519410108014829658083204505725801981418746046308 66
8775287926948196607263259685836364545611118952211539235029157723 78
6513869616901912455822264931036649117359236263395619388905555601 24
6758287758783234986582292033738104402085746231544192008744377969 89
3621769773895214317091731659087117460713191792708593590403657169 52
7736356675867026005715083873768599772224298769946991682110485438 70
6566771614758435250891653813560430889734077975946302926329947779 06
9289591909317726375062002449025593851518483950314178402525494993 34
8149529024113238856462449363256516744782973041059968843882758349 08
7348191906467382378949044647218077774333445247142182298483172324 49
5485914010590473099495783906580675759927245206282014106040111667 67
5743909442159495948818177309858877884395844577818382343625643182 7
8971049195622866793632234661420892389611454254505903068477687142 04
3625523727277734482651265625796948742733249128724156112589930107 79
2502412240359435122982642008315580477587987740850276526411848860
2307199775446853413647813697970616774200932460535242077410060869 53
2028287361915899953922320120696530638841071679048006743650872724 57
2878540309866803597740754613308218129817505536419496785522909946 13
4706483777424759192444845043382715447335607722192088577916844384 78
8170520918090022717326604370368354689753887339701506009789017425 98
6596280207484426145439468496593791986722428608206428238317587083 42
5552222267737001833649655393834429633182355268523899048721719108 11
0754012311254362629294867228459841596216466522984035073954807808 69
8870756137581131546744852433661729866978313161966289909705640163 99
6099648982121896396816823470326039418363810457949770827748366412 99
2463385513992241247189899295411668286956061381101329113398828806 25
7935086064357738663514701999527910522137329223238445516715583411 62
2965913780067876881110198713759562744449676521167550865393769474 35
0444423269095927457950864780662546580897346813066307196822328168 6
1332219431315135630351635444229107650808264231912428647965173916 13
5966829513179043250643431090732549250911934751040986556378998926 88
4027442373431060542368170651676348534546290363998471895784748851 81
8864669908992897999329814112688088703823020092159938962304095079 698
2824534858344025793413924074911344922536800526995576461100972545 96
8375885761460347852327219434918627503478164550375397840174136582 15
0956776056398193920835055656118384556058560853925517438552454518 36
1531731462116837515757236237394446146749403243668408672947210674 1
5343530290780669202089656747371928856577429643819730778177893427 01
9974871468238339953789912761474962646108691426860883803393660136 14
4559041832371298271105496161231139290320695965060520177452869310 39
0193146381742944076728427255577576967195862954588778458027819310 69
1204463085014081598933472361665496680423567210852393848885502868 63
9293734167123181386613074058592383045454653486092221508780731811 14
6921516316759111948064159980487709311367252124528137083976684109 31
1694566114534294971008561069212334184165521448744997859428132459 11
```

```
1361786956753088612955525164345062401300811051119603824355732373124
5056112678578042620398339057249442250564843943574525639421368052384
431873292744652425227879073218859357478026338428528022186650453750
954725837180026717886968699134197142872551864112938831053833648748
5665718093769972497280345812459478255556993070575138875574775206900
0257412025112800502820767393227949945577331615087333690861534407711
8968543087055651758343223894782210500465861854667058473939379962809
8714767646640357073706196525699562700781972832250371996713716240513
952327536698635291884572705256267980131316497743202993291273629686
96229224491027008521737871528662026386346070094468344592217659453113
7750120620139951155792939537052194251651866921528403789051049717880
9154582274132723539475343451759187528549303212304070320403125924572
2789934079380805580217857095544787710502827698314282529719151856770
4872109276350458191927301374392573109088470020195473814021107152513
77064303776713322392713482064641959265455399441051351349598813791400
6615899435330062609922543603117457233158985761945212019324920071144
8329485449108520657803907074501054677179503803775817469044061250171
1533137424087360678988344378233004428605708534022947980979574029670
0937340922000773684035542241158506599184327231803867231232682555520
0544962135032801320837119492909379243816278699180126807311894525521
1826282883239771822548475307860282083173086333304690796057952509540
6307944572649422523686222012467431719702384841597684697511667964800
7323623538216761795364873116766919991399762756682669726050262670200
6654204731654631689434841973622507736918717619044466909497595008000
8509073837094292651233132703495435555615149999532977414851608178810
7637462264566342770137884785103354203759857114398062525780266396820
3045702534612394305914263663082715938406681439154845288084500849800
3480460052969516841953262634449966666930837776802764065773966667690
4884722494448223651017664010701434946495670843998685747371364070700
5082205297002056875192746672148733197399669236326881480115136980660
4421902475194864952871043420723320173746014156839197314477223890000
1395842300854137899956854277243469691094489879530452866270481259310
0349700318168164500769180908892176222519333365791880362182861207880
4126677324653590446817929486066491080437355067783580857080162482990
7590943170313399593194216108755096951067394917407533683244674323580
1328021096259477504397031882117435057831686482906614649660358584570
9614358185716379738856742255319825262281440455010581947936772313470
3245763117158787148930332040496504843660825423698150866659540129523
8813915363072279763347457480123899093409694986428987745455151642670
1763613751687505002538963380528330013916674431412096821366643034410
1952192107125805418577211406906418675887377663654329711323939724110
7210012313594449003424809023101793585058606679092533135959137040480
2318696189102018244994298099094434058420569033851326602985744478160
8650906823029864931747352718311339748643831517940655517358099642870
3868931012420710287544615866426892171523112260175083142521502838410
7963036803166150222565601393856671583792002315779702060279241602500
3543581825788961803017887417535056075705126830572711137234073270470
3068638213093623836957285360194348750749491761434573300378686534370
9131475542827272032047663827713572541836771410172963691767772787010
7908194090466334129933002072061383880496991802362593099776380532430
9276180233895946300038676752972823167353246392546028523030477430130
5339818153778749864027609414679015235229522505903501643074597017860
6910990444606963424227338561851471528712328052058468710594380475420
0097130238662115767364406698775835403061692807829220076949566850500
3886666583306350222998152933154004873816350645154484291550492582000
2079060637156509110779031674100939070872706906397563311237064695150
8641905654919839711051391922471046665086662389751188239770116835790
2135461246633591173550973509000176667153524278756820380333709416680
```

```
7478902025202072479751787730437370824691066094909550829505180731740556009312879155699924064995217649091035921341986440942653460040243632852062521091989597105186572474682940130686813690461581024110977041459094111038221007257431627633993438741253242499530454042035653229273596316873775122550483421663218333330247029077703338560710784337933765229661666849341462860711208145254292430327887230479834081905991085954937397059751028975215101041730148918426521246989711850075382663766868970221250273635130663609364442340398593565445276408582698221803716344663259055408884255706670046130892458101858751940368707217145803573580142875177737684305476621505294424458227069384404285984207659454122394540388042423301043810983472457944553596775683426401542137934874637989176721208234145469169226667254577601794257160854135451126174935059468560547636229413150275989599050439121058227434802608273305175147602915571747087705038822398751762270673338576434896615216318957300989523320116321735028201167511299273750713267260052876301880209759346412772159672917349664862378316174336698041206647192144982268940549308611218565120221443551567890925726823648380887101752810667955325488424312772881023409104484877439252995391213581614290980255723943439667559560758994049157336853813928485821194616790874618789468917988728073168351633378519054233445188248669267361534024208813908888010334840461688636893596622788277685261338363667423089498630846433930887717943234634062981180337689975136466953274467639570917457372131628961244768227467347337323980454543684224801763816356741274199658893301926273138137487507561378907016016819398381833062519689517451289941907527046727329692293285953998363055988264640015393361046518243848418644340506990242670181079181071096042458403761378768855816569136065284644177298806077731030087940515750336113812226024878270571113554610841551811336586676658453317032854686727197072727215127963791228588377620992734813497067394646892724128188313456520405792316488569216013720892861373447342610105990310072536669935237359151118349747594798699204439987520066426724008621638152517329007924359669989744997233030632552320062156951309316215427296522530617447221630071305528637574020211844720249079371840943854740066644716775821379218855935534031571755243716666934979212292480321128715473978834652343744036540957345349861414078153022245108020926079742114592462841159740480168620632867375902381097938381683518546489725876502698669718892953988325081657977696882466611792524696491737938204467460275559792750317244666262706013753478392190765884307586727820494632774090443878033892979962641975629622956104893898813697955118480416013976178366988708614996427728341383786320489573528050455130070143900237690323087293304816336664955859396528273676941099705894743530522075381223813250875719262351201827463333227071093518595999584547289523563336638487047901370738802947139098253869207712204802514484754304450282184833752878854798863620014060050602375537333761814074411572462445381039698689328724381424542096139320665187875639892242498131165994295759135091992534048482727554177681475221411697406230680648158010710495703266745497738791148135681167538816526350534364934693206569004146212850269894537025645765925764154499555042520076829228540268484882103775806265827205160477509908298361374726702045718521870433082862659120462177363804824428525776420542992026329507504341563859876529214353760184502306420407941713888378702223968876174003766684062610064572590260578228129194169317790552209843439166522291180839167093219020623130461858549835932349801984520953353175806011129056228292275582681598292853584697465383119630711983165763015211691333720013779129495891792230134722522524747375690057485666606125770602168876851165817837985205985931677338745477924770792734481528058995259439691391699763841457629018698678794105175718775997267172816982252627355112865
```

75672169878091982131877028960748492077215573714856473085464978627 8
33283339638323780405766977338336032681005415142700125320714673243 9
10480347294535439208277122178872605329346365187581019764191889154 1
29495667957474045110497734749432485068289479667499265592732587647 4
30420157268111929784607289179559402210270464050249761493464871145 1
04996276145535526677882791426497765424823352873168257059633328073 4
88959918929954523439540454653743018649131143766883383394456075325 9
63974101756615084294158896038159395828324118105699718759059681617 5
99133779938977242744170720043406633383772812299957175538312786307 3
00228098834895616828089316956835455513245774837331239722755670662 8
26804525070651903452159876876338686885475102438567938092676086399 9
23917581608203572582862548502622494992361948519743610092139739789 6
74416245930533740114797514856434543738324130683791703593945891188 9
93426363653757546604330410084962526525196932540533719796944323993 4
12428336237436852418610128260657606557193316659207641321286174781 9
68097166996813899163934189181148814118446746841222395362957018235 6
11317653727433989007051234795491382221181362337647695155565318663 9
40923070195838208691488259549710400535774444629871599916186200915 6
64033540807493307886388602543478579903117550950989471214623298329 2
63333592359199458878713506786976763866248435783786506793822768909 1
80063816965673718823699186869390684337408094523667471516981505619 5
82226178999132086389010035731708222839363434208582992323404675682 3
22404769821855602408349659722394563815652058902794462762516745704 4
64559711180678426463982630843957046921697667016702154183971452406 8
11107896096443107014422961833829049315813802387922779602441866415
53828192168102915651312908042993996961924320997196274196076627169 1
03012718723018335844347807435855233753103452443345328611211377247 9
00922304411415064137035443429279382898864827557577428952983749464 4
53496569789074236504193084525724284297530869540392109528290871989 6
78199418058807231512888004778933700441079967103609490931630729705 9
65145169129651304127623358031791814309956652276178726497036722962 9
14361705062818940331242468610554544773401473875159987157322631038 9
11572957627921802877325801775905244349064787241801383760029919417 3
90113980816341796209870765437132596912266366819433062249331609518 8
62839569941229859218595655571529455050563175272221478186463340892 2
04573100129730427109883540301185694303464005133961901505216457755 0
73484840990656425414075845184774764573073462623817514389525046172 6
29822236171685496059621107592832696334433352658563335448791113890 5
59586704738751870464856913471014475543088185070399722977037613592 3
23594568204223435199349796512579015471795672906023995990667179428 4
65502281067574328514646520060475078751259209518563026918510476917
13759950489325634254273670888387456323258549285430632191632611011 6
67293200580600450414392918970241068245027949592441096611998531987 5
45382206575184977180217505057851727344984553653063163827026207567 1
87946305496508595495690976433984216460687875458648443294247344295 8
22813127923852511803344112558923101259625041690012222399180886579
98055866897319420811638052985684874058668524379731089218467880376 6
51882951397350767276429488229733370563597201800263993988617418991 3
47215147156379715826391667980527240846465180774500344833151730168 9
54545333587249748669553355757223884163187005591384585478685147436 6
40799472585873372305405929567251148775151803392261897406532871655 9
23304897886988322467386622591477279331402158021414842124339114724 5
04739145853443562140626776227100159799475388540116443270869919148 2
96322226946061039565133946553104432247760253821420693675261905205 8
60291835830485958938230941383340625938337892627869182770862912756
22346181770347989975853473365759794952445983093734520793941849015 6
29460639020511096293137625556488117000672901052133294361963435575 6
52058748654621970227702578002349047679610215436130422203418293026 2

240   Die ersten Millionen Ziffern der Quadratwurzel von 2

```
5551462594507274561756713825460926410769116417331696926056384 74070
3798875870250432093249060897175324264480851417853993150267 10188476
0058144693627018038780184088912249442433852688414915712 14622721286
140892179832945588904134852970213090930350682734602577 785973249854
48428012606945791273107225884034941767099098900603428 8717084722663
8260070659757813581592143455758946216628128052567057 34476674194087
51048623058849215337593730018313144919620214750676 7513632789893147
26211480962586037633948944155141744709673478972781 7743424314626468
59382658707177283581968192269762111286338001225437 4415378539800223
7634493729950037985247233334137642648824869617405 04098874416620103
8608708808831237763353894118371711564948059841113 38128760876380750
3857005158142956754234274864890668797029238941667 21859374685415715
2187884862516333281622224894696518978114471393387 94797333857917862
7979881357279636157187790182340425082151544380424 17862992492860061
5527048599758760444723066790819672470230803243559 3267294086318346
3655504595437412687297541814762637369803720989428 96043337119209076
4957327044930129755266325559180605058114994161508 13967492076728073
1745691940252093232054922176307018125932421477934 42515444146060803
0881824451374662560474595946818026649218377190967 56115445775167839
4125981570680932718932121291531271528202230339182 34758061081815274
5815889249903102257107698697012740490025683958100 38271760303830051
0158968325238574423750901391112285997582619394898 60821612678270778
0316548712136116386537904699106388243578499993725 7980944921777598
6838817182748747512865791498156214464131682237897 39577989944248771
1563139218303612512286429287921734315460328308287 34533765369353812
7354828277894495321604585172357286843634642778822 001344
9159735155318008332549317565902007197943011213111 84923332782026549
7868242927448433664181789781224954724524775522232 51040278627924044
5904363695377971631089913188094733087906956499484 31857828116419396
2480769986819659402584841799455548105269639062926 19438254220584710
1316473670660406138636024635019646063497063878910 0238068283 6893012
0195689248850104034791580199358695834575129520420 15822288272054745
7697354688699443441984719427222936483733659391702 89499957375064202
7730422477564821316748888191358059881118906929827 77772482379179376
1947090207827530327057052098508349995958948328501 87585815020872181
2997187422620879588924446756776874394540794467889 22625698246189832
5870964705390177750223309415858351303121015271567 05775294537590786
5305736465661602742789886641416326599355927936280 546213396396633299
1906865621767973707679848986391965149798930483680 93484352880214899
2033890483239780429938544447063096309049167274215 86856015014113775
9330287182712390174742881569857318412660373388504 38363936504815659
6171249191687102855262372423744222268748988830741 2176505446484667
9271452071218738950408462969775490779965913327543 41817400497049395
8518918940197745622907491310548822381237524904278 57676563550106486
3122554678872790671945217769236868292922699524245 49522914028815928
0196917049946627510429127555894730413241165153702 26188184729367260
2118490420190434922139167875495568610427474403045 91494645468018080
3046508669482133080705192150931660063367504416138 10974407536921195
0057344276848831863945356291145313464252856518839 54826223023346387
1009751393459357869362225160819502297810151308073 2037666525120008
7953136987439790176756291740174836945683865208859 1220856332741 2747
0501169624847537337223149674896563782366051020394 4765410301647 0953
3226798498680278980386455993054896677736556886137 08958464325 66650
3021074795234485377176593877049845709177334751650 167559001353 77519
7680618057100656961240008490100938580500548300183 3311060060 1856827
0412348796308970731449044793973384623661509218073 05496641279 404647
0268834175732970561503542150971129778766113762852 63458911124 300029
1366743638239428000747409578037429699534990702063 5678839388 678433
```

```
3513654726119015455744252103555912010534376086575551661589122103 43
6247616345228491479278262663846981875301323846843838481989822591 29
4319654013030910358495655688604233992937641972775377812975765767 51
1042206746925082611163134834217523947148508368948856907981373285 87
7035438415456680658224364164231463938542036193922129549008319033 8
8670466369095491639802927609292377331817111626458622288016324936 225
9459684581316090045575249164412735153811920288181105177878340704 00
9271730500091533156698217832636230741027478089835182689634211694 35
3118236685711350182072881355252839866581284887177163390803587232 60
0886859722842258111252157958486119196163414348796621527963384295 98
1931583040784693043718770598959810050206806966665800589337130838 40
6689657884135863890637708867140340399738851692796902558584472488 74
5241624649278253457794336598652454487515359972558689023144906104 68
7505528437155389713598879152829258282550501208354191205878805103 95
4962024358774182848090428340126233179135488242507860755096826602 2
1556905386167217397070165529518261851497851559916874134807718035 39
6476962531263791339314466915517752428793983765839968049063306801 76
8546528336908119417846493436243829998179420416512251552816486622 78
9692413169672831757719065981066149201890948149667661935024634794 71
3256571468360997983668771671176457683638466793205076045684230136 45
6074677112822914544104578362295484190057164603383652849543626643 97
3131121579909004818737355146272400020405283767480550460175052622 38
3391229222052782088264761784333412824670904342815557991999367870 59
2424465398141152483371850309823650457039518718325475058891469219 72
7877474934761374314763340744327236723578896830721871781560699923 66
9926078802347265825841118585367854946347040895379200774061632452 85
8548320124277962065712557406190015405686663593551151914859073854 18
3367389436877712135766803563955549543196776432618447854583365485 91
9644751080858682417024425352522035849764711681624768399536244767 93
9082234282929530813009066893806352744200043638833870698490217124 45
8839678708195459567031390501961333024247428675455688835979890257 69
8920065894342002372758672588032116926251701449314686646805490007 89
6322270317733061013130171870298649499302591773911478570497087050 92
8009408440983014171594181614899597275510048899623612421846679217 40
4025579357578418304118548098298513982186982856476644290284809902 92
8299225862429896852052598644052317227866081916942774374705757718 80
7610801781701444129234726812761690613753461563045947649597658485 82
4403587996783733086380922467731648886601375822301126677143588182 69
3220528628366006846604176086698120853889664484236341278304300197 66
4385747240555867854142445266635564782338147488020054711907400969 34
0766237231965007136880198868566322481833546175394278105286340454 87
6841501481778611220049902044745915524008385469723843865268462360 50
1650347458958564204870767381033449984213916272550920081664283184 60
1053470258182980053420902474985118817500626708844123795231950420 61
4207295917801204411082100431393233160501226616047367209730557539 35
9783959313912177091662531487278037432000322972883501284526320464 47
5264582496769538340933179681196657791727882996539103498180139437 8
4195582297131148265236376063398286063429623982797764964466869686 29
8372670174608779657333975378138766320446277375915116118028066748 52
1752569248586037187110772252325736495101572212470610018412611261 43
1130203715087649154625609502557447887273002418076957758943010976 19
5885392410713950511086718268859217991463470361859657414169751603 47
0502384000132034972016907501434544818407850019596165555520217503 76
6142083536003085524265162831390008975532930457979299051545541705
5868204511135467044119427618229837307914286142958646767934829032
3957224377818313783830909745244632848910325786854558403646035053 84
4397353565391034246689017692808127542457126479037940482224169728 27
0546299891666570139969782325080989306193053048784465057143945515 22
```

```
13092305026148007997880337724980552595740172644905129511889177854 5
75105280926821344697207123554057885078956871909378185335500775104 3
06588827467960784993189447439503999944081834580150483034503996715 5
32713775871463877807208162494150010306512748338364783456878423691 0
30433017556587223077119420762504410852438717768733689315484896060 4
98166762669032375549662427531934881748140783245731607955287267683 7
12611808158462394204454298053349773691519546905049816894879293963 9
96875232490806551634521696254213203764991733072416158204317240977 9
78027013008700414187607918402849014599117714266520928545357063624 3
16076505884737698598710787171579433813070758043271729692701998681 6
58891807039100027760308435815180459133501565881195942443071875079 0
12697652941723436324041680733604172510588053985716706038297960603 3
11853582024724476371005183240630844923767445628716749667649060564 5
12499185526727256493577914993601721335789192835414619678868947549 7
94111832038604193488760428799842688266413662338773747948405362154 4
98989373809394467295553208596428823956093192673324151264038942675 6
72901213578152105635650245063480866720033153215099218665026455146 5
52057914043433141893174414583842003472011452762747556638646363719 9
15489155616413632048725570985379645313317805499465738441741349915 4
23068995995301223415667016055178806045488309658980351776258904081 7
30335473495796571980443157680412935610230230938086989458644948455 2
99845054860812008771972016498213738316593486175047489426498468749 2
48301555755608882338246863182293848982695874312899927345595579102 7
77782399973947407907170624011469614272246039405224467274380090478 8
06800920425738145681544613860853989358022908414498960415417980131 0
60176604978453641531633197224496825336807416715398997449480537924 4
78947672584732398720794841507697512957791894624982289414433547663 1
85349999358667358165475879193343990553746840304213416776737191387 8
77631991967322964962497954649656836376255520148221035567649815803 6
85686852803543993320673339402646651584569953881912796585701315163 3
72303597151509232909927211288833907390063026858674303638166475013 4
27903242469273442402848887999790040065537984933770874659301050807 1
04894142303686390304682685016368810018357893379932967769777151624 4
43283150534256716790883599241420750446633932622724767042035978433 2
81557826765102624323918843377919349488592447301341052250751798403 8
77907781279177131601737848516493151637103857254177169456553167793 3
27615495664365756853322526102325751713091922291203786821107010681 5
68934982199935188605147278972330895615275525911284752924852545046 2
21544421865740375113259110093833867283406940029922498926382109193 7
11948661817151276081651765577672726141860219883492213122775903239 7
49939624456478058662077444393511016965388184145302365555915108637 4
83250392650014551559165060784333385319281735958155845836621450195 3
70170882548977503471954686872908041778162160256162930998363284038
40194538186821566342410142793499054862663594499440250945200918302 5
52039721408474069179659568130165902173259020956745960371894007365 3
34945018308261531846736419803763932533028627104582160605086160587 1
70234204354930540565113644109298028876014831106800448603708914426 9
05040297834084766918108525421711562551888943475699384372769449941
42970851955902636559238592803026231026908497591971640232884773138 3
90435597953030195584721843237552582062741661982898438302106297178 2
91592156984331611105301885841177998750749021455972597144709022562 5
56020501578383614558817837926845383534671073453061139240582045115 6
72720961373911910694558510871201442348874368457225909303888082822 1
03383198816449037644062565076012454809987509782984409846381031041 1
82772268157213673247695694659041206448208233744695599416281098621 1
35087157356347440022880796026607745733364015250933691969813046383 5
08737604184364815320377505373065431584442857743297221558308881655 7
32520914477138534167181344389998972779349596084550869695324321313 4
```

```
3780888599514266804074165105930796532523718464599992992942398322 37
1975367998325528618523573264878710093267957924149964951806878525 79
1823147618723930629521598686937378237290921419768030248423379312 49
2120912941713892101467843972368739307081660139152865149578661929 92
9164439118903211626114809089660026853303945856250873153359850263 07
4848346906105447014249023054829299661850894289015259478813384460 26
0028009617289925714974777058949175672899211491082699741177748502 2
8458594809609046249459839157778081170718003471302906301162028308 20
5140384864141569628495368791235745053793950827888189072862544907 46
6221707783805120018809539386352510234908914762718133723225259106 60
5376421140523531926134201406350606300187432845145934730553459704 21
9947546975701929130541340893368859424830027480627046640443575161 16
7415276495155237022144876988626846595805266660088846455496818011 07
1009909364248889966982009757583460573853788034470034204089604099 47
9245743166938181538696062637155037862845057054188450964696328962 05
7056292348826251337925451036444853080872538730944007350347981706 46
0652347503789824110465974717481155239890312363488745726348246274 76
0957517438198528192919890889743292656407594333165862841246724010 23
5655690481117569753737086162435839678751877009847840583691976503 05
0929709154181824064011312900104279320543904411739245556173621925 12
0830998456641624805764707386059954205257697741047330195414833615 33
4240073481508862892579364150423402253408493704434164662057026135 88
5413312616712157351019987224242692783799237163539075049774326854 87
4338248930262067273633607793776075367700462927382559310066025042 06
9025358331972614728631742206538472465520630618072151259282154759 25
7828854706800082211190153120865951225651470830249538010652748002 86
6287127462213996458324577131012078227598763520822893826902883194 9
4077772543020190149164010198782913990163247907191802436434625177 01
0696153522120288789546337752002232788315679671189938532933536593 94
9903522938296260379087717906949906119125422332681040549797248525 95
9491095256230147834898201045071956735116137525642503562293164462 54
9940499533763935606957000818997615661104639996968504159253857134 82
5988136895394133983051248427298333256580001030513135096807909965 2
5737825476708965111939364287896837275776845935078123417746292367 04
6159317039902885813378987545460643406593881863986652278567241854 30
6304162097294686920039610154195508035983774355888736941366897257 46
8094724417601896962815706914230591576700975947655849866705289246 4
2208889780000051543895753363277777800486387310585423960835484669 8
0252413564183341290213942664070448114213838095809621677599456910 40
5908669812865187486504263380538768215603218337307404430486358024 16
9945134548245177238652032319352003662291015738060744545025072911 41
7045165080205300252835076030567180217673561028923589975844866871 602
1543775796514290099151441658535552932583816382863657600898384374 76
7972804092752500822022496907611955017332562673284383738858246640 39
8155943521281168905998147088079444191830776585591804084943131425 57
0892885292490987354315360737039483562192855283379008927965446639 11
2193655969647163275081259636982967545685102486284030874335539796 624
8219041742025273544284231772768737078163283691635010826642020797 2
8533408734892267083142585499141101668403192792861404454428634822 58
2245094365804777222659499237653291515384749554204367363315762705 73
5678725541454831075538771684911434311272502004294746902048758570 59
6687893397307873667114082913580284627017952455906619170558647321 70
3941461655344148026161983502248364247934147172530412891534045064 74
4165650827253312325107593688256197051598562206270940238792736932 73
5308414749363386465028182764873700358561355235930913221343165812 41
4043980308595800535246967078265215553707022012926927272437490253 54
3237886194196165495204872062313270142581298949265471709614557028 29
9558298867419571736741057610922022553977805597734427686847839069 64
```

244   Die ersten Millionen Ziffern der Quadratwurzel von 2

```
74108720282775299287642157382895212948004361505855330961164959 0619
36820264071719608606746205566932987716985230206183359294197028 0514
58131462153493650315614721018450062637946060023991218490824974 1755
50687742707578042958080709439004072873247447515981880233729412 2233
14846503586151215222081789113078995687744410716633658650244860 8390
38101329892707447922949022804896835400545409117038585735284266 8460
69988887410323120470146169157773759423794158816811243910957287 9679
91940312648498298621675242513908301326400764597102166836173629 6972
39101616011993549774955786979240529672903393154239168414150116 0806
72668780009266768052142837066934937284375792362567511043304698 24870
58265337643185443585915765275471430885790231600785980295023061 9709
03310702492410891332465164599455770892132573099842010503730153 8751
46113601100919627646033749613794469221868078550089481127245633 9897
81747635991117514790536426045258665345223598130879957458592449 2013
20412503962456328987807381373006713333001575578608583577808560 8286
18974689670844324065451325300384470838145432635280927425384738 6546
75577687709219194437855396256790131588858541976078489997089903 6352
05037898910860363699559019233763540466723841462175464665020973 66846
33523932346791941626672407983689793122757229499336289156376997 78865
01864020269609570514729931996336825911512663644704460066621266 3051
28987845373204969951514137672797524345640551113604444560570801 4391
18570470555173808286584473634414126986887495832347953060300803 2593
86069461851920010642919365821845441545693668105632048357157376 4634
53903642629326676175333872525239038564677518051386226191773247 26240
43064597760349870600235829923085577051090093741765743472349250 3394
07697219390863942963538879538907748293083687116607543794246899 75505
04370854674817201596480839520436756430205010743705568313239042 5989
12998499919478248819044196748394135712423378396109985354320902 1477
79494075715972965297639431720139466515126924917107171326952625 229
59121885714101246179801201017003373026585433266262069180942674 4276
51087418440010920608772729378921476193903503651300442475701210 7761
53245753373537932674660637337809050695406417982166475130511404 40411
72224497467581365660502052712808542381560016090080839784267111 3319
85664774649442028698344341341202055403021670207067899056043814 7052
70896848325288420368572909925823491314666403874837515280900031 5273
78130409655876389125304801439432220701409482076281490489269593 875
86915534071928747099344255710900740763511846545224504419515115 9874
76939659188800110992980154450704171029946522238724305568351350 1184
97780757047484898703568568719498204005221747233494739934977274 6982
41093415185952674711043141809613158168468101414730929063884650 27584
60988106933586692975700522370613817415601341290295934950096889 5238
87219013839325069729419996602869246226293184205114176941822066 2542
96752590946298998783328980449830065822133537927140637936417131 3038
66948231125401181363568591446728257555800452577064048842595786 0777
81317362719134299013000540173446174721514924558081774834226191 5397
18163371865379335446215316379703670602825672566270135330091550 6359
44777201147921670668179917901704773436473703372753207006970120 5279
23630896592770542838523910665136892938992657670839425490735833 5602
73362103188573228572464433004332692611111099395287141342431891 4113
83083921183103705468918442084574617775072589786028922935749517 3671
16130844543570385729566186163808068306229746817171870218007459 4617
72952698476329463443203929731670446453701838832764321888947405 6136
08522012704284408373846889485419759821540930577915433538981087 7061
01070856010228667643576010007267497000733971131265592126331425 8837
83537770207649888609646461457039869295589796195725997055607876 3286
85383435560922911097511115438400599847577351548072539019060674 9301
59193207469321205147819057758508108714237975158845335608859473 34730
11309162280042796635906170090700084950777073479786156964651581 73734
```

20029841968492671389789155515198459536699148868956759808185163503 4
21147220840030120619969600627584795184169940211280042278935681020 9
33230531599631285929389855871216914299873564201472615764424918340 1
20383715799919951185789412699475198323778010542460576485099075679 6
24112638580133619001723654305602005628472010230925669356755876814 5
29218598230336899995283290725978652460714532617775223362345964447 6
14992816466297822747942313718750383874207400710071566893879982147 4
43027808430801051940177922767666532690658257845017769364656309597 8
10007579828567139952189006369077607716258059428370526276431012616 5
84811391213668049991415537488565844096160476380582393897504532808 4
38157471911986881721396125877507498183244718452673889354651623891 4
01260207035648239586012903229860382457746906264601132615902587229 1
20684243235099273918484604114973957129641100784126999109832985531 4
06805134537216614725758181052295588093097586040447064074615528850 9
76863477520377836512769761079897393283159385895071143078093806554 5
64587709547004039301354687037808038632123408568208725819798522883 3
91080822493899839396509221619260333025557350805606272878278804891 0
67395376110309521183799496437827568688758333370714672286159960591 0
50358021863591887284389548617814613077118091081249084996316227883 2
84657559425305204641213968922608837432927354103717526182802910153 2
61789496024810003701934187080228682050970900794298847144241821877 7
37688618430998109515906471628276397108557392323662995433695179566 7
22216177761459012202050210356475234476540919139081695415152484224 8
59926658640251022074278960732108757635935022559367639601462219724 2
94496858756807150704955915121630606271121121474890879797626228457 5
99656719275413217650272432829868736231757119993879273229861257005 9
83287331569789716627059093197324387946579854177505339460947219987 3
17800767160082063274695599524109602488632708075268347230454887950 6
72558611370148415428633324212744938675535015091547113507742347621
17810732216841649227826592009406175892590552380515849054180355654 5
74662642278329698663486608567173051311015790370037046091870528178 4
45535709484318481800005882036874603118409482456314576309759805221 4
00788220875037596529461108170447698714671287804652855008021050463 5
68163507796132415772742876793255463546043648321853026749379901467 0
36313908901189507467572100149714305981219935126731873152366245965 6
29107979704148067442104901017888788726127061767843574542123364529
83174102549968446738297700841886876310478783031809321080861829983 9
72848900657770657516539515374115679042860978406457578746596468108 2
42047777411426808583771618805574935173578455653004672224550369475
11489405716004443530238135727006618884255613302750225910751859456 9
30094234188198449491835553225249546097760260578498394487136912875 7
84869833936983941780167078919592473351272807545941150949871141814 2
66398277888368296945752211685758159120989222701121833525651729363 6
76210519321450049481404459126153274594510066979530314227085468873 9
18458177072900903781926979662477065859081649167080462125138887000 6
29313458708028807789246347285109710408692370614580031595909355415 6
72733264713357019730509936818633030734169194777440454092484120757 6
94585406889720342421806562731788971017823300228813830303533471521 0
57057683458094619335411776499981781716465521277701771167499360636 0
04246291955187655708886260555654593335782253360078924789365202067 9
38180839663741499429001864492470534608937926491058890621746475688 5
24776102391306309943092314886053913890498269548377161375438621937 9
40396092771916375592006127704379525351834393427007260373761833835 6
85386426461260056116988589343600405888727614781621111073896619885 2
26240113378942762194491244505209155652170321196049065436739204133 7
51950700262658215565145818691069250113324987671625338063630364596 1
09570913113982597709903807732984151265340600161521348482878925262 8
94353535905349382112462820633273788703948663222650179313647836514 9

246   Die ersten Millionen Ziffern der Quadratwurzel von 2

```
00676511212143205862919542201456435543004070454743458701232342238 1
47737763608785490991191483573977231031122816902773863163487355163 9
92921765935751160185572166381407801309626138805039044226555222764 1
59684839952984200186652282630605759462327346838443434029627366717 8
94924332164393177252877734150813383858531821858172567451062298512 5
63584343721253806708467146516923679657904030365220880073859968143
87236038544705270787049646603576332785913736826300159111381786924 3
58242281014943879370818127281996151195631074202257342893681820303 2
72209683643809178608697093644748663018509007407880834475644120341 0
77866717072997183604644806938520928383721966257988225057764177607 7
87838037498340162086002608907157506890803152452087806211868884034 1
30230037309622137332072992886670166144057563591092887630626356693 5
03619030089756566568488601972391422644809847042306311219158381386 5
06167962968682277125624272853068494099464599540494931674087697108 9
05941249166169086866280269829322611604404781493708304548859035308 7
54535388806044908608837936608389110411766826467112278871374837592 4
56321576918800710252741687551648051107978822651569464833468988747 4
70710770676818125461507250535869298244421286830244290843539589170 2
80942877581701781301182550001875809858915117128118036813335109369 4
46730920775909861543820011627927514995462410270368305114708583336 9
80936376492775605234722767093184772475302533764601628129929389005 5
05239025262648002549845462701216263535295756432152022227782428724 6
11882694365894558126955554007475408557341271258584024335345162172 8
90099843311944098398820827114371444392097597978597876768689408332 5
94170973393357479641943792996381599981635733028050241858626525080 0
38676301150277909405787641504804212553869378721062264185877718214 5
54784132685365168296480661424520060839841773069977823507866851728 3
14251119243220453523056803608146465365313615396756296747599663536 9
85788808062229703657692763415336368935688721943701037739529709643 6
28173779655837103996958639230494087959183695553396590794225280312 6
13041799856840538334040886383041762040846489576085255240579473386 5
16330065828755074283339537403278824368035420707277650899927371651 02
00236326681559148973456912213316971020408503385796000249098954383 6
40877597805764221990878589996537940899505559554373442800092611030 7
00668469626296462609863374420905443718529588201847267175125248638 76
77074501710517923808460700134247666472392199755384519810163970514 8
54196758828562934415814762876270100853776049973295392791105394863 4
39859458130476218345050534164662582448747521560475388358234291248 9
23084807666517966930164201046775515103510641070429080419186072091 5
97683653798101856792503725086581149495394663355983258555156870665 2
44633834366821902191653306738240206305129907466547964887312201301 3
68176402903345438667850970070023693677910255151424816884187051472 7
85705874248771223866147742417748072066823728471241276480063189185 0
21121600067970430116228312016952792268132600686572879316121929481 9
23243256154939447840948939393855274938439427261315171191994437010 7
61805658945820837121663763641483699881797423021559623922381318256 7
00651122322603905560375046359735359134283681954429375633183373711 3
05564647194673726848912753432431572373603894215884795697012904087 6
70191871103509469878457630851248794486886951061774155563601596910 9
32855286742201234191643547647826530349955630233164827340736500818 2
76015070516836613916782623738339378331297223424912733561932663567 8
01502594340355905040177284058201836929645898431465835637617036956 4
44187599248210839333503645041618033408495830108695612022332724439 1
72017098395133422560171931033987918713103893293114034231659858347 3
44531210929568858781616785605636669396046432717989154514201199273 1
51281276268040905767548878988341224056982962123965159371858201072 1
00444256877705409572501672221877741992396997424245480525080070036 5
17722949864990154458276278422054542366812569090009309229046841046 2
```

```
8400055085367820839412438054749831235566503163972667292103672021935794455804376702009827790201905035677344403077045282287879426902320872463084029566008831024628976509266216131696886680701451369244454072753326002088666025577523713540158210904470956072117760677215722517386995526448281653924962917933264624545569307017521057868831186639761543759181843490160750155518194291214939314650934369590045434118215937035816748932184209235535796164170970710266577459163474350305938521291757951909487896889365699646366261155514221764701176091427636235413560144469873087108852559401557702933307168065071768265890615153902280501687194706029899996694289139651617004820858098670241916334874648515636660560188050527405093771099563973083046782836297518821688662677557735105494000885282726524642158660005740772284066569482581335572560974369259119058341023295217578727980729923896176827398048954906058852859612690949894260353030292658158078881210382695833032747460547174805328631026414973095982439913157936907311445147251233424946733814478966606984479610575375908431055320393057729202018960652427085659070022674402210229841556336514667369221363161995527318479517974393027291753697602259752322989667971992038254163311549723188132390948682472193903907327923208922064902109208610621532152964427585595627068003147453619453064667337618516688435140054579595516390360908318534024172460264782785510653504672181568694502085900136320394554210488977016903221755253527203439012025405895373259805468235190722467912025548265000168949873604852720975967050942939299438267549879044192202042818419654498129417222012416408407108114080239202738710277654534415896204050945298103906314347148394298993092566994451580837644702772497042815375414037338408762335600317217987356658812006770248005243425841005727278167889187290110578348951632774543456246081735121350454475591772322511166417870394921004225707428479231963345522858074444475872283607850527137841300142294036587843611314811680761105150102367765805645762827001787064872226313140597231528510942670487846184572306519304517935539177936973596234338709254490089616428421491462553760328849487249437698165304693594660832749250421271091886083998017151547484032270727501159125309761398955466963901663635551605373629702998153481926128422266101827746838613579906779088500590193588554684486625003660046402785539129490563661837409485095690931493661098151816531867451598763493611199087752530933827089914435731614022030339425956165447171433234572398654059666288195957206912044919166340306981069893777000439653274886204205578435506187953702538770982556547757004495764051030795279155716393149339992680220881354902511076977399264405818027145845783961661603337128495286472559121313165571856473763010746738795560400892379474647112760904696470739028770063249138817518739416903425383382034213674217691213904304776755624886660060102976620319670397052305021987824734057527822757453932531064599877294858725339210901925660641432942935444955212643470195394363870733014032502530397277472546499461419980823986254595947528582179058859836715879056330807328499125745187823167124839350762840382643270941437677931361736001450719368026294652971394005463101346480149911526469652122754228935443050276902585766457852642347414682457558997374870043780641270731361148147950436769611884407918426531028930765857395165069720461744350483812258916409833032689057266565563492848622455696404978823181021272868515897521114200881008219370462527304163474655160802418240992005928782224449646318420353494652115389338726656707796490197439903340047162541428984700321280530112013434003632731926627171660529424307383475945727607789094797110189355709756539878269266663437696386761776779427143443509536252641040944857387842925565942763327674191890543372553491142659784510838554285874625364275288138204985509077791359256761895905807549627513438728306328894275944377855018970
```

248   Die ersten Millionen Ziffern der Quadratwurzel von 2

```
01342370369901091765501706882081042243343335185637859512921847044 2
48779017294687781338858476585341849456423084397523225458454187058 5
05940923415499232605082389234879151828313437540590350354503797624 6
81709256571723280771799886210977954953013288193725232292716959901 8
61853759060850783049897918282128964177582833430173174418775136699 7
92133725228430924201156275955276291856353826804573617148980502067 2
70974018912654148275607504598910306162202001235157727435564224043 0
24840199861145306386948857967197335018755083668499751423574254086 6
09825384955990185462207574933520323817048262670340380467067137462 1
39170832671261276751556242297562318947841478944679267545970980880 8
72996835621910300339823743984551470858634862537958293314287548036 3
92953333914149259074106540894851885067441707255982706672212269748 28
52073068381726696865881700856756475813391689540857446136834412738 4
00727020590733569241515514554071203848490388030363549776817471850 3
54560854131973192078323525864648384131870258857126907097828571293 5
00807041740818094157949525550883384543463899204073853873485889110 5
02488280081694145138328652258382922313147585385839327958225680041 9
96956208418691229111425031177195566784693411590109507864179929257 2
35109151811555983605338877700903131327190599913723647158175803572 0
55522871156109415856387806326532060588838719982625791732222366289 5
17102403710177287568692753471734283089162113604326102520914881178 2
87036014531190746094338076684979712402374718363711681940795842222 4
62808333798202640954897411392157273817167413697958479203768932307 0
13352464746571319530386318245630291018087399956749620090949318636 9
16202701695373966243657153663039440190242360129498179008973238246 7
67391812102888094149804923315360828592141838786002352705242911224 8
62963444262945521602729740722147448764558710648809422462101130141 1
19032519539606049826134837638523408621907509148001523199497085315 1
69472703869850192862752202979144443562449087994519224357820387517 2
06218775443811741287385128671899199262865905912462751982438042428 9
95702324248681133170118618872077691619621955159427188766855668834 8
15143979606010888198382235698041695263992520758168244737524404581 1
53347600768030802756133218442017201593380104645744953907886461189 9
95505920864466731253821146343905461976157645955876605476075035859 6
50740021487748153384286783689462299232225931122398726307288844829 5
66666076138326344146372878608924485456720630222764521374180704582 8
84128686740987412656168592431619957260234757927504580614421906076 0
75432555619958140601362375186441411432228104033853156827729429987 1
03786948430800076863102995210654050329526531249095128391609949620 0
86374968958172398109010486577612168318169688215192323831411113616 9
24777605389887348342624357659120451952572191120625921159285752135 2
07319165910588588778702258766382750185300831559188703736232814952 1
02809198522849566134192328594941977006055399922156849688381673918 1
27529893848899590344000008815162857255646732619474733502742867538 1
77665984625777156123900448817758279981854012162122484999916269958 3
22214446854406421346391214867703640451649023203005145326116612507 8
16439502978666059266052623743169787600120621748878942640035583752 0
61776892361101976884991842977113026763879417915393877707011653330 0
17582409766589736754912959819370122901042744270534124569793251887 7
36997100956514778092655285610067861430789208414511061055741148860 8
60467348408642148626858296745879682216283022254844375019135279502 0
20261014414935961237566737063706982604783117296402841450063360570 0
71650110386848748731991367420036877045933085019226743951273560371 9
56715199122457669582489070866860562270782674074825432888399094576 3
14501006375377910659835764066356750801818613964067576512360340364 8
87830171135550840345512896070115208641249830365106888607273309314 4
28935849103050248768455400100858347393825341292601297483318994112 7
65753115594516402767257864318824060186085621454609607750835558793 3
```

```
853737257095058633294128662332240145649099081934067366997908030780
199015545066987229118432137634633506623171220285324684473870366411
827888936200348658575390340343182863394985842078288804064921427677
615330895433016588494728687050732472047555062954488371484935259438
106787788625227032943525360419984476708369644737172909728630479592
793677486868975694841457254489048870193668971191106258517487329557
793225523030005673960012073235490925297786037294223616566438250025
589995885277118180372672405835787633069882581981935428261046602845
446873600640244235033834431083522364902624462087513490332142339451
226556334959101219931126252036504805344481613244105555752654791746
310455055928505250787495987112371445236237997582900837445210668455
686478684785017949976974764750855044345958122951632384967506134315
102405218605133653161850754258595933912804963416755713212746626694
688095641728477538136949190137575851277254440415630074050215028311
430625007139020129896031269837134698881154587068501564245840243587
656877721027223967123808804882099014233017199336625644479600855529
532931719823666313381204885052668978587061845463690287373091004290
601057433983149825780074616689805470942184790230260916641540182338
632718340342150042117498852953580584229568226030651221674062264348
094739547411420721831831173447845766448031232016492561714090033762
647708642899235652258883763222100378550112616016634932765563111900
210721123609535665547068241659306765483400628842529499830587818 7
593537654831324395888522727625074935402235412237577888328424405
298932752224199865423440030266883278155675648135626374541534041156
474246005170942921822273144138149639404117665757377725010878620774
884296858495606345872806287431788497993385617314425795600625438251
598551453022935164176060699485935263708128786929046278545919306181
085393591021328010091651103911210812800157319608824844365665519648
522760073022388650637482824307538375087738496926527763398421164558
307774531396342381305333198192958289147338661269539449731672566724
153460346099970848410626839373598212530889552180354864231199496917
289715192928979444467023800716493481312442459987903393723134732458
668721069655805847993280433292630603993665555640037452949442123044
809557332288545827994107620461119915224282845500345710454539313101
768225274874105279271681339742950116661812766300102988856328424046
565808543181905015498553535151570531482080556621243285335752769129
124966332965849669092272519686000275197789582188736202355158403119
388882645585652347028452667755623663775095447990678192001149385934
917015952268123344903888752823670429663083586768678500013214957359
513646936536755511403599040777286191312493622272560431452772167991
915887276131259642596049700929046535519014397515567755131561620835
072026783972854546369254563241590285872587271571851087999181207666
563538347374159770714863677602992272959404729257554567983549690693
614284105764982037338644452524391739431012449112817981305292621726
823097060964601692869445343100489332867416772908683067919744541543
614729479620214065518232431262641153764878077060057452743320709652
653623026119641827265137579272499561367412879118232178517462340655
558095684144122277122271557358073371285028555645891362345394022552
926007346250991485388065874901586474392879101243389327371252511842
702637332191035830723186149932264885760526825658141871384562852802
218862007696267647892530708379360758533405221109297837839660629293
119204613981064766495564816605355268713351682698746648959873891479
006434628922182680883162607388429195186249905229865398802128390007
011088255602077170592184795598246128662904344930353834746879653446
222680552961661356416997151739594697497386947222360811547961970680
409012857794471590383948225309467282273242774906227928119286061892
628463140299235657996382483303556544299789586520990478651495686146
681404714500733594803131365848549565630638086517793951320135825172
```

Die ersten Millionen Ziffern der Quadratwurzel von 2

```
27957718932413036244620958516427884199516809200103063263692994942 2
24538648653987276912370130529956305805394468052469550989121432431 9
81848628283404281028671336060748023068098037415249015439200009307 0
70368967567552385929381979134834943749562163623326488004190378369 0
59154718874058773395355242112033329046255380356562432856345370632 0
43049293239666377557197329728393326558576649374259236547560798919 7
69822542716990618305306512343716059145131168075716355503575277115 2
91607849237623322369228637862133776070837467401105125233806099509 2
42311664591996575823491334114734544855558399166709882095454361082 6
32427980435550684461934123878007522870321011641150185762333021474 0
05731592540291076019158326550551904749189970468212381765559501668 8
91230302750078805650758004903134684217590960644322490383685128750 7
09068052632894537827470913610381373067170407752632316936029174827 0
72288264777251595699918571025915690421736364605203176844557428401 2
69329427438514951526013701181942965461885123736195992790926466212 3
96129609980243692304299457692905253987819225356468920474861714138 9
55133308765612583752013134192370189292055217972457541635634291096 8
48823743851449653107136276352370951741147090503751158591375064370 2
01905844514375251043753716968333182410567217681694154030797435361 0
36044573270707961160014300529279421233506434455683766800043046620 2
61894021085108535027037120179283232989317204629178918328845927913 8
29350662703111032812033635719917889650227014006028463586734263348
40381381504946360779365674716562640761080419578198408100061434913 0
92207445924822372623207689057877648977021701188719226241349247254 5
17635307863413008352637484515505652562562986093115983371411390863 5
49849249977471181780633579886698506537456612805093018537448438015 6
46035327815716120012254482540583247643727632510636180080547320492 8
96411581762348511659729589450875144905209956305028939126790839577 1
75412314670181200762636036860402759001405828675117693623497600722 5
48857088204182993217664050583264588708626737995994090994722936487 1
13638698728961760472323352752887668636899112572587870966532888780
15129623625052759599723312050988578733027843761747411285075573146 0
73443731634290802609866557749411782029370285339323982492595149860 3
92900845868178405900150282984014843645258163642812468161007760851 9
48463772969861278024340994774628843330321983435886583939802085951 0
54263872643907369326992837148268470388915562957269036197537422915 9
71805719592749931555765641785573750507961311893463377101618777430 6
09982185424321382467296835820745904440071386119650217072422024731 7
68021627617556950443394063990695699830203544284876959837292982157 2
60638627964627911342992512970490464905816637685849567716772571545 4
31644919188678792570773338908499338200286217081154519597204161988 9
59192196316906038215809102128689023024810393468610677318138952996 5
89078864297559899849127923013387047221611970169028162967661372629 4
62913294548309800421379012311848628064529549492815571934434495491 8
73391917138748409084894258484872985494253226644524477612399147066 6
81278756678678437105952631577456525202272751064656252247922795523
95942137166748588727665945095563249000897074250620268270127717654 1
77781241759501779040758806294408965196637467744865774564961386928 3
32989288112018430787424543226573555326578212195945999474581602815 0
27606271894003214739178344607382775911920221096898079675962306122 9
03758276360602116337217234124367646222307232583601921667564332935 9
97033070205589184087411466485165903444232496365632681302035538199 6
90485241073883444450562036137705426384738712546062369828681927966
80072228925271706323496348620130854580049012035395278984246020833 2
30646791576631965879332934215678438050201557298539110702381274287 3
45969256417766629184742622831588226155998230744685966669533806939 1
50423878135421952622219465135534820571927239730728354715476822679 5
65930049611133734353640944618328495942217264396572976115446864091 2
```

```
1827639030663664057680426273776726391036675778937166677911183 09632
6737345492170384741098421819299328704022941342777080240715827 04529
7953343317077004245130474242848925759941829279569589963227907 964826
1437438846707206319365072880124209440267653017795298148686505 744499
3201892531696614082010333473474572331729177700234991060404400 96220
8814605750525116568139102153454930068003740090336787761492804 5919
1031457341279751252571841754736722012289665929536240453397082 71462
9374872493999258014506258610994192080862968446946103257409232 05322
9826413024608800147291345607506957307739762802941553848272739 74729
6431915757260749488193484934196873136231480431626783738357023 77931
7547706864219856345105434688530369690362175580789960840752977 55665
6353110240774979853956930282840795091560944301420125795422760 43212
3017166635513929351588628284103858901991344336498298982943764 42818
0926969507902993684162287640229201599556269062204566513613767 74086
2011534001424398979641612621816849040768659762966636682736084 61936
0770115057523747986789370010095162037253426190468565381881883 27136
4770814293007009561737486702229772250286646636017385968766807 80638
5831387994902400609949739053856510638935899107943370843886407 83365
5447858815986183849474308997888823296597524502663351362959204 36759
7533928600849621741804663032124153088533121085949838444762449 60414
7425498127295449822324654099093851767460485181616346093082293 83894
3458596428435707144197594664204938387461999533948067569133145 07997
5086587854349989050651164037206786000312743309003471900680728 41949
9794541891507788478024513030998888471646778491812044911912723 7579
7308356210394933409624167018516105817607404773895892585594319 91721
9684762256380432613997298045171162319177341193009793810005888 69993
4733041126291517685499466071023233475203912070001314259747241 78283
3043149488389292301458490722253169853589197398699264036949845 73898
0397931421851789925170317327241158866963820178869354678141481 88365
9986133700875287721760338322511392809030292513307854248745952 720
5109793298967379529343895540829680458454880268979287168121761 2045
9960204832991383811312865406462139972254019848803748586052689 21990
6877540929148607511667164780288958209929046218971090939812181 15155
2992749926636633652397245604703075413117596370171142490894766 7074
1616204229775287479311552933667262457648212689637449098146859 12670
9194821170057023703920962683730366548527217160897789428370771 68847
6094226160707546522809720519699545722731403535501070447232716 70085
0264148810480190824582235846326137968575934514049404901681330 71998
1473452399430532836091711876426756828920487508680417721771898 73366
9958675477100209909219183246379862847778261410893797483517788 67901
0805909285662951394705770116818212901547169337933660367338850 58678
2372589538605170312918423109041129090245936954031915712966511 75036
1562645286959738689249163726973081378948202563974300998041228 67056
9404392206376069614827651547431300982897304212816150873659129 59120
9214634883005968858787390312367097821301500550822605904219622 9143
7192877664166499541229031550816557584873441534444883789906991 63654
8974510191912173876031953161298958177122343143345831259480456 05603
5140793922909947609422519914893586815806839797919263454270623 35167
6340140048916424664510462802466370510764228275502370033465676 85544
6519875212834041108168876146384690248343360159351017065883976 26449
4724955786960820915059068051707034816575607201822980104704726 07970
7983999010195850917740484204453184993595881292111246073523569 63736
4508465460489482040392062905243492818545322269127448812828459 15846
5502612881276210782663676909472157102670633255045954233129008 86352
2122053892685046143294035569543854076881988643946033057302776 52954
8451070780301107083687212942137934578024936620072911903876251 32612
9726112117639086534702236502640593141079083914976347682976334 70438
0316361295056769907031204622031587779769901572744451792155558 06770
```

Die ersten Millionen Ziffern der Quadratwurzel von 2

```
170819344572974110713001269968453099899936239055966850309028857148
924854272596565559937403683634077802868738547380325801588022696619
693730528068664939067614868143378816872671390519012630928932156025
927754018872831123571647644892758210693236006691164064632795590159
198533846295436087093849154404378795336810585838339784141236614257
580674548879063131800596669907533549041009915156781298528921547219 7
322809383120522806211837770993246044807089119503640353551263955301
796910252578814540342149969482805349448083438738949944695062812645
636230050818636518055970306566581877859271350551736323767166855215
961359354427388246383279619430219254557952305024446505232361523971
155852751646542839848324859088541530322348532363156908925850958 24
899292405751167219768545874709352037285844526805313626315936467034
400769185644315146777287391446768577856091137633363549480215814963
423887434288586048253678516071213710979311704703135600116366835801
956998818592663407829082429671000965026234376745073395384730736129
826642209227361363959736782520136072878812438930878316254289529 33
797478748859785277438627022443880903475964729849120071432007235594
713488243833134604291291470290042805881289881276907586307621963939
786780438098398128536906944611860164382410895442265880394510710033
938220851666607167008311457554179572904525304394735335918169853739
783878505936086434164138572359542327898043763673190091468065290051
219652370775704820032612653685194355933144804520813305861023248490
592219123801197492488107347767030932370564671270453950071088482784
207659868193932082380201442431392894079586100636527121576123528062
666466348351034387477720510555877815117291488255405547507321 2417
087065653565522448990770520813986773829722517519911233466535337318
276699144544457100640276579552095787271781587173180450260440968342
527184505359050508654503394554144788463483303255506465382820079233
982714415409328224504253583019038919978801271189273650400537082110
818616263173615582047185467827253397797516472473898080265822843192
084907176291496395740953413983576987870015285058218051958854730902
841121820726126164297477059834871369734393430071214746288762262176
850994594802097017140704745834434028749225721477816376415317835320
389402488331020711194599633409777958367410398218808610058843232289
838189197866649106869800787862384430083608482062269570793551958236
724320961214505239142763164261085938200915299459307164359811509744
471399610746727963006254946006435690761355048080395552252346783932
299234036896773294937781306487790982224320958372209877062533962694
612585787218219183027484623301161892836849192787802470304506840133
470131692923654597261273609629125903509199317183362125521597444895
929012539038729311142783505440495348885481350496182633480614510241
409882632467025746233657958488261166210527886146848556142359675 94
459844314643446023143948486342022317127554289753878443235327081432
398567042852982795767230319477801844428958469352239074319838871 94
656310190393429573566316924244937977151743939275568857332386904714
405538086918271588808591616051919986062574341101198989490525667143
892905505692146371145126959221108498459953465836743478430705907311
672571665359511888392634254724318347884827035739438294766160949289
529563023749577563590454037677619891874086766162887566873868109632
513218071819935454412044689631688964186378796481740820620199255831
873302314991035192530086999689309981528890965603168696185716943887
220826974646085728531135598174151752781031092330346762940184546387
026461913746580079299680507495764958132058340412485203177241844774
816802375697068929557134499602214818158217088931919664042836408913
155276361583691155296902814613831790766465878385109276442547547757
519858868844554165081392894135786083403981691102233957660888874 0266
573146218234401068704886921492941128865313448700896352736694896862
195127660559272142286606430638508332274328547999547282077246997 82
```

47766154145243441184107674547450792010024870957428472462720907 3102
02680019576642830029289491250715112102496242165340094329194392 3231
11833846594783900814401609326296243071427504524950782753710577 1747
09513688811002655211558080969141902512384988665171028044384939 4358
92312021000180282991389008188504560446432400708483411122044533 5710
29855094022544113075750387085511692193671542134034510515848563 8301
08676876890275385098821349532322994399709227728420492312193580 7173
31805450865793295868983031168535827786403933462992648762148790 5021
32135855026535395124338288131421391797204873354437262372293120 7641
06403611252479828709359795572358436459677619944611013302710175 9389
90879492096251704684514572462372749722392063608545812681593249 6638
52591384633542679444084846994044816736850859973506475740869167 13131
74009443154317339637873708388925569291793924580160243859363010 1094
34701964753840660313059647626946961039096958293271932689762915 7678
93526914435397195044465180056877318329408179262073608584788133 4106
43661458437451246798976616250696907375869859179960855371566843 2840
81290474134707015994409811924741968633624458802869692300874045 6350
94045997683500617637334823486229099990934560438976791734271875 2950
88297270094681320952245429291069233047568099874519370696699639 9214
65490960519010180358152592562951178881655760040857972291141243 7441
63737388644930255253904000385382260762646693114550077521424939 3362
03697613224609004623494735654069016429804419665733310601531893 5089
84165637174815298280676450921847992057288235317149458959766027 4930
67429803405693518199300188986712907517393286495624118617640265 9572
86466513527917844931796627834975251763493990416136307423709822 9142
32024447634179620236011546973549896577858127774470253254255308 5702
82193761202121230795197561924807421722164324423739322139156622 8236
84536778533979346953043253952281659150210421118398082957297892 2838
64244227408346229135355852522104570113769224097784773107991198 8836
34438621952233096253077380209935053959683383888184971572475262 019
48148492448052638754418204102151184752919260473533051513490348 7256
53530042855890330759013518502010182252997500512600123351456879 7015
78847794947362097457190192436805655685215347068344315909649318 4425
00339180979615729081685959139201478360314141966912498658767940 9827
77777703070045617185730022115294884459424552432238286255923120 9997
19849354623870408331458026310204417153351745517145465981199580 8683
53060896898952774091744064409721477113150831382869266451606433 1163
93264385514082436603231095637769892697840134959354570976561766 1210
31538317015873558818459059491641433683477285513258057583565660 0952
17499410399022970658594899778737974701228944232298617939711400 9731
02005150030391314063049873741647075835255664277232050945693510 2083
91520659617161921936001193909759862769045997801425539021675207 6616
80486367305717689232443702687876043085994821036565185512146702 1585
12721086437090705032282735261233247195909208619943276173460632 4128
77524849009425375857821402229802872767586055101615505030476260 8980
26692996319653431877550809913475657973772453973358494548648104 5535
73094803613086369840600242501916283246194917716834907986272553 0631
66341062724689359232922411782243790076275719532871738397488710 5654
05773075645322392280922594866215084428655476891638517270605423 9174
30166501278348403740146553058369362302830540806956022199815099 7796
97429971565947691944681534207432432244939654931713487976488884 7786
78438200013496260972200504688869189233838268844914138351675727 6917
45461231623068779241452778926148462517973970783148634137246928 9094
39701682961808407821199271345371034116664098885548979745924809 7808
35103866791945241429848215478948523325122754634751136542891094 6596
40355024639274498619566515185752940884371245371857290652401977 1435
47154983680466423756038313381363315253961657075032965101336985 4422
06853874257171416188962599891509039892879113960899232809497227 3500

```
74997196141938910779089217538706691827387683868536568004388124224
60234842180322377919089962868321854856466869149165437989425907078
48343429786247210714137597935753652895908359085817588542341143546
98915171263577833884971000941213850687299741580990430193219623397
29231406023927257575286907212735843606081741238432079451901992698
11995322368010717983832517862481835454965375080339046541742703585
57757725208166135988913249716595907843767801836506161731954897947
84034172558236238594873503750591650372440200243835083346065358839
35813779752089962760108908804103171634525485852364016060261789283
31159729324578662577953620482058731346967495822177622205952474449
17547122110895111583531428187162935693384637511598314261968939854
91540895814712470655005057430180992828369112925131016700465976204
59327239145769373077596173481356237941702762666268607358941329681
02445544617946292299678965543515372809750900612751682996823231065
10630022712905928947475079047794506614108092055527799080613613010
59386479665603617635217980693371962343873285987657467105797786261
39221794918953777435750622355994588385094397945293724710756512533
37251510653258834709268307848064613881981570588291352353508579564
45093542840235816292646762692371802434363377038739254150753670269
46747599013839740194228367893107401427395094352831078473643426314
17219650614448342043871079119595600739769190242715668419161964653
27713190469653969018229316282056966469536815450594481647304081428
10645594264559351534697816893214134239818632329081742520752600983
69675160689349723355388788914780325092540494083637633919931492037
99880872408661207099266314608609722312899269174169171490075673933
47118059608334017278743909891174377901599262084919103192372333878
27647702948545039119130603759302449640626148971970431860557354664
34775159854002593187809928155034616556387740108086363556509089003
05160262593753667433708849611630723315425111378102824639557963049
38476002063112811319453939727338594172189652144172666129775751
80860776696879306532465091486736113060983263287931526836961817587
92749258308027380219474568548177741802621687618887165217953886819
41484163202394784461473058012967031399492516776054605019829369865
84647306881155146880397544756302151985842890878380035364606160753
71551318940059733662004768519769118439143647948551989321065019808
97924626451281170874014430906394828798153673353045179647433383852
97115091800481363498520599209822605891959096866659240097191837138
39121940986111070818118588567053562953820542827744031876285010917
26928907152546323329667573124753353140334509075760762301150650438
71292592269262353590968705133529088251944263806406189846928939117
77536847416251079994110622877345428419193745199893099639213045028
73944766175757803219461404000907327013247258750349160505655973416
82422270341044197932610373424676503283815829015412496143324958480
37723939124787078860852516569907763988114949366759862616640386923
86457435152204404582749861732619367544803088309567394268533449578
93082043275468562406195294820561953751459427886356361490266004097
48418876518358314945117828952200941984298436475883602368017411593
08878810438601407058564000026159045531753738328190139416039397918
42212734703415947699297229924555442958586317027213352212247963345
63433639303658323904797759327884361981085607358791053859810969206
64925148742393128956152711402311481033146239284560697681244830631
05136129798987966355492932185502479357740974918373008632058710633
02306947497886787445026586881232554913392083796430136572941294950
37362279698063714456013490486733855303624505750629687047914079650
91494091744813535704375529385959467794325782450002667525084426534
06319885784958831190183617573601207309726561805034931355883752034
42350590928646715246391062074382197049776718418702601481627959210
70281550589640971938534806230283414868376880574320885729376918242
```

```
12977761170626523085843766288680999690166753710664313633118087440044
69822791823908353042859596370594903128921237262100205683707578219 4
84021742336899179709095462520814486667589028006233927665978870156 1
19262916993120927798856475795502082509854366546463951314396081894 7
94417057852836255527117211684108257318462144426837539378848098449 4
72266231170609983156671438906953034657676733924584526793185678576 3
12976557939559440222399070713502633902599506833170847347712421619 9
39130468385951961837507355007740489758370538602527770742510722250 4
38677910983306149895934336870415322519539479066271142726362333726 6
78684572651439443028728757160918626080834022985230353575491523061 5
67125217335018381019982131607525517510124783782074528593679319308 1
72349591830763974435741130462297172270364181624332632117654112592 7
84347877267782785491001156709529283435316208447651388131246690172 6
72312972230275539398813377605705063702774667293434784871205098488
72901443058408887655987348339591943421481355005791001846313344467 1
37204097920557218824430385552981647920793592751706304865993607282 3
83400720622715263596466090558779507959482032835120677391396973218 1
61115525050578755934739086726971131079604673396149833964068675973817
80635416358355758546547494374205118488183657487454920596345837805 5
38624107445966206077823398791824598418017138980534326437892999387 3
89363127949066573626666327286278359920453092037102533316321591819 0
68147018981738594277680808791097901113261860235846671958200794304 7
44436779150541939784295093398144576633140836909468634081164898051 2
79355206786575337041148641929751811825434117188767164900235200913 4
90675774173242085514136282993798684985130451243699632853872767777 5
30665285637342991616900705218619471042291836371010670367137853103 4
46085604672283511098288290087022958858316513281144937051619676074 5
15260135850467451987280968992264456060625721575458698238909770519 7
97235997203154658334068235573623929918418440684662383330749486606 3
59631717267436350658296149634784381456919547100299845364874227261 8
11364319234871604631530286521734965086672763223250672744500572488 7
40916158522236258781787684332423641717725566524190059163709661520 5
72141029669859610505868801035415999715006758398126483170244965968 9
70225301120113128650218649253236097443207303472966666575782055597 7
69150725979555741146848074319513234691333359177996817133949492636 8
90961941987321308473902713526759886805346741607236278436055570068 7
16533332246314784338189691636502747937715741423739094064388208688 6
13128578339744441012432442599891792579539467224834727197711582416 2
92478570699352570008805833165226645254389204988012555539074604294 0
97811409823334969168600704009893140274711558983268986309198900322 1
03818997796878469933126701732579875175167727638660400331834617769
71636799874328198163655770804768240489402961890830180259113109037 2
76945464517133760527983318001771440054467578972726873005503347049 4
19047784557548214896174358034754867248223747442504329756683789032 6
13752282345663451161975962154849483120844752436896056650130320704 3
70775660121401124182886783635915534093657409276878486954134814260 7
01432738673072310546816547829178407848504148629252437833414921450 4
44881978032991795074360134571108790308514800942024708304393377271 8
78723723624296205301723136459074212245309078169150053814677660817 6
38702550220593255069183597111986113508637356626184277781159668245 5
75595606683917221260143246796184411685415524548471662494096154943 55
40175661979537227672774287484603614346123495144138513918291921714 0
93093896326086945500387176624939231277609803787514168243695380216 9
00937169379509466883047083996807894487381387843272834945472297290 3
73857477483587677094706786967403393274527646845449196949484311486 7
98622174683121794962985567005058838564886273765792637370759351500 1
20851000690998661594348510868038070831590329054529428417646769261 8
38553748593679523141573214594238920339347862546408905931014680941
```

```
1360021532228881827964036698929250843228709793868588210212333723035
3974798331473481274338402391930571417956083959322997780204680103 60
1994335174632096123546866601008802887384485886487146987883884392 63
2740380605173754576950695590036487069060570365564372422328664961 52
8950195772210710932414837180945750843535330819983811384224097111 43
4676677611549925311204504664277448329125632431900573336800842835 70
5813133771051852896274284957628320281534764626235011432588931935 00
9408942257098819356551772529597839734367494291733687059953749537 30
9488523765481972410028051469659060261984919348809774564259193741 94
5648461279453864719563782365050746666110812013689091428027234678 30
9347201381165761147886974995574887325214798200183290186697946943 16
9093813725508119002142775047549412142324476367791931159497598158 87
5431688790975264746813669910594253110768704144033545390890041010 53
3720780126128647073099495407019816828318035068512359728296503420 65
9383154785557314960974970946105400339944583042835163173535510790 11
2340659784697286417008516072882865484944927460657835185523677641 01
1756294688494506513501935614729896821459924879152413075966284439 14
9749227314270109984196929277527102536031219104168285981008313346 05
8727776415763556358725676257788328343906544985282894682870436845 71
3965090789042342716966888084612824395671771753211401938489749845 08
3518637324750575002945253587150954410057834289674080830830144895 74
4141817968682488396278100990333210919026597143322056590949505354 65
5173816682427958922486373391297335691002114608824756112120333657 03
8340128218148034455980919659899428843973342753103069102819682861 86
1579548812680783758141300343797409142460676909840660991135948656 85
0171958951526801292504250146336675093215396768731777603501065824 48
6279896408698407156661759764712487991146291337977172720344160943 38
9452116526869180753752361945660408617986403165359524823564567776 59
0045647112314156387527696501524598834765907350599257595885890423 9894
2612010189201650165250621058642073507308315813915401280586092699 7
3848043952697329136442383738752529752694931423630364817439300906 9
8769747426100076122172384156842479678822235071773523692996252523 83
8907899993937156927959853152964188398505751554206184231433229080 57
8044792730700050330671377720655741836730702285521669950226938112 78
6302914387992115764761461895153750119026775732147466892840701778 60
9721251259706707932716580342670204583663725546775782670491275111 05
0452876825269020754936452680880416951202322433184317155813056287 61
5334803988290383261345689450798785131493435885140534093336158449 25
0498503335344896793721312223443516103208387245466905646271058124 60
0886263072511865713172613354294760538228176950380501996933646180 76
0030854082101878812930337168595091644275453375780426449135846791 77
2745955806784882871105230079514507920321220034829531103956459375 11
1455072479519923239155569887194062717908856195752885568063563170 23
9044601777535223361767177656065693756193619362595700684922484382 89
1442879977842801025159717952482817934205022994369733988831278689 43
8088369498972039963180689613004578499947471605893533828598369075 88
7543158127479461173471760372228648947130170439398513610970124821 83
5213866618782132376616440663254186729754836265525098194052773582 03
0746905418434768121264640700240591465383256435999289801818378015 56
9111506399256148995220185249835316390390607438832642042794271905 85
0615003469431967160639362712716136989366068847181532504266096516 46
7058976584294383404133448998170350958524507037625086897853033601 51
7729745230087711998093820218200283224819687652317962750315011120 89
3588807556086360668652272562025155204603549818864166563966539983 49
7550250044351737807810891197100700185450607911214080043502990976 53
3737064370772337957896457954449189868661093072923373377995637102 81
5384031323992916928875488858364585513362810313037597446599763246 14
4388271779122376408799618434800168246368288924368859049779160034 01
```

587937039628812413700900334751838317822349319725537679591814632566
930373231175521186522026168016458653314791903200556152331203765847
176226830695494599350991218583529927170186624661955426505557916922
089922093741606334596628286502770613338378526594052644118301016525
597812528890624605752508252247153754939653892388432972349888721881
683584470610037747975652375799001973639320605326864402174329372093
205888407656512464794691822223128373499916217152840416846384365662
531907221591646315908598563264565382198053536010190347229590777108
179639200169204444323376356781166798441323030035666964180340085052
758303971521530949806519948077634371858234670357137521901262395972
023536669250607997141286662328581311030018266969869823640562019796
523782919021707059653703117475390326813007868450086743645498867023
173108112646275502198812817309523621821154606070128730665019545551
503665665922931739264301949428481138309247705559473971238142127446
076069623321727059415071388689192095990189037063417550499476759312
753373760981185699717891323721485265849902535671806319315337384020
831894401073587282313964474908687227444252148435179672785678857347
820700547500621577782437469506769023324196807886974622285060114326
180278742744742582138269439408660243641134710135115709794102376735
635256723462415866084705052961957932501520854569123192328525401220
298972794911673474135273794521445148432851036709613496425668719787
861709389007902144602546612785421699525417135547859582512673269012
474627768987503498132426021418733141116918758571764455277869220894
681448582099386264106518702029329053318636760874017558780426825282
696901148975915684536323706461657499860018496200446282360368421354
680577494480361348771309583721967331489812688341702069538021919198
510008659891170915738184183861518171299838777200946775617525852074
096279582719335218940504064488112945616195339327821288172005426875
948953314578355749200485762537506830978543348953749753257689540547
193262709177203640889446712790974095830091284204357704884054408335
662172458994496312935924043603591335549639736363316372861002255675
890421695160552663051079494225691854820224572257207979517227732641
955072257969272168590521862847382835922653114866886279153315683512
181370708836930207259778311325318864947370355105504667748030905239
354064865871056604889122660079948039914958030811744089819939834038
538342150980211546169303585566862558924804945443952395937293139111
162773567353194799563719543744314420024740124595768648168708771797
541412280339427536240760597938490473570853579472206359601802328292
521044869628221881624026189256708492505274592995220438218825895022
134432817288361219270956605605948444067033388610338586878753031041
204204056881388993847957813128768098326367110556774156542023666440
976680815465204426451613171354249224149308839732749802643956621253
337940055298983621960461582835930696483218115000819096735276899056
994831971941769842213229373823393721154834252919086555097411606519
328097956305605347838895068252811436099764668283393874841471939600
889908038349076260259430744797673707105170248820814454853212245644
468167341653226234261905598314992000609263152692067830954902342898
883882152613106819740137195787387973447029502904354408690406867599
174376266222394604644349865567364914154115744066402864169964473326
179953966045214287917973907705428621525054818912903326776953009103
845324520532465419400413647325481146066158188186799068170541403019
549200713223977220955027673114717426731110534481138749570016367722
087150905704383300431015816460024854333065006998569329832832395459
205302610210978295088903946309864569663125919187425338874659725268
649307618340981094002430875702962392639920881383919945914087834485
673412176535600730111166668130254358882959422396724436157676480274
076375065714290019341271936834117710807419930883873188575972580535
260821793673320670535904901593780487647434864838718660115206151191

```
9452266182513202278229883188306164953410122149089701672493745603 67
6666116811366356736112759995475436456578864714770635215943803385 50
1118277427811933695009349415187867971154265494580438059500464302 09
8551260553271598091760541104013177007377906733178746544333206033 31
7633276441653016999388157768794279976658482097636321868406143700 31
8516036743896383951815183806870601292380504103970937013353275407 04
8164410210803232334120297294537283903703913120265145332771719631 14
3203487950180294781391541671122546826020663848273235888914692377 38
0285182026358946917429806068826417706487362048827304947722276087 45
6194106492356912944970559887731305487387163928907281858892624323 16
5028584098864301500121947127764941363103367301489878572179052835 68
5307451716683762526987431280334072871201423228886512700758316580 05
8267965999952281418562167606140863359418484062838153882077027722 22
3830592678252397728962906072904764945075485922505119261757307770 05
8298985299959184730112300780119372658949549431376486670784062295 98
4815281620856386485679713104611381488123166184161795976237206018 03
8071461314291055007442170556726291215549193140575807302741316998 94
3623605952245074230397116217164945033827871823917213832806613160 24
4165641357236975859155316736782711368636926673938874657176848442 87
0765543744025862307044122889424843382134420252316883168199071799 98
1048074149036011847093320907379892685141437390962505158850336180 34
8057369625361223820307584006255968953151283087926222099331578021 49
0241828322278905410515030826477623677216198167062597738307728127 86
4152709112741041382893441746192215343148834356007502960183506993 04
5377700718166001491716561761930320571310180758755112126844896947 84
1778979290722696782472259954683978166420778384923360662992675483 376
3526348235705616622330690499310477646004077479579036954532707777 9
8624858272168266752283572442028542925176968991248392574462892159 71
9321824380047324071509107225599135073235489242217919494984272651 357
4371389201322232194436388369787842581184486531810135359986743720 89
8877039922342888605536831598782745663342600060527852849678972526 39
2974952005996252456799866909835746361108067222176228118076919206 25
2648690136415328883449756442534127967768305773546443844171060884 10
8441410379124720260654512279145765878485670127466835259047952537 81
4324521686583109133661391025558286277239846109521509239743007268 51
6357244557738311092778510640173859591975715669756936823800393043 49
5643369826186041199978257442247972132062992382586938932051163113 8
3590272239781856293080945639812418072366115753571765771750915258 62
8642449923988908451591960926233268041540202849914033529379948866 12
9905848379899745321982807748539649983709001189757836329221569910 06
5135225164777792684573593276827610527710812619305065415546204242 78
8526143461195900247532195892412870948439624366773040782829042950 97
9803366980199661862491022715249014764834740909139305578551793371 05
0884199913505576491688183121626684989496190484005039433180122988 16
8778202001444929999014034822801007650917661050036551885174643858 80
5230029184080112294431785282276241408360363573365136170788479211 41
5621243555136911126874902092192949946122740478289393238508775282 9
2534514715165653763355564763992622977447565619285025378325947342 18
2517307460588495425327335034876035623574197164892871939912417875 10
1760146059302582569114268293510399289620117494651034552669370946 08
2600721953629679247304173351149017826405234920691693488656077272 71
7321458117956590402927706023192373539548257865928846288434852852 6
8253488737506097269589349343458704410106288631690361894544306842 7698
7265151672812203818123360018740463991314217107541355432293841072 96
9963218087877751973093866632760618543081890255960686793096359204 4
0693285453596654725391711933154388093864091888381364001602241517 81
6058591590858203539387803382962008214095868156703171131398628751 48
5021936911870618271275410173323555765783056907116752418142085847 48
```

2239818517986054041890461218875262875969424507868435159585420511 41
5402155032972364053696851382474958272200579413252055188843479051 70
8672450277259085077602688049592613470742753859783003757742153332 46
6163693146812507093761796527005877700992952606876628171640912071 6
0929333088153876394307528897793548006209454580722251079156766034 43
5158452475604370208396637254837179362732810682860828917094234144 54
0922811094955746198789087549897373580773575160574441968939726029 13
5186642217894480793273891829162452850073791032180272457137842772 97
9990906813060532284146009900776982261479285147844996815767905092 90
4902518037546080633012624107982680367900215366565252237358249396 82
6200850776531863214813557060146490877558550143228348970285583766 99
7779647939290602757065690019263992629523418240465414655118864079 12
0644642133237970866031724495084442786825978453544731453075164582 71
9785328342581584193429805310298248838279992858904391002987811706 65
3883327867798136547502704135599993330246261908110493918624488431 99
6867657835720100589712635101009135102376209988836426503163906995 76
2757322424853885490024202145883253006534680443779333601832870749 21
6132993888400861186195546433428316080696943967124913309819269238 74
9377903347230979800053618584852830251476386694915207455575743895 31
3634403036476079589862790854821583247276221166519228389752622455 18
5916297232380887456938367949566661418085653781050731923016749558 30
1487700411321137041324715954646454801602668610836035818675407632 78
9504750840652510467638346585961381813153142948273842544987210604 4
8651202090878255751811499313482356434052359445759127703088011207 47
9834059984371936315508711779844914253393936242544546498228521314 6
5679395144481043266751969278320276902316890565183002021921611562 73
0305318044269647852290119995273401760922282576431383895507787737 02
8707044986788962637552377371746708214121882256457360234115131319 68
5669424597551113103803639688207027020059215326006751952348578877 08
9066020299322599796081977456149576246920599061253264129937964305 44
1138602547587046153970927914363246231732613669437865493649580742 51
6219022588712996396721320351605517119414141717110642131269462774 27
1891165640547127919491059388341376154304013813170346121744354226 39
1457774762707226595075210567446711136152393181713277403347750784 96
0407474058604330741113454145980264093082096887711551056952267727 98
0894471940678585589932736732531407057776573530178233278173470841 50
9637524925074294025600649477725342334115624558413553279777257702 17
3194684120152478666161422865546961368346147006316544427156673697 48
2791910420988227524140343410014162834149124023888406883543634013 28
0852014026556633174153819036687401039005916322394590345138868020 89
2075292660094838716377934465573466872439766134738285752209251563 71
7200820716669555789525960503518737818293035394077344917516701624 21
5270942117672324738550617457502503114980560223810999489523564471 98
1291893579075710465768873114531252211914965894900529545905156757 01
4520794923429133942006513499514380451072347477300601196993067779 06
7768241072718112790989683845267507794222343272071153361342239499 877
9916835750955696876987508328964227218526545920275734334622918866 86
9393855679454583866531869143507794588308518160556663617899543919 3
9765308829860726400664329996603080380172286389032861993435157085 52
7599954257645675566812562783851992472095862670172575290642307876 64
5234572644428451819267932599369774697016959518386334776531347469 47
1771981152704600228428578208368039461906762870923912490528935581 56
5349569847423543772708389950006762933340863618091967816871505883 25
4727262567145773146498004530486171417171892105811911667093896407 66
2301003877031533534091228942373798059273106166450079769830699142 78
2251077764351673719908408426206597301730986465434537593160995685 60
3660508281714635598175673845307252408951697227477869513157544173 44
4547223195238424694176572256898893110374119866448915776227369791 87

260   Die ersten Millionen Ziffern der Quadratwurzel von 2

```
2420558652076079899558584430114492990142055387105387376532560803329
9681845461686610828115358318167961430456583180717294406694115863769
3848461100043821786731183590668468450363854531022542362709460429344
4065537556014298693785093825141995425009306275584836582645267318799
5545818851650630024040227718248274711746991639279354106486160334655
9917170726863865485157139421974871191635707284322459832882084302955
8557623479175965249107750985688941470276920065483334966958488859779
0908803076811769200053914084707132951017281461218709195151806511049
0503781564141290853921698108676506850812134686179795192587891603219
2667370269368679907297728171765280488597560307850318167544118004859
8734611713772870812123336141562903155587114474038758996695805665319
9660528368352252434176052773329344897092428335280862061757158184229
0148063073687375567565704570658267308996196748386448730910525171429
3908838951201331333495400284089327909176420749930614456263373799609
8908614874689774462333802472710002138760013001641987914150311483459
4608576274865193599691896759676822573791016221557886132312552337339
5391438431644323431250569957998106885729960583339810350790539789149
8761411530231402748800907136063487219782707285723970624638034976289
2068438881613384776866170257817535255652892751548151049683344185399
4826590754183300519225238451661155094680507716085165849445854988859
6528678259717354781957243998982175044000960656641069241687721501119
7989828381109920108257618788397638413323621747316038500646610818919
0976536014753896582352433057008393613540046214075206830759989418639
5034669203550876248627615431115036843066764290828007444098839453249
1118614027727213072201661704054812334814045873343504050374006400489
8265078711279144360586719566576176608430636467185398005831077493639
7541268373790738169947643765180917798148518015700664216922863113019
3285653372913430426161160306035702731954053893889233984443568070709
0697951919132807616471478903173340413027027814501407478629940377499
3006475033774401666885187157054537345267096983042921705295974346759
3502448400045860648432125106718272611499125550774102837706653386379
7171202112819236335823336340387663099681382103749512126293936505389
1482766561103659286017097746547111675377351220356300750542947208259
5469972939797957500198318067845574912703169375061390782412545331439
4698155728514735072092514040230284489312525928434277387420200660239
6041624700034030513184695759723709458287575938326895511078242559059
2371242261402781371200573833472994523713628312287666867228229494379
1577320843852286652319928491232485282142099076823741103105304317489
9378272132767878657672450745808013035633650687367073590719424875839
9673315790523404748239980777074114555131318608025775566929347904669
7295542129894007251243766535353369918276364596045211092170301137779
1923732570564950801978385201313074570413156128011409273915121374109
9200215367314572201864394132709988218562175659565934544729850629249
2798422339474320583380651422551458784227784575165314523776009283207
8745790159395034177785403452479862156087170390424668764492991189879
2804192072603307368658008890697956740573328632118748602536913622279
7111703903767149661756214227871047636750197729487786971551705532059
0215656492321229915758819262414524717281424920418257623825755392219
3731258808773652228264200729028555887666187289565336372879637900309
4901662789994558455725072320510842699864437070488579562322312821979
6452705485693153646220507440860082201649296947272378696631897288539
7535295496664529441238399636586701509654687188280246459962912518949
3645395988734574902174365408201339206097043057588634843946599693619
3751136699220860085078191900218784357761559301553955928229071427429
3036869620845177168086924750642539902360039766027107635906562748979
6085711230233926633986523984577192808211907510609451890427630793929
4618288307997551831774785713343128232826112154502467372712011637219
4179168910789031133699667063876845253007597562467527648836451906669
```

21627623073885009784883366858560675740861106560051941405998591 5946
81105712717963604455051741440254596245878789797635421788371521 0870
66297661852842814049333130562068554228930763459201360872260074 1527
23463502943891611651667981284014728007118173481291655603945110 5737
26604350392484695196511866327011772839987125980373486852038781 4457
36090398913779851896721855794147014757893607678124420555553375 7474
78670441917146133420442520575311010792895222079896006253711302 3115
68272434273128920073849454161333864927315981701689876696086464 2844
83849610790432291721333278914040614432943539806898704501133883 0446
62537865995955636739217977184999108311070277106719062472418977 1893
13957035409746731494661211253954817835237715707398882971691041 6634
41510220804702298243519531958540311402838556776311414159627115 8389
25947461157697940708123544005246105291253844775249547182159813 4678
28251043156494703371945062315279111746452877465116744889321069 9979
43568211014912925862139701020874532365464140714252654516853123 8473
37948386778553718384849693862319585426730206788576910574567494 3978
94657821691502507442765039862006136581520090579035918281614801 7456
99847078398439648493713049225055256025387773380185622903699771 3370
29435491810348667079311064434598113672156791243149007173271354 227
37463179321730097175537363507528747784736936195280514424442531 166
49157826391722486327746070694183531755650601594404671665078730 9712
85111451683142553965887179903136578119346930401776883414517523 8533
60012578440763536712349508017110268051046278185936423570143913 1209
48814358040904981384600349971366653399159752520303998516195898 0583
07001925607278403696937298735565290243643193405851489019183652 2571
29226012422951076240312834644032862637136344700072631923515210 2074
75200984587509349804012374947972946621229489938420441930169048 4120
43906462813640989838187277975410993874855579862843014592070594 3132
94456125451990732573242375800947667581012661228540850722697320 257
31849141493880004856742892

www.ingramcontent.com/pod-product-compliance
Lightning Source LLC
Chambersburg PA
CBHW071341210326
41597CB00015B/1523